校企合作优秀教材

工业机器人技术系列教材

协作机器人原理

主　审　张　进

主　编　李东和　杨建军　杨　跞

副主编　王世宇　吕野楠　付　强　南国藤

编　委　杨　亮　段兴盛　许小刚　李伟岭

张　众

东北大学出版社

·沈　阳·

图书在版编目（CIP）数据

协作机器人原理 / 李东和，杨建军，杨跞主编．—
沈阳 ：东北大学出版社，2022.9
ISBN 978-7-5517-3114-0

Ⅰ.①协…　Ⅱ.①李…　②杨…　③杨…　Ⅲ.①机器人
—教材　Ⅳ.①TP242

中国版本图书馆 CIP 数据核字(2022)第 164881 号

出 版 者：东北大学出版社
地址：沈阳市和平区文化路三号巷 11 号
邮编：110819
电话：024-83680176(总编室)　83687331(营销部)
传真：024-83680176(总编室)　83680180(营销部)
网址：http://www.neupress.com
E-mail: neuph@neupress.com
印 刷 者：沈阳市第二市政建设工程公司印刷厂
发 行 者：东北大学出版社
幅面尺寸：185 mm×260 mm
印　　张：20.25
字　　数：456 千字
出版时间：2022 年 9 月第 1 版
印刷时间：2022 年 9 月第 1 次印刷
策划编辑：牛连功
责任编辑：周　朦
责任校对：王　旭
封面设计：潘正一
责任出版：唐敏志

ISBN 978-7-5517-3114-0　　　　定　价：56.00 元

前　言

随着科学技术的发展和社会的进步，机器人的应用越来越普及。它不仅被广泛地应用于工业生产和制造部门，而且在航天、海洋探测、危险及条件恶劣的特殊环境中也得到了大量应用。另外，机器人的应用也逐渐渗透到人们的日常生活和教育娱乐等各个领域。机器人学是一门与机械、电子、控制及计算机等多个学科有关的综合学科。新松机器人自动化股份有限公司（以下简称新松公司）成立于2000年，隶属于中国科学院，是一家以机器人技术为核心的高科技上市公司。作为国家机器人产业化基地，新松公司拥有完整的机器人产品线及工业4.0整体解决方案。新松公司现拥有4000余人的研发创新团队，形成了集自主核心技术、核心零部件、核心产品及行业系统解决方案于一体的全产业价值链。目前，国内外越来越多的高校开设了机器人学方面的课程。本书就是在这样的背景下为机器人课程所编写的一本有重要影响的教材及参考书。

本书是近年来在新松工程实践和中国科学院机器人技术研究经验积累的基础上，结合编者所在研究组的研究成果及国内外研究进展编著而成的。新松公司依托中国科学院背景，从发展之初就致力于机器人技术研发。新松公司积蓄中国科学院几十年的机器人技术，励志在全国普及机器人技术。此次新松公司将机器人相关技术总结到本书，涵盖了工程实践和技术核心原理。在机器人技术中，用户只需以数学公式的描述方式给出要计算的问题，而无须考虑其实现细节，就能解决大部分实际工程问题。本书在介绍机器人基础知识的基础上，对机器人控制领域的研究前沿、热点问题进行了分析。通过本书，读者不仅能够掌握机器人领域的基础知识、基本理论，而且能够熟悉本领域的研究进展。期望通过本书的介绍，有助于读者了解、熟悉机器人领域的研究内容、成果及趋势。

根据管理学的二八定律，人们在学习中需要了解80%的知识库，但在实际应用中只有20%学习到的内容会被用到。这便产生了两种不同的需求。鉴于此，编者在工作期间一直致力于机器人技术的学习和推广工作。在本书中，读者可以学到如何利用机器人技术去解决一些实际问题。

本书共分10章，具体内容安排如下。

第1章主要介绍机器人学，包括机器人、机器人学的定义与特征，以及协作机器人相关知识介绍。通过本章的学习，读者能够直观地了解机器人技术的应用领域和工程价值，为深入研究机器人学打下基础。

第 2 章主要介绍机器人机构的相关知识，包括机构的历史和发展趋势、经典的机器人机构、串联和并联机器人机构、RV 减速器和谐波减速器、建模软件 SolidWorks 等。

第 3 章主要介绍数学基础知识。数学是贯穿技术科学的基础学科，也是机器人技术的支撑点，所以本章是协作机器人知识学习的基础。

第 4 章主要介绍协作机器人运动学的相关知识。机器人工作是由控制器指挥的，对应于驱动末端位姿运动的各关节参数是需要实时计算的。当机器人执行工作任务时，其控制器根据加工轨迹指令规划好位姿序列数据，实时运用逆向运动学算法计算出关节参数序列，并依次驱动机器人关节，使末端按照预定的位姿序列运动。

第 5 章主要介绍协作机器人动力学的相关知识。人们已经对机器人动力学开展了广泛的研究。首先是刚体机械系统基于 Euler-Lagrange 方程的方法，除了此方法，还有不少学者利用理论要求较高的李群与李代数来研究机器人动力学。

第 6 章主要介绍机器人的雅可比矩阵和误差标定补偿的相关知识。操作臂的雅可比矩阵是机器人微分运动学的重要研究工具，能描述操作臂的操作空间速度与关节速度间速度的线性变换。

第 7 章主要介绍机器人规划的相关知识。一般情况下，机器人的手部（末端工具）需按照设定的轨迹进行运动来完成机器人在操作空间的任务。轨迹规划的一般过程是：在轨迹上给定若干个操作空间点，按照逆运动学模型将操作空间的点映射到关节空间，并对关节空间点进行插值，进而完成操作空间的作业任务。本章从关节空间和操作空间两个方面对轨迹规划进行讲解。

第 8 章主要介绍机器人通信的相关技术。在现代测控技术中，现场总线是一种能实现现代测量控制设备的数据通信，形成开放型测控网络的新技术，可以称为自动化领域的计算机局域网，也可以称为网络集成的测控系统。

第 9 章主要介绍机器人控制的方法，并对关节位置控制及机器人的非线性控制进行深入讲解。通过本章学习，读者能够掌握机器人的控制方法，加深对机器人控制系统的理解。

第 10 章主要介绍计算机视觉控制技术的相关问题，包括计算机视觉在机器人领域内的一些应用。在本章中，还介绍了一些适用于工业协作应用且具有很强约束问题的基本技术，以期当读者将本章中的材料与其他章节的内容相结合时，可以实现基本的基于视觉的机器人控制系统。

本书适用于以下读者对象：① 职高、中专、大专及大学本科的学生，以及相关专业的职业技术人员。② 机器人技术初学者。③ 长期使用机器人技术开展工作的科研人员和工程技术人员。

在阅读本书之前，读者最好具有以下预备知识：一定的装备制造基础、必要的数学知识、少量的线性代数基础知识，以及对于概率理论主要思想的理解。

本书旨在推广机器人技术软件在工程实践中的应用，以及向读者介绍机器人相关知识并培养其思维方法，使其在解决实际问题过程中能产生自己的想法。

本书由辽宁交通高等专科学校李东和、杨建军、吕野楠、段兴盛、付强、南国藤、张众，以及新松公司杨跞、王世宇、杨亮、许小刚、李伟岭共同编写。

衷心感谢关心和喜欢本书的读者。热爱机器人技术是编者编写本书的最初动力，能让大家学到本书的内容和知识也是不断完善本书的核心动力。由于编者水平有限，本书中的内容有些尚需完善，敬请读者批评、指正。倘若读者能够从本书中有所裨益，实属编者之幸。

编　者

2022 年 3 月

目　录

第1章　机器人学概述

1.1　机器人学的概念与特征

要深入研究机器人学，首先要了解机器人的定义及机器人学的定义和特征。

1.1.1　机器人的定义

1. 各国不同的定义

迄今为止，对于机器人尚没有一个统一且明确的定义，但各国都有各自对于机器人的定义，而且这些定义的差别也比较大。关于机器人的定义，国际上主要有以下三种。

(1)国际标准化组织的定义。

国际标准化组织(ISO)对机器人的定义：机器人是一种自动的、位置可控的、具有编程能力的多功能机械手，这种机械手具有几个轴，能够借助于可编程序操作来处理各种材料、零件、工具和专用装置，以执行各种任务。

(2)美国机器人工业协会的定义。

美国机器人工业协会对机器人的定义：一种可以反复编程和多功能的、用来搬运材料、零件、工具的操作机；或者为了执行不同的任务且有可改变的和可编程的动作的专门系统。

(3)日本工业机器人协会的定义。

日本工业机器人协会对工业机器人的定义：一种用于移动各种材料、零件、工具或专门装置的，通过可编程序动作来执行各种任务的，并具有编程能力的多功能机械手。但是，这一定义并不全面，仅仅指的是工业机器人。

2. 我国认同的定义

随着机器人技术的发展，我国也面临讨论和制定关于机器人技术的各项标准问题，包括对机器人的定义。可以参考各国的定义，结合我国情况，对机器人进行统一的定义。

《中国大百科全书》对机器人的定义：能灵活地完成特定的操作和运动任务，并可再编程序的多功能操作器。对机械手的定义：一种模拟人手操作的自动机械，它可按固定程序抓取、搬运物件或操持工具完成某些特定操作。

我国科学家对机器人的定义：机器人是一种自动化的机器，具备一些与人或生物相似的智能能力，如感知能力、规划能力、动作能力和协同能力，是一种具有高度灵活性的自动化机器。

随着机器人的进化和机器人智能的发展，这些定义都有进一步修改的必要，甚至需要对机器人重新定义。

1.1.2　机器人学的定义

机器人学是与机器人设计、制造和应用相关的科学，又称为机器人技术或机器人工程学，主要研究机器人的控制与被处理物体之间的相互关系。现在，全世界已有近百万台机器人在运行，机器人技术已成为一项很有发展前景的技术。

1.1.3　机器人学的特征

1. 涉及学科多

机器人学是一门比较复杂的学科，主要涉及运动学、动力学、系统结构、传感技术、控制技术、行动规划和应用工程等方面的知识。

2. 发展前景好

世界各国都十分重视机器人技术的发展，将其列为国家的重点发展领域和行业。例如，我国在《中国制造 2025》（国发〔2015〕28 号）中，将机器人与高档数控机床列为政府需大力推动实现突破发展的十大重点领域之一。

1.2　机器人学的起源与发展历程

1.2.1　机器人学的起源

机器人的概念在人类的想象中已存在 3000 多年，早在我国西周时期就流传有关巧匠偃师献给周穆王一个艺伎（歌舞机器人）的故事。在公元前 2 世纪出现的图书中，描写过一个具有类似机器人角色的机械化剧院，这些角色能够在宫廷仪式上进行舞蹈和列队表演。东汉（25—220）张衡发明的指南车是世界上机器人的雏形。

Robot（机器人）这个词源于捷克语中的 robota，意为“奴隶”，最早出自 1920 年捷克斯洛伐克作家卡雷尔·恰佩克所写的科学幻想剧《万能机器人》。但这个词真正的发明者，即第一个提出用它来指代机器人的，其实是恰佩克的哥哥约瑟夫·恰佩克。

1940 年，美国小说家、科普作家艾萨克·阿西莫夫（Isaac Asimov）创作了一系列关于机器人的短篇小说。他关于机器人的故事于 1950 年汇编成名为 *I, Robot* 一书。机器人学(robotics)一词最早在他 1942 年创作的小说 *Runaround* 中被提出。关于机器人，他最为著名的贡献是机器人三定律：

① 机器人不得伤害人类个体，或者目睹人类个体将遭受危险而袖手旁观；

② 机器人必须服从人类的命令，除非这些命令与第一定律冲突；

③ 机器人在不违反第一、二定律的情况下要尽可能保护自己的生存。

美国人乔治·德沃尔在 1954 年设计了第一台电子程序可编的工业机器人，并于 1961 年申请了该项机器人专利。1962 年，美国万能自动化(Unimation)公司生产的第一台机器人 Unimate 在美国通用汽车公司(GM)投入使用，这标志着第一代机器人的诞生。从此，机器人出现在人类生活中成为现实。此后，人类继续以自己的智慧和劳动谱写机器人历史的新篇章。

1.2.2　机器人学的发展历程

工业机器人问世后，从 20 世纪 60 年代初期到 70 年代初期，机器人技术的发展较为缓慢，许多研究单位和公司所做的努力均未获得成功。但是进入 20 世纪 70 年代，人工智能学界开始对机器人产生浓厚兴趣。他们发现，机器人的出现与发展为人工智能的发展带来了新的生机，提供了一个很好的试验平台和应用场所，是人工智能可能取得重大进展的潜在领域。这一认识很快为许多国家的科技界、产业界和政府有关部门所赞同。

随着自动控制理论、电子计算机和航天技术的迅速发展，到 20 世纪 70 年代中期，机器人技术进入了一个新的发展阶段。70 年代后期，工业机器人有了更大的发展。进入 20 世纪 80 年代后，机器人生产继续保持 70 年代后期的发展势头。到 80 年代中期，机器人制造业成为发展最快和最好的行业之一。

20 世纪 80 年代后期，由于传统机器人用户应用工业机器人已趋近饱和，从而造成工业机器人产品的积压，不少机器人厂家倒闭或被兼并，使国际机器人学研究和机器人产业出现不景气。20 世纪 90 年代初，机器人产业出现复苏和继续发展的迹象。但是，好景不长，1993—1994 年机器人产业又跌入低谷。全世界工业机器人的数量每年都在递增，但市场是波浪式向前发展的，如 1980 年至 20 世纪末，出现过三次马鞍形曲线。1995 年后，世界机器人数量逐年增加，增长率也较高，机器人学以较好的发展势头进入 21 世纪。

进入 21 世纪，工业机器人产业发展速度加快，年增长率达到 30%左右。其中，亚洲工业机器人增长速度高达 43%，最为突出。

据联合国欧洲经济委员会(UNECE)和国际机器人联合会(IFR)统计，全球工业机器人 1960—2006 年底累计安装 175 万多台；2007—2011 年累计安装超过 230 万台。工业机器人的市场前景被看好。

1.2.3 机器人学的人才建设

世界高等教育正处于深刻变革之中。“新工科”是主动应对第四次工业革命的“先手棋”，要着眼于“新工科”和“工科的新要求”，加强战略急需人才培养，提升国家硬实力。

全球范围内，美国提出“重新回归制造业”，大力发展人工智能和机器人技术；欧盟提出“新工业革命”，大力推进机器人、人工智能技术等新兴产业；日本和韩国也将机器人列为未来战略新兴技术，制订了详细的发展计划。机器人是“制造业皇冠顶端的明珠”，其研发、制造、应用是衡量一个国家科技创新和高端制造业水平的重要标志。我国能否抓住智能机器人的机遇，实现制造业转型升级，将决定未来我国在世界制造中的地位。机器人是典型的“三高”(即需要高技术、高端人才、高投入)产业，而目前国内不少企业却处在“三低”阶段。快速培养机器人行业高端人才已经成为高校的重要任务之一。

英国普利茅斯大学是全球第一所开设机器人本科教育课程的大学，其办学思想是向学生提供拟真的由做到学的体验，培养学生电子、嵌入式与高级编程、机电、人工智能等领域的实践和分析技能，跟踪机器人研究最新进展。

美国的 Worcester Polytechnic Institute(WPI)、加州大学 Santa Cruz 分校(CUSC)、Lawrence Technological University(LTU)先后建立了机器人工程本科专业，主要依托不同学科，发挥各学科特点和优势，并强化机器人工程的学科地位。

日本机器人教育及文化普及水平在世界名列前茅，几乎每所大学都拥有高水平的机器人研究和教学内容，每年定期举行不同层次的机器人设计和制作大赛。这不仅加速了日本机器人文化的普及，而且调动了社会力量，开发出大量的机器人产品，促进了日本工业发展，并带来巨大的社会效益和经济效益。

我国机器人工程专业学科建设正在快速发展：2015 年，全国第一个机器人工程专业获批；2016 年，25 所高校获准建设机器人工程专业；2017 年，60 所高校获准建设机器人工程专业；2018 年，101 所高校(如北京大学、浙江大学等)获准建设机器人工程专业；目前，国内已有 187 所高校获批建设机器人工程专业，已有 10 余所机器人学院(如东北大学、湖南大学、中国科学院大学、广东工业大学、北京联合大学等)。

我国机器人工程专业学科的相关课程如下。

① 机械工程：工程力学、工程制图、机构与机械设计、控制理论等。

② 电气自动化：电工电子、电机系统、嵌入式系统、信号处理等。

③ 计算机科学：程序设计、算法、数据结构、计算机视觉等。

④ 机器人专业：机器人数学基础，机器人机构学、运动学、动力学，机器人控制技术，传感器技术，人工智能，自然语言处理，等等。

1.3　机器人的定义和分类

1.3.1　工业机器人的现状与发展

1. 工业机器人市场

发达国家对工业机器人的研究较早，且技术日趋成熟，已经成为一种标准而得到工业界广泛应用。工业机器人及自动化成套装备被广泛地应用于汽车及零部件、电子电器、工程机械等行业，已实现规模化、产业化应用，并且随着机器人性能的不断提高，工业机器人自动化生产线成套装备将成为自动化装备的主流及未来的发展方向。在工业机器人产业发展过程中，形成了 KUKA、ABB、安川、FANUC 等一批在国际上较有影响力的知名机器人公司。

我国工业机器人企业经过 30 余年的发展，研制出若干机器人样机，积累了一定的理论和技术基础，并实施了一批机器人应用工程。在基础理论上，如机器人的运动学、动力学的分析与综合、机器人运动控制算法、机器人编程语言、机器人传感器、多传感器融合系统、离线编程技术及遥操作技术等均取得了一定的理论研究成果，并在实际机器人系统上得到了初步应用。在基础部件方面(如伺服电机及其驱动器、谐波减速器、控制器等)有所突破，有些型号产品已经被应用到机器人系统。在机器人应用方面，我国已在制造汽车、摩托车等企业建立了多条机器人弧焊、装配、喷涂和搬运生产线，并开发了多种工业机器人的系列产品，实施了百余项机器人应用工程。但目前国内企业与国外企业相比，在工业机器人可靠性、高精度控制和智能应用等技术上还有差距，在产业化规模上的差距也较大，国产机器人市场占有率较低。

随着国内汽车产业高速发展，国内零部件产业规模迅速扩大，相关生产企业数量激增，出口额连年增长，但是产业本身比较薄弱，与国外公司相比竞争能力不强。多数国内汽车零部件企业产品制造资源消耗大、利润率低，汽车核心零部件市场则被国际零部件巨头牢牢掌控，制约着我国整车制造业的发展。目前，我国销售收入在 500 万元以上的汽车零部件企业共有 5000 多家，其中 80%以上的企业年销售额在 1 亿元以下，超过 1 亿元的只有 130 家，国内近 70%的汽车零部件企业面临着生产成本较高等问题。在国内市场中，有外资背景的零部件企业占据整个市场份额的 75%以上，并且控制了绝大部分核心零部件市场份额，多数国内产品处于产业价值链低端，虽然有大批产品出口海外，但都是一些附加值低的产品。我国汽车零部件企业迫切需要对生产线进行技术升级，采用工业机器人技术，提高产品加工质量及生产效率，缩小我国汽车零部件产业与汽车零部件工业先进国家之间的差距。提升我国汽车零部件产业的国际竞争优势，是汽车及零部件制造行业的大势所趋。随着我国汽车工业的发展和对自动化水平要求的不断提高，将为工业机器人市场的快速拓展提供一个良好的机会。

2. 工业机器人发展情况

如今，全球大部分工业机器人行业产能集中在我国，绝大部分厂商都是靠着人力成本优势来保持市场占有率的。但是，自动化程度低、劳动力成本上升、劳动力供给下降一直是机器人行业面临的问题。近年来，国内机器人企业面对新兴制造业的需求，提出了复杂工件识别与视觉伺服技术、一体化关节与轻量化手臂设计技术、动态目标自主定位与抓取、智能编程、快速示教及虚拟仿真等关键技术，研制出具有快速、灵活、大范围作业能力的全方位移动操作机械臂样机，并完成在具体行业的示范应用，填补了国内工业应用领域基于移动操作自动化柔性生产线的空白，极大地提高了劳动生产率和产品质量，预期经济效益显著，为未来机器人新兴产业的发展做好技术储备。

(1)三轴并联机器人。

图 1.1 所示为新松公司生产的三轴 SRBD1600 并联机器人，它专为工作半径大、负载大的应用场合设计。该机型可以实现与视觉系统、皮带输送系统的无缝接合，实现完美的客户化定制。该机型可被广泛地应用于包装、物料分拣、搬运和装配等领域，通过视觉系统捕捉目标物体，实现目标物体在输送带运动过程中的动态跟踪拾取和放置。该机型还具备姿态修正、随动抓取等高级功能，是机器人智能化的集中体现。

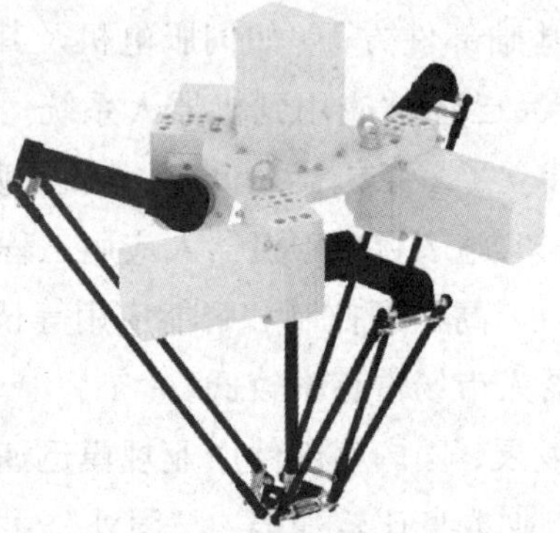

图 1.1　三轴 SRBD1600 并联机器人

(2)xMate 柔性机器人。

在当前工业柔性制造诉求下，珞石(北京)科技有限公司发现大多数需求其实来自企业多批量小批次的高定制化产线特征，而这部分产线就需要配套简单易用、易部署及跟人能够协同工作的自动化工具。如图 1.2 所示，xMate 六轴柔性机器人提供了拖动示教这一技术，并在编程上采用了所见即所得的直观交互方式，工人经过简单培训便可使用。拖动示教技术能非常轻便地拖动机器人，从而能让人直接拖动机器人完成一些工序的处理和维护，这极大地简化了机器人学习和操作的难度。

图 1.2　xMate 六轴柔性机器人

（3）ABB 双臂协作机器人。

图 1.3 所示为 ABB 双臂协作机器人。2014 年 9 月，ABB 发布了世界首台真正实现人机协作的双臂机器人 YuMi。此款双臂机器人具有人性化视觉与触觉功能，能够完美地实现人机协作工作。YuMi 的双臂灵巧，并以软性材质包裹，同时配备创新的力传感技术，从而保障了协作人员的安全。YuMi 还具有高灵敏度，双臂极其灵活，臂展能够达到 1.6 m，每个手臂有 7 个轴，可以举起 0.45 kg 以内的小物件，适用于各种精密度高的工作，可完成 3C 部件及其他小件的包装、测试等。

图 1.3　ABB 双臂协作机器人

（4）新松七轴机器人。

图 1.4 所示是新松七轴柔性多关节机器人，是国内首台七自由度协作机器人，具备快速配置、牵引示教、视觉引导、碰撞检测等功能。在三维空间内，刚体需要 6 个独立参数确定其位姿，因此，机器人的任务空间最多需要 6 个自由度。一般不要求机器人具有 6 个以上的独立自由度，因为过多的自由度会产生冗余自由度。冗余度机器人是指含有主动关节数多于完成某一作业任务所需的最少自由度数的一类机器人。其实，如上文所述，6 个自由度是具有完成空间定位能力的最小自由度数，而增加自由度便可改善机器人相关的运动学和动力学特性。真正产品化的七自由度工业机器人与传统的六自由度甚

至更少自由度的工业机器人相比，无论是从产品种类，还是从销售占比，差距都十分明显。正是由于其拥有区别于非冗余自由度工业机器人的冗余特性，使得七自由度的机器人优于六自由度的工业机器人而成为人们关注的焦点，也使得对冗余度机器人的研究变得日趋重要。

图 1.4　新松七轴柔性多关节机器人

3. 工业机器人产业化方向和发展建议

随着全世界工业领域生产模式从大批量生产向定制化、密集型生产转变，实际生产过程中对于自动化和机器人产品的需求量与日俱增，对于产品柔性、可重构性和成本效益的要求也越来越高。目前，工业机器人已经被广泛地应用于危险、复杂或未知环境，逐渐成为现代化工业生产过程中的脊梁。但是由于工业机器人的柔性较差，实际工业生产中大多采用的是专用的、固定式机械手臂，所以目前解决这一问题的较好途径是借助关节一体化机器人和移动机械臂。关节一体化机器人和移动机械臂的特点分别是柔性操作和可移动的机器人底盘，由于它们可以在环境改变的情况下快速灵活地完成一系列复杂任务，因此存在着巨大的潜在市场和实际需求。

(1)关节一体化机器人。

电子电器行业将超过汽车行业成为机器人应用的最大市场，这已经成为一种共识。过去，电子电器行业的装配生产线往往采取自动传输线旁人力密集堆积的模式。在自动化改造过程中，所有的工位一次性完全由机器人替代几乎是不可能完成的任务，也不符合经济性原则，所以只能部分替代。这种情况使得机器人与人之间的“亲密接触”无法避免，机器人与人协作的安全性考量成为重中之重，而传统的工业机器人不能满足安全性需求。轻量关节一体化机器人采用力反馈控制技术，能够在运转过程中灵敏地感知触碰外物的情况，并及时停止运转，从而有效地保证了协作人员的人身安全。有了此项安全特性，轻量关节一体化机器人在电子电器行业的应用将日新月异。市场上比较知名的关节一体化机器人制造商包括 KUKA、安川、UR、BARRET 等，其主要产品及结构分析如下。

① KUKA 一体化关节手臂。目前，市面上类似 UR 系列的协作机器人平台还有 DLR-KUKA 的 LWR 和 iiwa 等。下面以这两款机器人为例，分析它们跟 UR 系列机器人在结构

上的不同。

如图 1.5 所示，与传统的工业机器人相比，DLR-KUKA LWR 机器人的造型更接近人类手臂，也更加灵活。目前，DLR-KUKA LWR 机器人已被应用于德国戴姆勒等公司的生产线。

(a)　　　　(b)

图 1.5　DLR-KUKA LWR 机器人

图 1.6 所示为 DLR-KUKA LWR 机器人内部结构图。每一个关节中都包含电机、伺服驱动、谐波减速器、电机端编码器、关节端位置传感器和力矩传感器，其中电机和减速器采用直连方式连接。UR 系列机器人在每个关节上采取的是双编码器的方式，分别测量电机角度和连杆角度。而 LWR 系列机器人在每个关节上还加入了一个单轴力矩传感器(一般位于减速器输出端与末端连杆之间)，用于测量每个关节的输出力矩。从相关文献及实际体验来看，LWR 系列机器人在牵引拖动时表现更好，用户施加更小的力就可以牵着机器人按照其意图运动。

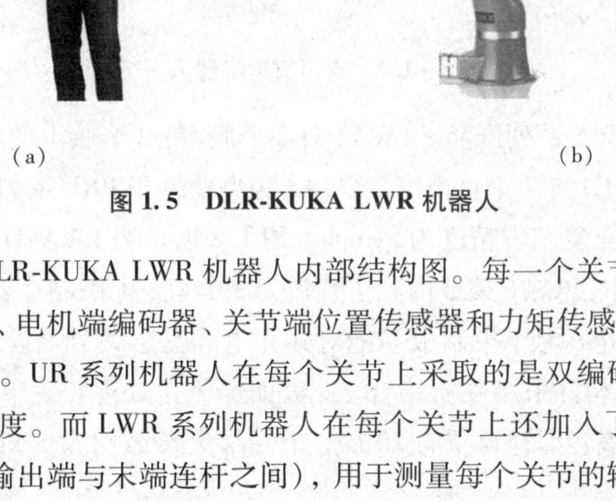

图 1.6　DLR-KUKA LWR 机器人内部结构图

② YASKAWA_SIA 系列产品。如图 1.7 所示，安川公司生产的小型手臂负载从 5 kg 到 50 kg 共有五种型号，均采用中空一体化关节(50 kg 机器人的 J2 轴除外)。其中，5，

10，50 kg 机器人被集成为双臂机器人。

图 1.7　安川双臂机器人

③ SCHUNNK_LWA 系列产品。LWA4 有 2 个版本，2 个版本的机器人分别具有 6 个和 7 个自由度，LWA4D 有 7 个自由度。LWA3 轻型臂基于 PRL 系列模块化关节设计，具有 7 个转动自由度，重复定位精度为±1 mm。图 1.8 所示为 LWA4D 机器人，PRL 关节采用一种机电集成式设计思想，关节内除了直流无刷电机、电磁制动器、Harmonic Drive 谐波减速器，还集成有电源板、控制板和绝对式光电码盘。关节上设计有大中心孔，以供内部走线。其主要结构件采用硬质铝合金，表面经氧化处理。关节转动范围大于 360°，转动速度达 70°/s。该轻型臂自重为 20 kg，末端最大负载约为 5 kg，重复定位精度为±1 mm。

图 1.8　LWA4D 机器人

④ UR_UR5&UR10。UR 公司于 2005 年创立，从 2009 年生产的第一台 UR 机器人进入市场，截至 2012 年，共计销售 1200 台。2012 年 4 月，UR 公司推出了 UR 1.0 机器人。2013 年 7 月 2 日，UR 机器人符合协作型机器人的 ISO 标准，一旦人与机器手臂接触，UR 机器人就自动停止工作。在碰撞中，UR 机器人仅会产生少于上限规定的 150 N 的力。因此，UR 机器人在大多数应用中都无须使用安全护栏，如目前有 80%的 UR 机器人

工作生产线都没有使用安全护栏。图 1.9 所示为 UR 机器人。

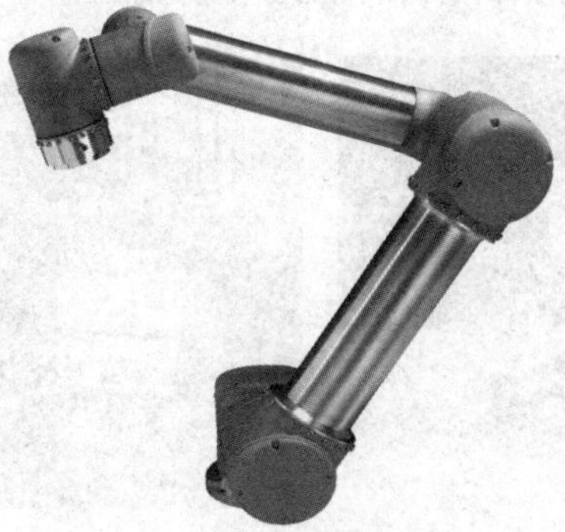

图 1.9　UR 机器人

⑤ KAWASAKI_MC004N&MS005N。图 1.10 所示为川崎公司推出的 MC004N 和 MS005N 两款小型化机器人。其中，MC004N 机器人为典型的小型化工业机器人，MS005N 则为关节一体化机器人。MS005N 机器人符合 FDA 标准并满足 ISO CLASS 5，采用中空结构、不锈钢材质。

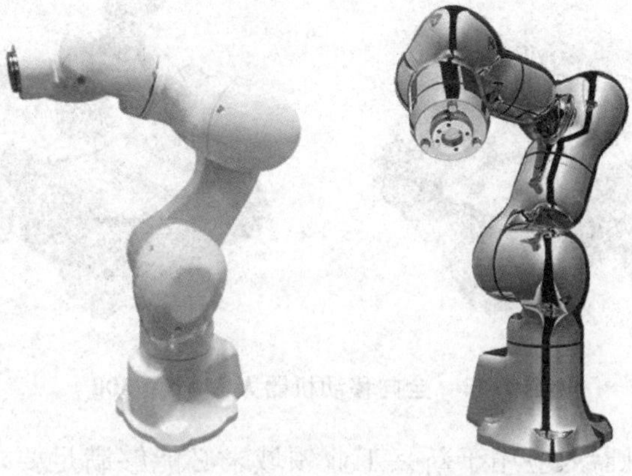

(a) MC004N　　(b) MS005N

图 1.10　川崎公司推出的两款小型化机器人

(2)复合机器人。

下面以一个简单的工业场景来描述复合机器人：AGV 小车机器人负责在厂区运送物料，但 AGV 小车机器人不能实现把物料从车上取走，这就需要在其上安装协作机器人。协作机器人就是轻型六轴机械臂，由它们来搬取和作业；为了识别各种不规范情形(如倾斜、反转、翻倒等)，要使用 3D 激光机器视觉来进行分辨。简而言之，一个复合机器人，虽然区别于“人形机器人”，但也有脚(AGV)、手(机械臂)、眼(3D 视觉)、脑(AI)。复合机器人可快速布局自动化工厂、机房数据管理(存储服务器数据取放)、电力巡检、仓储分拣、自动化货物超市，实现物料自动搬运、物品上下料、物料分拣等，更好地满足行业需求。图 1. 11 所示为复合机器人应用场景，其适用于自动化生产线的运输和小部件搬运，主要被应用在机床上下料、部件搬运和物流运输等场合。

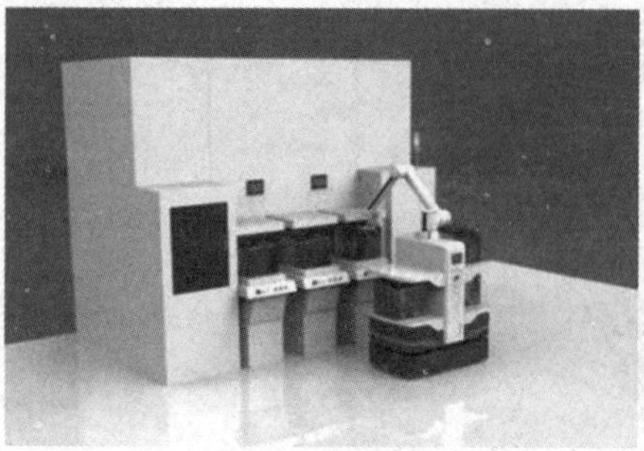

(a)晶圆搬运

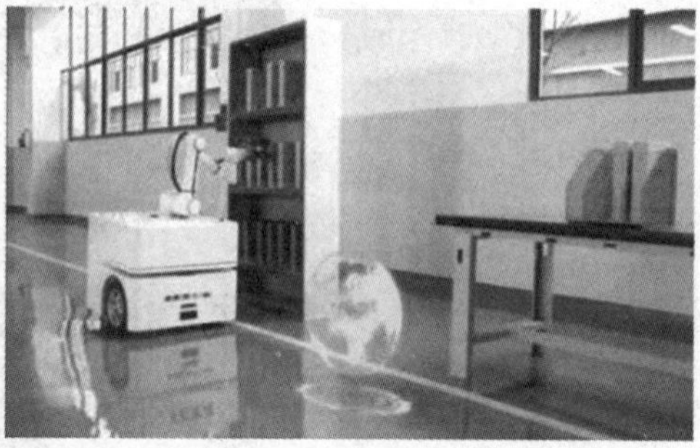

(b)档案管理

图 1. 11　复合机器人应用场景

如图 1. 12 所示，MMO-500 机器人基于 MPO-500 全向移动平台，其车轮采用麦克纳姆轮。由于可以全方位移动，同时提高了负载能力，所以 MMO-500 机器人的应用范围也更广。

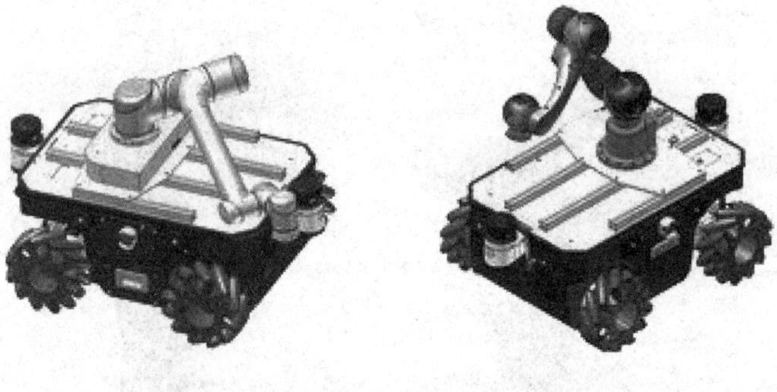

图 1. 12　全向移动机器人 MMO-500

考虑到目前六轴机器人应用于新兴工业领域未必能够满足要求，ABB、安川公司等近来都陆续朝七轴多关节型机器人搭配视/力觉系统发展。KUKA 公司也和德国航空航天中心(DLR)密切合作，于 2006 年推出由德国、美国合作，并自主从 Soft-PLC 改为开发 Windows 操作接口的新款 LWR(light weight robot)机种。其昵称为“竹节虫”，以 12 个模块生产 70 种机器人，头尾部均可视为底座，被广泛地应用于国防、油管侦漏及维修等场合，现已开始在亚洲销售。图 1. 13 和图 1. 14 所示为 LWR 机器人作业场景。

图 1. 15 所示为德国航空航天中心研制的机器人 Justin，其上安装有两条七自由度模块化轻型机械臂，最大的特点是双手协调操作能力很强。

德国 KUKA 实验室设计了一款全新的移动机器人 KUKA youBot，如图 1. 16 所示。KUKA youBot 移动机器人平台是 KUKA 专门为教育或科研开发的一款移动机器人平台，具有开源的控制程序，自带 KUKA youBot API 程序接口，也提供 ROS 或 OROCOS 程序接

图 1.13　LWR 机器人在拧螺丝和物流运输

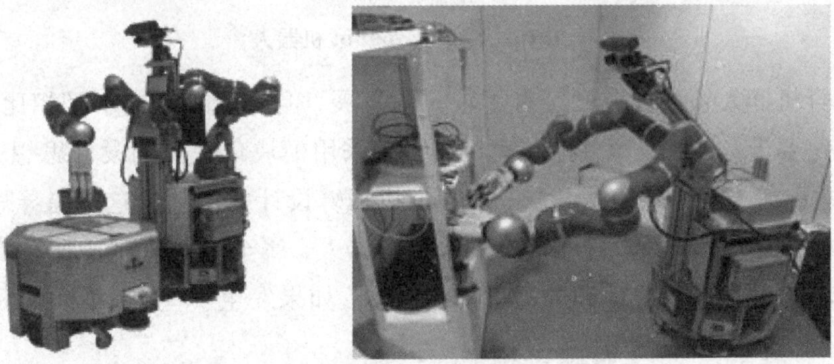

图 1.14　LWR 机器人在转移和抓取部件

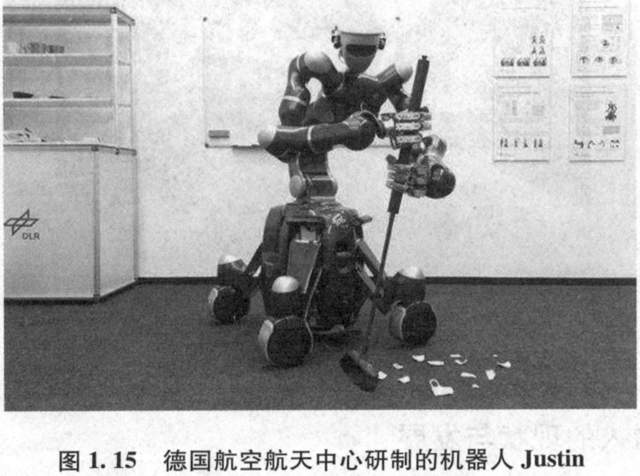

图 1.15　德国航空航天中心研制的机器人 Justin

口界面。KUKA youBot 机器人由一个四轮的万向移动平台与一个(或两个)带夹持器的五自由度机械手臂组成，非常适合移动机器人的科研与教学应用。

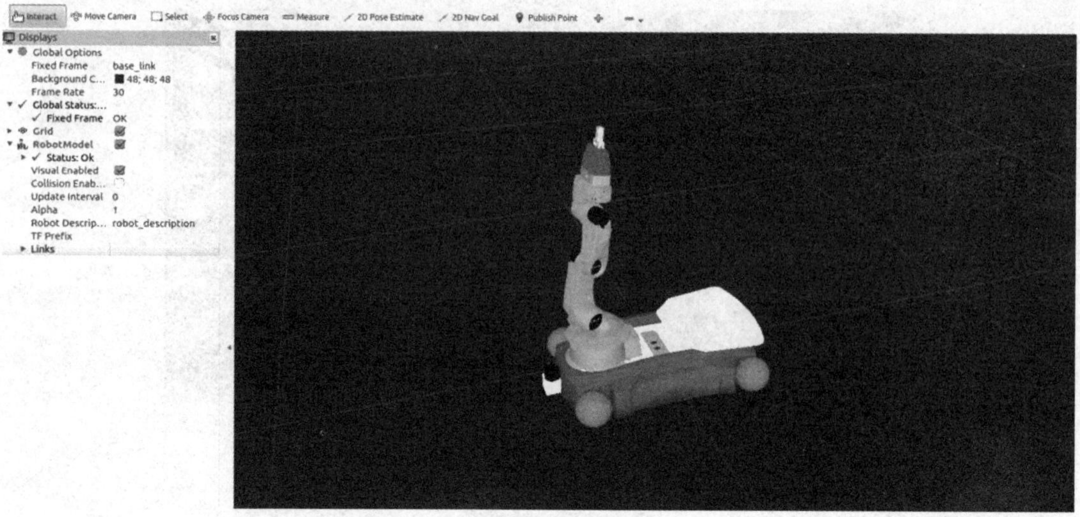

图 1.16　KUKA youBot 机器人

国内复合机器人领域现在已经有了较大的发展，但与国际先进水平相比仍有差距，还有较长的路要走。例如，国外的移动机械臂多采用模块化关节的设计思想，这在关节更换、故障排除等方面有着巨大优势，而国内机械臂设计中还缺少这种指导思想。如图 1.17 所示，我国 2013 年发射到月球的玉兔号机器人，属于国内研制的比较先进的复合机器人，但其对于月球复杂地面的适应能力有限，如果发生一些技术问题，机械臂无法进行自我修复。

图 1.17　玉兔号机器人

1.3.2　服务机器人的现状与发展

1. 服务机器人市场

从机器人行业的兴起，到机器人产业的大面积布局，再到机器人进入井喷式发展，“机器换人”已经不再是一个新兴词汇。如今，随着人们对服务机器人产品需求量的日益增加，众多企业已经逐渐着眼于智能服务领域。服务机器人行业已经出现巨大的市场需求，已经逐渐成为机器人企业产品研发与销售的重点。如何将机器人快速地融入服务行业，是各大机器人企业的下一个目标，也是各个机器人企业长期站稳脚跟的重要保障。但是服务机器人生命周期短、技术指标高、更新换代快等一系列问题也对机器人企业提出了更高的要求。

2. 服务机器人发展状况

服务机器人能面向所有普通家庭提供家务、娱乐休闲、安全健康等服务，拥有很大的潜在客户群体与市场，因而最有希望形成巨大的产业。时至今日，机器人已从第一代示教再现型机器人、第二代有感觉的机器人发展到第三代智能机器人，而服务机器人正是第三代智能机器人的典型代表。目前，国内外研究者在移动机构设计、传感器融合与环境建模技术、路径规划技术、能源技术、智能控制技术、人机交互技术等方面都取得了长足的进步。

(1) 国外服务机器人发展现状。

如图 1.18 所示，新一代仿人机器人 ASIMO 搭载全新自律控制技术，实现了从“自动机器”到“自律机器”的进化。新 ASIMO 机器人的智能程度大幅度提升，在没有人操作的情况下，其可根据类似人类视觉、听觉、触觉等各类传感器获取的信息进行综合判断，由此推断周围的状况并决定自身的对应行动。

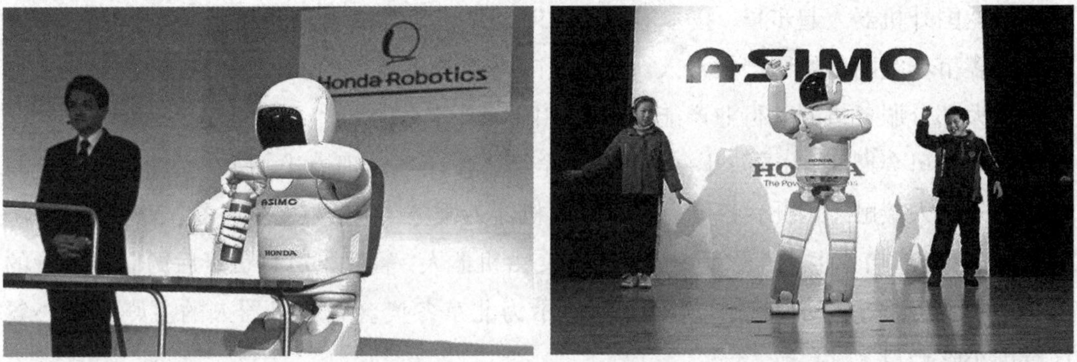

图 1.18　仿人机器人 ASIMO

新技术还可使 ASIMO 机器人的动作敏捷性和身体协调性（如步行、高速奔跑、逆向奔跑、单腿跳跃、双腿跳跃等活动）大幅度提升，ASIMO 机器人均可自由、连续地完成，即使在崎岖路面上，仍可保持稳定姿势顺利行走。与此同时，新研发的高性能小型多指手，可对 ASIMO 机器人的各节手指进行独立操控，作业性能也得到提升。运用在 ASIMO 机器人身上的各种先进技术同样也应用在多个领域，如在医疗、公共设施、交通等方面都有不小的建树。另外，ASIMO 机器人曾在世界各地进行多次访问演出。

图 1.19 所示为 iRobot 机器人吸尘器。iRobot 机器人吸尘器的英文名称为“Roomba”，中文名称为“伦巴”，是由美国 iRobot 公司生产的服务机器人。罗德尼·布

鲁克斯教授在世界上最大的大学实验室——计算机科学与人工智能实验室(Computer Science and Artificial Intelligence Laboratory, CSAIL)主持工作，并于1990年带着得意门生——科林·安格尔和海伦·格雷纳，以CSAIL所提供的创业基金为基础，创办了iRobot公司。iRobot公司最初专注于军用机器人的研究，创造了PackBot等机器人，于2002年开始涉足家用机器人市场，并在2002年推出了具有历史意义的机器人吸尘器——Roomba。

图1.19　iRobot机器人吸尘器

(2)国内服务机器人发展现状。

虽然国外机器人起步早、技术能力强，但是进口机器人普遍价格及维护费高，所以还有很多市场空间留给国产机器人。同时，国内服务机器人的发展成绩也颇为显著，如今全球大部分服务机器人行业产能集中在中国。

北京冬奥会期间，为了防止疫情感染，全部采用闭环管理模式，所有运动员不允许与赛场以外的人接触。因此，冬奥会餐厅采用机器人服务，包括点餐、送餐、清理桌面、洗碗、刷盘子、打扫卫生、消毒等一切工作都交由机器人，餐厅人员只负责后厨制作餐食的工作，也不允许与运动员接触。图1.20所示为北京冬奥会餐饮机器人的主媒体中心餐厅智能小吃档口。

图1.20　北京冬奥会餐饮机器人的主媒体中心餐厅智能小吃档口

在北京冬奥公园举行的北京 2022 年冬奥会火炬传递活动中，水陆两栖机器人和水下机器人实现了奥运史上首次机器人水下火炬接力，如图 1.21 所示。此次火炬传递由火炬手将奥运火炬传递给水陆两栖机器人，此后水陆两栖机器人与水下机器人进行了精准对接点火，并传递给下一捧火炬手。在传递过程中，不仅能体现“水火相融”的神奇景象，而且能展现设计者所倡导的绿色环保理念，彰显了奥运与科技炫美结合的魅力。两台机器人在结冰的北京永定河中相遇，并进行了一场长达 8 min 的水下接力活动。整个过程由机器人冰面滑行入水、水下火炬交接传火、机器人出水三部分组成，全部是由水陆两栖机器人与水下机器人共同完成的。

图 1.21　水陆两栖机器人和水下机器人

科研平台的基础是轮式机器人移动平台，常见轮式机器人底盘有先锋(Pioneer)，Turtlebot，EAI，Autolabor 等。如图 1.22 所示，该教育科研机器人平台提供更为开放的、模块化的、稳定的系统。先锋是全球使用最广泛的机器人平台，有二十年的历史，其运行稳定、精度高，提供软件及 SDK(建图和导航部分不开源)。先锋有大、中、小型三种机器人平台，国内外科研使用最多的是小型平台 P3-DX。这是一款两轮差分驱动的机器人底盘，装配 500 线编码器的电机、19 cm 的轮胎、铝制外壳，以及 8 个前置防碰撞声呐，是一款不错的室内科研平台。

图 1.22　教育科研机器人平台

3. 服务机器人产业化方向和发展建议

全球制造业模式的升级，让更多智能产品走进了人们的生活。如今，智能数码产品、智能家电、智能机器人等产品不断提升人们生活的品质，这些当初只出现在科幻片、遥不可及的“新鲜事物”，现在俨然成为人们生活的必需品。

(1)服务机器人产业化方向。

服务机器人产业化一直是各大企业关注的焦点，一般来说，主要把服务机器人产业化分为以下四个方向。

① 智能家居方向。服务机器人最初的目的是成为新的智能家电，替人们完成某项家务工作(如扫地、端茶倒水)，或者成为家庭管家，或者为其他家电提供远程操控、智能化管理平台。

② 教育娱乐方向。教育娱乐是现代生活服务关注的热点，这类机器人产品更易于被儿童及各级教育机构所接受。其宗旨在于让人们有机会更好地理解和接触到机器人。

③ 家庭安全方向。它主要指家庭成员财产的安全和家庭成员的健康。随着人们生活水平的提高及老龄化社会的到来，家庭安全健康越来越受到人们的重视，服务机器人能提供家庭安防监控、健康管理等服务，在不远的将来，也会有较大的市场。

④ 信息服务方向。移动互联网技术的蓬勃发展，能使接入移动互联网的家庭服务机器人成为信息服务的新平台，成为无所不知的家庭助手。

需要指出的是，以上服务机器人的四个方向是相互协作、相互融合的，当今市场很多服务机器人同时涉及一个或多个方向。可以预见，在未来，同时兼顾智能家居、教育娱乐、家庭安全、信息服务等诸多方面，为家庭提供全方位服务的机器人也将进入市场。

(2)服务机器人未来发展。

得益于计算处理技术、人工智能、传感技术、互联网技术的发展，服务机器人在最近二十年得到了突飞猛进的发展；同时，人们对生活质量需求的不断提升，将促使服务机器人在不远的将来进入千家万户。我国发展服务机器人产业，既有助于满足人们正常的生活和工作需求，提升人们的生活水平，又有助于我国科技的发展创新，占领新兴行业制高点，实现更高的产业价值。机器人技术不仅是热门技术，而且是衡量一个国家科技实力的重要指标。

(3)产业发展中的问题和建议。

从国内外发展状况来看，服务机器人进入市场的过程非常缓慢，要想在实际生活中很好地利用服务机器人，除了受技术因素影响，还受到其他因素的影响。例如，国外服务机器人技术尽管很先进，但其研究人员及用户却是孤立的群体，缺乏基础设施来为潜在用户展示其研究成果。

1.3.3　医疗机器人的现状与发展

比较知名的医用机器人公司是 Intuitive Surgical，其 2014 年的营收达到 21 亿美元。医疗行业对机器人感兴趣的原因有很多，这可以与制造业中采用自动化机械的原因做比较。并不是说医疗机器人解决的问题与自动化机械解决的问题是一样的，但它们所带来的益处无疑是相似的。医疗机器人为行业带来的好处，可能比最专业和最勤奋的医疗工作者更多，主要包括速度、准确性、可重复性、可靠性。就目前来说，医疗机器人主要分为以下四类。

① 外科手术机器人：可用于手术影像导引和微创手术，多数由外科医生控制，医生掌握输入设备，机器人按照指令在患者身上操作。

② 康复机器人：用于辅助和治疗老年、永久或临时的残疾患者及行动不便的人群，用户通过视觉反馈和各种输入设备控制机器人，从而执行简单的任务，如将食物放在口中、翻书、站立和行走等。

③ 医用服务机器人：其常见的形式是医院中运输类移动机器人，用于取药或分配药物，还有消毒和杀菌机器人等，可以解决医院工作人员供不应求的问题，帮助他们分担一些沉重而烦琐的工作。

④ 实验室机器人：用于进行配药或进行重复性的实验(如病毒检测等)，可以节省时间，为其他工作腾出人力。其主要原因是能够以高速、可靠和无疲劳的方式执行重复性任务。

当然，上面的分类并不能涵盖所有种类的医疗机器人，如还有用于陪伴的情感类机器人，其既可以帮助治疗痴呆症和认知障碍，也能用于康复类型的家庭护理。

1. 医疗机器人发展情况

目前为止，医疗机器人主要还是以辅助医疗为主。市面上大多数医疗机器人都是以半自动半人工的方式进行工作的。图 1.23 所示为新松医疗辅助机器人系列。

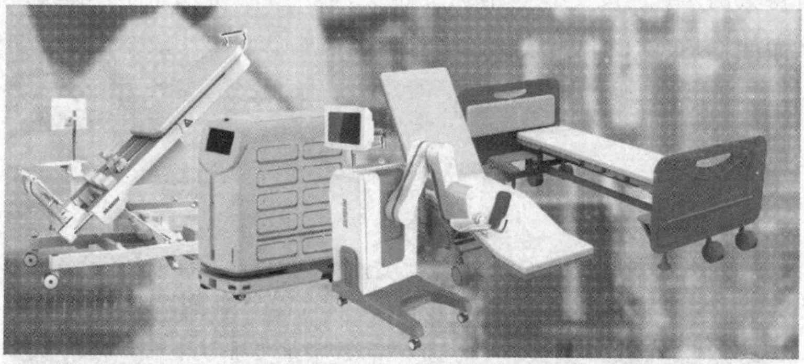

图 1.23　新松医疗辅助机器人系列

在2016世界机器人大会上，新松公司正式对外推出我国首台应用于肿瘤治疗的消融医疗辅助机器人。目前，这种热消融治疗技术已被成功地应用于临床试验。图1.24所示为热消融机器人。热消融治疗技术作为治疗肿瘤的可靠方法已被国内外各大医院在临床中应用，而与其配合的辅助机器人技术也备受关注。新松公司研制的医疗辅助机器人，基于柔性多关节机器人平台进行研发。它采用了多层次安全控制技术，实现对于关键信息的冗余控制，不但能确保机器人在手术过程中的稳定性与位置控制的精准性，也能确保手术过程中患者及医护人员的安全。

图1.24　热消融机器人

目前，达芬奇手术机器人已经发展到第四代，被认为是典范，如图1.25所示。2012年，英国中西部沃弗汉普顿郡的新十字医院的外科机器人达芬奇在两名外科医生“协助”下，首次完成了一项心脏手术——为25岁的女患者纳塔莉·琼斯修复了心脏。身价170万英镑的达芬奇外科手术辅助仪的外表并不像电影里那种“人模人样”的机器人，严格地说，它是可以提供高清3D视像并执行精密操作的三条机器手臂。达芬奇手术机器人在伦敦和剑桥等地的部分医院参与外科手术，且业绩骄人。机器人比最优秀的外科医生更高超之处在于它不会抖颤，长时间手术不会疲劳，可以转出人的手腕、手指无法企及的角度，看得更清楚，速度更快，精确度也更高。用机器人做手术还意味着手术切口可以更小，从而使伤口愈合得更快。

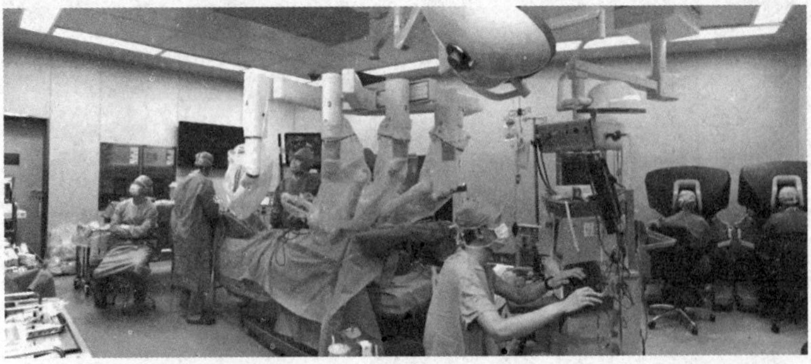

图1.25　达芬奇手术机器人

未来的微创手术机器人应该功能分明，突出细分化应用，按照手术流程可进行大到肌体外科手术、小到简单伤口缝合的操作，这将打破达芬奇机器人垄断的局面。微创手术机器人包括蛇形单臂机器人、手术定位和导航机器人，以及更强大的人工智能 DIY 医用机器人平台和智能化 OR 系统。

2. 医疗机器人产业化方向和发展建议

智能医疗机器人的产生不是为了取代医生，更不是为了颠覆医疗，而是为了辅助医生、补充医疗和健康专业人员的短缺，最终是为了提高医疗服务质量。医用机器人可归纳为五类：① 远程医疗机器人；② 护理及康复机器人；③ 智能假肢及“器官”机器人；④ 微创外科手术机器人；⑤ 特种功能的微型机器人。从投资的角度来看，就规模和市场而言，前两者要远远大于后三者。关于远程医疗机器人，应具有以下特点：可移动、简易操作、功能专业化；可以实现远程医疗服务，具有可用性、实用性、可负担性；智能化，包括远程操控，可以兼容各种 APP，可以学习、反馈、云存储。

1.4　协作机器人产品

1.4.1　协作机器人需求分析

目前，绝大多数企业自动化需求普遍有两种：一种是直接用机器人替换人，这种需求适用于单一、简单、重复性工作；另一种是需要机器人与人共享工作空间，发挥各自的优势，共同完成一项工作。图 1.26 所示为新松公司 GCR5-910 协作机器人。该型号机器人负责处理简单、重复、高强度和高精度的工作，人负责处理不确定的、需要不断做判断的复杂工作，这样对于机器人的智能化和安全特性提出了很大挑战。在此需求牵引下，新松多可协作机器人应运而生。图 1.27 所示为新松公司 DSCR3 双臂协作机器人。新松多可协作机器人被设计成可以在协作区域内与人直接进行交互的机器人，具有投资回报周期短、满足人机协作生产需求(碰撞保护)、操作简单(牵引示教、简易编程)、适应柔性化生产(对原有自动化布局改动很小、占地空间小)的特点，被广泛地应用于汽车、3C、食品与饮料、航空航天金属加工、医药等行业。

1.4.2　协作机器人的定义

协作机器人(collaborative robot)简称“cobot”或“co-robot”，是规划和人类在同一作业空间中有近距离互动的机器人。协作机器人能和人类近距离接触，可在生产生活中充当不同的角色。例如，在办公室，它可以是和人类一起工作的自主机器人；在工厂，它可以充当没有防护罩的工业机器人。国际工业机器人安全标准 ISO 10218-2：2011 中对协作机器人进行了定义：被设计成可以在协作区域内与人直接进行交互的机器人，其中协

图 1.26　新松公司 GCR5-910 协作机器人

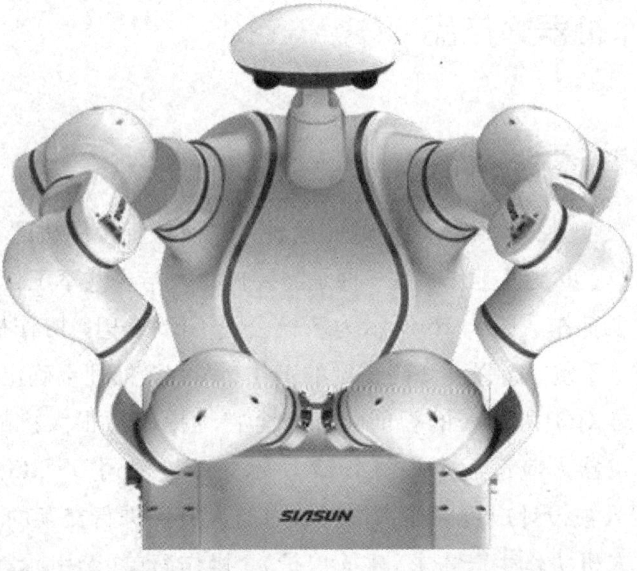

图 1.27　新松公司 DSCR3 双臂协作机器人

作区域(collaborative workspace)是指机器人和人类可以同时工作的区域。协作机器人标准 ISO/TS 15066：2016 中进一步地对“协同操作”(collaborative operation)进行了定义：特殊设计的机器人系统与操作人员在协同作业空间内进行的工作。

部分知名协作机器人厂商也对协作机器人有自己的见解。例如，KUKA 将 LBR iiwa 机器人定义为可与人并肩作业的“智能型工业助手”；新松公司对协作机器人的定义是一种易于安装和使用的能够与工人合作生产的轻型机器人；ABB 公司则将协作机器人 YuMi 定义为能够满足电子消费品行业对柔性和灵活制造的需求，可应用于小件装配作业的能与人协同作业的机器人。

1.4.3　协作机器人的特性

1. 与人协作，充分发挥人与机器人的优势

与发展了几十年的工业机器人相比，协作机器人最大的突破在于可以直接与人并肩合作，而无须使用安全护栏进行隔离。这种方式不仅减少了人和机器人之间的距离，大大减少了工位所占的面积，更重要的是可以充分结合人和机器人的优势，彼此取长补短，让机器人辅助人类去完成那些高重复性、高精度的工作，人类则解决灵活性高、不断优化的工作。在装配高精度的轻型零部件时，人机协作便突显出这种将人和机器人的优点结合在一起的优势。

2. 安全性高

安全性高是协作机器人的基本特征之一，其在设计之初就以给人机互动提供安全保障为宗旨。因此，为了实现人机协作的安全性，协作机器人一般采用轻量化设计，体型轻巧，并应用内骨骼设计方式。协作机器人具有力反馈和碰撞检测功能，以确保机器人在安全速度下碰到人或障碍物时能够自动停止运行，防止对人和设备造成大的伤害。这种独有的特性是传统工业机器人所不具备的，因此，协作机器人相对于传统工业机器人更安全。

3. 部署简单、灵活易用

协作机器人一般支持拖动示教，配备直观的用户编程界面，集成操作简单、易掌握的软件系统及模块化的示教器等，其在大部分的场所开箱后，普通工人通过一定的训练就可以完成许多部署工作。此外，体型轻巧的协作机器人既可以安装在桌面上，也可以安装在设备上，十分灵活。

4. 支持柔性生产模式

协作机器人冲破了安全护栏的限制，可以不受固定地理位置的约束，而是随着实际需求，只需简单编程和训练，就能够在不同的地方快速适应新的生产任务。因此，其能够较好地支持柔性生产模式，即使出现机器人故障，也能迅速由新的机器人来补充。

1.5　协作机器人的发展历程

1996 年，协作机器人的概念由美国西北大学的两位教授 J.Edward Colgate 和 Michael Peshkin 首次提出，并申请了专利。这一概念的提出，是基于 1995 年通用汽车基金会(General Motor Foundation)赞助的一个项目，即试图找到一种方法，使机器人变得足够安全，以便可以和工人协同工作。

2005 年，协作机器人开始迎来了发展契机。同年 3 月，由欧盟第六框架计划资助的中小型企业项目开始实施。该项目旨在通过机器人技术增强中小型企业劳动力水平，提高竞争力，减少离岸外包。该项目由德国顶级自动化技术应用研究所之一的弗劳恩霍夫协会制造技术与自动化研究所承担，同时参与该项目的还有德国航空航天中心、瑞典隆德大学工程系，以及其他大学及科研机构、IT 公司、软件开发商及咨询公司。同年，协作机器人公司 Universal Robots（UR）在丹麦成立。该公司的创立起初是因为三位创始人在南丹麦大学一起做研究时，发现了中小型企业对机器人的新需求（与当时丹麦政府主导的一项机器人计划也有关系）。

2006 年，日本安川电机公司机器人分部（Motoman）向欧洲市场引入了一种双臂机器人，其 SDA 系列轻型机械臂（图 1.28）与 SIA 系列轻型机械臂与现在的主流协作机器人在结构与外观上非常相像。只是当时 Motoman 更倾向的是“机器换人”及“多机器人协作”，而非“人机协作”。

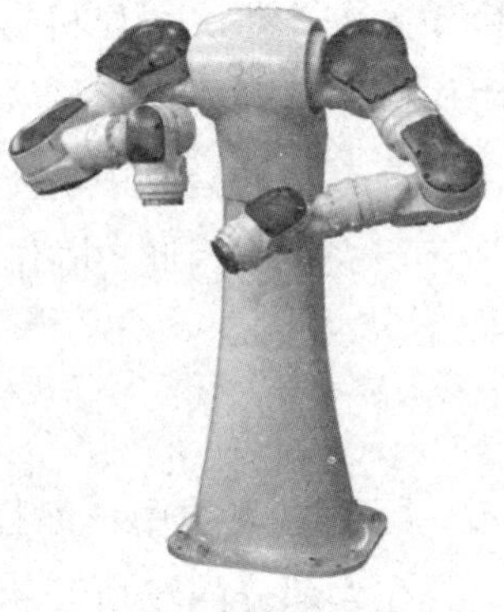

图 1.28　安川公司引入的 SDA 系列轻型机械臂

2008 年，Rodney Brooks 创立了 Heartland Robotics（2012 年更名为 Rethink Robotics），其最初也是为了帮助美国本土的中小型企业提高生产效率。因此，协作机器人最初的目标市场是中小型企业。

直到 2009 年，Universal Robots 公司推出了一款机器人——UR5（图 1.29），至此，全球首款协作机器人诞生。其实，在 UR5 之前，绝大多数协作机器人都是在传统机器人的基础上改造的，而 UR5 才是第一个从产品设计伊始就以协作机器人的要求进行开发的机器人。

2012 年，Rethink Robotics 公司推出了双臂协作机器人 Baxter，但并不是很成功。自此之后，协作机器人市场的大门被打开，不仅以“四大家族”为首的传统工业机器人企业纷纷将目标指向了这一新领域，KUKA 公司的 LBR iiwa 系列（图 1.30）、ABB 公司的 YuMi 系列（图 1.31）、FANUC 公司的 CR-35iA 系列（图 1.32）及安利公司的 HC10 系列（图 1.33）相继被推出，而且市场上也出现了越来越多的新创立的协作机器人公司。协作机器人的概念也被人们所认识和接受，并逐渐发展成全球关注的焦点。

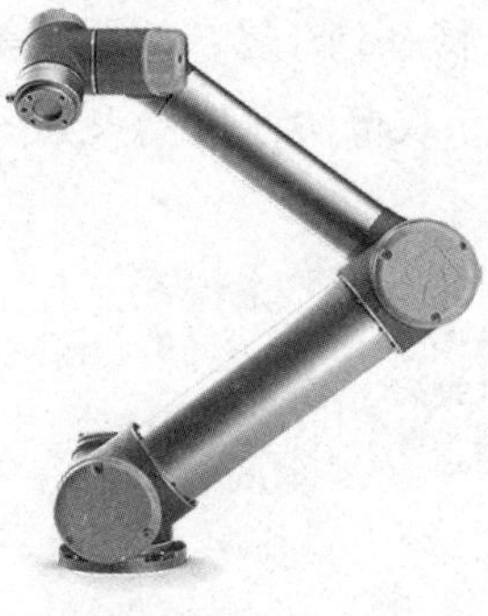

图 1.29　Universal Robots 公司推出的 UR5

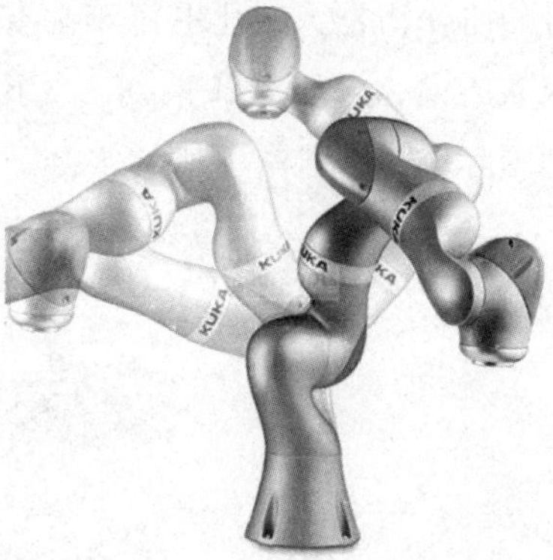

图 1.30　KUKA 公司推出的 LBR iiwa 系列

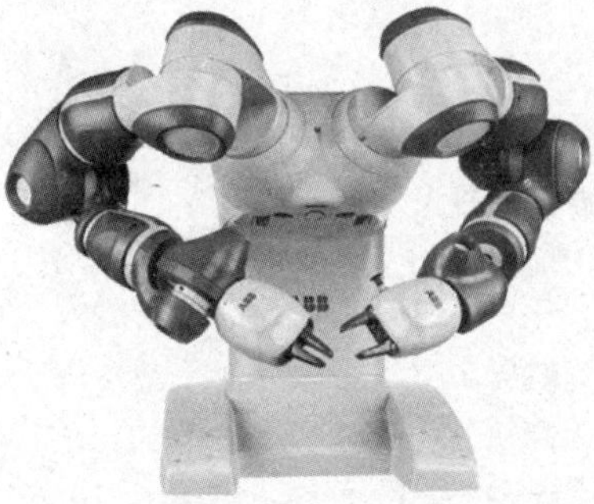

图 1.31　ABB 公司推出的 YuMi 系列

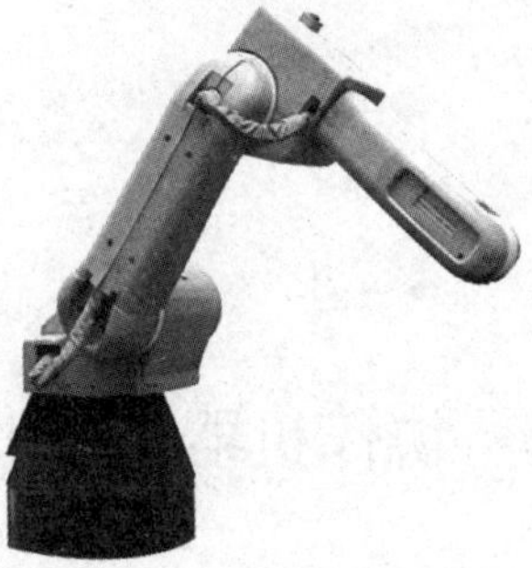

图 1.32　FANUC 公司推出的 CR-35iA 系列

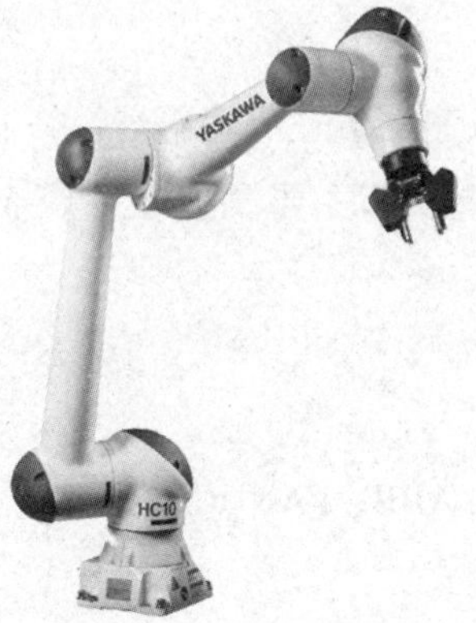

图 1.33　安川公司推出的 HC10 系列

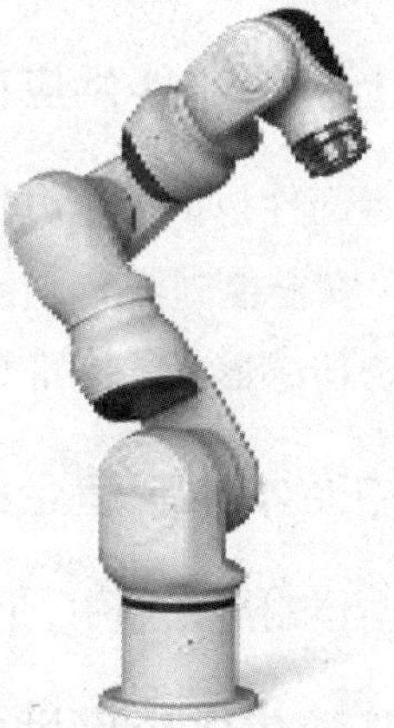

图 1.34　新松公司 SCR5 协作机器人

2015 年，新松公司发布了第一代协作机器人产品 SCR5。该产品为负载 5 kg 的七轴协作机器人，打破了国外协作机器人在国内的垄断地位。新松公司 SCR5 协作机器人如图 1.34 所示。

2016 年，新松公司首台双臂协作机器人 DSCR5 发布；之后，新松公司又陆续发布了各种型号的协作机器人，几乎每年都有新产品发布。目前，新松公司已经拥有一个协作机器人家族族谱，涵盖 SCR 系列、GCR 系列、DSCR 双臂系列、复合机器人等，产品性能已经达到国际领先、国内一流的水准。新松公司 DSCR5 双臂协作机器人如图 1.35 所示。

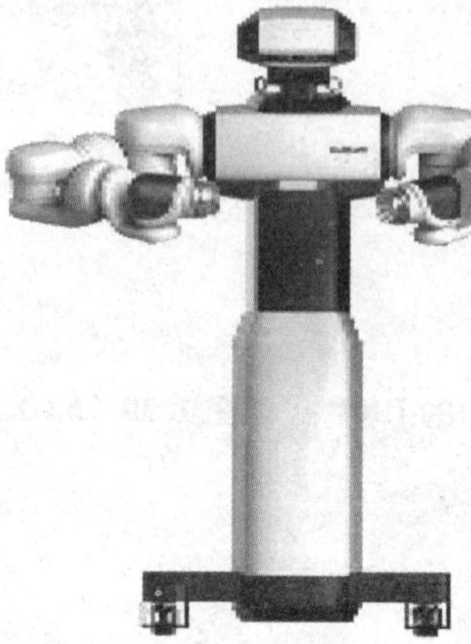

图 1.35　新松公司 DSCR5 双臂协作机器人

1.6　协作机器人产业链

与传统工业机器人相似，协作机器人在当前市场上也逐渐形成了完整的产业链，具体可划分为上游零部件供应商、中游本体制造企业、下游集成应用供应商。

1.6.1　上游零部件供应商

上游零部件包括力矩电机、伺服驱动器、谐波减速器、关节编码器、关节传感器、力矩传感器、安全控制器等。目前，大部分零部件制造技术主要掌握在外资企业手中，尤其在高精密传感器、减速器等方面。

1.6.2　中游本体制造企业

中游本体制造企业中，代表性企业有新松、UR、ABB、FANUC、KUKA、安川等。

1.6.3　下游集成应用供应商

下游集成应用包括焊接胶合、组装装配、抛光打磨、喷涂、点胶涂胶、搬运码垛、上下料、检测测试等。人负责应对柔性、触觉、灵活性要求比较高的工序，协作机器人则利用其快速、准确的特点来应对重复性工作。当前，大部分传统工业机器人集成供应商还不适应协作机器人的应用特性，导致集成应用供应商可选择的范围有限。

实际上，协作机器人是工业机器人产业链中一个非常重要的细分类别，有其独特的优势，但也有一定的短板：为了实现本身的安全特性，需要限制力和功率的大小，因此，协作机器人的运行速度相对于传统工业机器人会慢一些；为了减少机器人运动时的动能，协作机器人一般重量比较轻，这就导致整个机器人的刚性会弱一些；低自重、低能量的要求，导致协作机器人体型都很小，负载一般在 20 kg 以下，工作范围只与人的手臂相当。

1.7　应用行业

协作机器人适用于汽车零部件、3C 电子、金属机械、五金卫浴、食品饮料、注塑化工、医疗制药、物流仓储等行业。其中，汽车零部件和 3C 电子组装装配、金属及五金卫浴抛光打磨是协作机器人应用较多的领域，也是应用空间较大的领域。未来，商业和服务行业应用会是协作机器人应用增长较快的领域。

3C 电子、医疗制药、食品饮料、物流仓储等新兴行业的特点是产品种类很多、体积普遍不大、对操作人员的灵活度和柔性要求较高。它们的产品一般以小批量、定制化、短周期为特征。由于没有太多的资金对生产线进行大规模改造，并且对产品的投资回报率(ROI)更为敏感，因而中小型企业仍是目前协作机器人的主要客户。

1.8　机器人的技术发展趋势及产业问题

1.8.1　机器人技术的发展趋势

1. 采用模块化设计技术

智能机器人和高级工业机器人的结构要力求简单紧凑，其高性能部件甚至全部机构的设计已朝模块化方向发展；其驱动采用交流伺服电机，朝小型化和高输出方向发展；其控制装置向小型化和智能化发展，采用多处理器和多功能操作系统，能提高机器人控制系统的实时性和快速响应能力。机器人软件的模块化能简化编程，同时能发展离线编程技术，提高机器人控制系统的适应性。

2. 机器人工程系统呈上升趋势

在生产工程系统中应用机器人，使自动化发展为综合柔性自动化，实现生产过程的智能化和机器人化。近年来，机器人生产工程系统得到不断发展。汽车工业、工程机械、建筑、电子和电机工业及家电行业在开发新产品时，引入高级机器人技术，采用柔性自动化和智能化设备，改造原有生产手段，使机器人及其生产系统的发展呈上升趋势。

3. 应用领域向非制造业和服务业扩展

为了开拓机器人应用领域新市场，除了提高机器人的性能、功能及研制智能机器人，向非制造业扩展也是一个重要方向。开发适用于非结构环境下工作的机器人将是机器人发展的一个长远方向。这些非制造业包括航天、海洋、军事、建筑、医疗护理、服务、农林、采矿、电力、煤气、供水、下水道工程、建筑物维护、社会福利、家庭自动化、办公自动化和灾害救援等。智能机器人在非制造业部门具有与制造业部门一样广阔和诱人的应用前景，必将造福于人类。

4. 移动机器人研究引起重视

近年来，对移动机器人的研究得到人们的重视，人们想要使机器人能够移动至固定式机器人无法达到的预定目标，完成设定的操作任务。

行走机器人是移动机器人的一种，包括步行机器人（二足、四足、六足和八足）和爬行机器人等。自主式移动机器人是研究最多的一种。移动机器人在工业和国防上具有广泛的应用前景，如清洗机器人、服务机器人、巡逻机器人、防化侦察机器人、水下自主作业机器人、飞行机器人等。我国在移动机器人研究方面已取得丰硕成果。

5. 开发可定制的制造生产系统

工业机器人必须改变过去那种“部件发展方式”，而优先考虑“系统发展方式”。随着工业机器人应用范围的不断扩大，机器人早已从当初的柔性上下料装置，发展成为可编程的高度柔性加工单元。随着高刚性及微驱动问题的解决，机器人作为高精度、高柔性的敏捷性加工设备的时代迟早会到来。从系统观点来看，设计和开发机器人必须考虑和其他设备互联及协调工作的能力。不论机器人在生产线中起什么样的作用，它总是作为系统中的一员而存在的。应该从根据用户需求可定制的制造生产系统的观点出发来考虑工业机器人的发展。

6. 军用机器人将装备部队

这里仅讨论陆军机器人的发展趋势。人类关于机器人参军的梦想早已有之，我国古代就曾有诸葛亮制作“皆不水食，可以昼夜转运不绝”的木牛流马来运送物资。如今，各国军队研发和使用机器人的主要目的是代替人类执行危险的军事行动。因为机器人能够在酷热、极寒、核生化污染等恶劣环境下执行可能威胁人类生命安全的军事任务，从而大大减少军队有生力量伤亡数量。未来军用机器人的表现将大大超出人体机能，完成人类不可能完成的军事任务。特别是当机器人与信息技术相结合变得更加智能化后，它们将会成为真正的千里眼、顺风耳，可以不知疲倦地飞速奔跑，不需要语言交流就可以协同作战，敏锐地寻找、辨别和摧毁要打击的目标，发挥出人类不具备的作战效能。

1.8.2 机器人产业问题

1. 我国机器人尖端技术尚未实现全球领先

机器人是多学科、高科技交叉融合的产物，作为工业后发国，中国在产业基础上相对较弱。在机器人产业中，上游核心零部件直接影响机器人性能，且占本体成本 70%以上，但目前我国核心零部件仍依赖进口。

同时，我国机器人尖端技术尚未实现全球领先，与国外成熟的工业机器人相比，依然有不小差距，高端市场显著缺失。

2. 服务机器人关键技术待突破

目前，国内将服务机器人定位为提高人类生活质量的基础关键设备，部分人工智能技术拥有国际领先水平，但从市场需求的角度出发，现有机器人产品尚不能满足用户智能化需求，人机交互、柔顺控制、功能仿生、智能感知等关键技术严重地制约了服务机器人发展。

3. 产品价格高、功能安全与信息安全难保证导致服务机器人购买疑虑

国内可量产的服务机器人企业数量较少，由于难以规模化生产，产品成本难降低；而消费者市场对产品价格十分敏感，高价格门槛使得服务机器人难以进入大众化消费时代。

4. 行业标准缺失，产品良莠不齐

机器人产业的发展必须具备与之相匹配的标准体系。目前，为引导机器人产业的健康发展，我国已发布和正在制定的机器人及相关国家标准有 100 余项。

国内机器人技术演进较快，应用场景变化较大，但国家标准制定周期较长(通常需要 2~3 年)，而现有标准以工业机器人为主，市场活跃的服务机器人及特定领域应用的特种机器人通常无法找到对应的标准来作为质量评定依据，标准制定进程明显滞后于市场发展现状。而且国内已有的机器人标准以强制的安全认证为主，缺乏产品功能性认证，使得部分地方及企业标准执行不到位。同时，行业标准处罚力度不够、围标代价不高等，直接导致国产机器人产品良莠不齐。

第 2 章　机器人机构

机器人学的研究能够进一步地揭示几何学与代数学之间的内在关联，为开发高效的控制算法与人工智能提供理论依据。着眼于机器人机构的机械工程的发展趋势要求，根据机械设计及理论学科的培养目标，结合科研实践，基于当时国际机构学与机器人学领域十分热门的新理论，人们建立了“机器人学的李群与李代数分析方法”，该方法是李群与李代数(Lie group and Lie algebra)的重要分支学科。挪威数学家马利乌斯·索夫斯·李(Marius Sophus Lie)在研究线性偏微分方程组解的积分曲线时，发现了无穷小变换群(这就是现代的局部李群)及无穷小变换群的李代数。鉴于旋量理论在机器人中的应用日益广泛，将有关旋量理论及应用的知识扩展进来。因此，旋量代数和李群与李代数以对空间直线运动及相关代数运算描述的几何直观性与代数抽象性成为 21 世纪机构学与机器人学研究中最受欢迎的数学工具。由此，本书用代数形式阐述旋量理论及其几何基础，揭示旋量代数和李群与李代数的关联关系，提供机构与机器人研究的几何方法与代数方法的理论基础。

2.1　机构的历史和发展趋势

2.1.1　机构的发展历程

第一阶段(古世纪至 18 世纪中叶)：机构的启蒙与发展时期，如图 2.1 所示。

(a) 中国马车模型　　(b) 达芬奇设计的汽车模型　　(c) MIT 博物馆中的各种“简单机构”

图 2.1　机构发展的第一阶段

第二阶段(18 世纪下半叶至 20 世纪中叶)：机构的快速发展时期，机构学成为一门独立的学科，如图 2.2 所示。

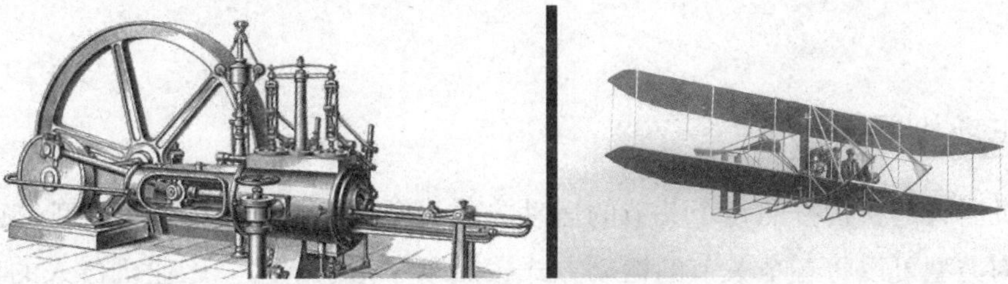

(a)纺织机蒸汽机结构　　(b) 莱特兄弟和他们发明的飞机

图 2.2　机构发展的第二阶段

第三阶段(20 世纪下半叶至今)：控制与信息技术的发展使机构学发展成为现代机构学，机器人机构学成为研究的主流，如图 2.3 所示。

(a) 六轴 puma 机器人　　(b) 自动化设备　　(c)波士顿大狗

图 2.3　机构发展的第三阶段

2.1.2　机器人机构的发展趋势

机器人机械的发展趋势见图 2.4。

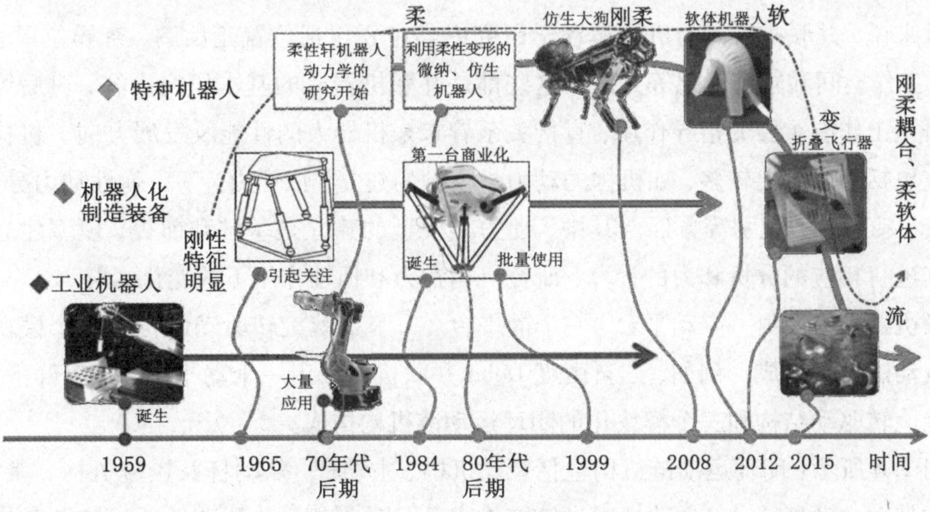

图 2.4　机器人机构的发展趋势

2.2 经典的机器人机构

2.2.1 工业机器人

工业机器人的机构按照每个关节的运动方式可分为P型(平移)和R型(旋转)。机器人的机构类型可以将各个关节的运动方式按照顺序记录下来。工业机器人的典型机构有PPP型、PPR型、PRR型及RRR型等，如图2.5所示。

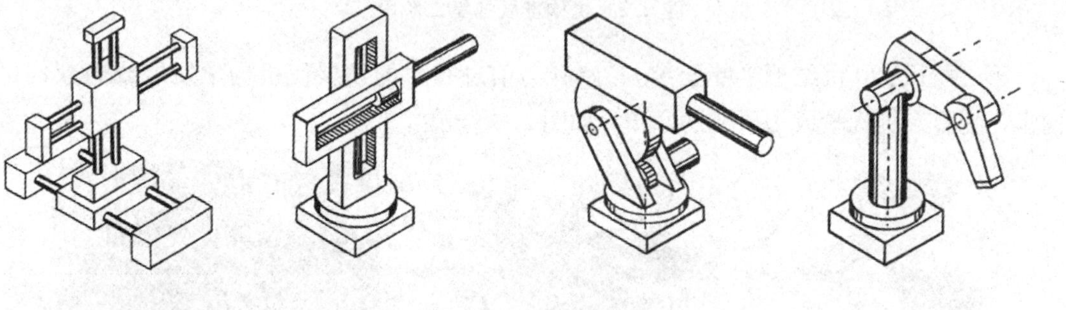

(a)PPP型　(b)PPR型　(c)PRR型　(d)RRR型

图2.5 工业机器人的典型机构

2.2.2 并联机器人

六自由度并联机器人相比串联机器人具有如下优点：控制简单，运动学和动力学模型建立简单，降低机构的复杂程度和成本，可以满足大多数工业操作的要求。因此，其在工业生产及其他领域有着更广阔的应用前景。目前，关于并联机器人的研究开发和应用变得日益广泛。

通常来说，并联机器人的机构运动学研究内容主要包括位置正反解、奇异位形、参数优化、工作空间和轨迹优化等方面。这些都是并联机器人的基本研究内容，对后续机器人的研究工作有重要的指导作用，直接关系着未来机器人的性能及发展方向。机构动力学研究包括的内容比较多，如机构的动力学模型的建立、惯性力计算、弹性动力分析、动力平衡、动态参数识别等方面。其中，动力学模型的建立是基础和前提，模型建立后就要对其进行相应的分析和力的计算，研究机构在力和惯性作用下的变化情况。

并联机器人一般由一个动平台、一个静平台、一个手腕旋转驱动结构和几个模块化的闭环运动链机构构成。例如，三自由度Delta并联机器人由一个动平台、一个静平台、一个手腕旋转驱动结构和三个模块化的闭环运动链机构构成。

如图2.6所示，闭环运动链机构包括驱动机构、主动杆、从动杆及铰链机构。其中，驱动机构带动主动杆转动，主动杆通过铰链1带动从动杆摆动，从动杆通过铰链2带动平台运动。从动杆由铰链 1、铰链 2 连接 4 个杆件所组成的平行四边形机构组成，它分别与主动杆和动平台相连。图 2.6 所示铰链为球铰链，也称为万向铰链。图 2.7 所示为几种典型的并联机器人机构。

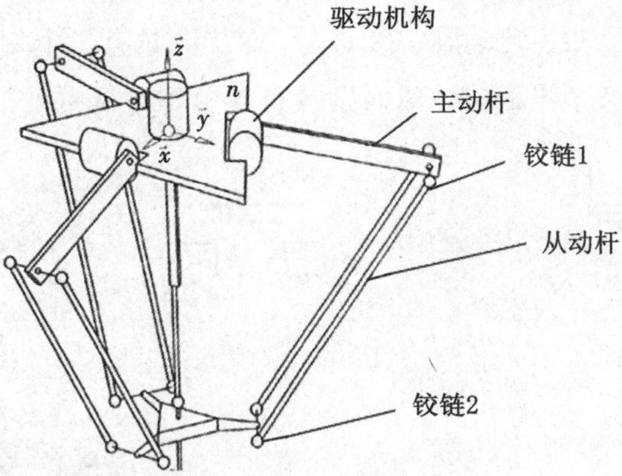

图 2.6　闭环运动链机构

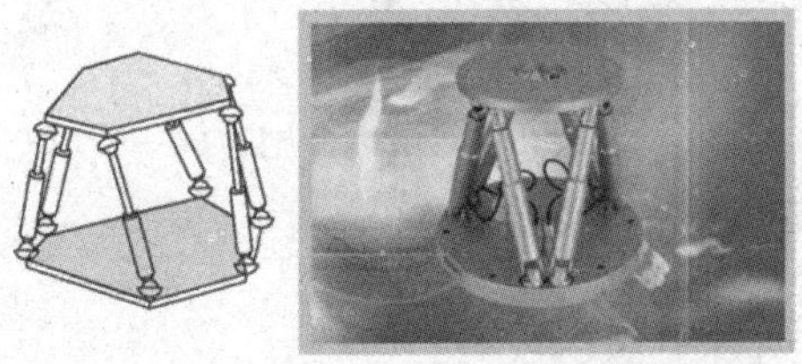

(a)

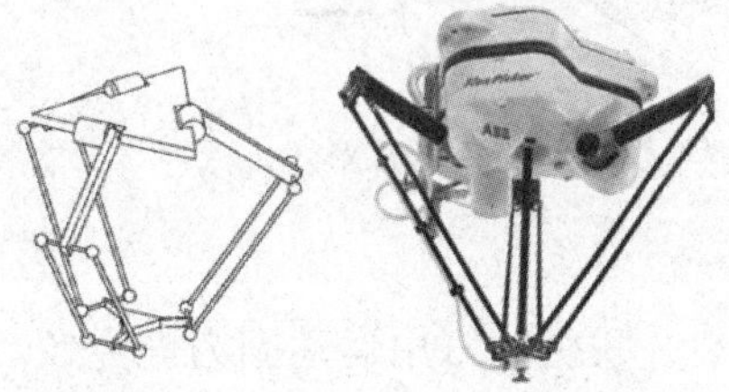

(b)

(c)

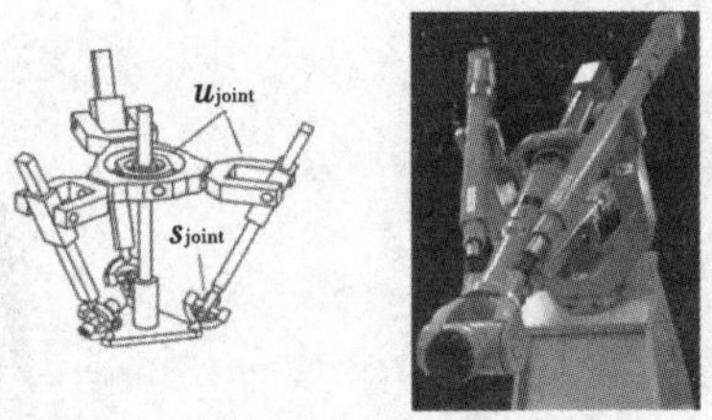

(d)

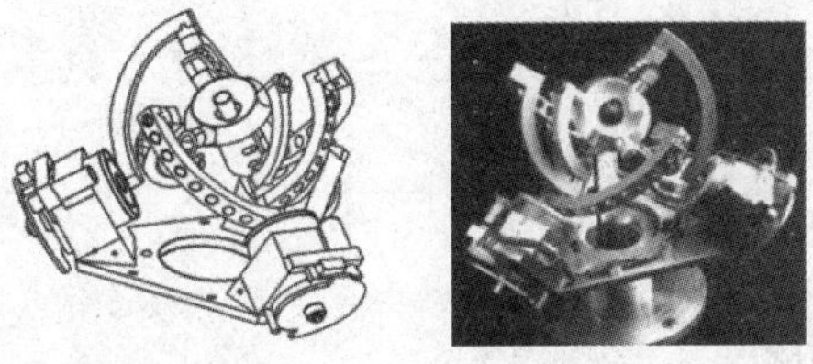

(e)

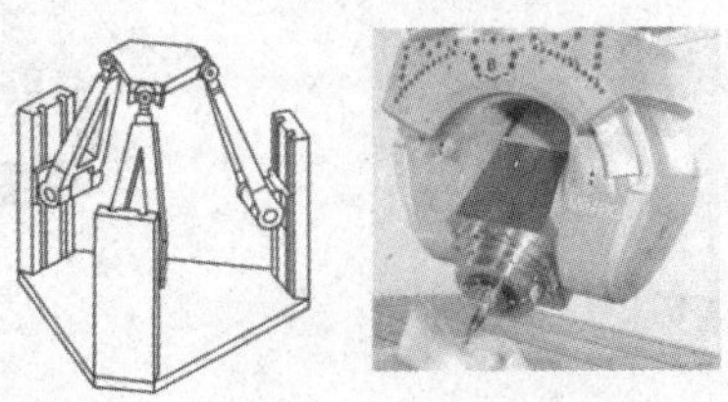

(f)

图 2.7　几种类型的并联机器人机构

2.2.3　运动副

如图 2.8 所示，组成空间机构的运动副有转动副(R)、移动副(P)、球面副(S)、圆柱副(C)、螺旋副(H)及虎克铰(U)等。其中，常用的有转动副、移动副、圆柱副、球面副、虎克铰。上述运动副中，转动副、移动副、螺旋副具有 1 个相对自由度；圆柱副、虎克铰具有 2 个相对自由度；平面副、球面副具有 3 个相对自由度。

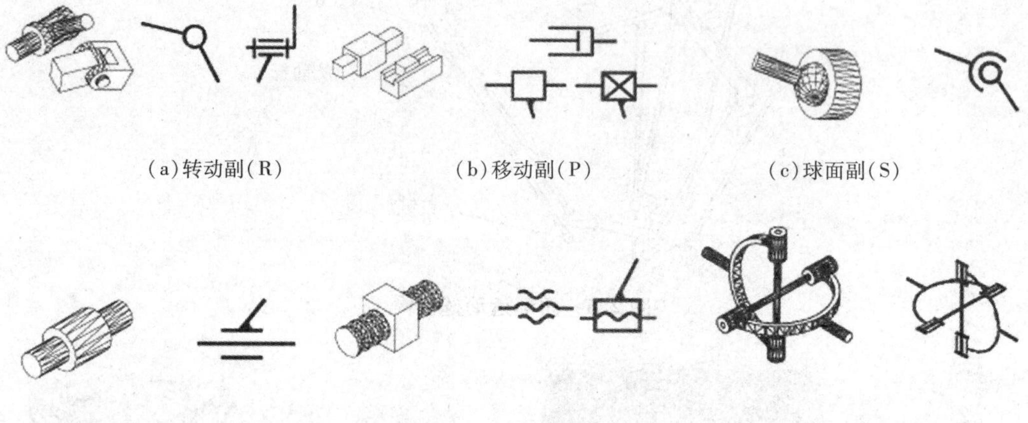

(a)转动副(R)　(b)移动副(P)　(c)球面副(S)

(d)圆柱副(C)　(e)螺旋副(H)　(f)虎克铰(U)

图 2.8　运动副

并联机构常用运动副为虎克铰、球面副、转动副和移动副。

1. 球面副

球面副具有 3 个相对自由度，可以球心为原点进行 3 个方向的旋转。球面副如图 2.9 所示。

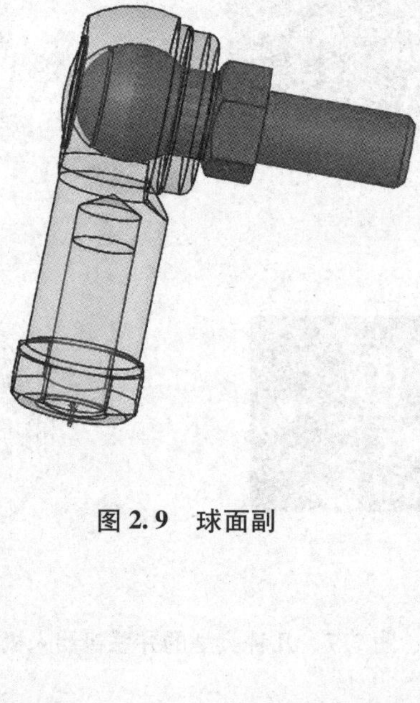

图 2.9　球面副

2. 虎克副

虎克副也称为万向铰，具有 2 个相对旋转的自由度，可以实现沿图 2. 10 中 x 轴和 y 轴方向的旋转，广泛应用于并联机器人中。虎克副机构多种多样，可根据机构需要设计不同形式的虎克副机构。虎克副如图 2. 10 所示。

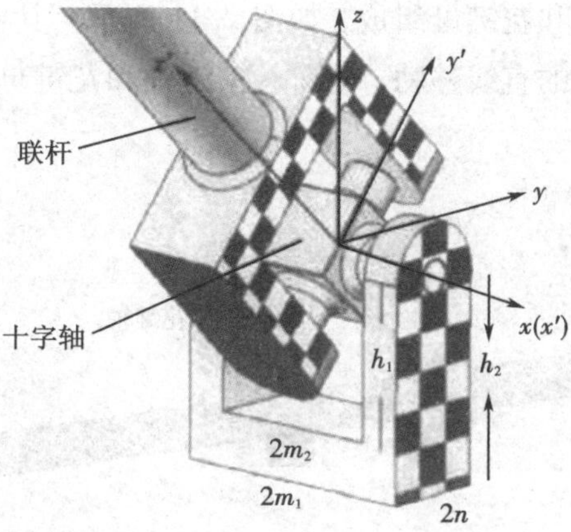

(a)

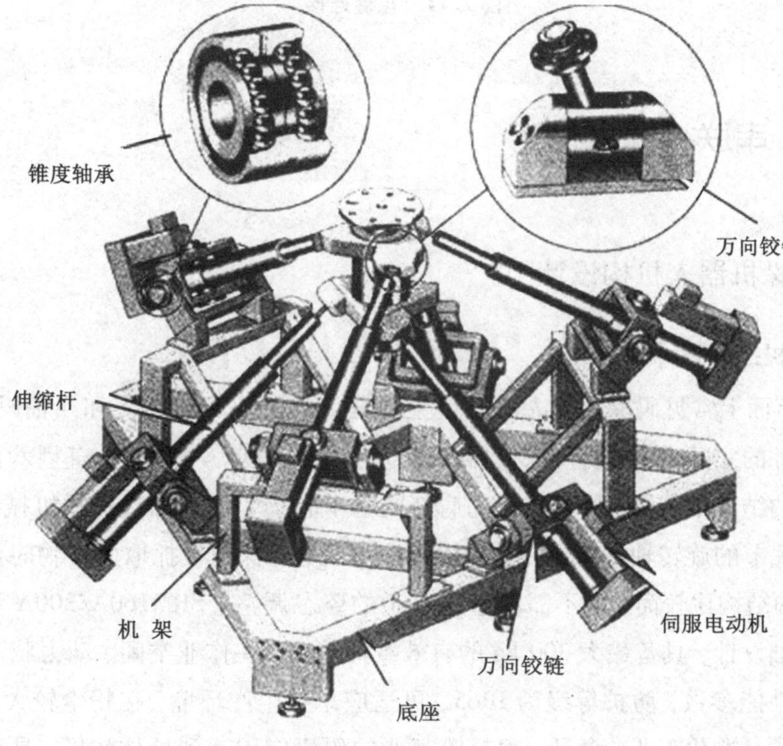

(b)

图 2. 10　虎克副

3. 移动副

移动副是应用最广的运动副，其实现方式也是多种多样的，常见的为丝杠机构、螺旋机构、气液传动等。这些机构都很常见，故此处省略介绍。下面主要介绍一种只能直线运动不能旋转的机构——花键连接。

花键连接主要由花键轴和花键母组成，如图 2.11 所示。其中，花键母中装有钢球，可以实现花键轴在花键母中的直线移动。另外，花键轴和花键母都设有限位机构，以限制花键的旋转。

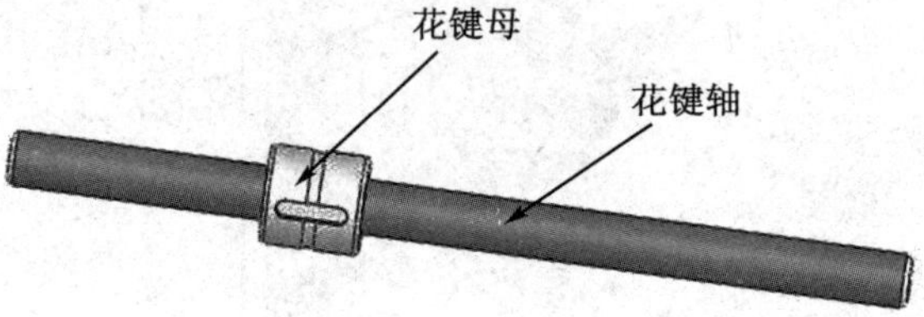

图 2.11　花键连接

2.3　串联机器人机构

2.3.1　码垛机器人机构设计

1. 码垛机器人设计要求

目前，市面上常见码垛机器人的类型主要分为六轴码垛机器人和四轴码垛机器人。根据码垛任务的实际需要，将码垛机器人设定为四自由度。与一般垂直型六自由度串联工业机器人的结构不同，码垛机器人的肩部同时串联 2 个平行四边形的机械结构，确保机器人的腕关节的旋转轴始终保持与地面垂直的状态，保证被抓取的货物时刻保持水平状态；腕部的结构比较简单，不需要进行复杂的姿态调整。SRM160A/300A 系列产品采用先进的四轴设计，具备最大 300 kg 的有效载荷能力，在作业空间、动力状态等方面皆具有优异的性能参数，防护等级为 IP65，可适应恶劣生产环境，在粉尘较大的室内、外均可正常工作。在化工业、食品、饲料等行业的码垛应用达到最佳效果，是高负载机器人在码垛领域的优越之选。大多数生产线都是手动托盘，属于劳动密集型，工作期间的事故率很高，这增加了企业的生产管理成本。工业机器人码垛生产线是一个复杂的集成系统，包括如机械模块、电气模块和信息模块的集成等很多方面。

2. 码垛机器人设计原则

在对国外 160，300 kg 四轴码垛机器人性能和结构特点进行比较分析的基础上，确定码垛机器人的设计原则，具体如下。

（1）一轴选用的是中空结构，在底座下方布置电机，按照反方向安装，扩大腰座上方的空间，这对缸体的平衡更加有利，且利于三轴配重和驱动曲柄布置；腰座可以采用一体结构，即使结构更加简单紧凑，又降低了设计、加工和装配的难度。

（2）三轴驱动单元布置在腰座上；二、三轴电机对称布置，三轴的电机布置在大臂的下部，和二轴的电机对称布置，降低前臂和大臂部分的重量，提升二轴和三轴的移动速度和灵敏度，降低对二轴电机驱动力的要求。

（3）平衡缸体布置在腰座之上，缸体体系灵活，平衡力更大，对电机的要求降低；与此同时，外观与 165 kg 的通用型机器人产品保持风格一致。

（4）四轴驱动电机布置在末端手腕位置，采用中空结构的减速器，并与电机直接相连。这种结构能够为线路布置预留足够的空间，为手腕末端布置提供便利。

（5）三轴部件部分增加配重单元，确保运动平衡，有效降低电机的负载。

（6）本体全钢结构。

图 2.12 为四轴码垛机器人初步设计方案示意图，按照 4 个轴分别建立坐标系，各个元件按照上述方案布置。

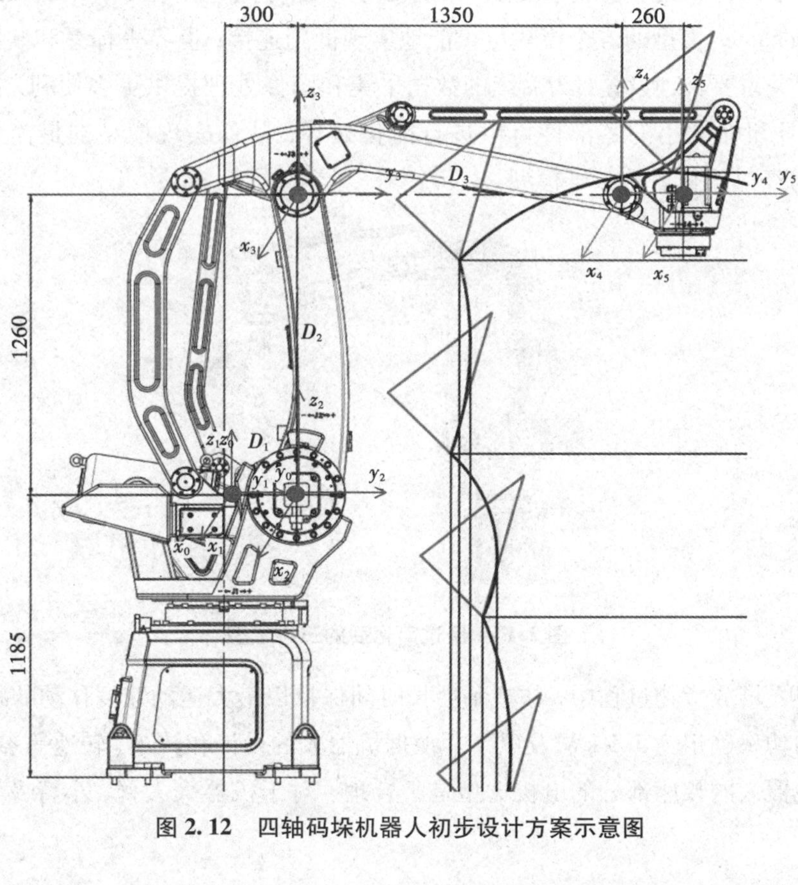

图 2.12　四轴码垛机器人初步设计方案示意图

2.3.2 建立码垛机器人的三维实体模型

SolidWorks 软件可以快速、便捷地完成机械系统的三维实体模型设计工作，并将模型转换成 XML 格式保存。这种格式可以直接在 MATLAB 软件中打开和处理，进而进行动态的模拟和仿真分析。MATLAB 软件中包含 Simulink 模块，可以实现动态系统仿真，从而保证在机构成形之前发现问题并及时修正，降低反复修改带来的高投入。

建立 SolidWorks 与 MATLAB 联合仿真模型过程：建立机械模型，选定参数，搭建控制模型，最后对结果进行分析。在 SolidWorks 软件中，SimMechanism 插件能够将三维模型文件保存为 XML 格式，并在 MATLAB 软件中运行相应命令，也可以将 XML 文件转换成为 SimMechanics 模型。图 2.13 所示为机械模型的转换过程示意图。

图 2.13 机械模型的转换过程示意图

关节型码垛机器人涉及 4 个自由度，主要包含手腕、小臂、大臂、腰部和底座五部分。其中，腕部和腰部的旋转关节、小臂和大臂的摆动关节为 4 个旋转自由度。为了提升机器人仿真分析的效率，要对三维模型进行简化设计：沿着关节点进行装配体的分割，节点之间的零部件和关节构成子装配件；各个子装配件的选择和零件的搭配要合理，要保证 SimMechanics 模型的各个模块尽可能地实现低副连接；世界坐标系和装配体坐标系的相对位置关系要合理设置，为后续的数据采集和图像处理提供更多便利，以简化工作内容；一些质量非常小的零部件可以进行简化处理，从而实现模型的最简化处理。图 2.14 所示为经过简化后的三维模型。

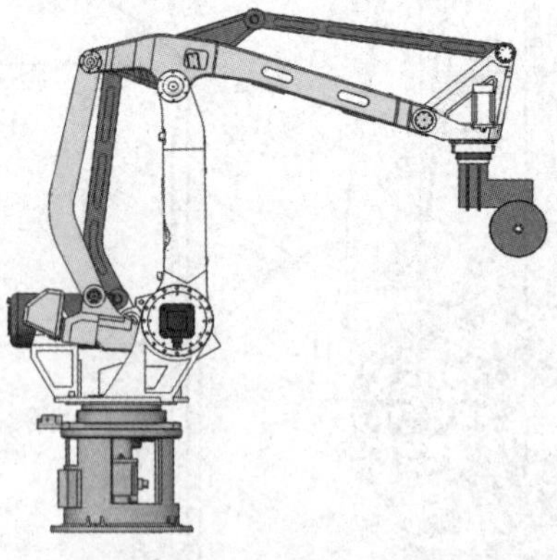

图 2.14 经过简化后的三维模型

在机器人堆放货物过程中，往往不会长时间保持以最大运动速度移动的状态，因此，可以将运动功率确定为 5.5 kW 及以下。根据机器人的设计和转矩、转速等参数设定，来核查码垛机器人的腰座部分的电机选型是否合理，对于机器人大臂、小臂及手腕处的控制信号，都必须按照关节运动的最大速度进行逐一验证。

码垛机器人运动的 SolidWorks 模型创建时，要合理选择系统的各个零部件，采用世界坐标系原点展开设计，合理选择空间坐标轴。合理构建机械模型，选择合适的参数是为了能够获得一个最佳模型，使其同时能够在 MATLAB，Simulink，SimMechanism 软件中运行，以及设置信号的输入接口和输出接口。在建立的模型中，可以按照设计和仿真需求添加驱动关节和传感器装置，建立动态的模型图，为下一步的仿真模拟提供支撑。

2.3.3 技术指标与码垛算法

1. 技术指标

码垛机器人的性能技术指标是衡量码垛机器人机械设计和软件功能的一个重要标尺。码垛机器人的技术指标如表 2.1 所列。码垛机器人一共有 4 个主动轴，分别为 S 轴（回转）、L 轴（下臂）、U 轴（上臂）和 R 轴（横摆）。码垛机器人主要有 300，160 kg 两种类型。

表 2.1 码垛机器人技术指标

项目		型号	
		SRB160A	SRB300A
负载能力		160 kg	300 kg
重复定位精度		±0.5 mm	±0.5 mm
自由度数		4	4
每轴最大运动范围	S 轴（回转）	+180°/−180°	+180°/−180°
	L 轴（下臂）	+85°/−45°	+85°/−45°
	U 轴（上臂）	+120°/−20°	+120°/−20°
	R 轴（横摆）	+300°/−300°	+300°/−300°
每轴最大运动速度	S 轴（回转）	120°/s	85°/s
	L 轴（下臂）	120°/s	90°/s
	U 轴（上臂）	120°/s	90°/s
	R 轴（横摆）	300°/s	190°/s

2. 码垛算法

码垛算法是一种单元化堆叠托盘的解决方案。如图 2.15 所示，在码垛算法调用过程中，使用预定案例的序列和层数。在以下三种方法中递归地将启发式应用于码垛算法，以便去除重叠区域。

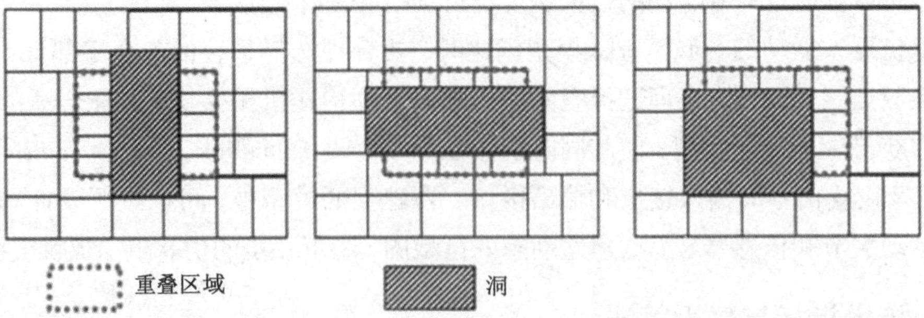

图 2.15　简化后的三维模型

（1）在第一种方法中，盒子由重叠区域的两个水平边缘切割。

（2）在第二种方法中，盒子由两个垂直边缘切割。

（3）在第三种方法中，盒子由左垂直边缘和下水平边缘切割。

码垛任务对于提高存储和运输物料效率是必要的，然而这些任务涉及工厂中一些最简单的体力劳动。因此，码垛机器人机构设计需要考虑运动效率。四轴码垛机器人拥有平行四边形机构，可以实现待抓取目标物体的平移和摆放。四轴码垛机器人在结构上采用平行四连杆的结构设计，其结构较六轴机器人的结构更为稳定；在性能上，六轴机器人运动复杂，而四轴机器人运动性能更高、运动更快。

根据码垛机器人的结构特点，采用运动学 DH 方法对机器人进行运动学分析。机器人实体模型由 SolidWorks 构建并导入 MATLAB 软件中，调整仿真环境中的相应参数，得到机器人的动态仿真模型。然后使用 Simulink 软件添加控制模块、关节执行器和关节传感器，以构建完整的仿真模型，并将它们结合起来进行机器人动力学仿真分析，跟踪分析各个零件的运动轨迹和运动参数，用动画、表格和图形等方式输出运动轨迹结果，为零件的结构设计、材料选择提供参考。进行机械设计和制造时，将 SolidWorks 软件与 MATLAB 软件结合起来，能够高效建立虚拟样机模型，按照工作情况灵活调整运动轨迹，进行实时轨迹分析，有效提升设计效率，将三维运动情况更加直观地展示出来。操作员可以通过码垛机器人识别任务并对任务进行反复编辑，可以将待处理物料的位置值传递给机器人模拟器。使用这些位置值，可以模拟码垛操作，从而实现企业效益最大化。

2.4　并联机器人机构

Clavel 在 1988 年提出了分支中含有球面四杆机构的 DELTA 并联机器人，这被视为三自由度移动并联机构发展的一座里程碑。该机构包含 12 个球副、9 个转动副和 17 个构件，由于驱动电机置于定平台上和轻质连杆的使用，DELTA 机构可以获得高达 12g 的加速度，非常适用于完成小质量物体的拿放操作。图 2.16 为 DELTA 三自由度并联机构示意图。

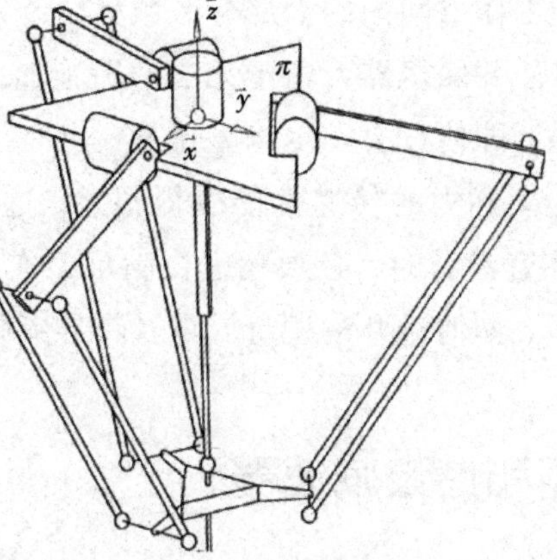

图 2.16　DELTA 三自由度并联机构示意图

2.4.1　机构形式设计遵循的原则

（1）机构的运动链要尽可能的短。完成同样的动作要求，应该优先选用机构构件数和运动副数少的机构，以简化其结构，从而减轻重量，减少由于零件的制造误差而形成的运动链的累积误差。运动链短有利于提高机构的刚度，减少振动。

（2）在运动副的选择上，优先选用低副。低副机构的运动元素加工方便，容易保证配合的精度及有较高的承载能力。

（3）适当选择原动机，使机构有良好的动力学性能。

2.4.2　技术指标与设计原则

以往，在设计阶段，确定机器人操作手机构的尺寸和机器人操作手在工作空间内部的位置与姿态时，人们多数是靠经验和直觉。现在，为了开发出高精度、高速度和高效率的并联机器人，在机构的综合设计时，要考虑到其工作空间的体积和形状、奇异位形、输出的各向同性等条件。但是，在全局最优的机构尺度综合设计中，顾全到上述所有条件是十分困难的。国内外学者提出了许多机构综合的标准，以便在满足指定的设计指标下，机构的性能达到最优。由于并联机器人与串联机器人相比工作空间小，因此，为实现作业要求，在设计时，要先确定能够满足性能指标的工作空间，这是至关重要的。

另外，在并联机构的设计过程中，必须考虑如何避免构型奇异。与串联机器人不同的是，并联机器人不仅有运动学奇异，还有由构型所导致的构型奇异。即奇异区域通常扩张到整个工作空间或一些显著的子空间，而且是实际操作中最常用的区域。

判定并联机构发生构型奇异的条件如下：

（1）如果动平台和定平台是相似的正多边形，那么整个工作空间内雅可比矩阵都是奇异的；

(2)如果动平台和定平台是相似的非正多边形，并且每一对相应的顶点通过一条连杆相连，那么雅可比矩阵在工作空间内的大部分区域都是奇异的。

这种设计上的奇异，将使并联机器人由于无法平衡施加在动平台上的负载而不能工作。在构型奇异附近的区域，即使没有发生构型奇异，也有可能出现雅可比矩阵条件数很大的情况，同样会导致运动和力的传递性能变得很差，这种区域称为病态条件区域。因此，进行并联机构尺度综合设计时，必须考虑在满足工作空间要求、运动可传递性要求及负载能力要求的情况下，如何避开构型奇异点及奇异点附近的病态区域。

2.5 RV减速器和谐波减速器

与通用减速器相比，机器人用减速器要求具有传动链短、体积小、功率大、质量轻和易于控制等特点。大量应用在关节型机器人上的减速器主要有两类：RV减速器和谐波减速器。

1. RV减速器

RV减速器用于转矩大的机器人的腿部、腰部和肘部三个关节，并且负载大的工业机器人的一、二、三轴都采用RV减速器。相比谐波减速器，RV减速器的优势在于加工工艺和装配工艺。RV减速器具有更高的疲劳强度、刚度和寿命，不像谐波传动那样，随着使用时间增长，运动精度会显著降低。其缺点是质量重、外形尺寸较大。RV减速器结构如图2.17所示。

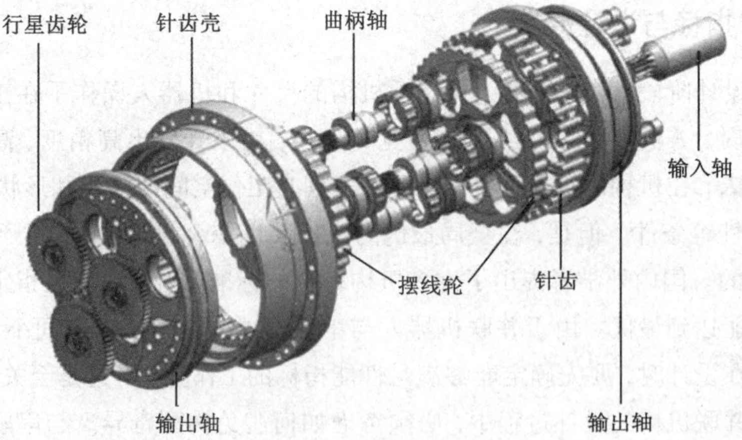

图2.17　RV减速器结构图

2. 谐波减速器

谐波减速器用于负载小的工业机器人或大型机器人末端的几个轴。谐波减速器是谐波传动装置(谐波传动装置包括谐波加速器和谐波减速器)的一种。谐波减速器主要包括刚轮、柔轮、轴承和波发生器，四者缺一不可。其中，刚轮的齿数略大于柔轮的齿数。谐波减速器的特点是体积小、重量轻、承载能力大、运动精度高、单级传动比大。谐波减速器结构如图 2. 18 所示。

图 2.18　谐波减速器结构

谐波减速器中，柔轮的外径略小于刚轮的内径，通常柔轮比刚轮少 2 个齿。波发生器的椭圆形状决定了柔轮和刚轮的齿接触点分布在介于椭圆中心的两个对立面上。波发生器转动过程中，柔轮和刚轮齿接触部分开始啮合。波发生器每顺时针旋转 180°，柔轮就相当于刚轮逆时针旋转 1 个齿数差。在 180°对称的两处，全部齿数的 30%以上同时啮合，这也造就了其高转矩传送。

3. RV 减速器和谐波减速器对比

相比谐波减速器，RV 传动是一种新兴的传动，它是在传统针摆行星传动的基础上发展而来的，不仅克服了一般针摆传动的缺点，还具有体积小、重量轻、传动比范围大、寿命长、精度保持稳定、效率高、传动平稳等一系列优点。

RV 减速器由摆线针轮和行星支架组成，具有体积小、抗冲击力强、扭矩大、定位精度高、振动小、减速比大等诸多优点，被广泛应用于工业机器人、机床、医疗检测设备、卫星接收系统等领域。RV 减速器的壳体和摆线针轮是通过实体的钢来发生传动的，因此，承载能力强。而谐波减速器的柔轮可不断发生变形来传递扭矩，这一点决定了谐波减速器承受大扭矩和冲击载荷的能力有限，因此，一般运用在前端。

RV 减速器和谐波减速器都是少齿差啮合，不同的是谐波减速器里有一种关键齿轮是柔性的，它需要反复的高速变形。RV 减速器通常是用摆线针轮；谐波减速器以前都是用渐开线齿形，现在有部分厂家使用了双圆弧齿形，这种齿形比渐开线齿形先进很多。

减速器的两巨头——Nabtesco 和 Hamonica Drive，它们几乎垄断了全球机器人所使用的减速器。这两种减速器都是微米级的加工精度，不仅在量产阶段要求高可靠性，更需要在几千转的高转速下保证高寿命，因此，生产难度较高。

2.6 建模软件 SolidWorks 介绍

20 世纪 90 年代初，国际微型计算机（简称微机）市场发生了根本性的变化，微机性能大幅提高，而价格一路下滑，微机卓越的性能足以运行三维 CAD 软件。为了开发世界空白的基于微机平台的三维 CAD 系统，1993 年 PTC 公司的技术副总裁与 CV 公司的副总裁成立了 SolidWorks 公司，并于 1995 年成功地推出了 SolidWorks 软件。在 SolidWorks 软件促动下，1998 年开始，国内外也陆续推出了相关软件；原来运行在 UNIX 操作系统的工作站 CAD 软件，也从 1999 年开始，将其程序移植到 Windows 操作系统中。

2.6.1 三维建模技术发展史

三维建模技术是研究在计算机上进行空间形体的表示、存贮和处理的技术。实现这项技术的软件称为三维建模工具。三维建模技术是利用计算机系统描述物体形状的技术。如何利用一组数据表示形体，如何控制与处理这些数据，是几何造型中的关键问题。

1. 三维建模技术的产生及其特点

起初，CAD 是英文“computer aided drafting”的缩写，随着计算机软、硬件技术的发展，人们逐步认识到单纯使用计算机绘图还不能称为计算机辅助设计。真正的设计是整个产品的设计，包括产品的构思、功能设计、结构分析、加工制造等，二维工程图设计只是产品设计中的一部分。于是 CAD 改为“computer aided design”的缩写，它不再是辅助绘图，而是整个产品的辅助设计。

CAD 技术产生于 20 世纪 50 年代后期发达国家的航空和军事工业中。1989 年，美国国家工程研究院将 CAD 技术评为 1964—1989 年十项最杰出的工程技术成就之一。

CAD 技术是一项综合性的，集计算机图形学、数据库、网络通信等计算机及其他领域知识于一体的高新技术，既是先进制造技术的重要组成部分，又是提高设计水平、缩短产品开发周期、增强行业竞争能力的一项关键技术。

在 CAD 技术发展初期，它仅限于计算机辅助绘图。随着三维建模技术的发展，CAD 技术才从二维平面绘图发展到三维产品建模，随之产生了三维线框模型、曲面模型和实体造型技术。参数化及变量化设计思想和特征模型代表了当今 CAD 技术的发展方向。

三维建模技术架构如图 2.19 所示。

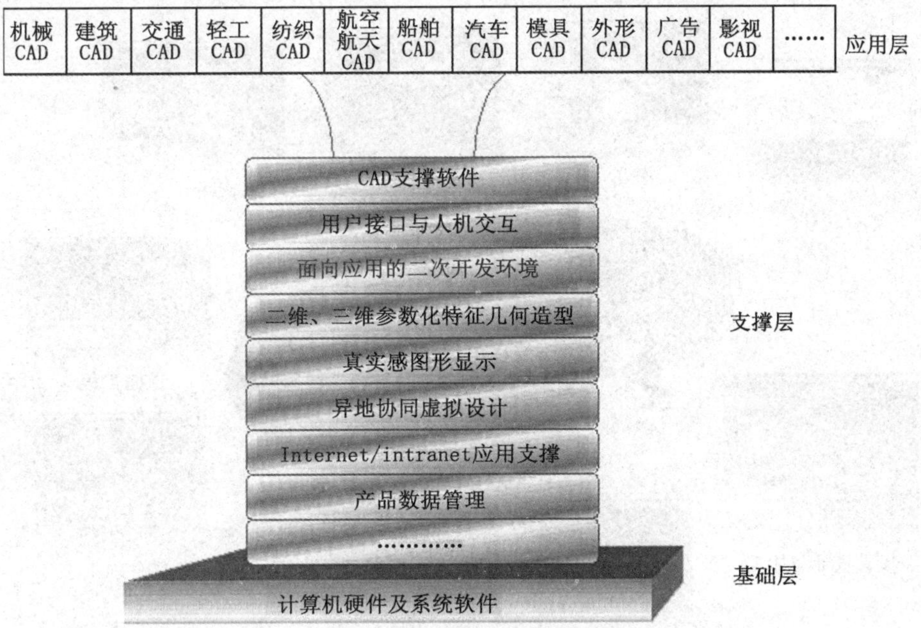

图 2.19　三维建模技术的架构

2. 三维建模技术的发展史

(1)线框模型。

20 世纪 60 年代末，人们开始研究用线框和多边形构造三维实体，这样的模型被称为线框模型(wire frame model)。

线框模型的特点是：三维物体由它的全部顶点及边的集合来描述，线框由此得名，线框模型就像人类的骨骼。

线框模型的优点如下。

① 有了物体的三维数据，就可以产生任意视图，视图间能保持正确的投影关系，这为生产工程图带来了方便。此外，还能生成透视图和轴测图，这在二维系统中是无法实现的。

② 构造模型的数据结构简单，节约计算机资源。

③ 学习简单，是人工绘图的自然延伸。

线框模型的缺点如下。

① 因为所有棱线全部显示，物体的真实感可出现二义解释。

② 缺少曲线棱廓，若要表现圆柱、球体等曲面比较困难。

③ 由于数据结构中缺少边与面、面与面之间关系的信息，因此不能构成实体，无法识别面与体，不能区别体内与体外，不能进行剖切，不能进行两个面求交，不能自动划分有限元网络，等等。

三维建模技术的应用如图 2.20 所示。

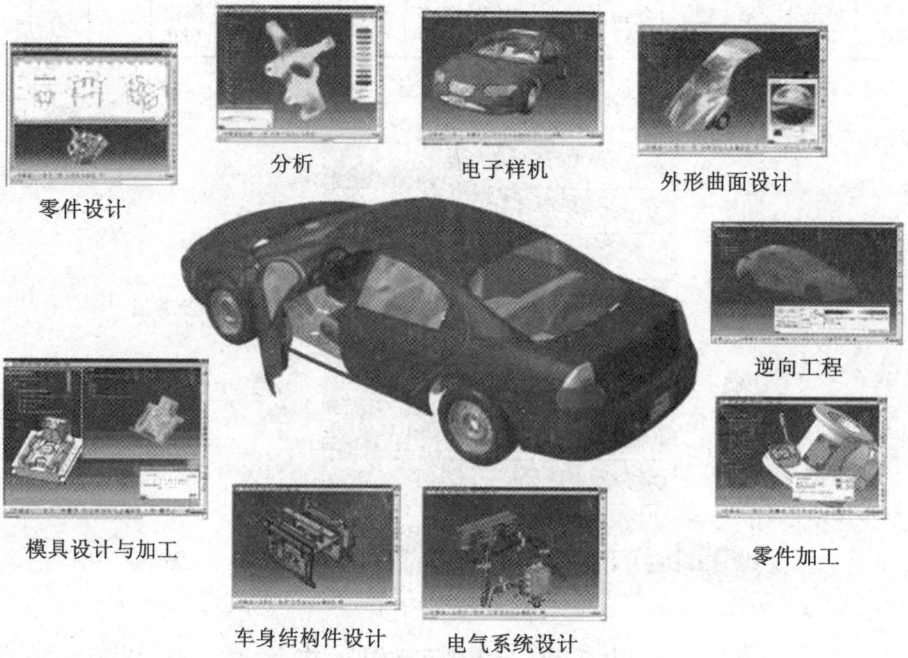

(a)

(b)

图 2.20　三维建模技术的应用

(2)第一次技术革命——曲面造型系统。

20 世纪 70 年代，正值飞机和汽车工业的蓬勃发展时期。对于飞机及汽车制造中出现的大量自由曲面问题，当时只能采用多截面视图、特征纬线的方法来近似表达所要设计的曲面。由于三视图表达的不完整性，因此，很难达到设计者的要求。

当时，法国人贝赛尔提出了 Bezier 算法，使得人们可以使用计算机处理曲面及曲线问题。法国达索(Dssault)飞机制造公司开发了三维曲面造型系统 CATIA，这带来了第一次 CAD 技术革命。

曲面造型系统带来了技术革新，使汽车开发手段与传统模式相比有了质的飞跃，许多车型的开发周期由原来的 6 年缩短至 3 年左右。

曲面模型(surface model)是在线框模型的数据结构基础上，增加可形成立体面的各相关数据后构成的。

曲面模型的特点：与线框模型相比，曲面模型多了一个面表，用于记录边与面之间的拓扑关系。曲面模型就像贴付在骨骼上的肌肉。

曲面模型的优点：能实现面与面相交、着色、表面积计算、消隐等功能；还擅长构造复杂的曲面物体，如模具、汽车、飞机等表面。

曲面模型的缺点：只能表示物体的表面及边界，不能进行剖切，不能对模型进行质量、质心、惯性矩等物性计算。

常见曲面生成手段如下。

① 延伸：如生成平面、直纹面、柱状面等曲面，如图 2.21 所示。

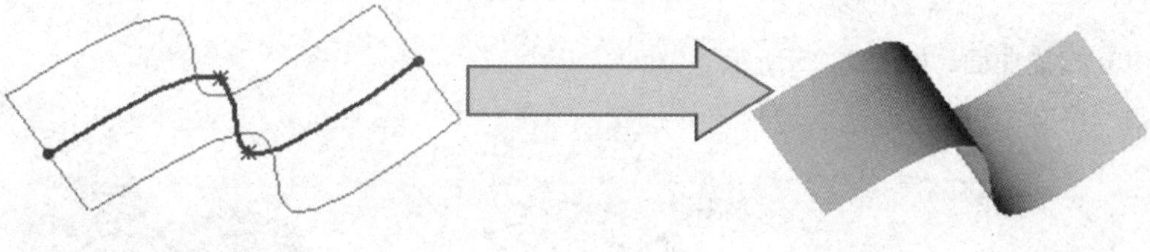

图 2.21　延伸

② 回转：如生成圆柱面、球面、圆锥面、环面等回转面，如图 2.22 所示。

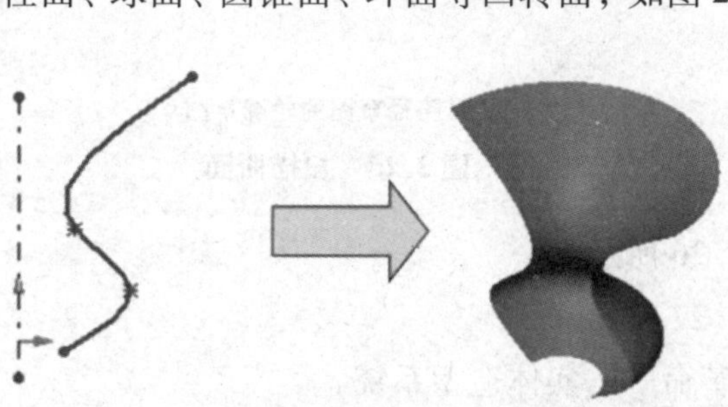

图 2.22　回转

③ 蒙皮(放样):生成自由曲面,如 Bezier 曲面、B 样条曲面、Coons 曲面等,如图 2.23 所示。

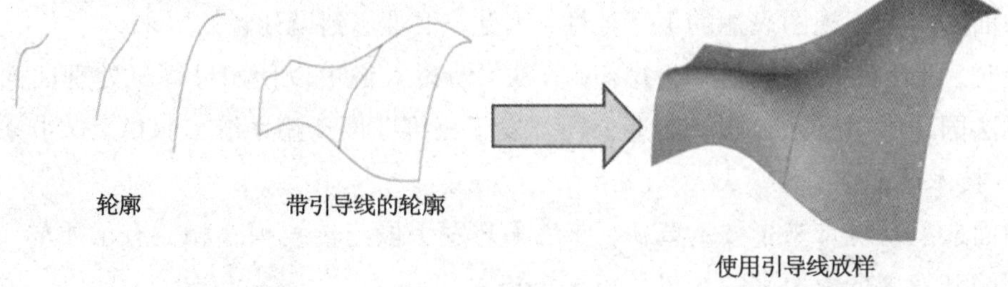

图 2.23　蒙皮

④ 指定边界(cover),如图 2.24 所示。

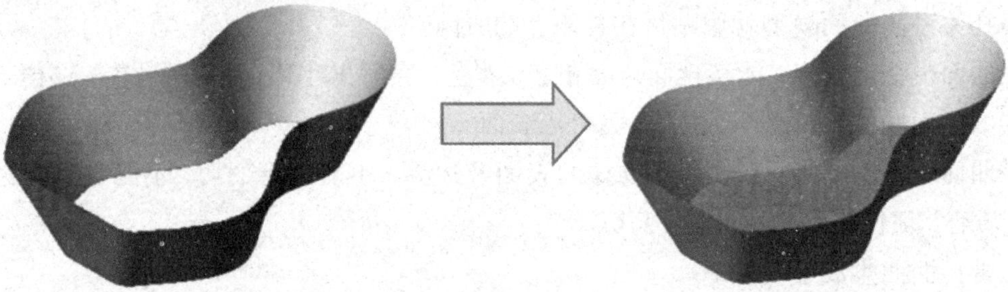

图 2.24　指定边界

⑤ 扫描曲面,如图 2.25 所示。

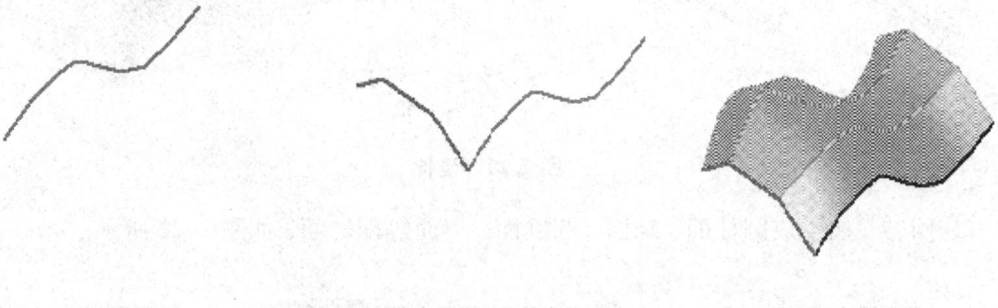

(a)轮廓草图　　(b)带路径草图的轮廓草图　　(c)扫描预览

图 2.25　扫描曲面

⑥ 过渡,如图 2.26 所示。

⑦ 等距,如图 2.27 所示。

(3)第二次技术革命——实体造型系统。

进入 20 世纪 80 年代,CAD 软件的价格依然令一些企业望而却步,这使得 CAD 技术无法拥有更广阔的市场。

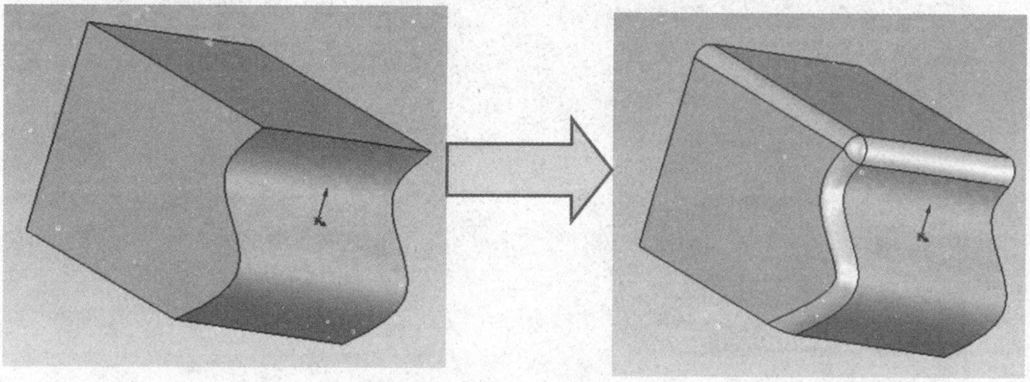

图 2. 26　过渡

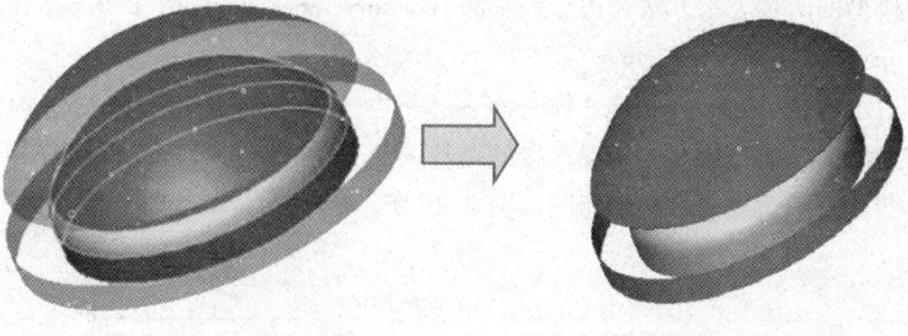

图 2. 27　等距

由于表面模型技术只能表达形体的表面信息，难以准确表达零件的其他特性，如质量、重心、惯性矩等，因此对 CAE(计算机辅助工程)十分不利。基于对 CAD/CAE 一体化技术发展的探索，SDRC 公司在美国国家航空和航天局(NASA)支持下，于 1979 年发布了世界上第一个完全基于实体造型技术的大型 CAD/CAE 软件——I-DEAS。由于实体模型能精确表达零件的全部属性，在理论上统一了 CAD，CAE，CAM，所以带来了 CAD 发展史上第二次技术革命。

实体模型(solid model)在表面看来往往类似于经过消除隐藏线的线框模型或经过消除隐藏面的曲面模型；但在实体模型上如果挖一个孔，就会自动生产一个新的表面，同时可以自动识别模型的内部和外部。实体模型可以使物体的实体特性在计算机中得到定义。它具有如下特性：

① 是一个全封闭(实体)的三维形体的计算机表示；

② 具有完整性和无二义性；

③ 能保证只对实际上可实现的零件进行造型，零件不会缺少边、面，也不会有一条边穿入零件实体，因此，能避免差错和不可实现的设计；

④ 能提供高级的整体外形定义方法，可以通过布尔运算从旧模型得到新模型。

实体模型如图 2. 28 所示。

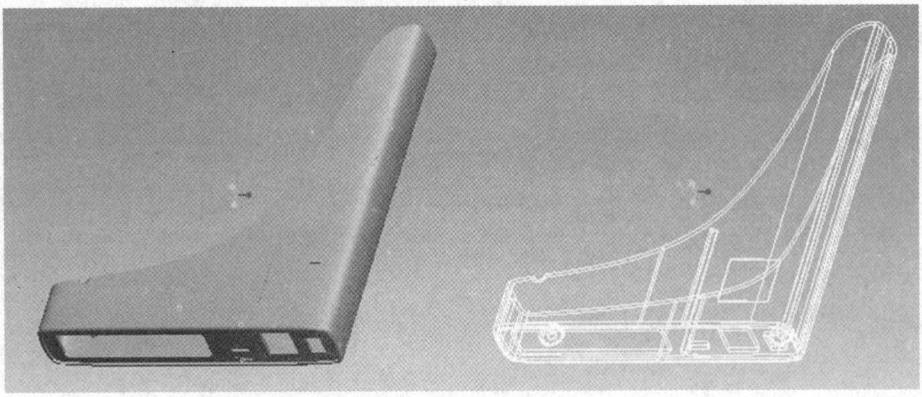

图 2.28　实体模型

实体模型的两种表示方法为边界表示法(boundry representation, B-Reps)和建构实体几何法(constructive solid geometry, CSG)。

边界表示法(B-Reps)即按照“体—面—环—边—点”的层次，详细记录构成形体的所有几何元素的几何信息及其相互连接的拓扑关系，在进行各种运算和操作中，可以直接取得这些信息。边界表示法示意图如图 2.29 所示。

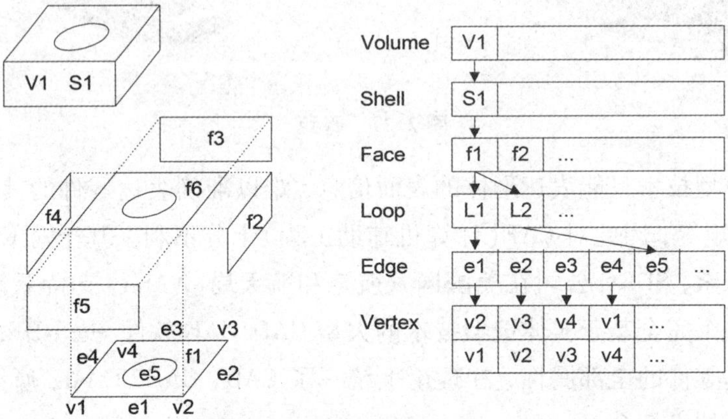

图 2.29　边界表示法示意图

在三维软件中，实体造型的制作方法有拉伸、旋转、扫描、混合，如图 2.30 所示。

图 2.30 中，实体模型包括以下制作方法：环形扫描(circle sweeping)，在 SolidWorks 软件中称为旋转(revolution)；线性扫描(linear sweeping)，在 SolidWorks 软件称为拉伸(exrude)；路径扫描(sweep)，在 SolidWorks 软件中称为伸出项(protrusion)；混合扫描(sweep blend)，在 SolidWorks 软件中称为混合(blend)，即针对可变截面(剖面)的扫描，可用于同一路径，但路径中每段截面的形状不同或截面轮廓为渐缩或渐增的状况。

B-Reps 的优点如下。

① 该方法表示形体的点、边、面等几何元素是显式表示的，使得绘制边界表示的形

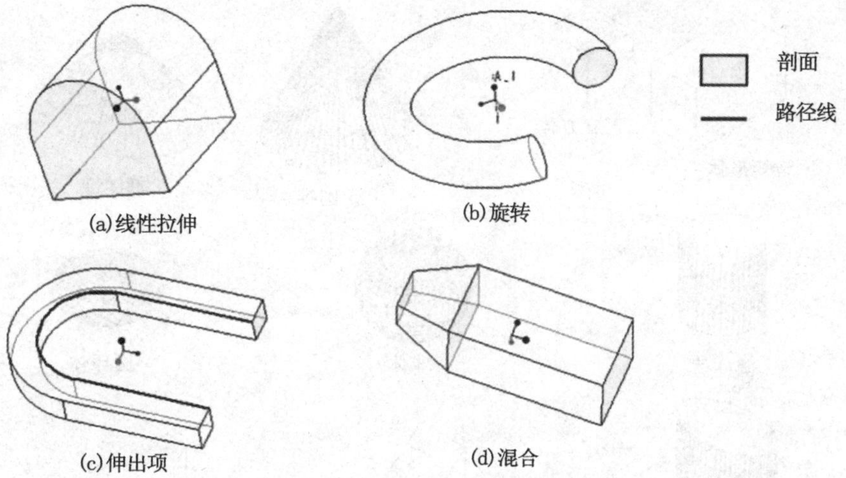

图 2.30　实体模型的制作方法

体的速度较快，而且比较容易确定几何元素间的连接关系。

② 该方法容易支持对物体的各种局部操作。比如进行倒角，不必修改形体的整体数据结构，只需提取被倒角的边和与它相邻两面的有关信息，然后施加倒角运算即可。

③ 该方法便于在数据结构上附加各种非几何信息，如精度、表面粗糙度等。由于 B-Reps 表示形体的覆盖域大，原则上能表示所有的形体，而且易于支持形体的特征表示等，因此 B-Reps 已成为当前 CAD/CAM 系统的主要表示方法。

B-Reps 的缺点如下。

① 数据结构复杂，需要大量的存储空间，维护内部数据结构的程序比较复杂。

② B-Reps 不一定对应一个有效形体，通常运用欧拉操作来保证 B-Reps 表示形体的有效性、正则性等。

建构实体几何法(CSG)是通过对体素定义运算而得到新的形体的一种表示方法。体素可以是立方体、圆柱、圆锥等，其运算为变换或正则集合运算(并、交、差)。CSG 可以看成一棵有序的二叉树。

机械零件和机械产品的几何形状多数由立方体和圆柱体等简单立体几何形体组合而成。所谓 CSG，就是将一些基本的立体几何形体(如立方体、锥体、圆柱、球体等)互相重叠放置在一起，然后剪去或拟合重复的部分即可。基本的 GSG 立体几何形体如图 2.31 所示。

在利用 CSG 进行组合构成新的几何形体时，要在这些 CSG 之间进行并集(union)、差集(subtract)、交集(intersection)等几何逻辑运算，理论上称为布尔运算。布尔运算示意图如图 2.32 所示。

CSG 的优点如下。

① 数据结构比较简单，数据量比较小，内部数据的管理比较容易。

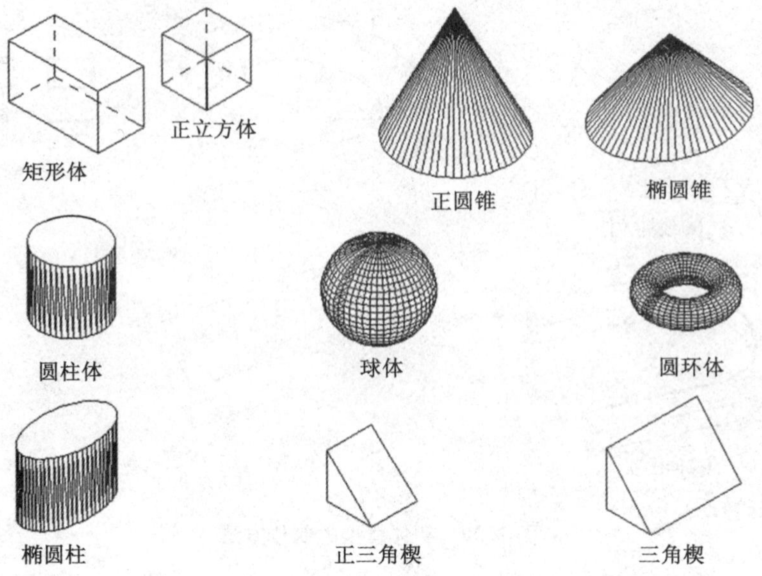

图 2.31　基本的 CSG 立体几何形体

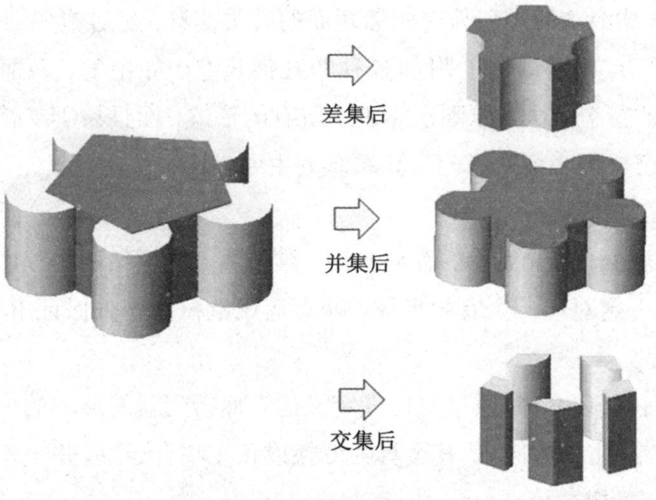

图 2.32　布尔运算示意图

② CSG 可方便地转换成 B-Reps。

③ 用 CSG 表示的形体形状，比较容易修改。

CSG 的缺点如下。

① 对形体的表示受体素的种类和对体素操作的种类的限制，也就是说，CSG 表示形体的覆盖域有较大的局限性。

② 对形体的局部操作不易实现，如不能对基本体素的交线倒圆角。

③ 由于形体的边界几何元素(点、边、面)是隐含地表示在 CSG 中的，故显示与绘制 CSG 表示的形体需要较长的时间。

(4)第三次技术革命——特征参数化技术。

20世纪80年代中晚期，计算机技术迅猛发展，硬件成本大幅度降低，CAD技术的硬件平台成本从二十几万美元降到几万美元，使得很多中小型企业也开始有能力使用CAD技术。

1988年，参数技术公司(Parametric Technology Corporation，PTC)采用面向对象的统一数据库和全参数化造型技术开发了Pro/Engineer软件，为三维实体造型提供了一个优良的平台。参数化(parametric)造型的主体思想是用几何约束、工程方程与关系来说明产品模型的形状特征，从而达到设计一系列在形状或功能上具有相似性的设计方案。目前，能处理的几何约束类型基本上是组成产品形体的几何实体公称尺寸关系和尺寸之间的工程关系，因此，参数化造型技术又被称为尺寸驱动几何技术。这带来了CAD发展史上的第三次技术革命。

参数化设计是CAD技术在实际应用中提出的课题，它不仅可使CAD系统具有交互式绘图功能，而且具有自动绘图的功能。

目前，参数化技术大致可分为三种方法：① 基于几何约束的数学方法；② 基于几何原理的人工智能方法；③ 基于特征模型的造型方法(特征工具库，包括标准件库均可采用该项技术)。其中，数学方法又分为初等方法(primary approach)和代数方法(algebraic approach)。初等方法利用预先设定的算法，求解一些特定的几何约束。这种方法简单、易于实现，但仅适用于只有水平和垂直方向约束的场合。代数方法则将几何约束转换成代数方程，形成一个非线性方程组。该方程组求解较困难，因此，实际应用受到限制。人工智能方法是利用专家系统，对图形中的几何关系和约束进行理解，运用几何原理推导出新的约束，这种方法的速度较慢，交互性不好。

参数化系统的指导思想是只要按照系统规定的方式去操作，系统保证生成的设计的正确性及效率性；否则拒绝操作。这种思路的副作用如下。

① 使用者必须遵循软件内在使用机制，如决不允许欠尺寸约束、不可以逆序求解等。

② 当零件截面形状比较复杂时，将所有尺寸表达出来让设计者为难。

③ 只有尺寸驱动这一种修改手段，难以判断究竟改变哪一个(或哪几个)尺寸会导致形状朝着自己满意方向改变。

④ 尺寸驱动的范围是有限制的。如果给出了不合理的尺寸参数，使某特征与其他特征相干涉，则引起拓扑关系的改变。

⑤ 从应用来说，参数化系统特别适用于那些技术已相当稳定成熟的零配件行业。在这样的行业，产品零件的形状改变很少，经常只需采用类比设计，即形状基本固定，只需改变一些关键尺寸就可以得到新的系列化设计结果。

人们对特征的认识不同，至今尚无统一的定义。Shah指出，一个特征至少需要满足几个条件之一：零件的物理组成部分；可以映射到某一个具体的形状；有工程意义；有可以预知的属性。

特征的通用定义如下：特征就是任何已被接受的某一个对象的几何、功能元素和属性，通过它们，人们可以很好地理解该对象的功能、行为和操作。

特征的更为严格的定义如下：特征就是一个包含工程含义或意义的几何原型外形。特征在此定义中已不是普通的体素，而是一种封装了各种属性（attribute）和功能（function）的对象。

在 CAD 系统引入“特征”这一概念后，能够起到三个方面的作用：①表示设计意图；②简化传统 CAD 系统中烦琐的造型过程；③从高层次上对具体的几何元素（如点、线、面）进行封装。

特征的分类方式如下：① 从产品整个生命周期来看，可分为设计特征、分析特征、加工特征、公差及检测特征、装配特征等（STEP 产品模型）；② 从产品功能上，可分为形状特征、精度特征、技术特征、材料特征、装配特征；③ 从复杂程序上，可分为基本特征、组合特征、复合特征；其他的特征分类方式见图 2. 33。

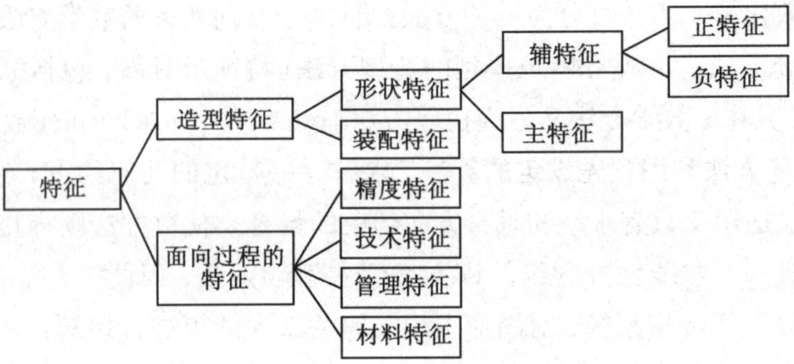

图 2. 33　其他特征分类方式

（5）第四次技术革命——变量化技术。

参数化技术要求全尺寸约束，即设计者在设计初期及全过程中，必须将形状和尺寸联合起来考虑，并且通过尺寸约束来控制形状，通过尺寸改变来驱动形状改变，一切以尺寸（即参数）为出发点，干扰和制约着设计者创造力及想象力的发挥。

一定要求全尺寸约束吗？欠约束能否将设计正确地进行下去？沿着这个思路，SDRC 公司的开发人员以参数化技术为蓝本，提出了一种比参数化技术更为先进的技术——变量化技术。1993 年，SORC 公司推出全新体系结构的 I-DEAS Msater Series 软件，带来了 CAD 发展史上的第四次技术革命。

人们在进行机械设计和工艺设计时，总是希望能够随心所欲地构建零部件，可以随意拆卸零部件，能够在平面的显示器上构造出三维立体的设计作品，而且希望保留每一个中间结果，以备反复设计和优化设计时使用。SORC 公司推出的超变量化几何（variational geometry extended，VGX）可以实现上述内容。

变量化技术将参数化技术中所需定义的尺寸(即参数)进一步区分为形状约束和尺寸约束，而不是像参数化技术那样只用尺寸来约束全部几何。

采用这种技术的原因在于，在大量的新产品开发的概念设计阶段，设计者首先考虑的是设计思想及概念，并将其体现于某些几何形状之中；这些几何形状的准确尺寸和各形状之间严格的尺寸定位关系在设计的初始阶段还很难完全确定，所以希望在设计的初始阶段允许欠尺寸约束的存在。

除了考虑几何约束(geometry constrain)，变量化设计还可以将工程关系作为约束条件直接与几何方程联立求解，无须另建模型处理。

变量化系统的指导思想如下。

① 设计者可以采用先形状、后尺寸的设计方式，允许采用不完全尺寸约束，只给出必要的设计条件。这种情况下仍能保证设计的正确性及效率性。

② 造型过程是一个类似工程师在脑海里思考设计方案的过程，满足设计要求的几何形状是第一位的，尺寸细节是后来逐步完善的。

③ 设计过程相对自由宽松，设计者更多去考虑设计方案，无须过多关心软件的内在机制和设计规则限制，所以变量化系统的应用领域也更广阔一些。

④ 除了一般的系列化零件设计，变量化系统在做概念设计时特别得心应手，比较适用于新产品开发、老产品改形设计这类创新式设计。

CAD 的数据交换格式及标准化内容如下。目前，计算机和工作站上用于数据交换的图形文件标准主要有：AutoCAD 系统的 DXF(Data Exchange File)；美国标准的 IGES (Initial Graphics Exchange Specification)；国际标准的 STEP(Standard for the Exchange of Product model data)。

2.6.2　CAD 建模方法

制造的全球化、信息化及需求个性化，都要求企业能在最短的时间内推出用户满意的产品，并快速占领市场。要想适应这种瞬息万变的市场需求，缩短设计制造周期，提高产品质量，必须有先进的设计制造技术。计算机技术与设计制造技术相互渗透、依存、结合并共同发展，产生了一门综合性应用技术——计算机辅助设计与制造(computer aided design and computer aided manufacturing，CAD/CAM)。该技术是把人和计算机的最佳特性结合起来，辅助进行产品的设计分析与制造的一种技术，是综合了计算机与工程设计方法的最新发展成果而形成的一门新兴学科。该技术的发展和应用已经成为衡量一个国家科技现代化与工业现代化水平的重要指标。

CAD/CAM 的工作流程图如图 2.34 所示。

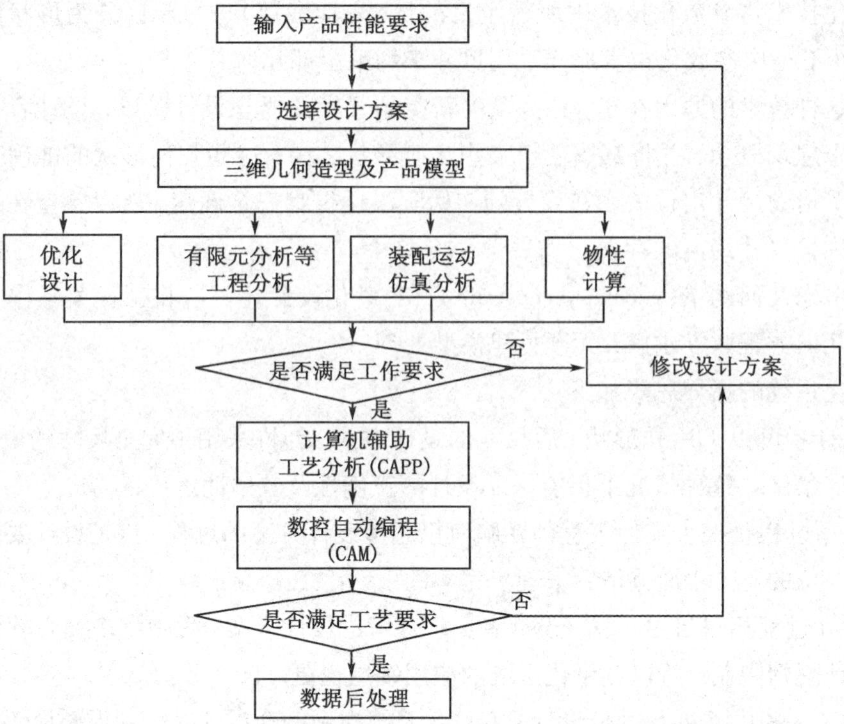

图 2.34　CAD/CAM 的工作流程图

1. 轮对 CAD/CAE 演示

轮对 CAD/CAE 演示如图 2.35 所示。

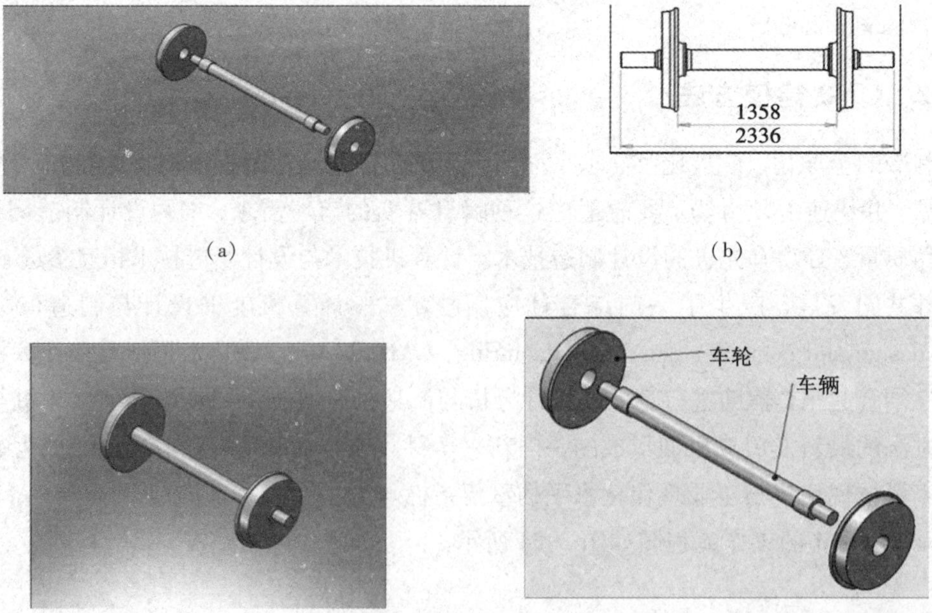

(a)　(b)　(c)　(d)

图 2.35　轮对 CAD/CAE 演示

2. 特征的定义

关于特征的定义有很多说法。例如，国际标准化组织认为特征是单个特性，如平面、圆柱面、两个平行面、台阶、螺纹、轮廓等；美国全国标准协会的定义是特征可以看成一个零件的有形部分，如表面、孔和槽等。

在基于特征的造型系统中，特征是构成零件的基本元素，即零件是由特征组成的。

3. 基于特征的产品设计“三部曲”

(1)零件造型。

规划零件：分析零件特征组成、特征之间的关系、特征的构造顺序及其构造方法等。

创建基础特征：基本基础是构成每一个零件基本形态的基本特征，是构造其他特征的基础。

创建其他基本特征：根据零件的规划结果，在基础特征上添加其他基本特征，最后添加辅助特征。

编辑特征：根据需要对已经建立的零件进行特征修改、删除和添加等编辑操作。

(2)虚拟装配。

规划装配：分析产品的零件组成、零件之间的装配关系、装配顺序及其装配方法。

插入基础零件：基础零件是产品中起支撑作用的零件，也称为“地”，一般选取产品中与其他零件配合关系较多的零件作为基础零件。

组装其他零件或子装配：根据装配的规划结果，插入其他零件或子装配，并根据各自的配合关系进行组装。

(3)生成图纸。

规划视图：根据零件和装配的特点选择图纸格式、视图组成。

添加视图：根据视图规划结果，添加基本视图和辅助视图。

标注尺寸：标注零件的定性尺寸、定位尺寸、形位公差等。

添加注释：添加技术要求等文字说明。

2.6.3 三维设计软件简介

1. CAD/CAM 系统的软件类型

CAD/CAM 系统的软件可分为三个层次，即系统软件、支撑软件、应用软件。系统软件指操作系统和系统实用程序等，用于计算机的管理、控制和维护，包括操作系统、编译系统和系统实用程序。支撑软件包括几何建模软件，如 Pro/E 等；数据库管理系统，如 FoxBASE，FoxPRO 工程数据库等；工程分析及计算软件，如 ADINA 等；机构分析及机构综合的软件，如 ADAMS 等；文档制作软件，如 WPS，Word 2000 等。应用软件是用户为解决各类实际问题，在系统软件的支持下而设计、开发的程序，或者利用支撑软件进行二次开发形成的程序，应用软件的功能和质量直接影响 CAD 系统的功能和质量。

2. CAD 系统技术特点

CAD 软件大致可分为高端 UNIX 工作站 CAD 系统、中端 Windows 微机 CAD 系统和低端二维微机 CAD 系统三类。

(1)高端 UINX 工作站 CAD 系统。

高端 UNIX 工作站 CAD 系统的特点是以 UNIX 操作系统为支撑平台。从 20 世纪 50 年代发展至今，该系统产生了许多著名的软件。目前，该系统中比较流行的有 PTC 公司的 Pro/Engineer 软件、SDRC 公司的 I-DEAS 软件和 EDS 公司的 UG 软件。

(2)中端微机的 CAD 系统。

随着计算机技术的发展，尤其是微机的性能和 Windows 技术的发展，已使微机具备了中低档 UNIX 工作站的竞争实力，也使基于 Windows 技术的微机 CAD 系统迅速发展。目前，国际上最流行的有 SolidWorks 公司的 SolidWorks 软件、UG 公司的 SolidEdge 软件和 Autodesk 公司的 MDT 软件等；国内也推出了清华 CAD 工程中心的 GEMS、浙大大天公司的 GSMASD、北京巨龙腾公司的龙腾 CAD、北京爱宜特公司的 Micro Solid、江苏杰必克超人公司的 CAD/CAM 及华正公司的 CAXA-ME。

(3)低端二维微机 CAD 系统。

纯二维 CAD 系统在国外已经不多，真正有名的是 Autodesk 公司的 AutoCAD 软件。AutoCAD 软件提供一套丰富的设计工具，嵌入的 Internet 技术和具有创新性的 Objict ARX，Autolisp，VBA 编程语言能够帮助开发人员和用户按照他们的特定需求操作软件，可对多个图形文件同时进行操作，支持多任务设计环境(MDE)。

2.6.4 SolidWorks 三维设计过程

SolidWorks 等三维 CAD 软件具有“机械制造仿真、所见即所得和牵一发动全身”的特点，且一般都拥有造零件、装机械、出图纸三种基本功能。各种功能的操作步骤总结如下。

① 造零件的过程：选平面→画形状→定位置→标尺寸→造特征→制零件。

② 装机械的过程：插零件→选对象→设配合→装机械。

③ 出图纸的过程：设格式→选视图→定位置→标尺寸→添注解→出图纸。

SolidWorks 软件的用户界面如图 2.36 所示。

1. SolidWorks 软件的专业术语

(1)草图。

三维实体模型在某个截面上的二维轮廓称为草图，每个草图都有一些形状、大小或方向的特征。创建草图的过程：选平面→绘形状→定位置→设大小。

(2)草图平面。

草图平面即绘制二维几何图形(草图)的平面。在创建草图前，用户必须选择一个草

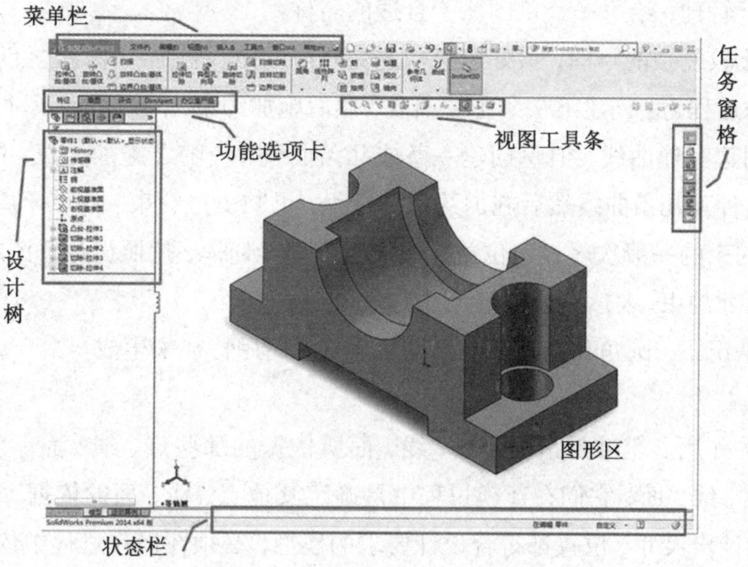

图 2.36　SolidWorks 软件的用户界面

图平面。SolidWorks 软件默认提供三个基准面，分别是上视基准面、前视基准面和右视基准面。草图平面也可以是前一个特征上的某一个平面，还可以是用户使用菜单命令中“工具”→“参考几何体”→“基准面”创建的基准平面。

(3)约束。

“没有规矩不成方圆”，每个草图都必须有一定的约束，没有约束设计者的意图也无从体现。约束有两种：一种对尺寸进行约束，另一种对位置进行约束。绘制草图前，应仔细分析草图图形结构，明确草图中的几何元素之间的约束关系。

(4)草图状态。

任何时候，草图都处于三种状态之一。这三种状态分别是欠定义、完全定义和过定义。草图状态由草图中几何体与定义尺寸之间的几何关系来决定。欠定义是指草图的不充分定义状态，但这个草图仍可以用来创建特征。欠定义是很有用的，因为在零件早期设计阶段的大部分时间里，并没有足够的信息来对草图进行完全的定义。随着设计的深入，会逐步得到更多有用信息，可以随时为草图添加其他定义。欠定义的绘制几何体是蓝色的(默认设置)。完全定义是指草图具有完整的信息，其草图几何体是黑色的(默认设置)。一般来说，当零件最终完成设计，要进行下一步加工时，零件的每一个草图都应该是完全定义的。过定义是指草图中有重复的尺寸或互相冲突的约束关系，直到修改后才能使用。应该删除多余的尺寸和约束。过定义的几何体是红色的(默认设置)。

(5)草图绘制技巧。

① 每个草图应尽可能简单，为便于约束及修改，可以将一个复杂草图分解为若干简单草图。

② 为便于管理，给每一个草图赋予合适的名称。

③ 对于比较复杂的草图，最好避免构造完所有的曲线再加约束，这会增加全约束的难度。一般的过程为：创建第一条主要曲线，然后施加约束，同时修改尺寸至设计值；按照设计意图创建其他曲线，但每创建一条或几条曲线，应随之施加约束，同时修改尺寸至设计值。这种建几条曲线然后施加约束的过程，可减少过约束、约束矛盾等错误。

④ 施加约束的一般次序。定位主要曲线至外部几何体，按照设计意图施加大量几何约束和少量尺寸约束(表达设计关键尺寸)。

⑤ 一般情况下，圆角和斜角不在草图里生成，而用特征来生成。

(6)基准。

① 基准的作用。基准是指确定点、线、面所依据的那些点、线、面。所以基准实际上还是一些点、线、面，它们在建模过程中是确定其他点、线、面的依据。在 SolidWorks 软件中，要设计出尺寸、位置都符合设计要求的模型，必须在操作过程中依据一定的点、线、面，这些点、线、面就是在 SolidWorks 软件中的基准。在建模过程中，基准的正确建立是必要的也是必需的。在三维建模过程中，由于空间概念的引入，需要合理有效地确定大量的基准。所以基准是建模过程中不可或缺的、必须的特征。可以说，正确、合理地建立基准是快速、准确建模的关键，因此，必须熟练掌握各种基准的使用方法。

② 基准的分类和显示控制。基准面；基准轴；基准点；坐标系统。

③ 建立基准。它分为系统默认的基准和创建自己需要的基准。

建立零件的基本步骤示意图如图 2.37 所示。

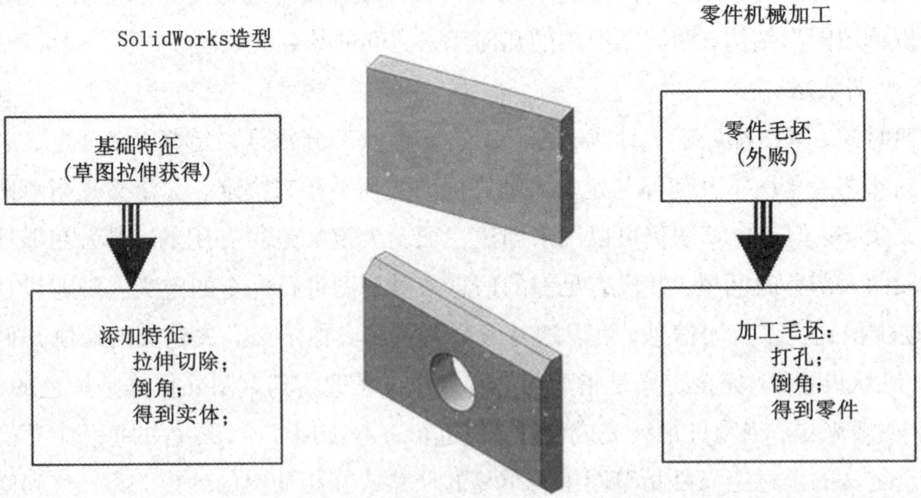

图 2.37　建立零件的基本步骤示意图

SolidWorks 软件的零件设计过程是真实制造环境的虚拟仿真。零件是由多个特征累积而成的。SolidWorks 软件建立零件的步骤具体如下。

① 规划零件。分析零件的特征组成、特征之间的关系、特征的构造顺序及其构造方法、确定最佳的轮廓等。

② 创建基础特征。基础是零件的第一个特征，是构成零件基本形态的特征，是构造其他特征的基础，可以看作零件模型的“毛坯”。

③ 创建其他特征。按照特征之间的关系一次创建剩余特征。可以参照零件的加工过程进行造型，即“如何加工就如何造型”。

（7）设计意图。

开始零件建模时，选择哪一个特征作为第一个特征？选择哪个外形轮廓最好？确定了最佳的外形轮廓后，所选择的轮廓形状会对草图平面的选择造成什么影响？采用何种顺序来添加其他辅助特征？这些问题的解决都要受制于设计意图。

设计意图即模型被改变后如何表现的计划。它决定模型如何建立与修改。特征之间的关联和特征建立的顺序都会影响设计意图。

设计意图的影响因素有草图和特征。

① 草图的影响。影响设计意图的草图因素包括：定位关系、定位尺寸和草图复杂程度。

❖定位关系的影响。图素与环境的关系：水平和竖直；图素之间的关系：平行、垂直、相切、重合和共线等。

❖定位尺寸的影响。添加尺寸的方式在某种程度上也反映设计人员计划如何修改尺寸。

❖草图复杂程度的影响。复杂草图，采用拉伸法建模速度较快；简单草图，则更利于以后的修改操作。

② 特征的影响。特征的构造方法、特征的构成、构造顺序及其关系等对设计意图也有很大影响。

❖特征构造方法的影响。制陶转盘法强调阶梯轴的整体性，零件的定义主要集中在草图中，设计过程简单，但草图较为复杂，不利于后期修改。

层叠蛋糕法符合人们的习惯思维，层次清晰，后期修改方便，但与机械加工恰好相反。

制造法是模仿零件加工时的方法来建模，也就是“怎样加工就怎样建模”。该方法不仅具有层叠蛋糕法的所有优点，而且在设计阶段就充分考虑了制造工艺的要求。

❖特征构成的影响。选择不同的特征建立模型在很大程度上决定了模型的设计意图，直接影响零件以后的修改方法和修改的便利性。合理的特征建模要考虑零件的加工方法和成型特点、零件的形状特点及局部细节等。

❖最佳轮廓的影响。在拉伸时，最佳轮廓可以比其他轮廓建立更多的模型部分。图2.38中分别显示了模型的三种可能轮廓和零件的最终特征组成。

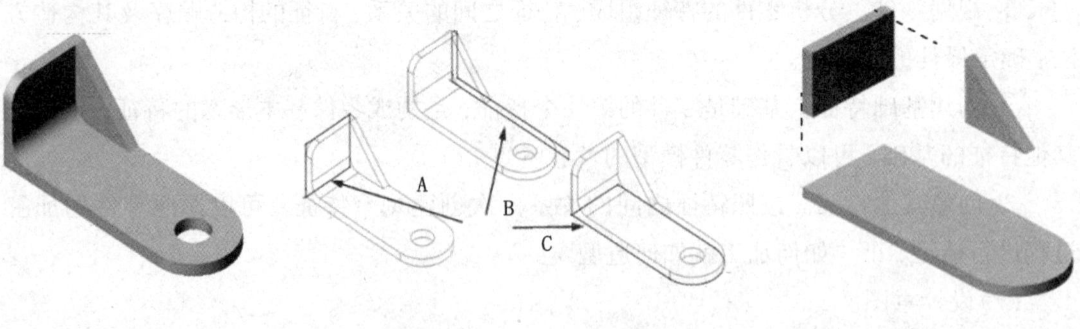

（a）　　（b）　　（c）

图 2.38　模型的三种可能轮廓和零件的最终特征组成

❖观察角度的影响。决定最佳轮廓之后，就要决定用哪个平面作为草图平面来绘制轮廓。如图 2.38 所示，显然，对于这个模型而言，A 的放置方法最佳，应该把选择的最佳轮廓草图绘制在“上视”基准面上。

事实上，模型在三维空间的摆放位置与建模本身的要求没有太大关系，合理地选择模型的观察角度是基于以下几方面进行考虑的：在零件中，可以通过选择标准视图切换视向，便于设计者观察；在装配体中，便于定位零件和选择配合对象；在工程图中，与标准投影方向一致，便于生成视图。

❖特征关系的影响。

父/子特征：如果一个特征的建立参照了其他特征的元素，则被参照特征成为该特征的父特征，而该特征被称为子特征。例如，一个实体上有一个孔，孔便是这个实体的子特征。特征树中，父特征在子特征之前，删除父特征会同时删除子特征，而删除子特征不会影响父特征。

几何和尺寸关系：几何关系包括特征草图实体之间的相切、等距等几何关联方式。

拓扑关系：指几何实体在空间中的相互位置关系。拓扑关系主要体现在特征定义的终止条件中，如完全贯穿、离指定面指定的距离等。例如，孔对于实体模型的贯穿关系、面之间的相切或等距关系等。

❖特征顺序的影响。由于特征关系的问题，使得特征建立的次序成为重要影响因素。

首先，后面的特征需要借用前面特征的有关要素，如定义草图时借用已有特征的轮廓建立几何和尺寸关系等。其次，特征的拓扑关系是在已有特征的环境下设定的，不会影响到其后的特征。

多特征零件建模顺序：首先建立构成零件基本形态的主要特征和较大尺度的特征，然后添加圆角、倒角等辅助特征。

（8）零件规划。

任何零件都可看成由特征按照一定的位置关系组合而成的特征集合，零件的造型过程就是对组成该零件的形状特征进行造型的总和。

零件的结构形状是由设计要求和工艺要求决定的。零件的结构分析就是从设计要求和工艺要求出发，对零件的不同结构进行逐一分析，主要分析它们的功用。通过零件的结构分析，可加深对零件上每一结构功用的认识，从而正确、完整、清晰和简便地表达出零件的结构形状，正确、清晰、完整与合理地标出零件的尺寸和技术要求。

① 零件规划的定义与内容。

定义：把零件分解成若干个特征，并确定特征之间组合形式与相对位置及构造方法的过程称为零件规划。

内容：特征组成分解；特征关系分析；特征构造顺序；特征构造方法。

② 特征分解原则。

在基于特征的零件设计系统中，特征的组成及相互关系是系统的核心部分，直接关系着几何造型的难易程度和设计与制造信息在企业内各应用环节间交换及共享的方便程度。

特征的组合形式通常有叠加和挖切两种。

特征分解的原则：特征应具有一定的设计和制造意义；特征应方便加工信息的输入；特征应有利于提高造型效率，提升造型稳定性。

③ 零件分解实例。

❖组合类零件分解。其示意图如图 2.39 所示。

图 2.39 组合类零件分解示意图

❖轴类零件分析。减速器中的从动轴的主要功用是装在轴承中支承齿轮传递扭矩（或动力），并与外部设备连接。为了使从动轴满足设计要求和工艺要求，需注意表 2.2

所列的结构形状组成和主要考虑的主要问题。

表 2.2　从动轴的结构分析表

结构组成	主要考虑的问题	结构组成	主要考虑的问题
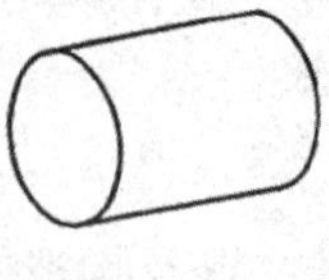	为了伸出外部与其他机器相接，应制出一轴颈	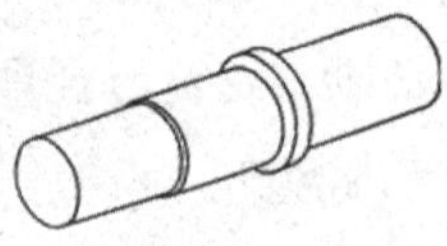	为了支承齿轮和使用轴承支承轴，右端做成轴颈
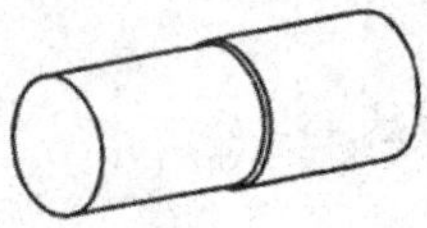	为了用轴承支承轴，又在左端做一个轴颈	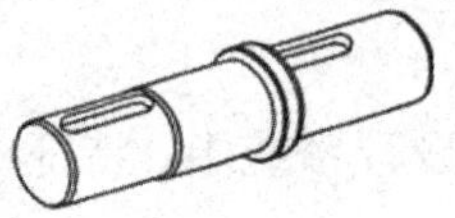	为了与齿轮连接，右端做一键槽；为了与外部设备连接，左端也做一键槽。 为了装配方便，保护装配表面，多处做成倒角，退刀槽
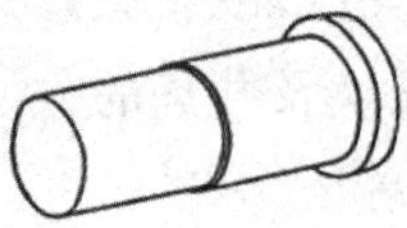	为了固定齿轮的轴向位置，增加一稍大的凸肩		

❖箱体类零件分析。减速器底座的主要功用是容纳支承轴和齿轮，并与减速器盖连接。它的结构形状组成和主要考虑的主要问题如表 2.3 所列。

表 2.3　减速器底座的结构分析表

结构组成	主要考虑的问题	结构组成	主要考虑的问题	结构组成	主要考虑的问题
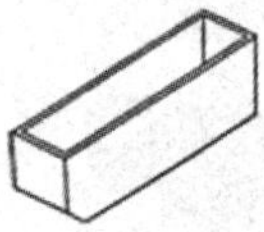	为了容纳下齿轮和润滑油，底座做成中空形状	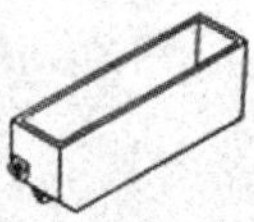	为了更换润滑油或观察润滑油面的高度，底座上开有放油孔和油针孔；为了保证油针孔处便于钻孔，外部做成斜凸台	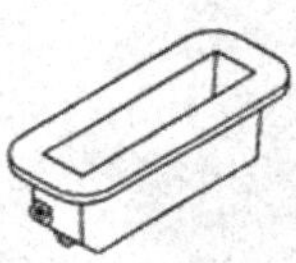	为了与减速器盖连接，底座上要加连接板
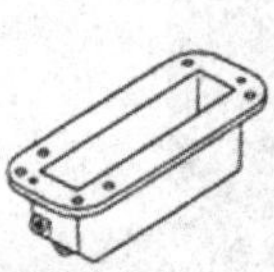	为了与减速器盖对准和连接，连接板上应该有定位销孔和连接螺栓孔	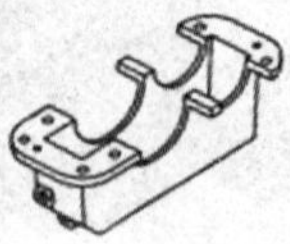	为了支承两根轴(轴上两端装有轴承)，底座上必须开两对大孔	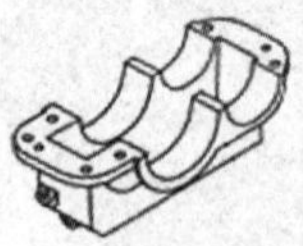	为了支承轴承，底座在大孔处加一凸缘

表2. 3(续)

结构组成	主要考虑的问题	结构组成	主要考虑的问题	结构组成	主要考虑的问题
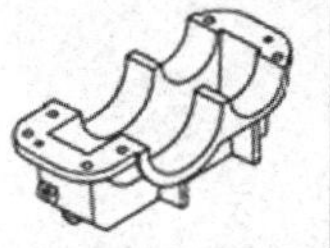	由于凸缘伸出过长，为避免变形，在凸缘的下部加一肋板	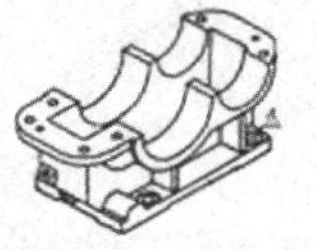	为了安装方便，便于固定在工作地点，底座下要加一底板，并做出安装孔	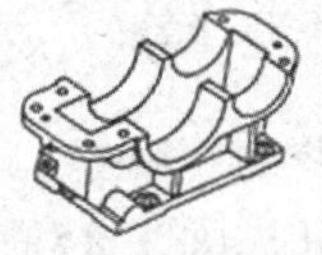	为了安装方便，便于搬动，在上连接板下加两吊耳
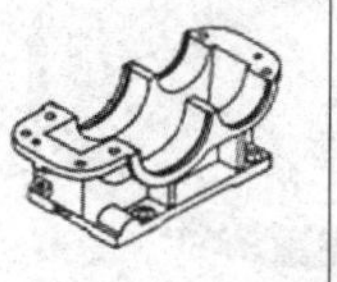	为了密封，防止油溅出或灰尘进入，在支承凸缘端部加个端盖，因此，必须做出相应盖槽	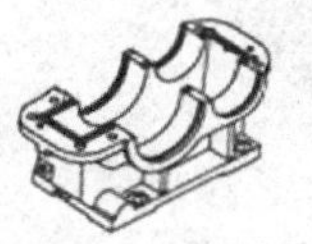	为了密封，防止油流出，在连接板顶面上开一圈油槽，使油流回箱内	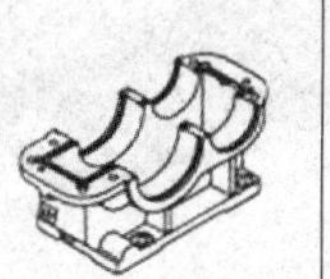	由于工艺方面的要求，该结构上面还设计出铸造圆角、拔模斜度、倒角等，形成一个完整的零件

④ 零件规划实例。

❖选择“最佳”轮廓。如图 2. 40 所示，轮廓 A 是矩形，需要很多切除或凸台来去除或添加材料及建立一些细节，才能完成建模；轮廓 B 使用模型上 L 形的一条边，但需要一些额外的工作来形成半圆形的末端；轮廓 C 是最佳轮廓，只需再添加两个凸台，就可以完成基本外形，然后建立切除特征和圆角特征，该模型即可建成。

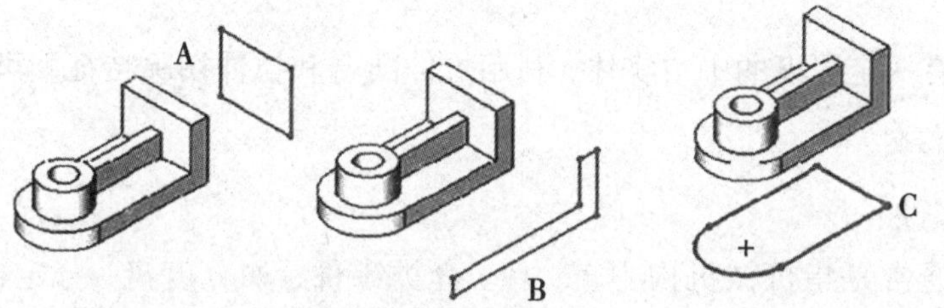

图 2. 40　最佳轮廓

❖选择合适的观察角度。对于图 2. 40 所示模型，B 的放置方法最佳，应该把选择的最佳轮廓草图绘制在“上视”基准面上。

❖构成分析与建模顺序。其示意图如图 2. 41 所示。

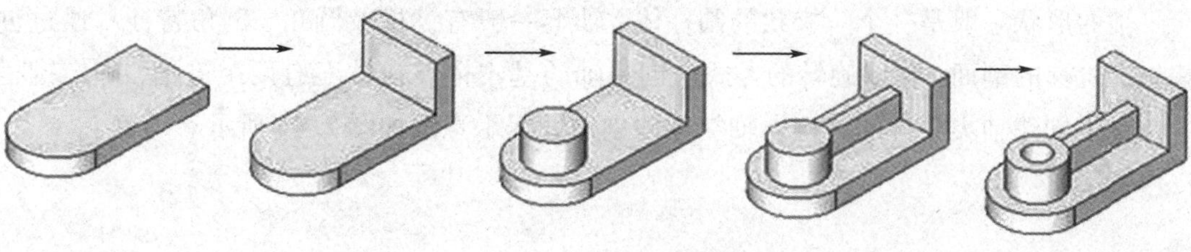

图 2. 41　构成分析与建模顺序示意图

2.6.5 常见零件建模

常见的零件设计主要包括标准件设计、盘类零件设计、轴类零件设计、齿轮类零件设计、箱体零件设计等。

1. 拉伸类零件

拉伸类零件如图 2.42 所示。

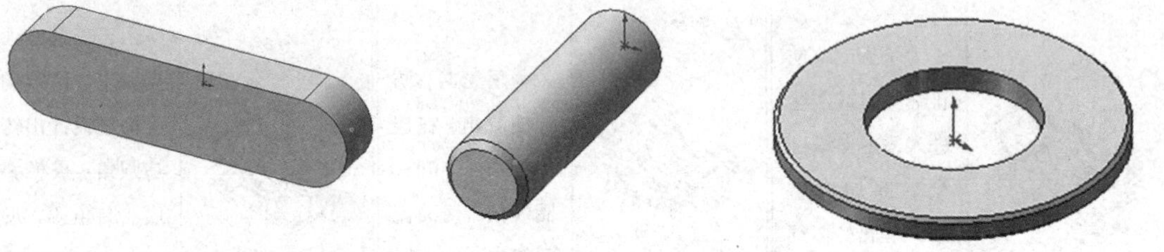

(a) (b) (c)

图 2.42 拉伸类零件

(1) 键。

键的设计比较简单，首先绘制键的草图轮廓，然后利用拉伸工具即可完成造型。

(2) 销。

销由简单的拉伸特征和倒角特征组合而成。

(3) 垫片。

垫片是具有一定厚度的中空实体，利用拉伸凸台和拉伸切除特征即可完成造型。

2. 旋转类零件

(1) 盘类零件。

盘类零件通常是指机械机构中盖、环、套类零件，如分度盘、分定价环、垫圈、垫片、轴套、薄壁套。盘类零件属于回转体类的零件，其创建方法一般为：先画出回转截面和回转轴；生成回转特征；选取回转特征的相关面，绘制盘类零件上的有关孔的草图，使用拉伸切除命令打孔，得到零件的孔特征；使用圆角和倒角命令生成圆角和倒角特征。盘类零件创建过程示意图如图 2.43 所示。

(2) 轴类零件。

轴的形状一般是一个阶梯状的圆柱体，轴上一般有键槽及圆角、倒角特征。通过创建一个阶梯的剖面，再以旋转的方式来创建轴的基本体。在轴上有两个键槽，确定键槽的位置是创建轴类零件的关键。轴类零件创建过程示意图如图 2.44 所示。

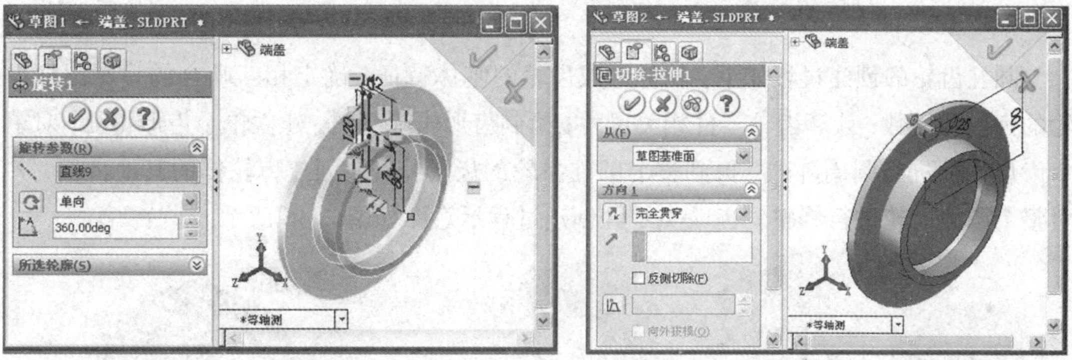

(a)　　　　　　　　　　　　(b)

图 2.43　盘类零件创建过程示意图

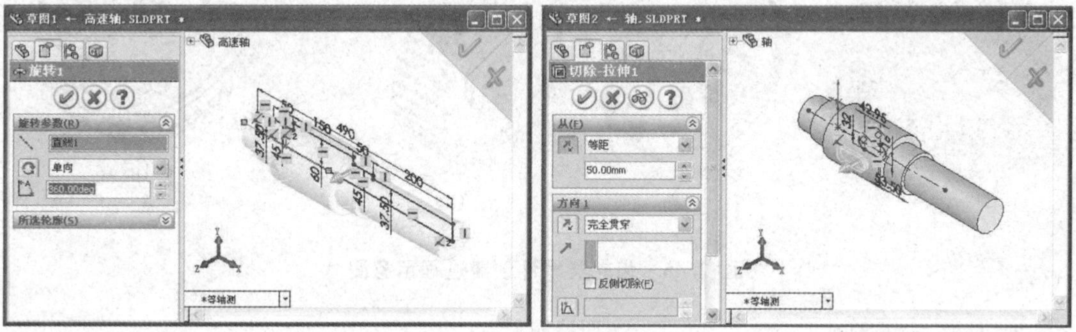

(a)　　　　　　　　　　　　(b)

图 2.44　轴类零件创建过程示意图

3. 扫描类零件

弹簧是由簧条圆绕一条螺旋线旋转而成的，故其创建过程如下：先绘制螺旋线，再绘制簧条圆，然后利用扫描特征创建弹簧基体，最后利用拉伸切除特征创建支撑圈。扫描类零件创建过程示意图如图 2.45 所示。

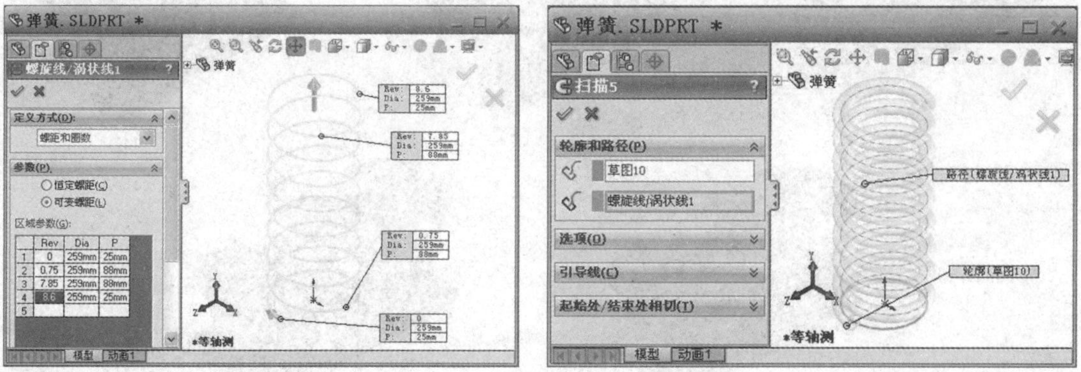

(a)　　　　　　　　　　　　(b)

图 2.45　扫描类零件创建过程示意图

4. 齿轮类零件

圆柱齿轮的创建过程如下：拉伸形成齿轮的基体特征；确定相互啮合的一对圆柱齿轮的齿数和模数；计算齿轮零件相关尺寸；绘制齿形轮廓草图，建立单个齿形特征；对单个齿形特征进行圆周阵列，得到整个圆柱齿轮的齿形特征；创建齿轮体的其他特征，并对整个圆柱齿轮进行修整。齿轮类零件创建过程示意图如图 2. 46 所示。

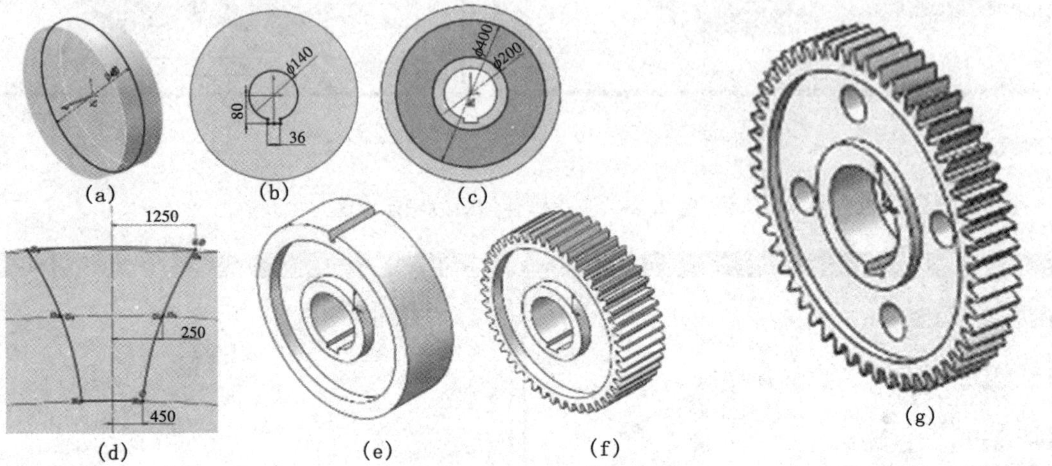

图 2. 46　齿轮类零件创建过程示意图

5. 箱体结构零件

由于箱体结构零件比较复杂，其创建方法也可能与设计者的视图步骤、读图习惯有关，但在创建过程中应注意一般的创建原则：先面后孔，基准先行；先主后次，先加后减。箱体类零件创建过程示意图如图 2. 47 所示。

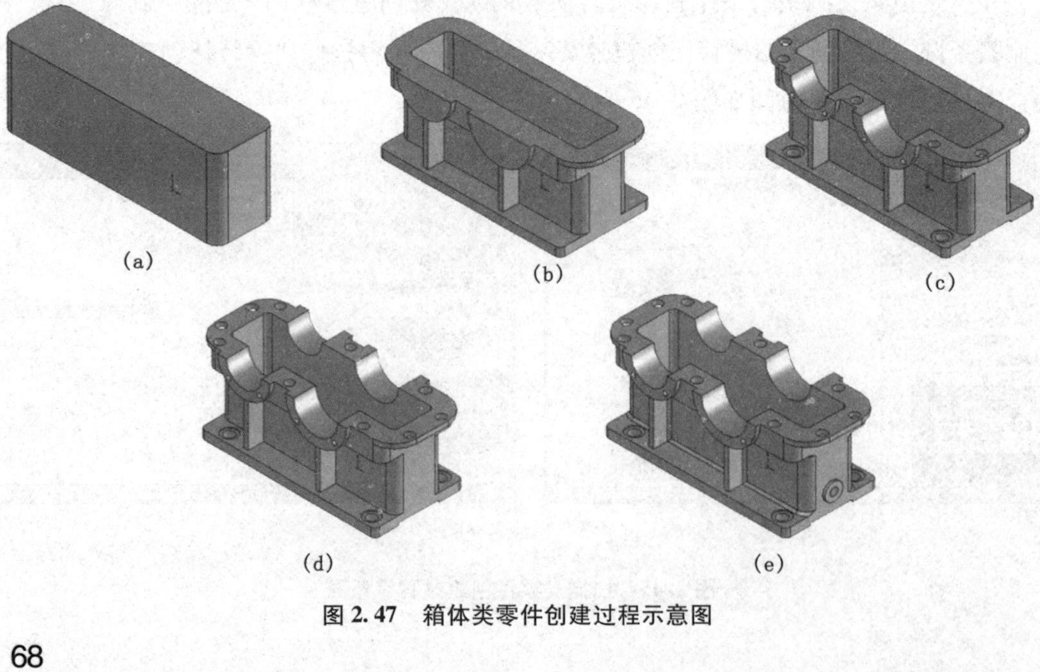

图 2. 47　箱体类零件创建过程示意图

6. 库零件

螺栓、螺母的创建过程相近，一般都是先用拉伸特征完成基体造型并添加倒角，再用扫描切除特征添加螺纹。通常可用软件自带的标准件库进行螺栓、螺母造型。库零件的创建过程示意图如图 2.48 所示。

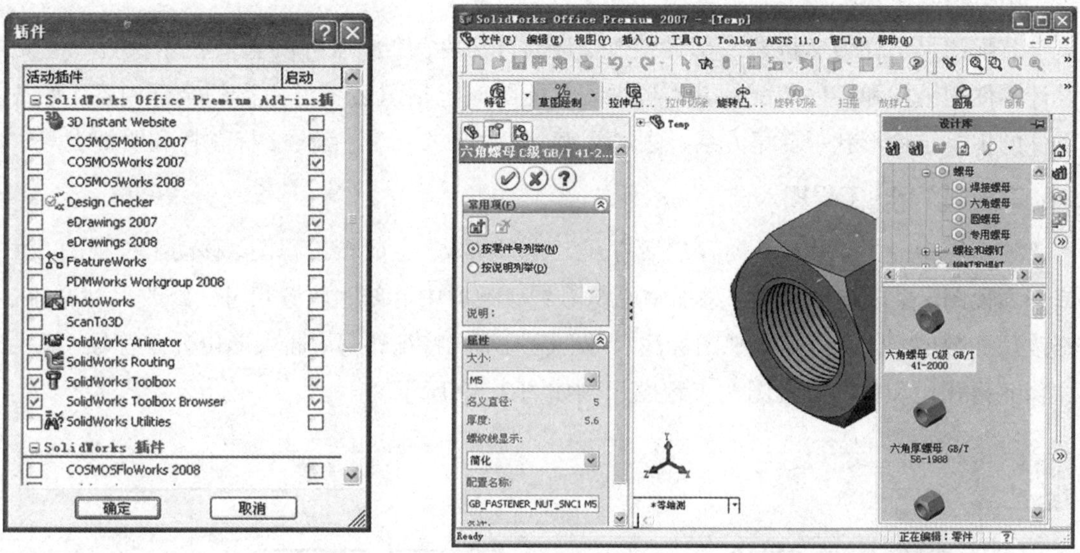

(a) 工具→插件→ToolBox　　　　(b) 右击→生成新零件→设参数

图 2.48　库零件的创建过程示意图

2.6.6　SolidWorks 工程图基础

1. 基本术语

(1) 视图。

根据有关标准和规定，用正投影法所绘制的物体的图形称为视图。视图主要表达机件的外部结构形状，一般只画机件的可见部分，必要时才画其不可见部分。视图分为基本视图、向视图、局部视图和斜视图四种。

(2) 基本视图。

基本视图是机件向基本投影面投影所得的图形，包括主、俯、左、右、仰、后六个基本视图。

(3) 向视图。

向视图是可以自由配置的基本视图。

(4) 局部视图。

将物体的某一部分向基本投影面投射所得的视图称为局部视图。

(5) 斜视图。

将机件向不平行于任何基本投影面的平面投影所得的视图叫斜视图。

(6)零件图。

零件图是零件制造、检验和制订工艺规程的基本技术文件。因此，零件图应包括创造和检验零件所需的全部内容，如图形、尺寸及其公差、表面粗糙度、形位公差、对材料及热处理的说明及其他技术要求、标题栏等。

(7)装配图。

装配图是一种表达机器或部件装配、检验、安装、维修服务的重要技术文件。它是设计零件的结构和零件装配的基本依据。装配图应包括组装零件所需的全部内容，如各零件的主要结构形状、装配关系、总体尺寸、技术要求、零件编号、标题栏和明细表等。

2. SolidWorks 工程图入门

建立压力盘的工程图，内容包括打开工程图模板、生成新工程图、移动工程视图、生成剖面视图、生成局部视图、添加中心符号线、添加中心线、放置尺寸、修改尺寸文字、修改尺寸数值、自动给剖面视图标注尺寸、插入基准特征符号、插入形位公差符号、插入注释并格式化和打印工程图。工程图示例如图 2.49 所示。

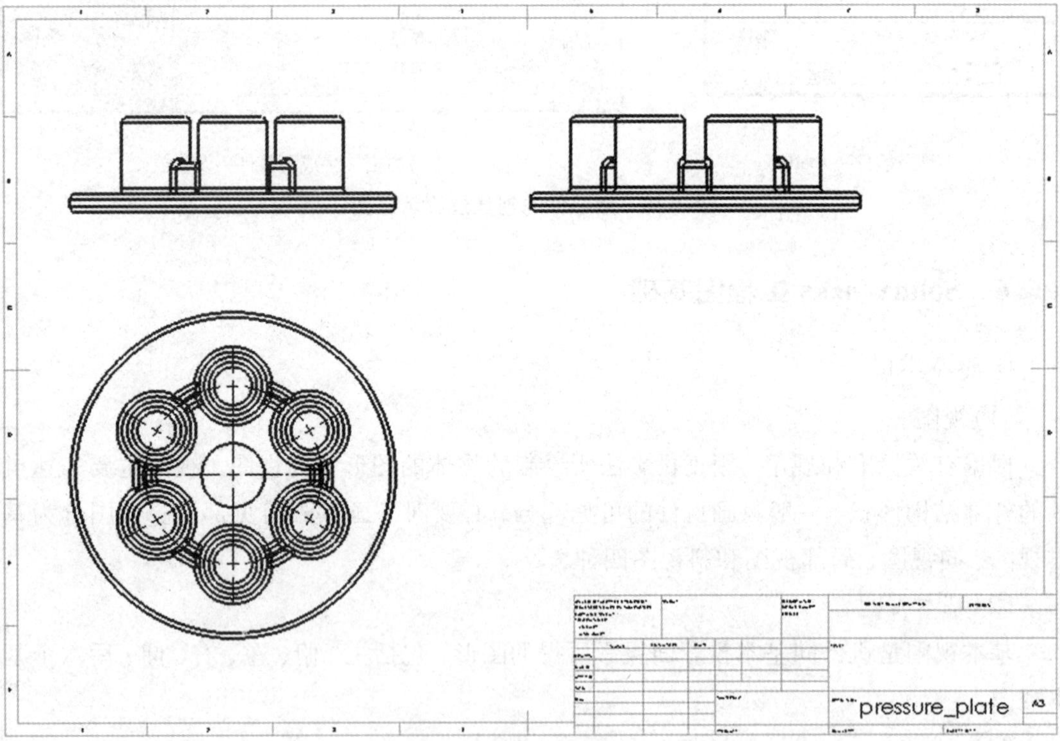

图 2.49　工程图示例

3. SolidWorks 工程图术语

工程图中使用到的术语包括工程图纸、图纸格式和工程视图。

(1)工程图纸。

在 SolidWorks 软件中，读者可以将“图纸”的概念理解为一张实际的绘图纸。工程图纸用来放置工程图视图、尺寸和注解。工程图中可以有多张图纸。

(2)图纸格式。

图纸格式包括图幅设定和图框、标题栏和必要的文字、材料明细表定位点、预定义视图。保存下来图纸格式可以重复使用。

(3)工程视图。

工程视图是用正投影法绘制的零件和装配体的视图。可以对视图进行缩放、定向并放置在图纸中。每张图纸可以包含多个视图。SolidWorks 软件中可以创建的工程视图如下。

① 标准工程视图。即以零件或装配体生成的各种视图，包括标准三视图、模型视图、相对视图、预定义的视图、空白视图。

② 派生工程视图。即由其他视图派生的各种视图。其包括投影视图、辅助视图、局部视图、裁剪视图、断开的剖视图、剖面视图、旋转剖视图、交替位置视图、相对视图。

(4)注解。

注解包括注释、焊接注解、基准特征符号、基准目标符号、形位公差、表面粗糙度、多转折引线、孔标注、销钉符号、装饰螺纹线、区域剖面线填充、零件序号等。

2.6.7　建立符合 GB 的图纸格式

1. 工程图模板

模板是 SolidWorks 的一组系列文件(如零件图模板、工程图模板、装配图模板)，当新建零件(装配、工程图)时，SolidWorks 程序将根据模板来设置图纸格式等系统属性和文件属性。

在“工具”→“选项”→“系统选项”里有很多相关参数设置，包括各种颜色设置等，修改这些设置可以使 SolidWorks 各种默认颜色符合自己的喜好，从而达到个性化目的。在“工具”→“选项”→“文件属性”中可以修改一些 SolidWorks 程序标识、标注的样式，修改这些设置可以使 SolidWorks 更符合 GB 要求。SolidWorks 零件模板的扩展名为“ *.prtdot”、装配模板的扩展名为“ *.asmdot”、工程图模板的扩展名为“ *.drwdot”。在 SolidWorks 软件中，模板的默认保存位置为“SolidWorks 安装目录\data\templates”。

2. 工程图一般规范

图纸幅面和格式由《技术制图　图纸幅面和格式》(GB/T 14689—2008)规定。

3. 建立 GB 工程图模板

(1)建立 GB 图纸格式。

① 设置图幅。

② 进入编辑图纸格式状态。

③ 绘制图纸边框。

④ 绘制标题栏。

⑤ 添加注释。

⑥ 进入编辑图纸状态。

⑦ 保存图纸格式。

⑧ 使用图纸格式。

(2)设定图纸选项。

① 图纸背景颜色。

② 尺寸线设置。

③ 箭头大小设置。

④ 尺寸字体设置。

(3)保存工程图模板。

工程图模板如图 2.50 所示。

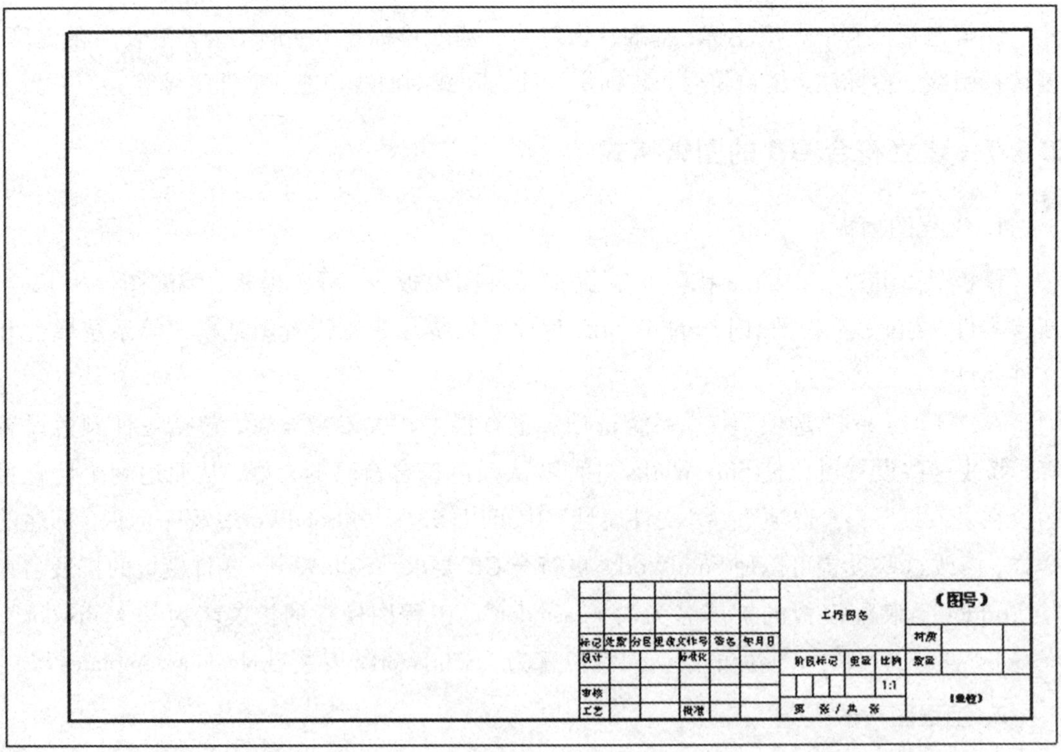

图 2.50　工程图模板

(4)使用工程图模板。

第 3 章　数学基础

3.1　线性代数基础知识

线性代数内容分为行列式、矩阵及其运算，矩阵的初等变换与线性方程组、向量组，相似矩阵及二次型、线性空间与线性变换，等等。

3.1.1　行列式

1. 行列式的定义

以三阶行列式为例，设有 9 个数排成 3 行 3 列的数表：$\begin{matrix} a_{11} & a_{12} & a_{13} \\ a_{21} & a_{22} & a_{23} \\ a_{31} & a_{32} & a_{33} \end{matrix}$，则记三阶行列式为

$$\begin{vmatrix} a_{11} & a_{12} & a_{13} \\ a_{21} & a_{22} & a_{23} \\ a_{31} & a_{32} & a_{33} \end{vmatrix} = a_{11}a_{22}a_{33} + a_{12}a_{23}a_{31} + a_{13}a_{21}a_{32} - a_{11}a_{23}a_{32} - a_{12}a_{21}a_{33} - a_{13}a_{22}a_{31}$$

2. n 阶行列式

行列式中所有不同行、不同列的共 $n!$ 项代数和即 $\sum(-1)^t a_{1p_1}a_{2p_2}\cdots a_{np_n}$，称为 n 阶行列式，记作：

$$D = \begin{vmatrix} a_{11} & a_{12} & \cdots & a_{1n} \\ a_{21} & a_{22} & \cdots & a_{2n} \\ \vdots & \vdots & & \vdots \\ a_{n1} & a_{n2} & \cdots & a_{nn} \end{vmatrix}$$

简记作 $\det(a_{ij})$，其中数 a_{ij} 为行列式 D 的 (i, j) 元。

3. 行列式的性质

行列式的性质如下。

(1)行列式与它的转置行列式相等。

(2)行列式中某两行(列)互换，行列式变号。

推论 3.1 若行列式中某两行(列)对应元素相等，则行列式等于零。

(3)常数 k 乘以行列式的某一行(列)，等于 k 乘以此行列式。

推论 3.2 若行列式中两行(列)成比例，则行列式值为零。

推论 3.3 行列式中某一行(列)元素全为零，行列式为零。

(4)行列式具有分行(列)可加性。

(5)将行列式某一行(列)的 k 倍加到另一行(列)上，值不变。

4. 行列式按照行(列)展开

行列式按照行(列)展开：余子式为 M_{ij}，代数余子式为 $A_{ij}=(-1)^{i+j}M_{ij}$。

引理 3.1 一个 n 阶行列式，如果其中 i 行(列)所有元素除第 j 个元素都为零，那么这个行列式等于与它的代数余子式的乘积，即

$$D=a_{ij}A_{ij}$$

定理 3.1 行列式等于它的任一行(列)的各元素与其对应的代数余子式乘积之和，即

$$\begin{cases}D=a_{i1}A_{i1}+a_{i2}A_{i2}+\cdots+a_{in}A_{in},\ i\neq j\\ D=a_{1j}A_{1j}+a_{2j}A_{2j}+\cdots+a_{nj}A_{nj},\ i\neq j\end{cases}$$

推论 3.4 行列式某一行(列)的元素与另一行(列)的对应元素的代数余子式乘积之和等于零。

5. 克莱姆法则

如果线性方程组 $\begin{cases}a_{11}x_1+a_{12}x_2+\cdots+a_{1n}x_n=b_1\\ a_{21}x_1+a_{22}x_2+\cdots+a_{2n}x_n=b_2\\ \cdots\cdots\cdots\cdots\\ a_{n1}x_1+a_{n2}x_2+\cdots+a_{nn}x_n=b_n\end{cases}$ 的系数行列式不等于零，即 $D=\begin{vmatrix}a_{11} & \cdots & a_{1n}\\ \vdots & & \vdots\\ a_{n1} & \cdots & a_{nn}\end{vmatrix}$，那么方程组有唯一解，即

$$x_1=\frac{D_1}{D},\ x_2=\frac{D_2}{D},\ \cdots,\ x_n=\frac{D_n}{D}$$

其中 $D_j(j=1,2,\cdots,n)$ 是把行列式 D 中第 j 列元素对应地换成常数项而其余各列保持不变所得到的行列式。

定理 3.2　如果线性方程组 $\begin{cases} a_{11}x_1 + a_{12}x_2 + \cdots + a_{1n}x_n = b_1 \\ a_{21}x_1 + a_{22}x_2 + \cdots + a_{2n}x_n = b_2 \\ \cdots\cdots\cdots\cdots \\ a_{n1}x_1 + a_{n2}x_2 + \cdots + a_{nn}x_n = b_n \end{cases}$ 的系数行列式不等于零，则方程组一定有解，且解是唯一的。

定理 3.3　如果线性方程组 $\begin{cases} a_{11}x_1 + a_{12}x_2 + \cdots + a_{1n}x_n = b_1 \\ a_{21}x_1 + a_{22}x_2 + \cdots + a_{2n}x_n = b_2 \\ \cdots\cdots\cdots\cdots \\ a_{n1}x_1 + a_{n2}x_2 + \cdots + a_{nn}x_n = b_n \end{cases}$ 无解或有两个不同的解，则它的系数行列式必为零。

3.1.2　矩阵及其运算

数学上，一个 $m \times n$ 的矩阵是一个由 m 行 n 列元素排列形成的矩形阵列，矩阵里的元素可以是数字、符号或表达式。一个 $m \times n$ 的矩阵 $\boldsymbol{A}$ 通常表示为 $\boldsymbol{A}_{m\times n}$。

1. 矩阵的运算

(1)加法。

矩阵加法的限定条件是相加矩阵的行数和列数均相同，结果为对应元素的代数和构成的矩阵，且矩阵的加法具有交换律和结合律，即

$$\boldsymbol{A}_{m\times n} + \boldsymbol{B}_{m\times n} = \boldsymbol{B}_{m\times n} + \boldsymbol{A}_{m\times n}$$

$$\boldsymbol{A}_{m\times n} + \boldsymbol{B}_{m\times n} + \boldsymbol{C}_{m\times n} = (\boldsymbol{A}_{m\times n} + \boldsymbol{B}_{m\times n}) + \boldsymbol{C}_{m\times n} = \boldsymbol{A}_{m\times n} + (\boldsymbol{B}_{m\times n} + \boldsymbol{C}_{m\times n})$$

(2)数乘。

标量 k 与矩阵 $\boldsymbol{A}$ 相乘的结果为

$$k\boldsymbol{A} = (k\,a_{ij})_{m\times n}$$

(3)乘法。

两个矩阵的乘法仅当第一个矩阵 $\boldsymbol{A}$ 的列数和另一个矩阵 $\boldsymbol{B}$ 的行数相等时才能定义。设矩阵 $\boldsymbol{A}$ 是 $m \times l$ 矩阵，矩阵 $\boldsymbol{B}$ 是 $l \times n$ 矩阵，则二者的乘积 $\boldsymbol{AB}$ 是一个 $m \times n$ 矩阵，记为

$$(\boldsymbol{AB})_{i,j} = \boldsymbol{A}_{i,1}\boldsymbol{B}_{1,j} + \boldsymbol{A}_{i,2}\boldsymbol{B}_{2,j} + \cdots + \boldsymbol{A}_{i,l}\boldsymbol{B}_{l,j} = \sum_{p=1}^{l} \boldsymbol{A}_{i,p}\boldsymbol{B}_{p,j}$$

一般 $\boldsymbol{AB} = \boldsymbol{BA}$，但不满足消去律，即由 $AB = 0$，不能得到 $A = 0$ 或 $B = 0$。

(4)转置。

$$(\boldsymbol{A}^{\mathrm{T}})^{\mathrm{T}} = \boldsymbol{A},\ (\boldsymbol{A} + \boldsymbol{B})^{\mathrm{T}} = \boldsymbol{A}^{\mathrm{T}} + \boldsymbol{B}^{\mathrm{T}}$$

$$(k\boldsymbol{A})^{\mathrm{T}} = k\boldsymbol{A}^{\mathrm{T}},\ (\boldsymbol{AB})^{\mathrm{T}} = \boldsymbol{B}^{\mathrm{T}}\boldsymbol{A}^{\mathrm{T}}\ (\text{反序定理})$$

(5)方幂。

$$\boldsymbol{A}^{k_1}\boldsymbol{A}^{k_2} = \boldsymbol{A}^{k_1+k_2},\ (\boldsymbol{A}^{k_1})^{k_2} = \boldsymbol{A}^{k_1k_2}$$

2. 几种特殊的矩阵及相关定义

(1)方阵。

行数和列数相等的矩阵称为方阵，其行数(列数)为阶数。

(2)主对角线。

主对角线为从方阵的左上角到右下角的对角线。

(3)对角矩阵。

对角矩阵为主对角线外的元素均为零的矩阵。若 $\boldsymbol{A}$ 和 $\boldsymbol{B}$ 都是 n 阶对角阵，k 为标量，则 $k\boldsymbol{A}$，$\boldsymbol{A}+\boldsymbol{B}$，$\boldsymbol{AB}$ 都是 n 阶对角阵。

(4)数量矩阵。

数量矩阵就是主对角线上元素都是同一个数值，其余元素都是零的矩阵。

(5)单位矩阵。

单位矩阵为主对角线上的元素均为 1 的对角矩阵，通常用 $\boldsymbol{I}$ 表示。

(6)对称矩阵。

对称矩阵是指元素以主对角线为对称轴对应相等的矩阵。

(7)反对称矩阵。

反对称矩阵是指主对角线上的元素全为零，而位于主对角线两侧对称的元素反号的矩阵。

(8)阶梯矩阵。

阶梯矩阵的每一非零行左数第一个非零元素所在列的下方都是零。

(9)逆矩阵。

设 $\boldsymbol{A}$ 是 n 阶方阵，若存在 n 阶矩阵 $\boldsymbol{B}$ 的 $\boldsymbol{AB}=\boldsymbol{BA}=\boldsymbol{I}$，则称 $\boldsymbol{A}$ 是可逆的，即 $\boldsymbol{A}^{-1}=\boldsymbol{B}$。

(10)初等矩阵。

初等矩阵是单位矩阵经过一次初等变换得到的矩阵，分为对换阵、倍乘阵及倍加阵。

矩阵的初等变换有三种，即对换、倍乘和倍加。对换为交换两行(列)。倍乘为将非零常数 k 乘以某一行(列)。倍加为将某行(列)的 k 倍加到另一行(列)上。注意：初等变换不会改变矩阵的可逆性。

(11)等价标准形矩阵。

具有如 $\boldsymbol{D}_{\mathrm{r}}=\begin{pmatrix}\boldsymbol{I}_{\mathrm{r}} & 0\\ 0 & 0\end{pmatrix}$ 形式的矩阵为等价标准形矩阵。

3. 矩阵的秩

矩阵的秩是指矩阵中线性无关的行(列)向量的最大个数，矩阵 $\boldsymbol{A}$ 的秩表示为 $\mathrm{r}(\boldsymbol{A})$。

(1)满秩矩阵：方阵的秩等于其阶数。

(2)降秩矩阵：矩阵的秩小于其行数与列数。

(3)性质：初等变换不改变矩阵的秩。

4. 矩阵与行列式的联系与区别

(1)矩阵与行列式都是数表。

(2)行列式的行数、列数相同，矩阵的行数、列数不一定相同。

(3)行列式最终是一个数，只要值相等，就相等；矩阵是一个数表，只有对应元素相等才相等。

(4)矩阵为 $(ka_{ij})_n = k(a_{ij})_n$ ，对应的行列式为 $k|a_{ij}|_n = k^n|a_{ij}|_n$ 。

5. 逆矩阵的相关性质

(1)对于矩阵 $\boldsymbol{A}$ 和 $\boldsymbol{B}$ ，若 $\boldsymbol{AB}=\boldsymbol{BA}=\boldsymbol{I}$ ，则 $\boldsymbol{A}$ 与 $\boldsymbol{B}$ 一定是方阵。

(2)对于矩阵 $\boldsymbol{A}$ 和 $\boldsymbol{B}$ ，若 $\boldsymbol{BA}=\boldsymbol{AB}=\boldsymbol{I}$ ，则 $\boldsymbol{A}$ 与 $\boldsymbol{B}$ 一定互逆。

(3)不是所有的方阵都存在逆矩阵。

(4)若矩阵 $\boldsymbol{A}$ 可逆，则其逆矩阵是唯一的。

逆矩阵满足的运算律：

(1)可逆矩阵 $\boldsymbol{A}$ 的逆矩阵也是可逆的，即 $(\boldsymbol{A}^{-1})^{-1}=\boldsymbol{A}$ ；

(2)可逆矩阵 $\boldsymbol{A}$ 的数乘矩阵 $k\boldsymbol{A}$ 也是可逆的，即 $(k\boldsymbol{A})^{-1}=\frac{1}{k}\boldsymbol{A}^{-1}$ ；

(3)可逆矩阵 $\boldsymbol{A}$ 的转置 $\boldsymbol{A}^{\mathrm{T}}$ 也是可逆的，即 $(\boldsymbol{A}^{\mathrm{T}})^{-1}=(\boldsymbol{A}^{-1})^{\mathrm{T}}$ ；

(4)两个可逆矩阵 $\boldsymbol{A}$ 与 $\boldsymbol{B}$ 的乘积 $\boldsymbol{AB}$ 也是可逆的，且 $(\boldsymbol{AB})^{-1}=\boldsymbol{B}^{-1}\boldsymbol{A}^{-1}$ ；

(5)两个可逆矩阵 $\boldsymbol{A}$ 与 $\boldsymbol{B}$ 的和 $\boldsymbol{A}+\boldsymbol{B}$ 不一定可逆，即使可逆，$(\boldsymbol{A}+\boldsymbol{B})\neq\boldsymbol{A}^{-1}+\boldsymbol{B}^{-1}$ ；

(6) $\boldsymbol{A}$ 为 n 阶方阵，若 $|\boldsymbol{A}|=0$，则称 $\boldsymbol{A}$ 为奇异矩阵，否则为非奇异矩阵；

(7)若 $\boldsymbol{A}$ 可逆，则 $|\boldsymbol{A}^{-1}|=|\boldsymbol{A}|^{-1}$ 。

6. 伴随矩阵

对于 n 阶方阵 $\boldsymbol{A}$ ，将 $\boldsymbol{A}$ 的元素 a_{ij} 所在的第 i 行第 j 列元素划去后，剩余的 $(n-1)^2$ 个元素按照原来的顺序排列组成的 $n-1$ 阶矩阵所确定的行列式称为元素 a_{ij} 的余子式，记为 M_{ij} ，称 $A_{ij}=(-1)^{i+j}M_{ij}$ 为元素 a_{ij} 的代数余子式。方阵 $\boldsymbol{A}=(a_{ij})_{n\times n}$ 的各元素的代数余子式 A_{ij} 构成如下矩阵

$$\boldsymbol{A}^{*}=\begin{bmatrix} A_{11} & A_{12} & \cdots & A_{1n} \\ A_{21} & A_{22} & \cdots & A_{2n} \\ \vdots & \vdots & & \vdots \\ A_{n1} & A_{n2} & \cdots & A_{nn} \end{bmatrix}$$

矩阵 $\boldsymbol{A}^{*}$ 称为矩阵 $\boldsymbol{A}$ 的伴随矩阵。

7. 特殊矩阵的逆矩阵

(1)分块矩阵 $\boldsymbol{D}=\begin{pmatrix} \boldsymbol{A} & \boldsymbol{B} \\ \boldsymbol{O} & \boldsymbol{C} \end{pmatrix}$ ，则 $\boldsymbol{D}^{-1}=\begin{pmatrix} \boldsymbol{A}^{-1} & -\boldsymbol{A}^{-1}\boldsymbol{B}\boldsymbol{C}^{-1} \\ \boldsymbol{O} & \boldsymbol{C}^{-1} \end{pmatrix}$ 。

(2) $AA^* = A^*A = |A|I$。

(3) $A^* = |A|A^{-1}$（A可逆）。

(4) $|A^*| = |A|^{n-1}$。

(5) $(A^*)^{-1} = (A^{-1})^* = \frac{1}{|A|}A$（$A$可逆）。

(6) $(A^*)^T = (A^T)^*$。

(7) $(AB)^* = B^*A^*$。

8. 求逆矩阵的方法

(1)定义法。

$$AA^{-1} = I$$

(2)伴随矩阵法。

$$A^{-1} = \frac{A^*}{|A|}$$

(3)初等行变换法。

$$(A \mid I_n) = (I_n \mid A^{-1})$$

9. 初等矩阵与矩阵乘法的关系

设$A = (a_{ij})_{m\times n}$是$m\times n$阶矩阵，则对A的行实行一次初等变换得到的矩阵等于用同等的m阶初等矩阵左乘A，对A的列实行一次初等变换得到的矩阵等于用同种n阶初等矩阵右乘A（行变左乘，列变右乘）。

10. 矩阵的性质

(1) A是n阶可逆矩阵。

①$|A| \neq 0$（A是非奇异矩阵）。

②$r(A) = n$（A是满秩矩阵）。

③A的行(列)向量组线性无关。

④ 齐次方程组$Ax = 0$有非零解。

⑤ $\forall b \in R^n$，$Ax = b$总有唯一解。

⑥A与I等价。

⑦A可表示成若干个初等矩阵的乘积。

⑧A的特征值全不为零。

⑨A^TA是正定矩阵。

⑩A的行(列)向量组是R^n的一组基。

(2)对于n阶矩阵A，$AA^* = A^*A = |A|I$无条件恒成立。

(3) $(A^{-1})^* = (A^*)^{-1}$，$(A^{-1})^T = (A^T)^{-1}$，$(A^*)^T = (A^T)^*$，$(AB)^T = B^TA^T$，$(AB)^* = B^*A^*$，$(AB)^{-1} = B^{-1}A^{-1}$。

(4)以下是关于分块矩阵的重要结论，其中 A，B 均可逆。

若 $A=\begin{pmatrix} A_1 & & & \\ & A_2 & & \\ & & \ddots & \\ & & & A_s \end{pmatrix}$，则

$$|A|=|A_1||A_2|\cdots|A_s|$$

$$A^{-1}=\begin{pmatrix} A_1^{-1} & & & \\ & A_2^{-1} & & \\ & & \ddots & \\ & & & A_s^{-1} \end{pmatrix}$$

$$\begin{pmatrix} A & O \\ O & B \end{pmatrix}^{-1}=\begin{pmatrix} A^{-1} & O \\ O & B^{-1} \end{pmatrix} \text{（主对角分块）}$$

$$\begin{pmatrix} O & A \\ B & O \end{pmatrix}^{-1}=\begin{pmatrix} O & B^{-1} \\ A^{-1} & O \end{pmatrix} \text{（副对角分块）}$$

$$\begin{pmatrix} A & C \\ O & B \end{pmatrix}^{-1}=\begin{pmatrix} A^{-1} & -A^{-1}CB^{-1} \\ O & B^{-1} \end{pmatrix} \text{（拉普拉斯）}$$

$$\begin{pmatrix} A & O \\ C & B \end{pmatrix}^{-1}=\begin{pmatrix} A^{-1} & O \\ -B^{-1}CA^{-1} & B^{-1} \end{pmatrix} \text{（拉普拉斯）}$$

3.1.3 矩阵的特征值和特征向量

1. 特征值、特征向量

A 是 n 阶方阵，若数 λ 使 $AX=\lambda X$，即 $(\lambda I-A)X=0$ 有非零解，则称 λ 为 A 的一个特征值，此时非零解称为 A 的属于特征值 λ 的特征向量，即 $|A|=\lambda_1\lambda_2\cdots\lambda_n$。注意：$AX=\lambda X$。

(1)求特征值的方法：$|\lambda I-A|=0$。求特征向量的方法：将任一特征向量 λ_i 代入特征方程 $(\lambda I-A)X=0$，求得的非零解即特征向量。

(2)特征值：若 $\lambda(\lambda\neq 0)$ 是 A 的特征值，

则 A^{-1} 的特征值是 $\frac{1}{\lambda}$；

则 A^m 的特征值是 λ^m；

则 kA 的特征值是 $k\lambda$；

若 $A^2=A$，则 A 的特征值是 $\lambda=0$ 或 1；

若 $A^2=I$，则 A 的特征值是 $\lambda=-1$ 或 1；

若 $\boldsymbol{A}^k=\boldsymbol{0}$，则 $\boldsymbol{A}$ 的特征值是 $\lambda=0$。

性质如下：① n 阶方阵可逆的充要条件是 $\boldsymbol{A}$ 的特征值全是非零的；② n 阶方阵 $\boldsymbol{A}$ 的不同特征值所对应的特征向量线性无关。

2. 相似矩阵

$\boldsymbol{A}$，$\boldsymbol{B}$ 是 n 阶矩阵，若存在可逆矩阵 $\boldsymbol{P}$，满足 $\boldsymbol{P}^{-1}\boldsymbol{A}\boldsymbol{P}=\boldsymbol{B}$，则矩阵 $\boldsymbol{A}$ 与 $\boldsymbol{B}$ 相似，记作 $\boldsymbol{A}\sim\boldsymbol{B}$。

相似矩阵具有以下性质。

(1) 自身性：$\boldsymbol{A}\sim\boldsymbol{A}$，$\boldsymbol{P}=\boldsymbol{I}$。

(2) 对称性：若 $\boldsymbol{A}\sim\boldsymbol{B}$，则 $\boldsymbol{B}\sim\boldsymbol{A}$。($\boldsymbol{P}^{-1}\boldsymbol{A}\boldsymbol{P}=\boldsymbol{B}\Rightarrow\boldsymbol{A}=\boldsymbol{P}\boldsymbol{B}\boldsymbol{P}^{-1}\Rightarrow(\boldsymbol{P}^{-1})^{-1}\boldsymbol{B}\boldsymbol{P}^{-1}=\boldsymbol{A}$)

(3) 传递性：若 $\boldsymbol{A}\sim\boldsymbol{B}$，$\boldsymbol{B}\sim C$，则 $\boldsymbol{A}\sim C$。

(4) 若 $\boldsymbol{A}\sim\boldsymbol{B}$，则 $\boldsymbol{A}$ 与 $\boldsymbol{B}$ 同(不)可逆。

(5) 若 $\boldsymbol{A}\sim\boldsymbol{B}$，则 $\boldsymbol{A}^{-1}\sim\boldsymbol{B}^{-1}$。($\boldsymbol{P}^{-1}\boldsymbol{A}\boldsymbol{P}=\boldsymbol{B}$ 两边同取逆，$\boldsymbol{P}^{-1}\boldsymbol{A}^{-1}\boldsymbol{P}=\boldsymbol{B}^{-1}$)

(6) 若 $\boldsymbol{A}\sim\boldsymbol{B}$，则它们有相同的特征值；反之，特征值相同的矩阵不一定相似。

(7) 若 $\boldsymbol{A}\sim\boldsymbol{B}$，则 $\mathrm{r}(\boldsymbol{A})=\mathrm{r}(\boldsymbol{B})$，即初等变换不改变矩阵的秩。

定理 3.4　n 阶矩阵 $\boldsymbol{A}$ 与 n 阶对角形矩阵相似的充要条件是 $\boldsymbol{A}$ 有 n 个线性无关的特征向量。

3. 约当块

形如 $\boldsymbol{J}=\begin{pmatrix}\lambda & 1 & & \\ & \lambda & 1 & \\ & & \lambda & 1 \\ & & & \lambda\end{pmatrix}$ 的 n 阶矩阵称为 n 阶约当块。

由若干个约当块组成的对角分块矩阵 $\boldsymbol{J}=\begin{pmatrix}\boldsymbol{J}_1 & & & \\ & \boldsymbol{J}_2 & & \\ & & \ddots & \\ & & & \boldsymbol{J}_n\end{pmatrix}$ ($\boldsymbol{J}_i$ 是约当块)称为约当形矩阵。

定理 3.5　任何矩阵 $\boldsymbol{A}$ 都相似于一个约当形矩阵，即存在 n 阶可逆矩阵 $\boldsymbol{P}$ 使得 $\boldsymbol{P}^{-1}\boldsymbol{A}\boldsymbol{P}=\boldsymbol{J}$。

3.1.4　矩阵的初等变换

一个 $m\times n$ 矩阵 $\boldsymbol{A}$，总可经过初等变换转化为标准形，其标准形是唯一确定的，即

$$\boldsymbol{F}=\begin{pmatrix}\boldsymbol{I}_{\mathrm{r}} & \boldsymbol{O}\\ \boldsymbol{O} & \boldsymbol{O}\end{pmatrix}_{m\times n}$$

对于同型矩阵 $\boldsymbol{A}$，$\boldsymbol{B}$，有 $\mathrm{r}(\boldsymbol{A})=\mathrm{r}(\boldsymbol{B})\Leftrightarrow\boldsymbol{A}\sim\boldsymbol{B}$。

1. 行最简形矩阵

(1)只能通过初等行变换获得；

(2)每行首个非0元素必须为1；

(3)每行首个非0元素所在列的其他元素必须为0。

2. 初等矩阵和对角矩阵

(1)初等矩阵是行变换还是列变换，由其位置决定：左乘为初等行矩阵，右乘为初等列矩阵。

(2)对调两行或两列，符号为$\boldsymbol{E}(i,j)$，且$\boldsymbol{E}(i,j)^{-1}=\boldsymbol{E}(i,j)$。例如：

$$\begin{pmatrix} & 1 & \\ 1 & & \\ & & 1 \end{pmatrix}^{-1}=\begin{pmatrix} & 1 & \\ 1 & & \\ & & 1 \end{pmatrix}$$

(3)倍乘某行或某列，符号为$\boldsymbol{E}(i(k))$，且$\boldsymbol{E}(i(k))^{-1}=\boldsymbol{E}\left(i\left(\frac{1}{k}\right)\right)$。例如：

$$\begin{pmatrix} 1 & & \\ & k & \\ & & 1 \end{pmatrix}^{-1}=\begin{pmatrix} 1 & & \\ & \frac{1}{k} & \\ & & 1 \end{pmatrix}(k\neq 0)$$

(4)倍加某行或某列，符号为$\boldsymbol{E}(ij(k))$，且$\boldsymbol{E}(ij(k))^{-1}=\boldsymbol{E}(ij(-k))$。例如：

$$\begin{pmatrix} 1 & & k \\ & 1 & \\ & & 1 \end{pmatrix}^{-1}=\begin{pmatrix} 1 & & -k \\ & 1 & \\ & & 1 \end{pmatrix}(k\neq 0)$$

3. 矩阵秩的基本性质

(1)$0\leqslant \mathrm{r}(\boldsymbol{A}_{m\times n})\leqslant \min\{m,n\}$。

(2)$\mathrm{r}(\boldsymbol{A}^{\mathrm{T}})=\mathrm{r}(\boldsymbol{A})$。

(3)若$\boldsymbol{A}\sim\boldsymbol{B}$，则$\mathrm{r}(\boldsymbol{A})=\mathrm{r}(\boldsymbol{B})$。

(4)若$\boldsymbol{P}$，$\boldsymbol{Q}$可逆，则$\mathrm{r}(\boldsymbol{A})=\mathrm{r}(\boldsymbol{PA})=\mathrm{r}(\boldsymbol{AQ})=\mathrm{r}(\boldsymbol{PAQ})$。（可逆矩阵不影响矩阵的秩。）

(5)$\max\{\mathrm{r}(\boldsymbol{A}),\mathrm{r}(\boldsymbol{B})\}\leqslant \mathrm{r}(\boldsymbol{A},\boldsymbol{B})\leqslant \mathrm{r}(\boldsymbol{A})+\mathrm{r}(\boldsymbol{B})$。

(6)$\mathrm{r}(\boldsymbol{A}+\boldsymbol{B})\leqslant \mathrm{r}(\boldsymbol{A})+\mathrm{r}(\boldsymbol{B})$。

(7)$\mathrm{r}(\boldsymbol{AB})\leqslant \min\{\mathrm{r}(\boldsymbol{A}),\mathrm{r}(\boldsymbol{B})\}$。

(8)如果$\boldsymbol{A}$是$m\times n$矩阵，$\boldsymbol{B}$是$n\times s$矩阵，且$\boldsymbol{AB}=0$，则

❖$\boldsymbol{B}$的列向量全部是齐次方程组$\boldsymbol{AX}=0$解；

❖$\mathrm{r}(\boldsymbol{A})+\mathrm{r}(\boldsymbol{B})\leqslant n$。

(9)若$\boldsymbol{A}$，$\boldsymbol{B}$均为n阶方阵，则$\mathrm{r}(\boldsymbol{AB})\geqslant \mathrm{r}(\boldsymbol{A})+\mathrm{r}(\boldsymbol{B})-n$。

4. 特殊矩阵的方幂

形如$\begin{pmatrix}1 & a & c\\0 & 1 & b\\0 & 0 & 1\end{pmatrix}$的矩阵，利用二项展开式，可得

$$(a+b)^n = C_n^0 a^n + C_n^1 a^{n-1} b + \cdots + C_n^m a^{n-m} b^m + \cdots + C_n^{n-1} a^1 b^{n-1} + C_n^n b^n$$
$$= \sum_{m=0}^{n} C_n^m a^m b^{n-m}$$

注：

① $(a+b)^n$ 展开后有 $n+1$ 项；

② $C_n^m = \dfrac{n(n-1)\cdots(n-m+1)}{1\times2\times3\times\cdots\times m} = \dfrac{n!}{m!\,(n-m)!}$，$C_n^0 = C_n^n = 1$；

③ $C_n^m = C_n^{n-m}$，$C_{n+1}^m = C_n^m + C_n^{m-1}$，$\sum_{r=0}^{n} C_n^r = 2^n$，$r\,C_n^r = n\,C_{n-1}^{r-1}$。

5. 伴随矩阵相关性质

(1)伴随矩阵的秩：

$$\mathrm{r}(\boldsymbol{A}^*) = \begin{cases} n\mathrm{r}(\boldsymbol{A}) = n \\ 1\mathrm{r}(\boldsymbol{A}) = n-1 \\ 0\mathrm{r}(\boldsymbol{A}) < n-1 \end{cases}$$

(2)伴随矩阵的特征值：

$$\frac{|\boldsymbol{A}|}{\lambda}\left(\boldsymbol{AX} = \lambda \boldsymbol{X},\ \boldsymbol{A}^* = |\boldsymbol{A}|\boldsymbol{A}^{-1} \Rightarrow \boldsymbol{A}^*\boldsymbol{X} = \frac{|\boldsymbol{A}|}{\lambda}\boldsymbol{X}\right)$$

(3) $\boldsymbol{A}^* = |\boldsymbol{A}|\boldsymbol{A}^{-1}$，$|\boldsymbol{A}^*| = |\boldsymbol{A}|^{n-1}$。

6. 关于矩阵 A 秩的描述

(1) $\mathrm{r}(\boldsymbol{A}) = n$，$\boldsymbol{A}$ 中有 n 阶子式不为 0，$n+1$ 阶子式全部为 0。

(2) $\mathrm{r}(\boldsymbol{A}) < n$，$\boldsymbol{A}$ 中有 n 阶子式全部为 0。

(3) $\mathrm{r}(\boldsymbol{A}) \geqslant n$，$\boldsymbol{A}$ 中有 n 阶子式不为 0。

方阵 $\boldsymbol{A}$ 可逆，则存在有限个初等矩阵 $\boldsymbol{P}_1$，$\boldsymbol{P}_2$，…，$\boldsymbol{P}_l$，使 $\boldsymbol{A} = \boldsymbol{P}_1\boldsymbol{P}_2\cdots\boldsymbol{P}_l$。

(1)矩阵行等价：$\boldsymbol{A} \overset{\mathrm{r}}{\sim} \boldsymbol{B} \Leftrightarrow \boldsymbol{PA} = \boldsymbol{B}$（左乘，$\boldsymbol{P}$ 可逆）$\Leftrightarrow \boldsymbol{Ax} = 0$ 与 $\boldsymbol{Bx} = 0$ 同解。

(2)矩阵列等价：$\boldsymbol{A} \overset{\mathrm{c}}{\sim} \boldsymbol{B} \Leftrightarrow \boldsymbol{AQ} = \boldsymbol{B}$（右乘，$\boldsymbol{Q}$ 可逆）。

(3)矩阵等价：$\boldsymbol{A} \sim \boldsymbol{B} \Leftrightarrow \boldsymbol{PAQ} = \boldsymbol{B}$（$\boldsymbol{P}$，$\boldsymbol{Q}$ 可逆）。

7. 正定矩阵

设 $\boldsymbol{M}$ 是 n 阶方阵，如果对任何非零向量 $\boldsymbol{z}$，都有 $\boldsymbol{z}^{\mathrm{T}}\boldsymbol{Mz}$，就称 $\boldsymbol{M}$ 为正定矩阵。

判定定理 1：对称阵 $\boldsymbol{A}$ 为正定的充要条件是 $\boldsymbol{A}$ 的特征值全为正。

判定定理 2：对称阵 $\boldsymbol{A}$ 为正定的充要条件是 $\boldsymbol{A}$ 的各阶顺序主子式都为正。

判定定理3：任意阵 $\boldsymbol{A}$ 为正定的充要条件是 $\boldsymbol{A}$ 合同于单位阵。

3.1.5　向量组

1. n 维向量

n 维向量是由 n 个实数组成的 n 元有序数组。

2. 特殊的向量

(1)行向量。

行向量是一个 $1\times n$ 的矩阵。

(2)列向量。

列向量是一个 $n\times 1$ 的矩阵。

(3)零向量。

长度为零的向量是零向量，也即模等于零的向量，记作 $\mathbf{0}$。

3. 向量空间

向量空间又称线性空间，是由一些被称为向量的对象构成的非空集合 V，向量空间定义了以下两种运算。

(1)向量加法(+)。

向量加法即 $\boldsymbol{V}+\boldsymbol{V}\to\boldsymbol{V}$，把 $\boldsymbol{V}$ 中的两个元素 u 和 v 映射到 $\boldsymbol{V}$ 中另一个元素，记作 $u+v$。

(2)标量乘法(·)。

标量乘法即 $\boldsymbol{F}\times\boldsymbol{V}\to\boldsymbol{V}$，把 F 中的一个元素 a 和 $\boldsymbol{V}$ 中的一个元素 u 变为 $\boldsymbol{V}$ 中的另一个元素，记作 $a\cdot u$。

4. 向量的运算

(1)向量的内积。

对于向量 $\boldsymbol{\alpha}=[a_1\quad a_2\quad\cdots\quad a_n]^{\mathrm{T}}$，$\boldsymbol{\beta}=[b_1\quad b_2\quad\cdots\quad b_n]^{\mathrm{T}}$。向量的内积用 $(\boldsymbol{\alpha},\boldsymbol{\beta})$ 表示：

$$(\boldsymbol{\alpha},\boldsymbol{\beta})=a_1b_1+a_2b_2+\cdots+a_nb_n$$

(2)向量内积的性质。

① $(\boldsymbol{\alpha},k\boldsymbol{\beta})=k(\boldsymbol{\alpha},\boldsymbol{\beta})$。

② $(k\boldsymbol{\alpha},k\boldsymbol{\beta})=k^2(\boldsymbol{\alpha},\boldsymbol{\beta})$。

③ $(\boldsymbol{\alpha}+\boldsymbol{\beta},\boldsymbol{\gamma}+\boldsymbol{\delta})=(\boldsymbol{\alpha},\boldsymbol{\gamma})+(\boldsymbol{\alpha},\boldsymbol{\delta})+(\boldsymbol{\beta},\boldsymbol{\gamma})+(\boldsymbol{\beta},\boldsymbol{\delta})$。

④ $\left(\sum_{i=1}^{r}k_i\alpha_i,\ \sum_{j=1}^{s}l_j\beta_j\right)=\sum_{i=1}^{r}k_i\sum_{j=1}^{s}l_j(\alpha_i,\beta_j)$，$\alpha,\beta,\gamma,\delta\in R^n$。

5. 向量的模

向量的模为 $|\boldsymbol{\alpha}|=\sqrt{(\boldsymbol{\alpha},\boldsymbol{\alpha})}$。

$|\boldsymbol{\alpha}| = 0$ 的充要条件是 $\boldsymbol{\alpha} = \mathbf{0}$；$\boldsymbol{\alpha}$ 是单位向量的充要条件是 $(\boldsymbol{\alpha}, \boldsymbol{\alpha}) = 1$。

向量夹角可由内积计算得出，对于向量 $\boldsymbol{\alpha}$ 与向量 $\boldsymbol{\beta}$，夹角 θ 如下：

$$\theta = \arccos\left(\frac{(\boldsymbol{\alpha}, \boldsymbol{\beta})}{|\boldsymbol{\alpha}||\boldsymbol{\beta}|}\right)$$

6. 正交向量

$\boldsymbol{\alpha\beta}$ 是正交向量的充要条件是 $(\boldsymbol{\alpha}, \boldsymbol{\beta}) = 0$，正交的向量组必定线性无关。

7. 向量间的线性相关性

在线性代数里，向量空间的一组元素中，若没有向量可用有限个其他向量的线性组合来表示，则称为线性无关，反之称为线性相关。

(1)两个向量 $\boldsymbol{\alpha}$, $\boldsymbol{\beta}$，若 $\boldsymbol{\alpha} = k\boldsymbol{\beta}$，则 $\boldsymbol{\alpha}$ 是 $\boldsymbol{\beta}$ 的线性组合。

(2)任意向量都是单位向量组的线性组合。

(3)零向量是任意向量组的线性组合。

(4)向量组中的任意一个都是其本身的线性组合。

(5) n 个 n 维单位向量组一定线性无关。

(6)含有零向量的向量组一定是线性相关。

(7)若两个向量成比例，则它们一定线性相关。

(8)向量 $\boldsymbol{\beta}$ 可由 $\boldsymbol{\alpha}_1$, $\boldsymbol{\alpha}_2$, …, $\boldsymbol{\alpha}_n$ 线性表示的充要条件是

$$\mathrm{r}(\boldsymbol{\alpha}_1^{\mathrm{T}}\,\boldsymbol{\alpha}_2^{\mathrm{T}}\cdots\,\boldsymbol{\alpha}_n^{\mathrm{T}}) = r(\boldsymbol{\alpha}_1^{\mathrm{T}}\,\boldsymbol{\alpha}_2^{\mathrm{T}}\cdots\,\boldsymbol{\alpha}_n^{\mathrm{T}}\,\boldsymbol{\beta}^{\mathrm{T}})\text{。}$$

m 个 n 维列向量所组成的向量组 $\boldsymbol{A}$：$\boldsymbol{\alpha}_1$, $\boldsymbol{\alpha}_2$, …, $\boldsymbol{\alpha}_m$ 构成 $n \times m$ 矩阵 $\boldsymbol{A} = (\boldsymbol{\alpha}_1, \boldsymbol{\alpha}_2, \cdots, \boldsymbol{\alpha}_m)$；$m$ 个 n 维行向量所组成的向量组 $\boldsymbol{B}$：$\boldsymbol{\beta}_1^{\mathrm{T}}$, $\boldsymbol{\beta}_2^{\mathrm{T}}$, …, $\boldsymbol{\beta}_m^{\mathrm{T}}$ 构成 $m \times n$ 矩阵 $\boldsymbol{B} = \begin{pmatrix} \boldsymbol{\beta}_1^{\mathrm{T}} \\ \boldsymbol{\beta}_2^{\mathrm{T}} \\ \vdots \\ \boldsymbol{\beta}_m^{\mathrm{T}} \end{pmatrix}$。

8. 极大无关组

若向量组 $\boldsymbol{S}_1$：$\{a_{i1}, a_{i2}, \cdots, a_{in}\}$ 是向量组 $\boldsymbol{S}$：$\{a_1, a_2, \cdots, a_s\}$ 的一个部分组，即 $\boldsymbol{S}_1 \in \boldsymbol{S}$，且 $\boldsymbol{S}_1 \in \boldsymbol{S}$ 满足：

① $\boldsymbol{S}_1$ 线性无关；

② $\boldsymbol{S}$ 中任何一向量皆可由 $\boldsymbol{S}_1$ 线性表示，即 $\boldsymbol{S}$ 中的任一向量加到 $\boldsymbol{S}_1$，皆可使 $\boldsymbol{S}_1$ 线性相关；则称 $\boldsymbol{S}_1$ 是向量组 $\boldsymbol{S}$ 的极大无关组。

推论 3.5

① 向量组的极大无关组不是唯一的，但它们所含向量的个数是确定的；

② 不全为零的向量组的极大无关组一定存在；

③ 无关的向量组的极大无关组是其本身；

④ 向量组与其极大无关组是等价的。

9. 向量组的秩

向量组的秩即向量组中的任一极大无关组所含向量的个数。

定理 3.6 设 $\boldsymbol{A}$ 为 $m\times n$ 矩阵，则 $\mathrm{r}(\boldsymbol{A})=r$ 的充要条件是 $\boldsymbol{A}$ 的列(行)向量组的秩为 r。

含有有限个向量的有序向量组与矩阵一一对应：

① 向量组的线性相关、无关 $\Leftrightarrow$ 齐次线性方程组 $\boldsymbol{A}x=0$ 有、无非零解；

② 向量的线性表示 $\Leftrightarrow$ 线性方程组 $\boldsymbol{A}x=b$ 是否有解；

③ 向量组的相互线性表示 $\Leftrightarrow$ 矩阵方程 $\boldsymbol{AX}=\boldsymbol{B}$ 是否有解。

矩阵 $\boldsymbol{A}_{m\times n}$ 与 $\boldsymbol{B}_{l\times n}$ 行向量组等价的充要条件是齐次方程组 $\boldsymbol{A}x=0$ 和 $\boldsymbol{B}x=0$ 同解。

n 维向量线性相关的几何意义：

① $\boldsymbol{\alpha}$ 线性相关 $\Leftrightarrow \boldsymbol{\alpha}=\boldsymbol{0}$；

② $\boldsymbol{\alpha}$, $\boldsymbol{\beta}$ 线性相关 $\Leftrightarrow \boldsymbol{\alpha}$, $\boldsymbol{\beta}$ 坐标成比例或共线(平行)；

③ $\boldsymbol{\alpha}$, $\boldsymbol{\beta}$, $\boldsymbol{\gamma}$ 线性相关 $\Leftrightarrow \boldsymbol{\alpha}$, $\boldsymbol{\beta}$, $\boldsymbol{\gamma}$ 共面。

线性相关与无关的定理如下。

① 若 $\boldsymbol{\alpha}_1, \boldsymbol{\alpha}_2, \cdots, \boldsymbol{\alpha}_s$ 线性相关，则 $\boldsymbol{\alpha}_1, \boldsymbol{\alpha}_2, \cdots, \boldsymbol{\alpha}_s, \boldsymbol{\alpha}_{s+1}$ 必线性相关。

② 若 $\boldsymbol{\alpha}_1, \boldsymbol{\alpha}_2, \cdots, \boldsymbol{\alpha}_s$ 线性无关，则 $\boldsymbol{\alpha}_1, \boldsymbol{\alpha}_2, \cdots, \boldsymbol{\alpha}_{s-1}$ 必线性无关。

③ 在 r 维向量组 $\boldsymbol{A}$ 的每个向量上加上 $n-r$ 个分量，构成 n 维向量组 $\boldsymbol{B}$；若 $\boldsymbol{A}$ 线性无关，则 $\boldsymbol{B}$ 也线性无关；反之，若 $\boldsymbol{B}$ 线性相关，则 $\boldsymbol{A}$ 也线性相关。简而言之，无关组延长后仍无关；反之，则无法确定。

④ 向量组 $\boldsymbol{A}$（个数为 r）能由向量组 $\boldsymbol{B}$（个数为 s）线性表示，且 $\boldsymbol{A}$ 线性无关，向量组 $\boldsymbol{A}$ 能由向量组 $\boldsymbol{B}$ 线性表示：

$\Leftrightarrow \boldsymbol{AX}=\boldsymbol{B}$ 有解；

$\Leftrightarrow \mathrm{r}(\boldsymbol{A})=\mathrm{r}(\boldsymbol{A},\boldsymbol{B})$；

$\Leftrightarrow \mathrm{r}(\boldsymbol{A})\leqslant \mathrm{r}(\boldsymbol{B})$。

⑤ 向量组 $\boldsymbol{A}$ 与向量组 $\boldsymbol{B}$ 等价，则 $\mathrm{r}(\boldsymbol{A})=\mathrm{r}(\boldsymbol{B})=\mathrm{r}(\boldsymbol{A},\boldsymbol{B})$。

若 $\boldsymbol{A}_{m\times s}\boldsymbol{B}_{s\times n}=\boldsymbol{C}_{m\times n}$，则：

① $\boldsymbol{C}$ 的列向量组能由 $\boldsymbol{A}$ 的列向量组线性表示，$\boldsymbol{B}$ 为系数矩阵；

② $\boldsymbol{C}$ 的行向量组能由 $\boldsymbol{B}$ 的行向量组线性表示，$\boldsymbol{A}^{\mathrm{T}}$ 为系数矩阵。

对于矩阵 $\boldsymbol{A}_{m\times n}$ 与 $\boldsymbol{B}_{l\times n}$：

① 若 $\boldsymbol{A}$ 与 $\boldsymbol{B}$ 行等价，则 $\boldsymbol{A}$ 与 $\boldsymbol{B}$ 的行秩相等；

② 若 $\boldsymbol{A}$ 与 $\boldsymbol{B}$ 行等价，则 $\boldsymbol{A}x=0$ 与 $\boldsymbol{B}x=0$ 同解，且 $\boldsymbol{A}$ 与 $\boldsymbol{B}$ 的任何对应的列向量组具有相同的线性相关性；

③ 矩阵的初等变换不改变矩阵的秩；

④ 矩阵 $\boldsymbol{A}$ 的行秩等于列秩。

设向量组 $\boldsymbol{B}_{B\times r}$：$b_1$，$b_2$，…，$b_r$ 可由向量组 $\boldsymbol{A}_{n\times s}$：$a_1$，$a_2$，…，$a_s$ 线性表示为

$$(b_1,\ b_2,\ \cdots,\ b_r) = (a_1,\ a_2,\ \cdots,\ a_s)\boldsymbol{K}\ (\ \boldsymbol{B} = \boldsymbol{AK}\ )$$

其中，$\boldsymbol{K}$ 为 $s\times r$ 矩阵，且 $\boldsymbol{A}$ 线性无关，则 $\boldsymbol{B}$ 组线性无关 $\Leftrightarrow \mathrm{r}(\boldsymbol{K}) = r$（$\boldsymbol{B}$ 与 $\boldsymbol{K}$ 的列向量组具有相同线性相关性）。

当 $r = s$ 时，$\boldsymbol{K}$ 为方阵，则：

① 对矩阵 $\boldsymbol{A}_{m\times n}$，存在 $\boldsymbol{Q}_{n\times m}$，$\boldsymbol{AQ} = \boldsymbol{I}_m \Leftrightarrow \mathrm{r}(\boldsymbol{A}) = m$，$\boldsymbol{Q}$ 的列向量线性无关；

② 对矩阵 $\boldsymbol{A}_{m\times n}$，存在 v，$\boldsymbol{PA} = \boldsymbol{I}_n \Leftrightarrow \mathrm{r}(\boldsymbol{A}) = n$，$\boldsymbol{P}$ 的行向量线性无关。

$\boldsymbol{\alpha}_1$，$\boldsymbol{\alpha}_2$，…，$\boldsymbol{\alpha}_s$ 线性相关，则

① 存在一组不全为 0 的数 k_1，k_2，…，k_s，使得 $k_1\boldsymbol{\alpha}_1 + k_2\boldsymbol{\alpha}_2 + \cdots + k_s\boldsymbol{\alpha}_s = 0$ 成立；

② $(\boldsymbol{\alpha}_1,\ \boldsymbol{\alpha}_2,\ \cdots,\ \boldsymbol{\alpha}_s)\begin{pmatrix} x_1 \\ x_2 \\ \vdots \\ x_s \end{pmatrix} = 0$ 有非零解，即 $\boldsymbol{A}x = 0$ 有非零解；

③ $\mathrm{r}(\boldsymbol{\alpha}_1,\ \boldsymbol{\alpha}_2,\ \cdots,\ \boldsymbol{\alpha}_s) < s$，系数矩阵的秩小于未知数的个数。

设 $m\times n$ 的矩阵 $\boldsymbol{A}$ 的秩为 r，则 n 元齐次线性方程组 $\boldsymbol{A}x = 0$ 的解集 S 的秩为：$\mathrm{r}(\boldsymbol{S}) = n - r$；

若 $\boldsymbol{\eta}^*$ 为 $\boldsymbol{A}x = b$ 的一个解，ζ_1，ζ_2，…，ζ_{n-r} 为 $\boldsymbol{A}x = 0$ 的一个基础解系，则 $\boldsymbol{\eta}^*$，ζ_1，ζ_2，…，ζ_{n-r} 线性无关。

正交矩阵：n 阶矩阵 $\boldsymbol{A}$，$\boldsymbol{A}\boldsymbol{A}^{\mathrm{T}} = \boldsymbol{A}^{\mathrm{T}}\boldsymbol{A} = \boldsymbol{I}$。其性质如下：

① 若 $\boldsymbol{A}$ 为正交矩阵，则 $\boldsymbol{A}$ 可逆，且 $\boldsymbol{A}^{-1} = \boldsymbol{A}^{\mathrm{T}}$，且 $\boldsymbol{A}^{-1}$ 也是正交矩阵；

② 若 $\boldsymbol{A}$ 为正交矩阵，则 $|\boldsymbol{A}| = \pm 1$；

③ 若 $\boldsymbol{A}$，$\boldsymbol{B}$ 为同阶正交矩阵，则 $\boldsymbol{AB}$ 也是正交矩阵；

④ n 阶矩阵 $\boldsymbol{A} = (a_{ij})$ 是正交矩阵的充要条件是 $\boldsymbol{A}$ 的列（行）向量组是标准正交向量。

3.1.6 线性方程组

设有 n 个未知数 m 个方程的线性方程组：$\begin{cases} a_{11}x_1 + a_{12}x_2 + \cdots a_{1n}x_n = b_1 \\ a_{21}x_1 + a_{22}x_2 + \cdots a_{2n}x_n = b_2 \\ \cdots\cdots\cdots\cdots \\ a_{m1}x_1 + a_{m2}x_2 + \cdots a_{mn}x_n = b_n \end{cases}$

该线性方程组也可以写成向量 $\boldsymbol{x}$ 为未知元的向量方程：$\boldsymbol{Ax}=b$。当常数项 b_1，b_2，b_3，…，b_m 不全为零时，线性方程组称为 N 元非齐次线性方程组；当常数项 b_1，b_2，…，b_m 全为零时，线性方程组称为 n 元齐次线性方程组。

1. 方程组的解

$\begin{pmatrix} a_{11} & a_{12} & \cdots & a_{1n} \\ a_{21} & a_{22} & \cdots & a_{2n} \\ \vdots & \vdots & & \vdots \\ a_{m1} & a_{m2} & \cdots & a_{mn} \end{pmatrix}\begin{pmatrix} x_1 \\ x_2 \\ \vdots \\ x_n \end{pmatrix} = \begin{pmatrix} b_1 \\ b_2 \\ \vdots \\ b_m \end{pmatrix} \Leftrightarrow \boldsymbol{A}x = b$（向量方程，$\boldsymbol{A}$ 为 $m \times n$ 矩阵，m 个方程，n 个未知数），通过向量的形式表述为 $(a_1 \quad a_2 \quad \cdots \quad a_n)\begin{pmatrix} x_1 \\ x_2 \\ \vdots \\ x_n \end{pmatrix} = \boldsymbol{\beta}$。全部按照列分块，其中 $\boldsymbol{\beta} = \begin{pmatrix} b_1 \\ b_2 \\ \vdots \\ b_n \end{pmatrix}$，则 $a_1 x_1 + a_2 x_2 + \cdots + a_n x_n = \boldsymbol{\beta}$ 有解的充要条件是 $\mathrm{r}(\boldsymbol{A}) = \mathrm{r}(\boldsymbol{A}, \boldsymbol{\beta}) \leqslant n$（$n$ 为未知数的个数）。

齐次线性方程组 $\boldsymbol{A}x = 0$，其中 $\boldsymbol{A}$ 为 $m \times n$ 矩阵：

① 仅有零解的充要条件是 $\mathrm{r}(\boldsymbol{A}) = n$；有非零解的充要条件是 $\mathrm{r}(\boldsymbol{A}) < n$；

② 当齐次线性方程组方程个数小于未知量个数（$m < n$）时，一定有非零解；

③ 当齐次线性方程组方程个数等于未知量个数（$m = n$）时，有非零解充要条件是 $|\boldsymbol{A}| = 0$；

④ 齐次线性方程组若有非零解，一定有无穷多个解。

非齐次线性方程组 $\boldsymbol{A}x = b$，其中 $\boldsymbol{A}$ 为 $m \times n$ 矩阵，其系数矩阵的增广矩阵为 $\boldsymbol{B} = [A \mid b]$，则

① 行数 m 与方程的个数相同，即方程组 $\boldsymbol{A}x = b$ 有 m 个方程；

② 列数 n 与方程组的未知数个数相同，方程组 $\boldsymbol{A}x = b$ 为 n 元方程；

③ $\mathrm{r}(\boldsymbol{A}) = \mathrm{r}(\boldsymbol{B}) = r$ 时，方程组有解，若 $r = n$，则有唯一解；若 $r \neq n$，则有无穷多解；

④ $\mathrm{r}(\boldsymbol{A}) \neq \mathrm{r}(\boldsymbol{B})$，无解。

线性方程组 $\boldsymbol{A}x = b$ 的求解：

① 对增广矩阵 $\boldsymbol{B} = [A \mid b]$ 进行初等行变换；

② 齐次解为对应齐次方程组的解；

③ 特解：自由变量赋初值后求得。

推论 3.6　齐次方程组 $\boldsymbol{B}x = 0$ 的解一定是 $\boldsymbol{AB}x = 0$ 的解：

① $\boldsymbol{AB}x = 0$ 只有零解 $\Rightarrow \boldsymbol{B}x = 0$ 只有零解；

② $\boldsymbol{B}x = 0$ 有非零解 $\Rightarrow \boldsymbol{AB}x = 0$ 一定存在非零解。

2. 线性方程组解的结构

(1)齐次线性方程组解的结构：解为 α_1，α_2，…

① 方程组的两个解的和 $\alpha_1 + \alpha_2$ 仍是它的解；

② 方程组解的任意倍数 $k\alpha$ 还是它的解；

③ 方程组解的线性组合 $c_1\alpha_1 + c_2\alpha_2 + \cdots + c_s\alpha_s$ 也是它的解，其中 c_1，c_2，…，c_s 是任意常数。

(2)非齐次线性方程组解的结构：解为 μ_1，μ_2，…

① 方程组的两个解的差 $\mu_1 - \mu_2$ 仍是它的解；

② 若 μ 是非齐次线性方程组 $\boldsymbol{AX} = \boldsymbol{B}$ 的一个解，ν 是其导出组 $\boldsymbol{AX} = 0$ 的一个解，则 $\mu + \nu$ 是方程组的一个解。

定理 3.7 如果齐次线性方程组的系数矩阵 $\boldsymbol{A}$ 的秩为 $\mathrm{r}(\boldsymbol{A}) = r < n$，则该方程组的基础解系存在，且在每个基础解系中，含有 $n - r$ 个解。

若 μ 是非齐次线性方程组 $\boldsymbol{AX} = \boldsymbol{B}$ 的一个解，ν 是其导出组 $\boldsymbol{AX} = 0$ 的全部解，则 $\mu + \nu$ 是方程组 $\boldsymbol{AX} = \boldsymbol{B}$ 的全部解。

3.2 位姿和坐标系的数学描述

刚体是指在运动中受力作用后，形状和大小不变，而且内部各点的相对位置不变的物体。因为任何物体在受力作用后，都会或多或少地发生变形，所以绝对刚体实际上是不存在的，只是一种理想模型。如果变形的程度相对于物体本身几何尺寸来说极为微小，在研究物体运动时变形就可以忽略不计。在物理学中，理想刚体是一种有限尺寸，且可以忽略形变的固体。不论是否感受到外力，在刚体内部，质点与质点之间的距离都不会改变。刚度是材料力学中的名词，定义为施力与所产生变形量的比值，表示材料或结构抵抗变形的能力。这里对于刚度的概念仅需要定性理解即可。工业机器人由于本体所用材料、减速机等问题刚度很好，以刚体为研究模型是完全可以接受的。

刚体在其所属空间内所处方位，通过其相对于参考坐标系的位置和方向(以下简称位姿)来描述。在三维空间中位置可由空间向量 $\boldsymbol{p}$ 表示

$$\boldsymbol{p} = p_x\boldsymbol{i} + p_y\boldsymbol{j} + p_z\boldsymbol{k} \tag{3.1}$$

式中，p_x，p_y，p_z 表示 $\boldsymbol{p}$ 在坐标上的分量，所以位置可以简写为 3 行 1 列的向量：

$$\boldsymbol{p} = \begin{bmatrix} p_x \\ p_y \\ p_z \end{bmatrix} \tag{3.2}$$

在刚体上建立一个固定于连杆的三维标准正交坐标系，刚体的方向(姿态)需要由相对于三个坐标轴的方向余弦来表示。在工程上，均采用右手定则来建立坐标系，这符合绝大多数从业者的使用习惯。

为方便描述刚体的姿态，使用刚体方向的三个方向余弦作为三个列向量，来构成一个 3 × 3 的矩阵，即

$$\boldsymbol{R} = [n \quad o \quad a] = \begin{bmatrix} n_x & o_x & a_x \\ n_y & o_y & a_y \\ n_z & o_z & a_z \end{bmatrix} \tag{3.3}$$

矩阵 $\boldsymbol{R}$ 即旋转矩阵，其为单位正交矩阵，故其逆矩阵有如下性质：

$$\boldsymbol{R}^{-1} = \boldsymbol{R}^{\mathrm{T}} \tag{3.4}$$

这条性质会在后续计算中反复使用，以简化计算。

分别用 $\boldsymbol{n}$, $\boldsymbol{o}$, $\boldsymbol{a}$ 来表示矩阵 $\boldsymbol{R}$ 的三个列向量，由于旋转矩阵中每一列为单位向量，因此有

$$\boldsymbol{n} \cdot \boldsymbol{n} = \boldsymbol{o} \cdot \boldsymbol{o} = \boldsymbol{a} \cdot \boldsymbol{a} = 1 \tag{3.5}$$

因为旋转矩阵中三个列向量两两互相垂直，所以有

$$\boldsymbol{n} \cdot \boldsymbol{o} = \boldsymbol{o} \cdot \boldsymbol{a} = \boldsymbol{a} \cdot \boldsymbol{n} = 0 \tag{3.6}$$

因此，旋转矩阵是单位正交矩阵，具有如下特性：

$$\boldsymbol{R}^{-1} = \boldsymbol{R}^{\mathrm{T}}, \ |\boldsymbol{R}| = 1 \tag{3.7}$$

综上所述，刚体的姿态用旋转矩阵 $\boldsymbol{R}$ 表示，位置用向量 $\boldsymbol{p}$ 来表示，通过这 12 个实数，可以唯一确定刚体在空间中所处的状态。

3.3　齐次坐标变换

3.3.1　平移与旋转坐标系的映射

考虑到运动学的建立过程，每个关节均需要建立一个坐标系。在机器人相对于零位发生运动时，末端执行器的位姿并不能直接得出。在刚体位姿的基础上，坐标系之间的映射关系是必须阐明的内容。首先来看平移。平移即在所有坐标轴均不旋转的情况下，通过将参考坐标系的原点沿 x, y, z 三轴分别运动，合成运动后得到一个新的坐标系，这个坐标系所有坐标轴均与原有坐标系的方向相同，仅是原点的位置发生了变化。例如，使参考坐标系 $O-xyz$ 分别沿三轴移动 p_x, p_y, p_z，得到坐标系 $O'-x'y'z'$，其坐标原点 O' 在参考坐标系 $O-xyz$ 中的位置可用向量 $\boldsymbol{p}$ 来表示，则可称向量 $\boldsymbol{p}$ 为坐标系 $O'-x'y'z'$ 相对于参考坐标系 $O-xyz$ 的平移向量，则坐标系 $O'-x'y'z'$ 中的一个质点在两个坐标系中坐标的关系如下：

$$\begin{cases} x = x' + \boldsymbol{p}_x \\ y = y' + \boldsymbol{p}_y \\ z = z' + \boldsymbol{p}_z \end{cases} \tag{3.8}$$

类似地，当参考坐标系 $O - xyz$ 在原点处经过空间旋转得到新的坐标系 $O - x''y''z''$，其三个坐标轴相对于参考坐标系的方向余弦构成了旋转矩阵 $\boldsymbol{R}$，则新坐标系中的某一矢量的姿态相对于参考坐标系可表示为

$$\begin{bmatrix} n_x & o_x & a_x \\ n_y & o_y & a_y \\ n_z & o_z & a_z \end{bmatrix} = \boldsymbol{R} \begin{bmatrix} n_x'' & o_x'' & a_x'' \\ n_y'' & o_y'' & a_y'' \\ n_z'' & o_z'' & a_z'' \end{bmatrix} \tag{3.9}$$

工程上，机器人关节的设计通常是正交式的，由于平移是不改变姿态的，也就是说，在不考虑平移的情况下，相邻两个关节的参考坐标系中，后一个坐标系通常可以通过前一个坐标系绕某个坐标轴旋转得到。以绕 z 轴旋转（如图 3.1 所示）为例，绕 z 轴旋转的角度为 θ，则得到的旋转矩阵为

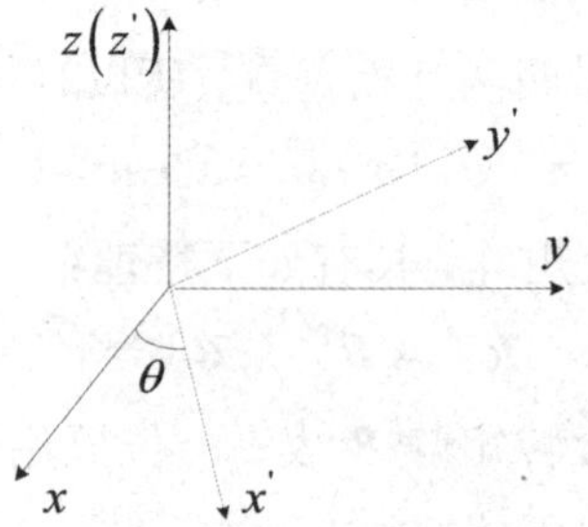

图 3.1　绕 z 轴旋转

$$\boldsymbol{R} = \begin{bmatrix} c\theta & -s\theta & 0 \\ s\theta & c\theta & 0 \\ 0 & 0 & 1 \end{bmatrix} \tag{3.10}$$

式中，$c\theta$，$s\theta$ 分别表示角 θ 的余弦与正弦，在后文中不再重复说明。

绕 z 轴旋转角度 θ 的旋转矩阵在本书中简记为如下形式：

$$\boldsymbol{R}(z, \theta) = \begin{bmatrix} c\theta & -s\theta & 0 \\ s\theta & c\theta & 0 \\ 0 & 0 & 1 \end{bmatrix} \tag{3.11}$$

绕 x，y 轴也有类似的关系，记为如下形式：

$$\boldsymbol{R}(x, \theta) = \begin{bmatrix} 1 & 0 & 0 \\ 0 & c\theta & -s\theta \\ 0 & s\theta & c\theta \end{bmatrix}, \boldsymbol{R}(y, \theta) = \begin{bmatrix} c\theta & 0 & s\theta \\ 0 & 1 & 0 \\ -s\theta & 0 & c\theta \end{bmatrix} \tag{3.12}$$

上述 3 个基本的旋转矩阵[（式(3.11)和式(3.12)］使用频率极高，同时任意两个坐

标系的相对姿态均可以通过绕三个坐标轴的旋转来合成。此方法随着使用次数的增加，很容易记忆，此处提供一个简单的记忆规律：在旋转矩阵的主对角线上，从左至右 1 出现的位置按照 x, y, z 的顺序来决定，同时与 1 同行及同列的各元素均为零；剩余的 2 × 2 矩阵，余弦值出现在主对角线上，正弦值出现其他两处；绕 x, z 两轴负号在右上角，绕 y 轴则出现在左下角。

3.3.2　齐次变换矩阵

前文分别介绍了平移和旋转的概念，结合机器人本体的实际情况，没有任何两个关节可以安装在同一位置，所以平移与旋转通常是同时存在的，这也为齐次变换矩阵提供了切实的使用场景。旋转矩阵为 3 × 3 的单位正交阵，平移向量为 3 × 1 的列向量，二者列数相同，将二者进行增广，可获得如下形式：

$$\begin{bmatrix} n_x & o_x & a_z & p_x \\ n_y & o_y & a_z & p_y \\ n_z & o_z & a_z & p_z \end{bmatrix}$$

但 3 × 4 的矩阵在进行各种运算时都因其不是方阵而带来诸多不便。故进一步将 3× 4 的矩阵扩充为 4 × 4 的齐次变换矩阵，记为

$$\boldsymbol{T} = \begin{bmatrix} n_x & o_x & a_x & p_x \\ n_y & o_y & a_y & p_y \\ n_z & o_z & a_z & p_z \\ 0 & 0 & 0 & 1 \end{bmatrix} \tag{3.13}$$

在后文中会简称为 $\boldsymbol{T}$ 矩阵。

已知坐标系 $\{B\}$ 相对坐标系 $\{A\}$（即 ${}_B^A\boldsymbol{T}$）的值已知。有时为了得到坐标系 $\{A\}$ 相对于坐标系 $\{B\}$（即 ${}_A^B\boldsymbol{T}$）的描述，需要求这个矩阵的逆。$\boldsymbol{T}$ 矩阵中，按照分块矩阵进行分析，可分为四个部分，即左上角是一个三阶单位正交矩阵、右下角是 **1**、左下角是零向量、右上角是位置向量，是广义上的上三角矩阵。这种矩阵在进行乘法及求逆运算时有着得天独厚的优势，此处直接给出结论，读者可以自行推导。

$${}_A^B\boldsymbol{T} = {}_B^A\boldsymbol{T}^{-1} = \begin{bmatrix} {}_B^A\boldsymbol{R}^{\mathrm{T}} & -{}_B^A\boldsymbol{R}^{\mathrm{T}}\boldsymbol{p}_{\mathrm{BORG}} \\ \boldsymbol{0} & \boldsymbol{1} \end{bmatrix} \tag{3.14}$$

式中，$\boldsymbol{R}$ 表示左上角的旋转矩阵，$\boldsymbol{p}_{\mathrm{BORG}}$ 表示平移向量。

对于齐次变换矩阵来说，式(3.11)和式(3.12)中的 3 个坐标轴旋转矩阵可扩展为

$$\boldsymbol{R}(x,\theta) = \begin{bmatrix} 1 & 0 & 0 & 0 \\ 0 & \mathrm{c}\theta & -\mathrm{s}\theta & 0 \\ 0 & \mathrm{s}\theta & \mathrm{c}\theta & 0 \\ 0 & 0 & 0 & 1 \end{bmatrix}, \boldsymbol{R}(y,\theta) = \begin{bmatrix} \mathrm{c}\theta & 0 & \mathrm{s}\theta & 0 \\ 0 & 1 & 0 & 0 \\ -\mathrm{s}\theta & 0 & \mathrm{c}\theta & 0 \\ 0 & 0 & 0 & 1 \end{bmatrix},$$

$$\boldsymbol{R}(z,\theta)=\begin{bmatrix} c\theta & -s\theta & 0 & 0 \\ s\theta & c\theta & 0 & 0 \\ 0 & 0 & 1 & 0 \\ 0 & 0 & 0 & 1 \end{bmatrix} \tag{3.15}$$

亦可用 $\mathrm{Rot}(x,\theta)$，$\mathrm{Rot}(y,\theta)$，$\mathrm{Rot}(z,\theta)$ 来表示，则平移可表示为

$$\mathrm{Trans}(p_x,p_y,p_z)=\begin{bmatrix} 1 & 0 & 0 & p_x \\ 0 & 1 & 0 & p_y \\ 0 & 0 & 1 & p_z \\ 0 & 0 & 0 & 1 \end{bmatrix} \tag{3.16}$$

$$\mathrm{Tran}(x,p_x)=\mathrm{Trans}(p_x,0,0)$$

$$\mathrm{Tran}(y,p_y)=\mathrm{Trans}(0,p_y,0)$$

$$\mathrm{Tran}(z,p_z)=\mathrm{Trans}(0,0,p_z)$$

综上所述，对于机器人来说，只要获得了 $\boldsymbol{T}$ 矩阵，就获取了位姿。在工程上，$\boldsymbol{T}$ 矩阵的使用频率远远高于诸如欧拉角、单位四元数及 *RPY* 等后文会介绍到的姿态描述方法。由于在控制系统的计算机中需要使用浮点型来进行 $\boldsymbol{T}$ 矩阵的乘法和求逆，通常在计算得到向量 $\boldsymbol{o}$，$\boldsymbol{a}$ 后，会通过向量叉乘的形式来得到向量 $\boldsymbol{n}$，以保证不会由于小数的精度造成旋转矩阵不是单位正交矩阵。因而实际用于表示机器人位姿时仅需 o_x，o_y，o_z，a_x，a_y，a_z，p_x，p_y，p_z 9 个实数，可以使数据在不同模块进行传递及，同时存储时减少 1/4 的开销。

3.4 通用旋转变换

前文讲解了机器人位姿的表述方法，使用旋转矩阵、平移向量，最终合成了 $\boldsymbol{T}$ 矩阵。在讲解的过程中提到，绝大多数情况是机器人运动学推导，仅需要使用绕 x，y，z 三个坐标轴的旋转即可完成，所有的旋转均可通过这三种旋转来合成。但在工程中，运动学的推导总会有例外，虽然可以通过多个 $\boldsymbol{T}$ 矩阵相乘来表示某个位姿变换关系，但是多余坐标系的引入，对于运动学分析有时会造成理解混乱，这时需要使用通用旋转变换。

3.4.1 旋转变换通式

令

$$\boldsymbol{k}=k_x\boldsymbol{i}+k_y\boldsymbol{j}+k_z\boldsymbol{k} \tag{3.17}$$

是过原点的单位矢量，其中 $\boldsymbol{i}$，$\boldsymbol{j}$，$\boldsymbol{k}$ 分别为 x，y，z 方向上的单位向量，求绕 $\boldsymbol{k}$ 旋转 θ 角的旋转矩阵 $\boldsymbol{R}(\boldsymbol{k},\theta)$。

令

$$ {}_{B}^{A}\boldsymbol{R} = \boldsymbol{R}(\boldsymbol{k},\ \theta) \tag{3.18} $$

为过原点的单位矢量，求绕 ${}_{B}^{A}\boldsymbol{R} = \boldsymbol{R}(\boldsymbol{k},\ \theta)$ 旋转 θ 角的旋转矩阵 $\boldsymbol{R}(\boldsymbol{k},\ \theta)$。

进行整理后，可以得到

$$ \boldsymbol{R}(\boldsymbol{k},\ \theta) = \begin{bmatrix} k_x k_x \mathrm{Vers}\theta + \mathrm{c}\theta & k_y k_x \mathrm{Vers}\theta - k_z \mathrm{s}\theta & k_z k_x \mathrm{Vers}\theta + k_y \mathrm{s}\theta \\ k_x k_y \mathrm{Vers}\theta + k_z \mathrm{c}\theta & k_y k_y \mathrm{Vers}\theta + \mathrm{c}\theta & k_z k_y \mathrm{Vers}\theta - k_x \mathrm{s}\theta \\ k_x k_z \mathrm{Vers}\theta - k_y \mathrm{c}\theta & k_y k_z \mathrm{Vers}\theta + k_x \mathrm{s}\theta & k_z k_z \mathrm{Vers}\theta + \mathrm{c}\theta \end{bmatrix} \tag{3.19} $$

$$ \mathrm{Vers}\theta = (1 - \cos\theta),\ \begin{cases} a_x = n_y o_z - o_y n_z = k_x \\ a_y = n_z o_x - o_z n_x = k_y \\ a_z = n_x o_y - o_x n_y = k_z \end{cases} \tag{3.20} $$

3.4.2　等效转轴和等效转角

前文解决了根据转轴和转角建立相应旋转变换矩阵的问题，反向问题则是根据旋转矩阵求其等效转轴与等效转角（$\boldsymbol{k}$ 和 θ）。对于给定的旋转矩阵：

$$ \boldsymbol{R} = \begin{bmatrix} n_x & o_x & a_z & p_x \\ n_y & o_y & a_z & p_y \\ n_z & o_z & a_z & p_z \end{bmatrix} \tag{3.21} $$

于是

$$ \cos\theta = \frac{1}{2}(n_x + o_y + a_z - 1) \tag{3.22} $$

再把方程两边矩阵的非对角元素成对相减，得

$$ \begin{cases} 2k_x \sin\theta = o_z - a_y \\ 2k_y \sin\theta = a_x - n_z \\ 2k_z \sin\theta = n_y - o_x \end{cases} \tag{3.23} $$

将式(3.22)和式(3.23)两边平方后再相加，得

$$ (o_z - a_y)^2 + (a_x - n_z)^2 + (n_y - o_x)^2 = 4\sin^2\theta \tag{3.24} $$

$$ \sin\theta = \pm\frac{1}{2}\sqrt{(o_z - a_y)^2 + (a_x - n_z)^2 + (n_y - o_x)^2} \tag{3.25} $$

于是

$$ \sin^2\theta = \frac{(o_z - a_y)^2 + (a_x - n_z)^2 + (n_y - o_x)^2}{4} \tag{3.26} $$

$$ \begin{cases} k_x = \dfrac{(o_z - a_y)}{2\sin\theta} \\ k_y = \dfrac{(a_x - n_z)}{2\sin\theta} \\ k_z = \dfrac{(n_y - o_x)}{2\sin\theta} \end{cases} \tag{3.27} $$

3.5 姿态的其他描述方式

旋转矩阵共有 9 个元素，而坐标系仅有 3 个坐标轴，从这个角度来讲，旋转矩阵对于坐标系方向的表述形式是冗余的。实际上读者可能会有这样的疑问，是否可以使用少于 9 个元素来表示姿态？答案是肯定的，而且方法众多，以下会尽量详尽地列举目前存在的姿态表述形式。

3.5.1 反对称矩阵

由于旋转矩阵用 9 个元素构成了一个三阶的单位正交矩阵，依据凯莱公式可知，任何正交矩阵 $\boldsymbol{R}$ 均存在一个反对称矩阵 $\boldsymbol{S}$，满足：

$$\boldsymbol{R} = (\boldsymbol{I}_3 - \boldsymbol{S})^{-1}(\boldsymbol{I}_3 + \boldsymbol{S}) \tag{3.28}$$

式中，$\boldsymbol{I}_3$ 是一个三阶单位阵。

三阶反对称阵可由 3 个参数表示：

$$\boldsymbol{S} = \begin{bmatrix} 0 & -s_z & s_y \\ s_z & 0 & -s_x \\ -s_y & s_x & 0 \end{bmatrix} \tag{3.29}$$

旋转矩阵 $\boldsymbol{R}$ 与反对称阵 $\boldsymbol{S}$ 是一一对应的关系，因而可以通过 3 个参数来确定姿态。

3.5.2 欧拉角

描述定点转动刚体的位形需要 3 个独立坐标变量。描述定轴转动刚体的位形只需要 1 个独立坐标变量，即转角。将定点转动的过程分解为 3 个相互独立的定轴转动，相应的 3 个相互独立的转角即欧拉角，如图 3.2 所示。

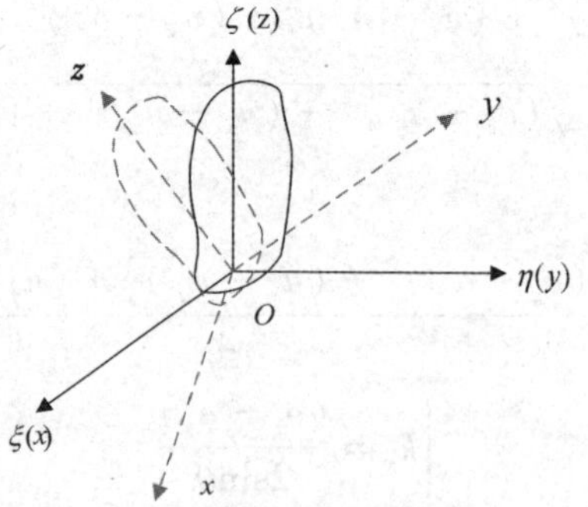

图 3.2 欧拉角

以转动定点 O 为原点，建立静止系 $O-\xi\eta\zeta$ 和固定于刚体上的活动系 $O-xyz$。固定于刚体上的活动系又叫固连系或本体系，静止系又叫固定系或空间系。令初始时刻两坐标系重合，则下一时刻刚体发生转动后，确定活动系的位形即可确定刚体的位形。

进动角 $\varphi \in [0, 2\pi]$，如图 3.3 所示。

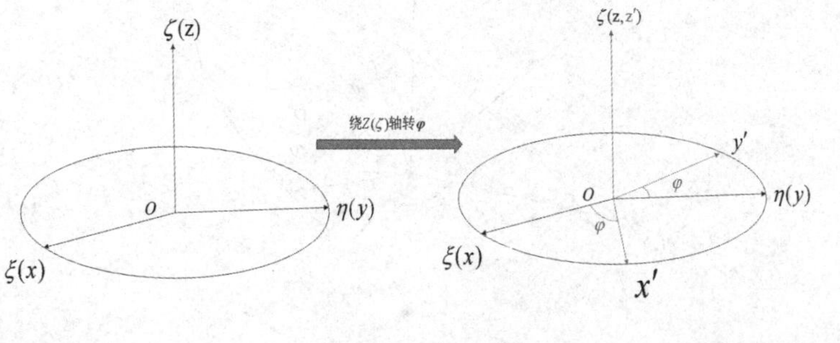

图 3.3　进动角

活动系转变为系 $O - x'y'z'$。章动角 $\theta \in [0, \pi]$，如图 3.4 所示。

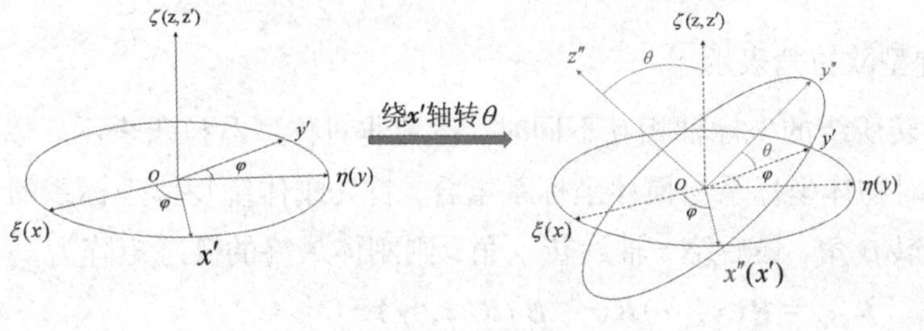

图 3.4　章动角

活动系转变为 $O - x''y''z''$ 系。自转角 $\psi \in [0, 2\pi]$，如图 3.5 所示。

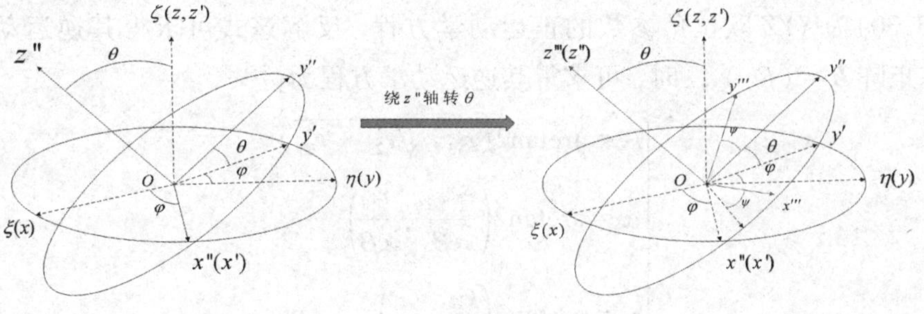

图 3.5　自转角

活动系转变为系 $O - x'''y'''z'''$。3 个欧拉角的独立性如图 3.6 所示。

以上 3 个欧拉角是相互独立变化的，改变其中任意一个不影响另外两个。

任何旋转矩阵都可以通过 3 个欧拉角进行参数化。一般来说，绕 3 个坐标轴顺次旋转可达到任意的姿态。由于旋转矩阵的乘法是非交换的，因此，旋转的次序是很重要的。按照旋转所绕轴的次序的不同，共有 12 种不同的欧拉角：6 种非对称型欧拉角，即 XYZ，XZY，YXZ，YZX，ZXY，ZYX；6 种对称型欧拉角，即 XYX，XZX，YXY，YZY，

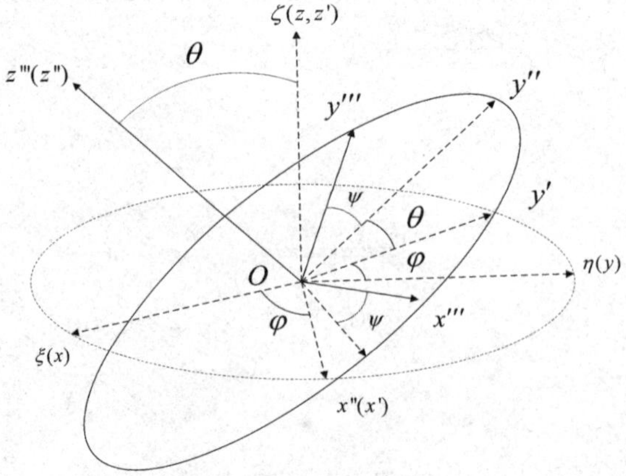

图 3.6 3 个欧拉角的独立性

ZXZ，ZYZ。

1. 非对称型欧拉角表示

当 3 个旋转所绕的坐标轴相互不同时，称为非对称型欧拉角表示。以 XYZ 欧拉角为例，假定起始时物体坐标系与惯性坐标系重合，首先刚体绕物体坐标系的 x 轴旋转 α 角，然后绕 y 轴旋转 β 角，最后绕 z 轴旋转 γ 角，则刚体最终的姿态矩阵为

$$\begin{aligned}\boldsymbol{R}_{XYZ} &= \boldsymbol{R}(x,\ \alpha)\boldsymbol{R}(y,\ \beta)\boldsymbol{R}(z,\ \gamma)\\ &= \begin{bmatrix} \mathrm{c}\beta\mathrm{c}\gamma & -\mathrm{c}\beta\mathrm{s}\gamma & \mathrm{s}\beta \\ \mathrm{s}\alpha\mathrm{s}\beta\mathrm{c}\gamma + \mathrm{c}\alpha\mathrm{s}\gamma & -\mathrm{s}\alpha\mathrm{s}\beta\mathrm{s}\gamma + \mathrm{c}\alpha\mathrm{s}\gamma & -\mathrm{s}\alpha\mathrm{c}\beta \\ -\mathrm{c}\alpha\mathrm{s}\beta\mathrm{c}\gamma + \mathrm{s}\alpha\mathrm{s}\gamma & \mathrm{c}\alpha\mathrm{s}\beta\mathrm{s}\gamma + \mathrm{s}\alpha\mathrm{c}\gamma & \mathrm{c}\alpha\mathrm{c}\beta \end{bmatrix}\end{aligned} \tag{3.30}$$

式(3.30)为 XYZ 欧拉角参数的正运动学方程，反解该式可求得其逆运动学方程。给定姿态矩阵 $\boldsymbol{R} = (R_{ij})_{3\times 3}$ 时，可求得其逆运动学方程为

$$\begin{cases} \beta = \arctan2(r_{13},\ \sqrt{r_{23}^2 + r_{33}^2}) \\ \alpha = \arctan2\left(\dfrac{-r_{23}}{\mathrm{c}\beta},\ \dfrac{r_{13}}{\mathrm{c}\beta}\right) \\ \gamma = \arctan2\left(\dfrac{r_{12}}{\mathrm{c}\beta},\ \dfrac{r_{11}}{\mathrm{c}\beta}\right) \end{cases} \tag{3.31}$$

从式(3.31)可以看出，当 $\beta = \pi/2$ 时，逆运动学存在奇异。其他五种非对称型欧拉角表示的姿态矩阵列于表 3.1。

表 3.1　非对称型欧拉角表示的姿态矩阵

1	$\boldsymbol{R}_{XYZ}=\boldsymbol{R}(x,\alpha)\boldsymbol{R}(y,\beta)\boldsymbol{R}(z,\gamma)=\begin{bmatrix} c\beta c\gamma & -c\beta s\gamma & s\beta \\ s\alpha s\beta c\gamma+c\alpha s\gamma & -s\alpha s\beta s\gamma+c\alpha c\gamma & -s\alpha c\beta \\ -c\alpha s\beta c\gamma+s\alpha s\gamma & c\alpha s\beta s\gamma+s\alpha c\gamma & c\alpha c\beta \end{bmatrix}$	4	$\boldsymbol{R}_{XZY}=\boldsymbol{R}(x,\alpha)\boldsymbol{R}(z,\beta)\boldsymbol{R}(y,\gamma)=\begin{bmatrix} c\beta c\gamma & -s\beta & c\beta s\gamma \\ c\alpha s\beta c\gamma+s\alpha s\gamma & c\alpha c\beta & c\alpha s\beta s\gamma-s\alpha c\gamma \\ s\alpha s\beta c\gamma-c\alpha s\gamma & s\alpha c\beta & s\alpha s\beta s\gamma+c\alpha c\gamma \end{bmatrix}$
2	$\boldsymbol{R}_{YXZ}=\boldsymbol{R}(y,\alpha)\boldsymbol{R}(x,\beta)\boldsymbol{R}(z,\gamma)=\begin{bmatrix} c\alpha c\gamma+s\alpha s\beta s\gamma & -c\alpha s\gamma+s\alpha s\beta c\gamma & s\alpha c\beta \\ c\beta s\gamma & c\beta c\gamma & -s\beta \\ -s\alpha c\gamma+c\alpha s\beta s\gamma & s\alpha s\gamma+c\alpha s\beta c\gamma & c\alpha c\beta \end{bmatrix}$	5	$\boldsymbol{R}_{YZX}=\boldsymbol{R}(y,\alpha)\boldsymbol{R}(z,\beta)\boldsymbol{R}(x,\gamma)=\begin{bmatrix} c\alpha c\beta & -c\alpha s\beta c\gamma+s\alpha s\gamma & c\alpha s\beta s\gamma+s\alpha c\gamma \\ s\beta & c\beta c\gamma & -c\beta s\gamma \\ -s\alpha c\beta & s\alpha s\beta c\gamma+c\alpha s\gamma & -s\alpha s\beta s\gamma+c\alpha c\gamma \end{bmatrix}$
3	$\boldsymbol{R}_{ZXY}=\boldsymbol{R}(z,\alpha)\boldsymbol{R}(x,\beta)\boldsymbol{R}(y,\gamma)=\begin{bmatrix} c\alpha c\gamma-s\alpha s\beta s\gamma & -s\alpha c\beta & c\alpha s\gamma+s\alpha s\beta c\gamma \\ s\alpha c\gamma+c\alpha s\beta s\gamma & c\alpha c\beta & s\alpha s\gamma-c\alpha s\beta c\gamma \\ -c\beta s\gamma & s\beta & c\beta c\gamma \end{bmatrix}$	6	$\boldsymbol{R}_{ZYX}=\boldsymbol{R}(z,\alpha)\boldsymbol{R}(y,\beta)\boldsymbol{R}(x,\gamma)=\begin{bmatrix} c\alpha c\beta & -s\alpha c\gamma+c\alpha s\beta s\gamma & s\alpha s\gamma+c\alpha s\beta c\gamma \\ s\alpha c\beta & c\alpha c\gamma+s\alpha s\beta s\gamma & -c\alpha s\gamma+s\alpha s\beta c\gamma \\ -s\beta & c\beta s\gamma & c\beta c\gamma \end{bmatrix}$

注：这些表示均在 $\beta=\frac{\pi}{2}$ 时存在奇异。

2. 对称型欧拉角表示

当 3 个旋转所绕的坐标轴中第一个坐标轴和第三个坐标轴相同时，称为对称型欧拉角表示。以 ZYZ 欧拉角为例，首先绕物体坐标系的 z 轴旋转 α 角，然后绕 y 轴旋转 β 角，最后绕 x 轴旋转 γ 角，则刚体最终的姿态矩阵为

$$\boldsymbol{R}_{ZYZ}=\boldsymbol{R}(z,\alpha)\boldsymbol{R}(y,\beta)\boldsymbol{R}(z,\gamma)=\begin{bmatrix} c\alpha c\beta c\gamma & -c\alpha c\beta s\gamma-s\alpha c\gamma & c\alpha s\beta \\ s\alpha c\beta c\gamma+c\alpha s\gamma & -s\alpha c\beta s\gamma+c\alpha c\gamma & s\alpha s\beta \\ -s\beta c\gamma & s\beta s\gamma & c\beta \end{bmatrix} \tag{3.32}$$

其他五种对称型欧拉角表示的姿态矩阵列于表 3.2。

表 3.2　对称型欧拉角表示的姿态矩阵

1	$\boldsymbol{R}_{XYX}=\boldsymbol{R}(x,\alpha)\boldsymbol{R}(y,\beta)\boldsymbol{R}(x,\gamma)=\begin{bmatrix} c\beta & s\beta s\gamma & s\beta c\gamma \\ s\alpha s\beta & c\alpha c\gamma-s\alpha c\beta s\gamma & -c\alpha s\gamma-s\alpha c\beta c\gamma \\ -c\alpha s\beta & s\alpha c\gamma+c\alpha c\beta s\gamma & -s\alpha s\gamma+c\alpha c\beta c\gamma \end{bmatrix}$	4	$\boldsymbol{R}_{XZX}=\boldsymbol{R}(x,\alpha)\boldsymbol{R}(z,\beta)\boldsymbol{R}(x,\gamma)=\begin{bmatrix} c\beta & -s\beta c\gamma & s\beta s\gamma \\ c\alpha s\beta & -s\alpha s\gamma+c\alpha c\beta c\gamma & -s\alpha c\gamma-c\alpha c\beta s\gamma \\ s\alpha s\beta & c\alpha s\gamma+s\alpha c\beta c\gamma & c\alpha c\gamma-s\alpha c\beta s\gamma \end{bmatrix}$
2	$\boldsymbol{R}_{YXY}=\boldsymbol{R}(y,\alpha)\boldsymbol{R}(x,\beta)\boldsymbol{R}(y,\gamma)=\begin{bmatrix} c\alpha c\gamma-s\alpha c\beta s\gamma & s\alpha s\beta & c\alpha s\gamma+s\alpha c\beta c\gamma \\ s\beta s\gamma & c\beta & -s\beta c\gamma \\ -s\alpha c\gamma-c\alpha c\beta s\gamma & c\alpha s\beta & -s\alpha s\gamma+c\alpha c\beta c\gamma \end{bmatrix}$	5	$\boldsymbol{R}_{YZY}=\boldsymbol{R}(y,\alpha)\boldsymbol{R}(z,\beta)\boldsymbol{R}(y,\gamma)=\begin{bmatrix} c\alpha c\beta c\gamma-s\alpha s\gamma & -c\alpha s\beta & c\alpha c\beta s\gamma+s\alpha c\gamma \\ s\beta c\gamma & c\beta & s\beta s\gamma \\ -s\alpha c\beta c\gamma-c\alpha s\gamma & s\alpha s\beta & -s\alpha c\beta s\gamma+c\alpha c\gamma \end{bmatrix}$
3	$\boldsymbol{R}_{ZXZ}=\boldsymbol{R}(z,\alpha)\boldsymbol{R}(x,\beta)\boldsymbol{R}(z,\gamma)=\begin{bmatrix} c\alpha c\gamma-s\alpha c\beta s\gamma & -c\alpha s\gamma-s\alpha c\beta c\gamma & s\alpha s\beta \\ s\alpha c\gamma+c\alpha c\beta s\gamma & -s\alpha s\gamma+c\alpha c\beta c\gamma & -c\alpha s\beta \\ s\beta s\gamma & s\beta c\gamma & c\beta \end{bmatrix}$	6	$\boldsymbol{R}_{ZYZ}=\boldsymbol{R}(z,\alpha)\boldsymbol{R}(y,\beta)\boldsymbol{R}(z,\gamma)=\begin{bmatrix} -s\alpha s\gamma+c\alpha c\beta c\gamma & -s\alpha c\gamma-c\alpha c\beta s\gamma & c\alpha s\beta \\ c\alpha s\gamma+s\alpha c\beta c\gamma & c\alpha c\gamma-s\alpha c\beta s\gamma & s\alpha s\beta \\ -s\beta c\gamma & s\beta s\gamma & c\beta \end{bmatrix}$

注：这些表示均在 $\beta=0$ 时存在奇异。

3. 欧拉角表示与 *RPY* 角表示的对偶性

姿态的三参数描述还有一种被称为 *RPY* 角参数的方法。前文中描述的欧拉角参数的运动过程都是在物体坐标系中进行的，因此，其姿态矩阵是按照矩阵的右乘规则得到的。而 *RPY* 角参数的运动过程是在惯性坐标系中完成的，其姿态矩阵是按照矩阵的左乘规则得到。这样，与 12 种欧拉角参数相对应的有 12 种 *RPY* 角参数。以 *ZYX*，*RPY* 角参数为例，其运动过程如下：假定起始时物体坐标系与惯性坐标系重合，刚体首先绕惯性坐标系的 z 轴旋转 γ 角，然后绕惯性坐标系的 y 轴旋转 β 角，最后绕惯性坐标系的 x 轴旋转 α 角。最终刚体的姿态矩阵为 $\boldsymbol{R}'(ZYX)=\boldsymbol{R}(x,\ \alpha)\boldsymbol{R}(y,\ \beta)\boldsymbol{R}(z,\ \gamma)=\boldsymbol{R}_{XYZ}$。因此，*ZYX*，*RPY* 角参数与 *XYZ* 欧拉角参数具有对偶关系。同样的方法可以求得其他 11 种欧拉角参数与相应的 11 种 *RPY* 角参数之间的对偶关系。

3.5.3 单位四元数

四元数是由爱尔兰数学家威廉·卢云·哈密顿在 1843 年创立的数学概念。四元数是复数的不可交换延伸。如把四元数的集合考虑成多维实数空间的话，四元数就代表着一个四维空间，相对于复数为二维空间。作为用于描述现实空间的坐标表示方式，人们在复数的基础上创造了四元数，并以 $a+b\mathrm{i}+c\mathrm{j}+d\mathrm{k}$ 的形式说明空间点所在位置。i，j，k 作为一种特殊的虚数单位参与运算，并有以下运算规则：$\mathrm{i}^0=\mathrm{j}^0=\mathrm{k}^0=1$，$\mathrm{i}^2=\mathrm{j}^2=\mathrm{k}^2=-1$。对于 i，j，k 本身的几何意义可以理解为一种旋转。其中，i 旋转代表 x 轴与 y 轴相交平面中 x 轴正向朝 y 轴正向的旋转；j 旋转代表 z 轴与 x 轴相交平面中 z 轴正向朝 x 轴正向的旋转；k 旋转代表 y 轴与 z 轴相交平面中 y 轴正向朝 z 轴正向的旋转。−i，−j，−k 分别代表 i，j，k 旋转的反向旋转。

单位四元数也称为欧拉参数，定义为

$$\boldsymbol{R}_e=[\varepsilon_1,\ \varepsilon_2,\ \varepsilon_3,\ \varepsilon_4]^{\mathrm{T}} \tag{3.33}$$

其 4 个分量与通用旋转变换中的绕其旋转的向量 $\boldsymbol{f}$ 及旋转角度 θ 相关，有如下关系：

$$\begin{cases}\varepsilon_1=\boldsymbol{f}_x\sin\dfrac{\theta}{2}\\ \varepsilon_2=\boldsymbol{f}_y\sin\dfrac{\theta}{2}\\ \varepsilon_3=\boldsymbol{f}_z\sin\dfrac{\theta}{2}\\ \varepsilon_4=\cos\dfrac{\theta}{2}\end{cases} \tag{3.34}$$

一个四元数还可以表示为

$$\varepsilon=\varepsilon_1\mathrm{i}+\varepsilon_2\mathrm{j}+\varepsilon_3\mathrm{k}+\varepsilon_4 \tag{3.35}$$

其矩阵表示形式为

$$\begin{bmatrix} \varepsilon_4 - \varepsilon_3 \mathrm{i} & -\varepsilon_3 - \varepsilon_2 \mathrm{i} \\ \varepsilon_3 - \varepsilon_2 \mathrm{i} & \varepsilon_4 + \varepsilon_3 \mathrm{i} \end{bmatrix} \tag{3.36}$$

按照通用旋转变换公式，旋转矩阵可使用四元数的各分量来表示：

$$\boldsymbol{R}_e = \begin{bmatrix} 1 - 2\varepsilon_2^{\ 2} - 2\varepsilon_3^{\ 2} & 2(\varepsilon_1 \varepsilon_2 - \varepsilon_3 \varepsilon_4) & 2(\varepsilon_1 \varepsilon_3 + \varepsilon_2 \varepsilon_4) \\ 2(\varepsilon_1 \varepsilon_2 + \varepsilon_3 \varepsilon_4) & 1 - 2\varepsilon_1^{\ 2} - 2\varepsilon_2^{\ 2} & 2(\varepsilon_2 \varepsilon_3 - \varepsilon_1 \varepsilon_4) \\ 2(\varepsilon_1 \varepsilon_3 - \varepsilon_2 \varepsilon_4) & 2(\varepsilon_2 \varepsilon_3 + \varepsilon_1 \varepsilon_4) & 1 - 2\varepsilon_1^{\ 2} - 2\varepsilon_2^{\ 2} \end{bmatrix} \tag{3.37}$$

反之亦然，四元数的求解也可以通过旋转矩阵来完成：

$$\begin{cases} \varepsilon_1 = \dfrac{\boldsymbol{R}_{e32} - \boldsymbol{R}_{e23}}{4\varepsilon_4} \\ \varepsilon_2 = \dfrac{\boldsymbol{R}_{e13} - \boldsymbol{R}_{e31}}{4\varepsilon_4} \\ \varepsilon_3 = \dfrac{\boldsymbol{R}_{e21} - \boldsymbol{R}_{e12}}{4\varepsilon_4} \\ \varepsilon_1 = \sqrt{1 + \boldsymbol{R}_{e11} + \boldsymbol{R}_{e22} + \boldsymbol{R}_{e33}} \end{cases} \tag{3.38}$$

四元数在使用上的适应性不如矩阵的适应性好，其主要优势是使用了更少的参数来描述机器人的姿态，同时在增量旋转的计算上的运算速度要领先于使用矩阵的运算速度。

第 4 章　协作机器人运动学

机器人的工作是由控制器指挥的，对应于驱动末端位姿运动的各关节参数是需要实时计算的。当机器人执行工作任务时，其控制器根据加工轨迹指令规划好位姿序列数据，实时运用逆向运动学算法计算出关节参数序列，并依次驱动机器人关节，使末端按照预定的位姿序列运动。

4.1　协作机器人组成与控制系统

与传统的工业机器人相比，协作机器人的体积要小很多，而且外形结构更加简洁美观，同时兼具工业机器人的全部运动特性，甚至可以超越工业机器人完成一些特有的动作。对工业机器人比较熟悉的工程师能够轻松识别协作机器人的基本组成，而熟悉了协作机器人的结构，也会加深对工业机器人的了解。

以 GCR5-910 协作机器人为例，其由 6 个模块化设计的关节构成，有效负载为 5 kg，有效工作半径为 910 mm，具备牵引示教、碰撞检测等功能。该机器人每个关节配有位置传感器以检测关节运行位置，并配有可靠的制动器用于及时停止运动。该机器人可任意方向安装。图 4.1 所示为 GCR5-910 协作机器人的组成。

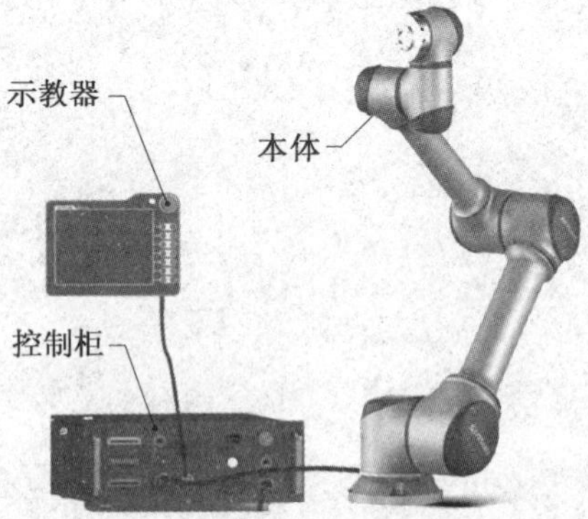

图 4.1　GCR5-910 协作机器人的组成

通常，协作机器人包括三大部分：机器人本体、机器人控制柜、机器人示教器。

4.1.1　协作机器人本体结构

协作机器人本体主要包括底座、J1～J6 关节（六轴型机器人）、末端法兰。GCR5-910 协作和机器人本体结构如图 4.2 所示。

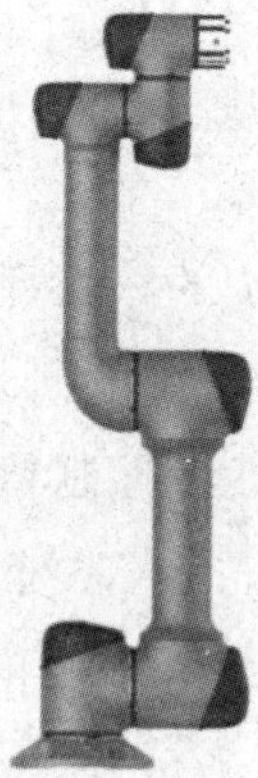

图 4.2　GCR5-910 协作机器人本体结构

4.1.2　机器人控制系统

机器人控制系统由机器人控制柜和机器人示教器组成。机器人控制系统负责机器人的所有功能，包括以下功能：

（1）系统操作界面，人机交互功能；

（2）程序的生成、修正、存档及维护；

（3）机器人运动控制；

（4）机器人轨迹规划及算法实现；

（5）机器人动力电控制；

（6）机器人运动状态监控；

（7）电子安全回路的部件；

（8）与外围设备（其他控制系统、主导计算机、网络）通信。

4.2　协作机器人结构

由前文可知，协作机器人包括三大组成部分。其中，机器人本体是协作机器人的重要结构，作为执行机构；而机器人控制柜作为机器人控制系统的重要组成部分，作为决策装置。

协作机器人之所以能够不限定地点和任务进行灵活应用及与人安全合作，是因为它具有小巧且灵活的身材。出于对节省空间、提高灵活性和减少维护需求的考虑，小型化、轻量化、模块化和人机协作成为协作机器人设计开发的基本原则，而采用兼顾尺寸与性能的一体化关节是目前理想的解决方案。一体化关节具有集成化、模块化、智能化的优势。

4.2.1 一体化关节结构

一体化关节是当前协作机器人系统的核心驱动控制单元，直接决定着整机的运动学、动力学与控制性能，是协作机器人系统的研发重点。在驱动关节研究与设计中，如何提高其力矩-重量比、运动(位置、速度)控制精度、柔顺运动(力矩、阻抗)控制性能及集成化与智能化程度，从而实现协作机器人系统的轻量化结构、精确灵巧的运动、智能化柔顺控制和本质安全的人机交互，是当前协作机器人研发的重点方向。

如图 4.3 所示，新松多可协作机器人一体化关节集谐波减速器、无框电机、增量式编码器、绝对式编码器、抱闸、霍尔传感器于一体，结构紧凑，便于安装。

图 4.3 一体化关节内部组成

1. 谐波减速机

谐波减速器是谐波齿轮传动装置(harmonic gear drive)的俗称，其传动比很大(通常为 50~160)。谐波减速器典型结构如图 4.4 所示，它主要由刚轮(circular spline)、柔轮(flex spline)、谐波发生器(wave generator)三个基本部件构成。刚轮、柔轮、谐波发生器可任意固定其中一个，其余两个部件中的一个连接输入(主动)，另一个即可作为输出(从动)，以实现减速或增速。协作机器人使用的谐波减速器采用中空超扁平设计，具有传动比大、传动平稳、齿面磨损小且均匀、传动效率和精度高、回差小等优点，常作为协作机器人手腕关节的减速及传动装置。

刚轮是一个圆周上加工有连接孔的刚性内齿圈，其齿数比柔轮略多(一般多 2 个或 4 个)。当刚轮固定、柔轮旋转时，刚轮的连接孔用来连接安装座；当柔轮固定、刚轮旋转时，刚轮的连接孔可用来连接输出。为了减小体积，在薄型、超薄型或微型谐波减速器

(a)实物图　　(b)结构图

图 4.4　谐波减速器典型结构

1—谐波发生器；2—柔轮；3—刚轮

上，刚轮有时和减速器 CRB 轴承设计成一体，构成谐波减速器单元。

柔轮是一个可产生较大变形的薄壁金属弹性体，它既可被制成水杯形，也可被制成礼帽形、薄饼形等其他形状。弹性体与刚轮啮合的部位为薄壁外齿圈；水杯形柔轮的底部是加工有连接孔的圆盘；外齿圈和底部间利用弹性膜片连接。当刚轮固定、柔轮旋转时，底部安装孔可用来连接输出；当柔轮固定、刚轮旋转时，底部安装孔可用来固定柔轮。

谐波发生器一般由凸轮和滚珠轴承构成。谐波发生器的内侧是一个椭圆形的凸轮，凸轮的外圆上套有一个能弹性变形的薄壁滚珠轴承，轴承的内圈固定在凸轮上，其外圈与柔轮内侧接触。凸轮装入轴承内圈后，轴承将产生弹性变形成为椭圆形，并迫使柔轮外齿圈变成椭圆形，从而使椭圆长轴附近的柔轮齿与刚轮齿完全啮合，短轴附近的柔轮齿与刚轮齿完全脱开。当凸轮连接输入轴旋转时，柔轮齿与刚轮齿的啮合位置可不断变化。

2. 无框电机

无框电机是一种新型力矩电机，是转子和定子的子组件集。与传统的伺服电机相比，无框电机外壳不做预先固定，也不带有输出轴(或轴支撑轴承)，工程师可根据设计需求将无框电机的定子和转子直接紧密地集成到机器人关节的框架中。无框电机专为要求体积小、重量轻、惯量低、结构紧凑、功率高的应用场合而设计，适配性强，中空超薄，大孔径，可减小机器人关节的尺寸，减轻机器人的重量，并提升其动作效率。无框电机在机器人关节、医疗机器人、传感器万向节、无人机推进和制导系统，以及其他应用领域，均具有广泛的应用前景。目前，无框电机的代表性产品有美国科尔摩根公司的 TBM 无框力矩电机、Parker 公司的 K 系列无框伺服电机、Aerotech 公司的 S-series 高性能无框力矩电机、Alliedmotion 公司的无框力矩电机等。无框电机典型结构如图 4.5 所示。

3. 编码器

编码器(encoder)是将信号或数据进行编制、转换为可用于通信、传输和存储的信号

图 4.5　无框电机典型结构

形式的设备。编码器典型结构如图 4.6 所示。编码器把角位移或直线位移转换成电信号，前者称为码盘，后者称为码尺。按照读出方式的不同，编码器可分为接触式和非接触式两类；按照工作原理的不同，编码器可分为增量式和绝对式两类。增量式编码器是将位移转换成周期性的电信号，再把这个电信号转变成计数脉冲，用脉冲的个数表示位移的大小。绝对式编码器的每一个位置对应一个确定的数字码，因此，它的示值只与测量的起始和终止位置有关，而与测量的中间过程无关。

图 4.6　编码器典型结构

关节内部在输入端和输出端分别各有一个编码器，通过比较两个编码器的位置和速度的反馈，参照驱动电流和电机扭矩的输出，可以判断出模组所在关节受到外界作用力的大小。将这一系列数据信息反馈给控制器，就能够在不额外增加辅助传感器的情况下，方便地实现对机器人的安全控制及牵引示教。

4. 抱闸

抱闸是一种断电停放的电磁制动器，当有电流通过电磁制动器磁性线圈时，电磁力吸合刹车片，使用刹车片释放制动盘，这时传动轴带着制动盘正常运转或启动。当切断电磁制动器的电流时，刹车片脱离制动盘，制动盘与刹车片及法兰盘之间产生摩擦力矩，使传动轴快速停止。电磁制动器是现代工业中一种理想的自动化执行元件，在机器人传动系统中主要起传递动力和控制运动等作用。它具有结构紧凑、操作简单、响应灵敏、寿命长、使用可靠、易于实现集中控制等优点。抱闸典型结构如图 4.7 所示。

图 4.7　抱闸典型结构

5. 霍尔传感器

霍尔传感器是根据霍尔效应制作的一种磁场传感器。霍尔效应是磁电效应的一种，这一现象是霍尔于 1879 年在研究金属的导电机构时发现的。后来，人们发现半导体、导电流体等也有这种效应，而半导体的霍尔效应比金属强得多。利用这一现象制成的各种霍尔元件，被广泛地应用于工业自动化技术、检测技术及信息处理等方面。霍尔效应是研究半导体材料性能的基本方法。通过霍尔效应实验测定的霍尔系数，能够判断半导体材料的导电类型、载流子浓度及载流子迁移率等重要参数。霍尔器件具有许多优点，它们的结构牢固，体积小，重量轻，寿命长，安装方便，功耗小，频率高(可达 1 MHz)，耐震动，不怕灰尘、油污、水汽及盐雾等的污染或腐蚀。霍尔线性器件的精度高、线性度好；霍尔开关器件无触点、无磨损，输出波形清晰，无抖动、无回跳，位置重复精度高(可达微米级)。取用了各种补偿和保护措施的霍尔器件的工作温度范围宽，可达-55~150 ℃。

霍尔器件按照被检测对象的性质，可将其应用分为直接应用和间接应用。前者是直接检测出受检测对象本身的磁场或磁特性，后者是检测受检对象上人为设置的磁场。用这个磁场来作被检测信息的载体，通过它，将许多非电、非磁的物理量(如力、力矩、压力、应力、位置、位移、速度、加速度、角度、角速度、转数、转速及工作状态发生变化的时间等)转变成电量来进行检测和控制。

4.2.2　一体化关节关键技术

一体化关节主要由传动系统、传感器系统、电气系统等部分组成。电机定子与电机座相连，电机转子通过减速装置的减速作用带动关节输出端相对关节输入端转动。关节内部集成有位置传感器、抱闸，可实时获得电机、关节输出端相对关节输入端的位置与速度信息，同时具有失电保护功能。一体化关节的反馈控制结构如图 4.8 所示。

上述位置环与速度环的反馈控制模型是众多伺服驱动系统中应用十分成熟的模型之一，而协作机器人最为核心的技术在于如何进行柔顺控制，即牵引示教的力反馈控制。

当前的力反馈控制有两大主流方案：电流环感知、力矩感知(特指关节力矩感知，而非工业机器人广泛采用的末端力位混合感知)。

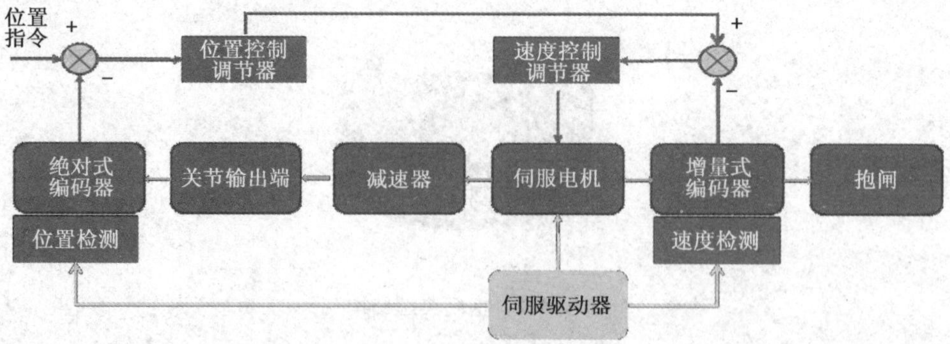

图 4.8　一体化关节的反馈控制结构

电流环感知方案是基于电流环开环控制的。它的基本思路是使电机工作在电流环，电机尽量补偿系统的重力矩及摩擦力矩，然后用户就可以轻松地推起机器人。这种方式很直观，但可能会存在一些缺陷：严重依赖于辨识精度，若辨识不精确，则控制器无法做任何补偿，原因在于这种开环控制方式无法调整机器人的阻抗特性；用户从静止推动机器人时，会存在一个最大静摩擦力的问题（电流环与关节力矩传感器感知能力比较），用户往往需要较大的外力，才能使电流环被检测到，这里存在一个量化的问题，所以电流环感知方案比较适合小型轻量化的机器人本体。

力矩感知方案是在机器人的各个关节上安装单轴扭矩传感器。此方案可以避开检测元件的检测量与实施元件不在一起的弊端，即力检测是在末端实现的，然而实际实施元件（即电机）却远离末端，这二者之间隔了机器人的机械本体。此方案会限制机器人力控的动态性能，并且机械本体惯性大、带宽低。所以基于末端检测力方式的力控制的响应慢、带宽低，在刚性较大的环境下稳定性也较低。

关节力矩感知方案因为传感器跟电机很近，从而避免了机器人机械本体动态特性的干扰。这种力控方式的带宽更高、动态响应更快，但检测到的力矩信息包含有更多的重力矩、惯性力矩等信息，需要通过系统辨识和标定的方法从中提取出交互力信息。关节力矩感知方案的另一个优点是可以检测全臂的交互力信息，且它可以控制关节力矩输出，与以上几种方式有着本质的不同。此外，关节力矩反馈对位置控制也有着很大的帮助。

因此，协作机器人多采用关节力矩感知方案，通过无框电机搭配霍尔传感器的形式，能够进行关节力矩的反馈控制，使机器人具有柔顺的牵引示教能力和更安全的碰撞检测能力。

4.3　机器人运动学——正、反向运动学

机器人运动学是从几何的角度描绘和研究机器人的运动特性，而不考虑引起这些运

动的力或力矩的作用。机器人运动学主要有以下两类基本问题。

1. 机器人运动方程的表示问题

机器人运动方程的表示问题，即正向运动学：对一给定的机器人，已知连杆几何参数和关节变量，想要求出机器人末端执行器相对于参考坐标系的位置和姿态，就需要建立机器人运动方程。运动方程的表示问题属于问题分析，因此，也可以把机器人运动方程的表示问题称为机器人运动的分析。

2. 机器人运动方程的求解问题

机器人运动方程的求解问题，即逆向运动学：已知机器人连杆的几何参数，给定机器人末端执行器相对于参考坐标系的期望位置和位姿，求机器人能够达到预期位姿的关节变量。这就需要对运动方程求解。机器人运动方程的求解问题属于问题综合，因此，也可以把机器人运动方程的求解问题称为机器人运动的综合。

要知道工作物体和工具的位置，就要指定手臂逐点运动的速度。雅可比矩阵是由某个笛卡儿坐标系规定的各单个关节速度对最后一个连杆速度的线性变换。大多数工业机器人具有 6 个关节，这意味着雅可比矩阵是六阶方阵。

4.3.1　正向运动学

1. 机械手运动方向和运动姿态的表示

(1) 机械手的运动方向。

图 4.9 所示为机器人的一个夹手。把坐标系的原点置于夹手指尖的中心，此原点由矢量 $\boldsymbol{p}$ 表示。描述夹手方向的三个单位矢量的指向如下：z 向矢量处于夹手进入物体的方向上，并称为接近矢量 $\boldsymbol{a}$；y 向矢量的方向从一个指尖指向另一个指尖，处于规定夹手方向上，称为方向矢量 $\boldsymbol{o}$；最后一个矢量叫作法线矢量 $\boldsymbol{n}$，它与矢量 $\boldsymbol{o}$ 和 $\boldsymbol{a}$ 一起构成一个右手矢量集合，并由矢量的交乘所规定为 $\boldsymbol{n}=\boldsymbol{o}\times\boldsymbol{a}$。令 $\boldsymbol{T}_6$ 表示机械手的位置和姿态，因此，变换矩阵 $\boldsymbol{T}_6$ 具有下列元素。

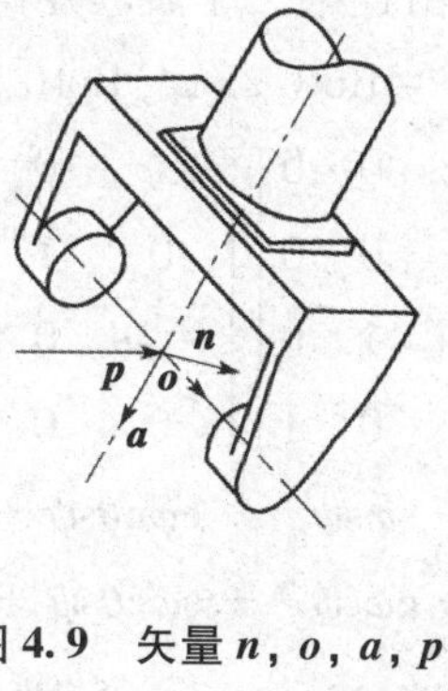

图 4.9　矢量 $\boldsymbol{n}$，$\boldsymbol{o}$，$\boldsymbol{a}$，$\boldsymbol{p}$

$$
\boldsymbol{T}_6 = \begin{bmatrix} n_x & o_x & a_x & p_x \\ n_y & o_y & a_y & p_y \\ n_z & o_z & a_z & p_z \\ 0 & 0 & 0 & 1 \end{bmatrix} \tag{4.1}
$$

六连杆机械手的 $\boldsymbol{T}$ 矩阵($\boldsymbol{T}_6$)可由指定的 16 个元素的数值来决定。在这 16 个元素中，只有 12 个元素具有实际含义。底行由 3 个数字 0 和 1 个数字 1 组成。左列矢量 $\boldsymbol{n}$ 是第二列矢量 $\boldsymbol{o}$ 和第三列矢量 $\boldsymbol{a}$ 的交乘。当对 $\boldsymbol{p}$ 值不存在任何约束时，只要机械手能够到达期望位置，那么矢量 $\boldsymbol{o}$ 和 $\boldsymbol{n}$ 二者都是正交单位矢量，并且互相垂直，即有 $\boldsymbol{o}\cdot\boldsymbol{o}=1$，$\boldsymbol{a}\cdot\boldsymbol{a}=1$，$\boldsymbol{o}\cdot\boldsymbol{a}=0$。这些对矢量 $\boldsymbol{o}$ 和 $\boldsymbol{a}$ 的约束，使得对其分量的指定较为困难，除非是末端执行装置与坐标系处于平行情况。

(2)用旋转序列表示运动姿态。

机械手的运动姿态往往由一个绕轴 x，y，z 的旋转序列来规定。这种转角的序列，称为欧拉(Euler)角。欧拉角用一个绕 z 轴旋转 φ 角，再绕新的 y 轴(y')旋转 θ 角，最后绕新的 z 轴(z'')旋转 ψ 角来描述任何可能的姿态，如图 4.10 所示。

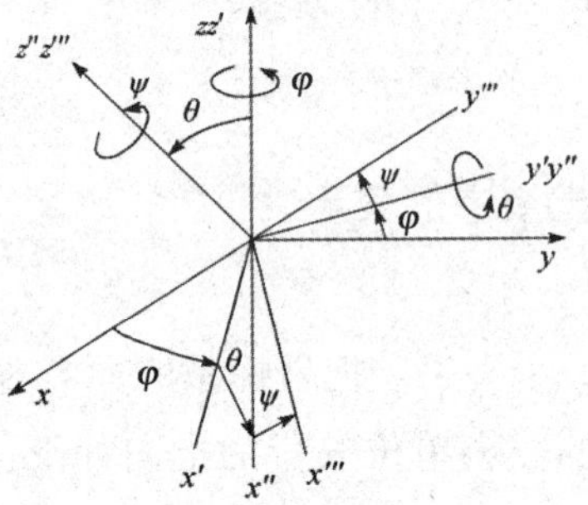

图 4.10　欧拉角的定义示意图

在任何旋转序列下，旋转次序是十分重要的。这一旋转序列可由基系中相反的旋转次序来解释：先绕 z 轴旋转 ψ 角，再绕 y 轴旋转 θ 角，最后绕 z 轴旋转 φ 角。

欧拉变换 Euler (φ, θ, ψ) 可由连乘三个旋转矩阵求得，即

$$
\text{Euler}(\varphi,\theta,\psi)=\text{Rot}(z,\varphi)\text{Rot}(y,\theta)\text{Rot}(z,\psi)
$$

$$
\begin{aligned}
\text{Euler}(\varphi,\theta,\psi) &= \begin{bmatrix} c\varphi & -s\varphi & 0 & 0 \\ s\varphi & c\varphi & 0 & 0 \\ 0 & 0 & 1 & 0 \\ 0 & 0 & 0 & 1 \end{bmatrix} \begin{bmatrix} c\theta & 0 & s\theta & 0 \\ 0 & 1 & 0 & 0 \\ -s\theta & 0 & c\theta & 0 \\ 0 & 0 & 0 & 1 \end{bmatrix} \begin{bmatrix} c\psi & -s\psi & 0 & 0 \\ s\psi & c\psi & 0 & 0 \\ 0 & 0 & 1 & 0 \\ 0 & 0 & 0 & 1 \end{bmatrix} \\
&= \begin{bmatrix} c\varphi c\theta c\psi - s\varphi s\psi & -c\varphi c\theta s\psi - s\varphi c\psi & c\varphi s\theta & 0 \\ s\varphi c\theta c\psi + c\varphi s\psi & -s\varphi c\theta s\psi + c\varphi c\psi & s\varphi s\theta & 0 \\ -s\theta c\psi & s\theta s\psi & c\theta & 0 \\ 0 & 0 & 0 & 1 \end{bmatrix}
\end{aligned} \tag{4.2}
$$

(3)用横滚、仰俯和偏转角表示运动姿态。

另一种常用的旋转集合是横滚、俯仰和偏转。

想象有只船沿着 z 轴方向航行，如图 4.11(a)所示，那么这时，横流对应于围绕 x 轴旋转 φ 角，俯仰对应于围绕 y 轴旋转 θ 角，而偏转则对应围绕 x 轴旋转 ψ 角。此方法适用于机械端部执行装置的这些旋转，如图 4.11(b)所示。

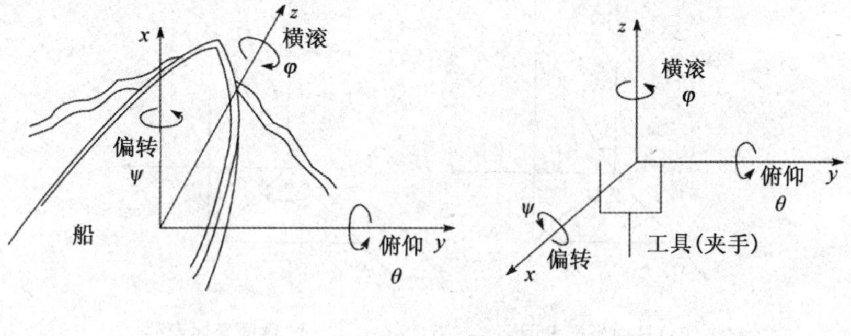

(a)运动示意图　　(b)旋转运动坐标系

图 4.11　用横滚、仰俯和偏转角表示机械手运动姿态

对于旋转次序，做如下规定：

$$\mathrm{RPY}(\varphi,\theta,\psi)=\mathrm{Rot}(z,\varphi)\mathrm{Rot}(y,\theta)\mathrm{Rot}(x,\psi) \tag{4.3}$$

式中，RPY 表示横滚、仰俯和偏转三旋转的组合变换。也就是说，先围绕 x 轴旋转 ψ 角，再绕 y 轴旋转 θ 角，最后绕 z 轴旋转 φ 角。此旋转变换计算如下：

$$\mathrm{RPY}(\varphi,\theta,\psi)=\begin{bmatrix} c\varphi & -s\varphi & 0 & 0 \\ s\varphi & c\varphi & 0 & 0 \\ 0 & 0 & 1 & 0 \\ 0 & 0 & 0 & 1 \end{bmatrix}\begin{bmatrix} c\varphi & 0 & s\theta & 0 \\ 0 & 1 & 0 & 0 \\ -s\theta & 0 & c\theta & 0 \\ 0 & 0 & 0 & 1 \end{bmatrix}\begin{bmatrix} 1 & 0 & 0 & 0 \\ 0 & c\psi & -s\psi & 0 \\ 0 & s\psi & c\psi & 0 \\ 0 & 0 & 0 & 1 \end{bmatrix}$$

$$=\begin{bmatrix} c\varphi c\theta & c\varphi s\theta s\psi - s\varphi c\psi & c\varphi s\theta c\psi + s\varphi s\psi & 0 \\ s\varphi c\theta & s\varphi c\theta s\psi + c\varphi c\psi & s\varphi s\theta c\psi - c\varphi s\psi & 0 \\ -s\theta & c\theta s\psi & c\theta c\psi & 0 \\ 0 & 0 & 0 & 1 \end{bmatrix} \tag{4.4}$$

2. 运动位置和坐标

一旦机械手的运动姿态由某个姿态变换规定之后，它在基系中的位置就能够由左乘一个对应于矢量 $\boldsymbol{p}$ 的平移变换来确定：

$$\boldsymbol{T}_6=\begin{bmatrix} 1 & 0 & 0 & p_x \\ 0 & 1 & 0 & p_y \\ 0 & 0 & 1 & p_z \\ 0 & 0 & 0 & 1 \end{bmatrix}[\text{某姿态变换}] \tag{4.5}$$

这一平移变换可用不同的坐标来表示。下面着重介绍用柱面坐标和球面坐标来表示这一平移。

(1)用柱面坐标表示运动位置。

首先，用柱面坐标来表示机械手手臂的位置，即表示其平移变换。这对应先沿 x 轴平移 r，再绕 z 轴旋转 α，最后沿 z 轴平移 z，如图 4.12(a)所示。

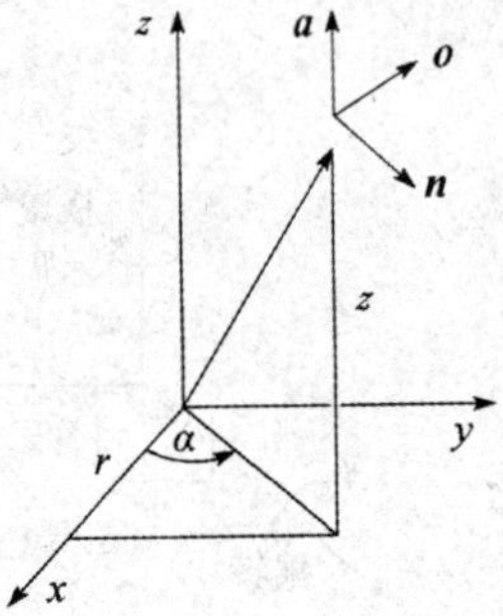

(a)柱面坐标表示

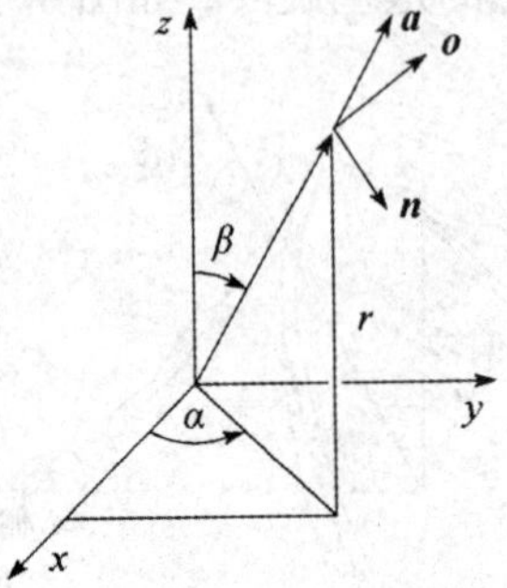

(b)球面坐标表示

图 4.12　用柱面坐标和球面坐标表示位置

即

$$\mathrm{Cyl}(z,\alpha,r)=\begin{bmatrix}1&0&0&0\\0&1&0&0\\0&0&1&z\\0&0&0&1\end{bmatrix}\begin{bmatrix}\mathrm{c}\alpha&-\mathrm{s}\alpha&0&0\\\mathrm{s}\alpha&\mathrm{c}\alpha&0&0\\0&0&1&0\\0&0&0&1\end{bmatrix}\begin{bmatrix}1&0&0&r\\0&1&0&0\\0&0&1&0\\0&0&0&1\end{bmatrix}$$
$$=\begin{bmatrix}\mathrm{c}\alpha&-\mathrm{s}\alpha&0&r\mathrm{c}\alpha\\\mathrm{s}\alpha&\mathrm{c}\alpha&0&r\mathrm{s}\alpha\\0&0&1&z\\0&0&0&1\end{bmatrix}\tag{4.6}$$

如果用某个如式(4.5)所示的姿态变换右乘式(4.6)，那么机械手臂将相对于基系绕 z 轴旋转 α 角。要是需要变换后机器人末端相对基系的姿态不变，那么就应对式(4.6)绕 z 轴旋转一个 $-\alpha$ 角，即

$$\mathrm{Cyl}(z,\alpha,r)=\begin{bmatrix}\mathrm{c}\alpha&-\mathrm{s}\alpha&0&r\mathrm{c}\alpha\\\mathrm{s}\alpha&\mathrm{c}\alpha&0&r\mathrm{s}\alpha\\0&0&1&z\\0&0&0&1\end{bmatrix}\begin{bmatrix}\mathrm{c}(-\alpha)&-\mathrm{s}(-\alpha)&0&0\\\mathrm{s}(-\alpha)&\mathrm{c}(-\alpha)&0&0\\0&0&1&0\\0&0&0&1\end{bmatrix}$$
$$=\begin{bmatrix}1&0&0&r\mathrm{c}\alpha\\0&1&0&r\mathrm{s}\alpha\\0&0&1&z\\0&0&0&1\end{bmatrix}\tag{4.7}$$

这就是用于解释柱面坐标 $\mathrm{Cyl}(z,\alpha,r)$ 的形式。

(2)用球面坐标表示运动位置。

下面讨论用球面坐标表示手臂运动位置矢量的方法。这个方法对应先沿 z 轴平移 r，再绕 y 轴旋转 β 角，最后绕 z 轴旋转 α 角，如图 4.12(b)所示，即

$$\mathrm{Sph}(\alpha, \beta, r) = \mathrm{Rot}(z, \alpha)\mathrm{Rot}(y, \beta)\mathrm{Trans}(0, 0, r) \tag{4.8}$$

式中，Sph 表示球面坐标组合变换。对式(4.8)进行运算，结果如下：

$$\begin{aligned}\mathrm{Sph}(\alpha, \beta, r) &= \begin{bmatrix} c\alpha & -s\alpha & 0 & 0 \\ s\alpha & c\alpha & 0 & 0 \\ 0 & 0 & 1 & 0 \\ 0 & 0 & 0 & 1 \end{bmatrix}\begin{bmatrix} c\beta & 0 & s\beta & 0 \\ 0 & 1 & 0 & 0 \\ -s\beta & 0 & c\beta & 0 \\ 0 & 0 & 0 & 1 \end{bmatrix}\begin{bmatrix} 1 & 0 & 0 & 0 \\ 0 & 1 & 0 & 0 \\ 0 & 0 & 1 & r \\ 0 & 0 & 0 & 1 \end{bmatrix} \\ &= \begin{bmatrix} c\alpha c\beta & -s\alpha & c\alpha s\beta & rc\alpha s\beta \\ s\alpha c\beta & c\alpha & s\alpha s\beta & rs\alpha s\beta \\ -s\beta & 0 & c\beta & rc\beta \\ 0 & 0 & 0 & 1 \end{bmatrix}\end{aligned} \tag{4.9}$$

如果希望变换后机器人末端坐标系相对基系姿态不变，那么就必须用 $\mathrm{Rot}(y, -\beta)$ 和 $\mathrm{Rot}(z, -\alpha)$ 右乘式(4.9)，即

$$\begin{aligned}\mathrm{Sph}(\alpha, \beta, r) &= \mathrm{Rot}(z, \alpha)\mathrm{Rot}(y, \beta)\mathrm{Trans}(0, 0, r)\mathrm{Rot}(y, -\beta)\mathrm{Rot}(z, -\alpha) \\ &= \begin{bmatrix} 1 & 0 & 0 & rc\alpha s\beta \\ 0 & 1 & 0 & rs\alpha s\beta \\ 0 & 0 & 1 & rc\beta \\ 0 & 0 & 0 & 1 \end{bmatrix}\end{aligned} \tag{4.10}$$

这就是用于解释球面坐标 $\mathrm{Sph}(\alpha, \beta, \gamma)$ 的形式。

4.3.2　反向运动学

1. 欧拉变换解

(1)基本隐式方程的解。

首先令

$$\mathrm{Euler}(\varphi, \theta, \psi) = \boldsymbol{T} \tag{4.11}$$

式中，$\mathrm{Euler}(\varphi, \theta, \psi) = \mathrm{Rot}(z, \varphi)\mathrm{Rot}(y, \theta)\mathrm{Rot}(z, \psi)$。

已知任一变换 $\boldsymbol{T}$，要求得 φ，θ，ψ。也就是说，如果已知矩阵各元的数值，那么其所对应的 φ，θ，ψ 值是什么？

由式(4.1)和式(4.2)得

$$\begin{bmatrix} n_x & o_x & a_x & p_x \\ n_y & o_y & a_y & p_y \\ n_z & o_z & a_z & p_z \\ 0 & 0 & 0 & 1 \end{bmatrix} = \begin{bmatrix} c\varphi c\theta c\psi - s\varphi s\psi & -c\varphi c\theta s\psi - s\varphi c\psi & c\varphi s\theta & 0 \\ s\varphi c\theta c\psi + s\varphi s\psi & -s\varphi c\theta c\psi + c\varphi c\psi & s\varphi s\theta & 0 \\ -s\theta c\psi & s\theta s\psi & c\theta & 0 \\ 0 & 0 & 0 & 1 \end{bmatrix} \tag{4.12}$$

令矩阵方程两边各对应元素一一相等，可得 16 个方程，其中有 12 个为隐式方程。下面将从这些隐式方程求得所需答案。式(4.12)中只有 9 个隐式方程，因为其平移坐标也是明显解。这些隐式方程如下：

$$n_x = \mathrm{c}\varphi\mathrm{c}\theta\mathrm{c}\psi - \mathrm{s}\varphi\mathrm{s}\psi \tag{4.13}$$

$$n_y = \mathrm{s}\varphi\mathrm{c}\theta\mathrm{c}\psi + \mathrm{c}\varphi\mathrm{s}\psi \tag{4.14}$$

$$n_z = -\mathrm{s}\theta\mathrm{c}\psi \tag{4.15}$$

$$o_x = -\mathrm{c}\varphi\mathrm{c}\theta\mathrm{c}\psi - \mathrm{s}\varphi\mathrm{s}\psi \tag{4.16}$$

$$o_y = -\mathrm{s}\varphi\mathrm{c}\theta\mathrm{c}\psi + \mathrm{c}\varphi\mathrm{s}\psi \tag{4.17}$$

$$o_z = \mathrm{s}\theta\mathrm{c}\psi \tag{4.18}$$

$$a_x = \mathrm{c}\varphi\mathrm{s}\theta \tag{4.19}$$

$$a_y = \mathrm{s}\varphi\mathrm{s}\theta \tag{4.20}$$

$$a_z = \mathrm{c}\theta \tag{4.21}$$

(2)用双变量反正切函数确定角度。

在求解时，总是采用双变量反正切函数 arctan2 来确定角度。arctan2 提供 2 个自变量，即纵坐标 y 和横坐标 x，如图 4.13 所示。当 $-\pi \leqslant \theta \leqslant \pi$，由 arctan2 反求角度，同时检查 y 和 x 的符号来确定其所在象限。这一函数也能检验何时 x 或 y 为 0，并反求出正确的角度。arctan2 的精确程度对其整个定义域都是一样的。

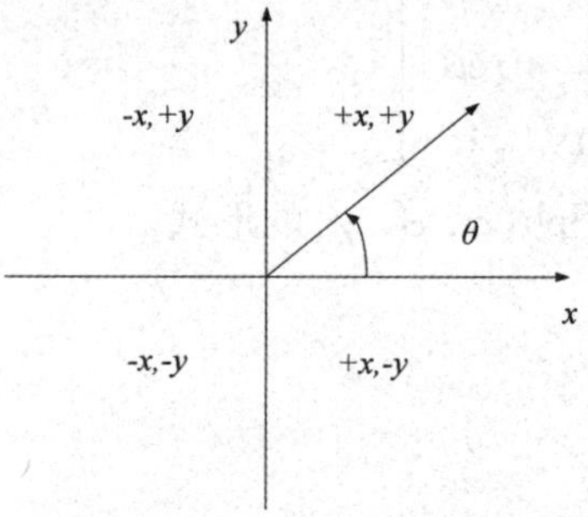

图 4.13　反正切函数 arctan2

2. 滚动、俯仰、偏转变换解

在分析欧拉变换时，已经知道，只有用显式方程来求解用滚动、俯仰和偏转表示的变换方程。式(4.4)和式(4.5)给出了这些运动方程式。从式(4.4)得

$$\mathrm{Rot}(z, \varphi)^{-1}\boldsymbol{T} = \mathrm{Rot}(y, \theta)\mathrm{Rot}(x, \psi)$$

$$\begin{bmatrix} f_{11}(n) & f_{11}(o) & f_{11}(a) & f_{11}(p) \\ f_{12}(n) & f_{12}(o) & f_{12}(a) & f_{12}(p) \\ f_{13}(n) & f_{13}(o) & f_{13}(a) & f_{13}(p) \\ 0 & 0 & 0 & 1 \end{bmatrix} = \begin{bmatrix} \mathrm{c}\theta & \mathrm{s}\theta\mathrm{s}\psi & \mathrm{s}\theta\mathrm{c}\psi & 0 \\ 0 & \mathrm{c}\psi & -\mathrm{s}\psi & 0 \\ -\mathrm{s}\theta & \mathrm{c}\theta\mathrm{s}\psi & \mathrm{c}\theta\mathrm{c}\psi & 0 \\ 0 & 0 & 0 & 1 \end{bmatrix} \tag{4.22}$$

其中，$f_{11}(u)=c\varphi u_x+s\varphi u_y$，$f_{12}(u)=-s\varphi u_x+c\varphi u_y$，$f_{13}(u)=u_z$，$u=n,o,a,p$。令 $f_{12}(n)$ 与式(4.22)右式的对应元素相等，可得

$$-s\varphi n_x+c\varphi n_y=0$$

从而得

$$\varphi=\arctan2(n_y,n_x) \tag{4.23}$$

或

$$\varphi=\varphi+180^\circ \tag{4.24}$$

又令式(4.22)中左、右式中的(3，1)及(1，1)元素分别相等，有 $-s\theta=n_z$，$c\theta=c\varphi n_x+s\varphi n_y$，于是得

$$\theta=\arctan2(-n_z,c\varphi n_x+s\varphi n_y) \tag{4.25}$$

最后，令式(4.23)中第(2，3)和(2，2)对应元素分别相等，有 $-s\psi=-s\varphi a_x+c\varphi a_y$，$c\psi=-s\varphi o_x+c\varphi o_y$，据此可得

$$\psi=\arctan2(s\varphi a_x-c\varphi a_y,-s\varphi o_x+c\varphi o_y) \tag{4.26}$$

综上所述，可得 RPY 变换各角如下：

$$\begin{aligned}
&\varphi=\arctan2(n_y,n_x)\\
&\varphi=\varphi+180^\circ\\
&\theta=\arctan2(-n_z,c\varphi n_x+s\varphi n_y)\\
&\psi=\arctan2(s\varphi a_x-c\varphi a_y,-s\varphi o_x+c\varphi o_y)
\end{aligned} \tag{4.27}$$

4.4　新松 GCR5-910-728 协作机械臂运动学分析

4.4.1　数学基础

1. 和差角公式

$$\begin{cases}
\sin(\alpha+\beta)=\sin\alpha\cos\beta+\cos\alpha\sin\beta\\
\sin(\alpha-\beta)=\sin\alpha\cos\beta-\cos\alpha\sin\beta\\
\cos(\alpha+\beta)=\cos\alpha\cos\beta-\sin\alpha\sin\beta\\
\cos(\alpha-\beta)=\cos\alpha\cos\beta+\sin\alpha\sin\beta
\end{cases} \tag{4.28}$$

$$\begin{cases}
\tan(\alpha+\beta)=\dfrac{\tan\alpha+\tan\beta}{1-\tan\alpha\tan\beta}\\
\tan(\alpha-\beta)=\dfrac{\tan\alpha-\tan\beta}{1+\tan\alpha\tan\beta}
\end{cases} \tag{4.29}$$

2. 和差积公式

$$\begin{cases}\sin\alpha+\sin\beta=2\sin\dfrac{\alpha+\beta}{2}\cos\dfrac{\alpha-\beta}{2}\\ \sin\alpha-\sin\beta=2\cos\dfrac{\alpha+\beta}{2}\sin\dfrac{\alpha-\beta}{2}\\ \cos\alpha+\cos\beta=2\cos\dfrac{\alpha+\beta}{2}\cos\dfrac{\alpha-\beta}{2}\\ \cos\alpha-\cos\beta=-2\sin\dfrac{\alpha+\beta}{2}\sin\dfrac{\alpha-\beta}{2}\end{cases}\tag{4.30}$$

$$\begin{cases}\tan\alpha\pm\tan\beta=\dfrac{\sin(\alpha\pm\beta)}{\cos\alpha\cos\beta}\\ \cot\alpha\pm\cot\beta=\pm\dfrac{\sin(\alpha\pm\beta)}{\sin\alpha\sin\beta}\end{cases}\tag{4.31}$$

4.4.2 运动学正解析 DH

采用经典的协作机器人构型的 GCR5-910-728 机器人本体如图 4.14 所示。

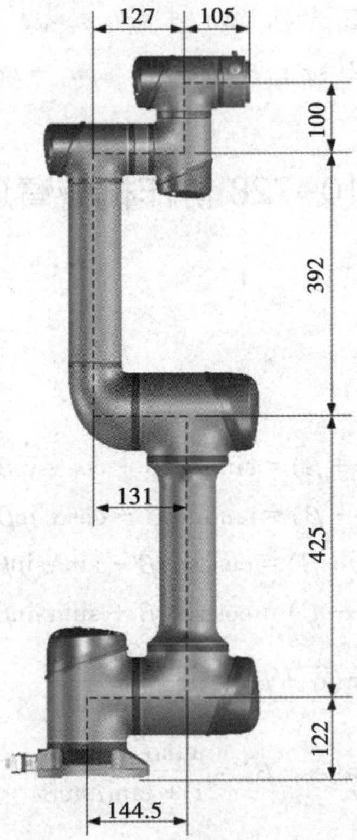

图 4.14 协作机器人本体

该协作机器人是一种仿人机械手臂，共有肩转、肩摆、肘转、肘摆、手转和手摆 6 个自由度手臂的结构简图。初始位置和各关节转动方向如图 4.15 所示。

图 4.15　协作机器人初始位置和各关节转动方向示意图

一轴 θ_1 绕 z 轴旋转，二轴 θ_2 绕 x 轴旋转，三轴 θ_3 绕 x 轴旋转，四轴 θ_4 绕 x 轴旋转，五轴 θ_5 绕 z 轴旋转，六轴 θ_6 绕 x 轴旋转。

连杆参数见表 4.1。

表 4.1　连杆参数

关节轴 (i)	连杆转角 (α_{i+1})	连杆长度 (a_{i+1})	连杆偏距 (d_{i+1})	关节角 (θ_{i+1})
0—1	90°	0	d_1	θ_1
1—2	0°	a_2	0	θ_2
2—3	0°	a_3	0	θ_3
3—4	90°	0	d_4	θ_4
4—5	-90°	0	d_5	θ_5
5—6	0°	0	d_6	θ_6

$d_1=D_1=122$；$a_2=D_2=425$；$a_3=D_3=392$；$d_4=D_4=127$；$d_5=D_5=100$；$d_6=D_6=105$。

$$\begin{cases}\theta_2 = 90^\circ \\ \theta_4 = 90^\circ\end{cases} \Rightarrow \begin{cases} x = D_4 + D_6 \\ y = 0.0 \\ z = D_1 + D_2 + D_3 + D_5 \end{cases} \tag{4.32}$$

$$\begin{cases}\theta_2 = 0 \\ \theta_4 = 0\end{cases} \Rightarrow \begin{cases} x = D_4 + D_6 \\ y = D_2 + D_3 \\ z = D_1 - D_5 \end{cases} \tag{4.33}$$

$$\begin{cases} c_{23} = c_2 c_3 - s_2 s_3 \\ s_{23} = s_2 c_3 + c_2 s_3 \\ c_{234} = c_{23} c_4 - s_{23} s_4 \\ s_{234} = s_{23} c_4 + c_{23} s_4 \end{cases} \tag{4.34}$$

$${}_{i+1}^{\ \ i}\boldsymbol{T} = \begin{bmatrix} c\theta_{i+1} & -s\theta_{i+1}c\alpha_{i+1} & s\theta_{i+1}s\alpha_{i+1} & a_{i+1}c\theta_{i+1} \\ s\theta_{i+1} & c\theta_{i+1}c\alpha_{i+1} & -c\theta_{i+1}s\alpha_{i+1} & a_{i+1}s\theta_{i+1} \\ 0 & s\alpha_{i+1} & c\alpha_{i+1} & d_{i+1} \\ 0 & 0 & 0 & 1 \end{bmatrix} \tag{4.35}$$

旋转矩阵：

$${}_1^0\boldsymbol{T} = \begin{bmatrix} c_1 & 0 & s_1 & 0 \\ s_1 & 0 & -c_1 & 0 \\ 0 & 1 & 0 & d_1 \\ 0 & 0 & 0 & 1 \end{bmatrix},\ {}_2^1\boldsymbol{T} = \begin{bmatrix} c_2 & -s_2 & 0 & a_2c_2 \\ s_2 & c_2 & 0 & a_2s_2 \\ 0 & 0 & 1 & 0 \\ 0 & 0 & 0 & 1 \end{bmatrix},\ {}_3^2\boldsymbol{T} = \begin{bmatrix} c_3 & -s_3 & 0 & a_3c_3 \\ s_3 & c_3 & 0 & a_3s_3 \\ 0 & 0 & 1 & 0 \\ 0 & 0 & 0 & 1 \end{bmatrix}$$

$${}_4^3\boldsymbol{T} = \begin{bmatrix} c_4 & 0 & s_4 & 0 \\ s_4 & 0 & -c_4 & 0 \\ 0 & 1 & 0 & d_4 \\ 0 & 0 & 0 & 1 \end{bmatrix},\ {}_5^4\boldsymbol{T} = \begin{bmatrix} c_5 & 0 & -s_5 & 0 \\ s_5 & 0 & c_5 & 0 \\ 0 & -1 & 0 & d_5 \\ 0 & 0 & 0 & 1 \end{bmatrix},\ {}_6^5\boldsymbol{T} = \begin{bmatrix} c_6 & -s_6 & 0 & 0 \\ s_6 & c_6 & 0 & 0 \\ 0 & 0 & 1 & d_6 \\ 0 & 0 & 0 & 1 \end{bmatrix}$$

根据需要，将第七轴坐标系绕 x 轴旋转 -90°。

$$\boldsymbol{T}_{\text{Base}} = [\text{Rot}(x,\ \theta \mid \text{Trans}(0,\ D_5,\ 0)] = \begin{bmatrix} -1 & 0 & 0 & 0 \\ 0 & -1 & 0 & 0 \\ 0 & 0 & 1 & 0 \\ 0 & 0 & 0 & 1 \end{bmatrix}$$

$$\boldsymbol{T}_{\text{end}} = [\text{Rot}(x,\ \theta \mid \text{Trans}(0,\ D_5,\ 0)] = \begin{bmatrix} 0 & -1 & 0 & 0 \\ 0 & 0 & -1 & 0 \\ 1 & 0 & 0 & 0 \\ 0 & 0 & 0 & 1 \end{bmatrix}$$

简化总解：

$$ {}^0_6\boldsymbol{T} = {}^0_1\boldsymbol{T}\,{}^1_2\boldsymbol{T}\,{}^2_3\boldsymbol{T}\,{}^3_4\boldsymbol{T}\,{}^4_5\boldsymbol{T}\,{}^5_6\boldsymbol{T} = \begin{bmatrix} {}^0_6n_x & {}^0_6o_x & {}^0_6a_x & {}^0_6p_x \\ {}^0_6n_y & {}^0_6o_y & {}^0_6a_y & {}^0_6p_y \\ {}^0_6n_z & {}^0_6o_z & {}^0_6a_z & {}^0_6p_z \\ 0 & 0 & 0 & 1 \end{bmatrix} \tag{4.36} $$

计算结果如下：

$$ \begin{cases} {}^0_{tcp}n_x = s_1c_6s_{234} + s_6(s_1c_5c_{234} + c_1s_5) \\ {}^0_{tcp}n_y = s_6(s_1s_5 - c_1c_5c_{234}) - c_1c_6s_{234} \\ {}^0_{tcp}n_z = c_6c_{234} - c_5s_6s_{234} \end{cases} , \quad \begin{cases} {}^0_{tcp}o_x = s_1s_6s_{234} - c_6(s_1c_5c_{234} + c_1s_5) \\ {}^0_{tcp}o_y = - c_6(s_1s_5 - c_1c_5c_{234}) - c_1s_6s_{234} \\ {}^0_{tcp}o_z = s_6c_{234} + c_5c_6s_{234} \end{cases} $$

$$ \begin{cases} {}^0_{tcp}a_x = s_1s_5c_{234} - c_1c_5 \\ {}^0_{tcp}a_y = - c_5s_1 - c_1s_5c_{234} \\ {}^0_{tcp}a_z = - s_5s_{234} \end{cases} , $$

$$ \begin{cases} {}^0_{tcp}p_x = - D_4c_1 - D_6(c_1c_5 - s_1s_5c_{234}) - D_3s_1c_{23} - D_5s_1s_{234} - D_2c_2s_1 \\ {}^0_{tcp}p_y = D_3c_1c_{23} - D_6(c_5s_1 + c_1s_5c_{234}) - D_4s_1 + D_5c_1s_{234} + D_2c_1c_2 \\ {}^0_{tcp}p_z = D_1 + D_2s_2 - D_5c_{234} + D_3s_{23} - D_6s_5s_{234} \end{cases} $$

正常总解：

$$ \begin{cases} {}^0_{tcp}n_x = c_6(c_4(c_2s_1s_3 + c_3s_1s_2) + s_4(c_2c_3s_1 - s_1s_2s_3)) + \\ \qquad s_6(c_5(c_4(c_2c_3s_1 - s_1s_2s_3) - s_4(c_2s_1s_3 + c_3s_1s_2)) + c_1s_5) \\ {}^0_{tcp}n_y = s_6(s_1s_5 - c_5(c_4(c_1c_2c_3 - c_1s_2s_3) - s_4(c_1c_2s_3 + c_1c_3s_2))) - \\ \qquad c_6(c_4(c_1c_2s_3 + c_1c_3s_2) + s_4(c_1c_2c_3 - c_1s_2s_3)) \\ {}^0_{tcp}n_z = c_6(c_4(c_2c_3 - s_2s_3) - s_4(c_2s_3 + c_3s_2)) - \\ \qquad c_5s_6(c_4(c_2s_3 + c_3s_2) + s_4(c_2c_3 - s_2s_3)) \end{cases} \tag{4.37} $$

$$ \begin{cases} {}^0_{tcp}o_x = s_6(c_4(c_2s_1s_3 + c_3s_1s_2) + s_4(c_2c_3s_1 - s_1s_2s_3)) - \\ \qquad c_6(c_5(c_4(c_2c_3s_1 - s_1s_2s_3) - s_4(c_2s_1s_3 + c_3s_1s_2)) + c_1s_5) \\ {}^0_{tcp}o_y = - c_6(s_1s_5 - c_5(c_4(c_1c_2c_3 - c_1s_2s_3) - s_4(c_1c_2s_3 + c_1c_3s_2))) - \\ \qquad s_6(c_4(c_1c_2s_3 + c_1c_3s_2) + s_4(c_1c_2c_3 - c_1s_2s_3)) \\ {}^0_{tcp}o_z = s_6(c_4(c_2c_3 - s_2s_3) - s_4(c_2s_3 + c_3s_2)) + \\ \qquad c_5c_6(c_4(c_2s_3 + c_3s_2) + s_4(c_2c_3 - s_2s_3)) \end{cases} \tag{4.38} $$

$$ \begin{cases} {}^0_{tcp}a_x = s_5(c_4(c_2c_3s_1 - s_1s_2s_3) - s_4(c_2s_1s_3 + c_3s_1s_2)) - c_1c_5 \\ {}^0_{tcp}a_y = - c_5s_1 - s_5(c_4(c_1c_2c_3 - c_1s_2s_3) - s_4(c_1c_2s_3 + c_1c_3s_2)) \\ {}^0_{tcp}a_z = - s_5(c_4(c_2s_3 + c_3s_2) + s_4(c_2c_3 - s_2s_3)) \end{cases} \tag{4.39} $$

$$\begin{cases} {}^{0}_{tcp}p_x = -D_4c_1 - D_6(c_1c_5 - s_5(c_4(c_2c_3s_1 - s_1s_2s_3) - s_4(c_2s_1s_3 + c_3s_1s_2))) - \\ \qquad D_3(c_2c_3s_1 - s_1s_2s_3) - D_5(c_4(c_2s_1s_3 + c_3s_1s_2) + s_4(c_2c_3s_1 - s_1s_2s_3)) - D_2c_2s_1 \\ {}^{0}_{tcp}p_y = D_3(c_1c_2c_3 - c_1s_2s_3) - D_6(c_5s_1 + s_5(c_4(c_1c_2c_3 - c_1s_2s_3) - s_4(c_1c_2s_3 + c_1c_3s_2))) - \\ \qquad D_4s_1 + D_5(c_4(c_1c_2s_3 + c_1c_3s_2) + s_4(c_1c_2c_3 - c_1s_2s_3)) + D_2c_1c_2 \\ {}^{0}_{tcp}p_z = D_1 + D_2s_2 - D_5(c_4(c_2c_3 - s_2s_3) - s_4(c_2s_3 + c_3s_2)) + \\ \qquad D_3(c_2s_3 + c_3s_2) - D_6s_5(c_4(c_2s_3 + c_3s_2) + s_4(c_2c_3 - s_2s_3)) \end{cases} \tag{4.40}$$

保证姿态一致性，将坐标系绕 z 轴旋转：$-90°$。

$$tp6\_tcp = \boldsymbol{T}(z,\ \theta) = \boldsymbol{T}(z,\ -90°) = \begin{bmatrix} c\theta & -s\theta & 0 & 0 \\ s\theta & c\theta & 0 & 0 \\ 0 & 0 & 1 & 0 \\ 0 & 0 & 0 & 1 \end{bmatrix} = \begin{bmatrix} 0 & 1 & 0 & 0 \\ -1 & 0 & 0 & 0 \\ 0 & 0 & 1 & 0 \\ 0 & 0 & 0 & 1 \end{bmatrix}$$

4.4.3 运动学逆解

1. 简化总解(已知)

$${}^{0}_{6}\boldsymbol{T} = {}^{0}_{1}\boldsymbol{T}{}^{1}_{2}\boldsymbol{T}{}^{2}_{3}\boldsymbol{T}{}^{3}_{4}\boldsymbol{T}{}^{4}_{5}\boldsymbol{T}{}^{5}_{6}\boldsymbol{T} = \begin{bmatrix} {}^{0}_{6}n_x & {}^{0}_{6}o_x & {}^{0}_{6}a_x & {}^{0}_{6}p_x \\ {}^{0}_{6}n_y & {}^{0}_{6}o_y & {}^{0}_{6}a_y & {}^{0}_{6}p_y \\ {}^{0}_{6}n_z & {}^{0}_{6}o_z & {}^{0}_{6}a_z & {}^{0}_{6}p_z \\ 0 & 0 & 0 & 1 \end{bmatrix}$$

2. 传递逆矩阵

$${}^{0}_{1}\boldsymbol{T}^{-1} = \begin{bmatrix} c_1 & s_1 & 0 & 0 \\ -s_1 & c_1 & 0 & 0 \\ 0 & 0 & 1 & 0 \\ 0 & 0 & 0 & 1 \end{bmatrix},\ {}^{1}_{2}\boldsymbol{T}^{-1} = \begin{bmatrix} 1 & 0 & 0 & 0 \\ 0 & c_2 & s_2 & -D_1s_2 \\ 0 & -s_2 & c_2 & -D_1c_2 \\ 0 & 0 & 0 & 1 \end{bmatrix},$$

$${}^{2}_{3}\boldsymbol{T}^{-1} = \begin{bmatrix} 1 & 0 & 0 & 0 \\ 0 & c_3 & s_3 & -D_2c_3 \\ 0 & -s_3 & c_3 & D_2s_3 \\ 0 & 0 & 0 & 1 \end{bmatrix},\ {}^{3}_{4}\boldsymbol{T}^{-1} = \begin{bmatrix} 1 & 0 & 0 & 0 \\ 0 & c_4 & s_4 & -D_3c_4 \\ 0 & -s_4 & c_4 & D_4s_4 \\ 0 & 0 & 0 & 1 \end{bmatrix},$$

$${}^{4}_{5}\boldsymbol{T}^{-1} = \begin{bmatrix} c_5 & s_5 & 0 & D_4c_5 \\ -s_5 & c_5 & 0 & -D_4s_5 \\ 0 & 0 & 1 & 0 \\ 0 & 0 & 0 & 1 \end{bmatrix},\ {}^{5}_{6}\boldsymbol{T}^{-1} = \begin{bmatrix} 1 & 0 & 0 & 0 \\ 0 & c_6 & s_6 & D_5s_2 \\ 0 & -s_6 & c_6 & D_5c_2 \\ 0 & 0 & 0 & 1 \end{bmatrix},$$

$$
\boldsymbol{T}_r^{-1}=\begin{bmatrix} 0 & 0 & 1 & 0 \\ 0 & 1 & 0 & 0 \\ -1 & 0 & 0 & -D_6 \\ 0 & 0 & 0 & 1 \end{bmatrix}
$$

3. 逆运动学计算

(1)求解第一轴。

$$
\begin{cases} {}_{tcp}^{0}a_y=-(c_5s_1+c_1s_5c_{234}) \\ {}_{tcp}^{0}p_y=c_1(D_3c_{23}+D_2c_2)-D_6(c_5s_1+c_1s_5c_{234})-D_4s_1+D_5c_1s_{234} \end{cases}
$$

$$
\xrightarrow{A={}_{tcp}^{0}a_yD_6-{}_{tcp}^{0}p_y}\begin{cases} {}_{tcp}^{0}a_y=-(c_5s_1+c_1s_5c_{234}) \\ {}_{tcp}^{0}p_y=c_1(D_3c_{23}+D_2c_2+D_5s_{234})-D_6(c_5s_1+c_1s_5c_{234})-D_4s_1 \\ A={}_{tcp}^{0}a_yD_6-{}_{tcp}^{0}p_y=c_1(-D_3c_{23}-D_2c_2-D_5s_{234})+D_4s_1 \end{cases}
$$

$$
\begin{cases} {}_{6}^{0}a_x=s_1s_5c_{234}-c_1c_5 \\ {}_{6}^{0}p_x=-D_6(c_1c_5-s_1s_5c_{234})-s_1(D_3c_{23}+D_2c_2)-D_4c_1-D_5s_1s_{234} \end{cases}
$$

$$
\xrightarrow{B={}_{6}^{0}a_xD_6-{}_{6}^{0}p_x}\begin{cases} {}_{6}^{0}a_x=s_1s_5c_{234}-c_1c_5 \\ {}_{6}^{0}p_x=-D_6(c_1c_5-s_1s_5c_{234})-s_1(D_3c_{23}+D_2c_2+D_5s_{234})-D_4c_1 \\ B={}_{6}^{0}a_xD_6-{}_{6}^{0}p_x=s_1(D_3c_{23}+D_2c_2+D_5s_{234})+D_4c_1 \end{cases}
$$

$$
\left\{\frac{A-D_4s_1}{B-D_4c_1}=\frac{c_1(-D_3c_{23}-D_2c_2-D_5s_{234})}{s_1(D_3c_{23}+D_2c_2+D_5s_{234})}=\frac{-c_1}{s_1}\right.
$$

$$
\Rightarrow -Bc_1+D_4c_1c_1=As_1-D_4s_1s_1\ ;\Rightarrow Bc_1+As_1=D_4\ ;
$$

$$
\begin{cases} \sin\alpha=\dfrac{A}{\sqrt{A^2+B^2}} \\ \cos\alpha=\dfrac{B}{\sqrt{A^2+B^2}} \\ \dfrac{A}{\sqrt{A^2+B^2}}s_1+\dfrac{B}{\sqrt{A^2+B^2}}c_1=\dfrac{D_4}{\sqrt{A^2+B^2}} \end{cases}
$$

$$
\Rightarrow\begin{cases} \sin\alpha=\dfrac{A}{\sqrt{A^2+B^2}} \\ \cos\alpha=\dfrac{B}{\sqrt{A^2+B^2}} \\ \theta_1=\arccos\dfrac{D_4}{\sqrt{A^2+B^2}}-\arctan\left(\dfrac{A}{\sqrt{A^2+B^2}},\dfrac{B}{\sqrt{A^2+B^2}}\right) \\ \theta_1=\pm\arccos\dfrac{D_4}{\sqrt{A^2+B^2}}+\arctan\left(\dfrac{A}{\sqrt{A^2+B^2}},\dfrac{B}{\sqrt{A^2+B^2}}\right) \end{cases} \tag{4.41}
$$

通过上述步骤即可解出第一轴的关节值，θ_1 求解完毕（两个解）。

（2）求解第五轴。

$$\begin{cases} {}_{tcp}^{0}p_x = -s_1(D_2c_2 + D_3c_{23}) - D_4c_1 - D_6(c_1c_5 - s_1s_5c_{234}) - D_5s_1s_{234} \\ {}_{tcp}^{0}p_y = c_1(D_2c_2 + D_3c_1c_{23}) - D_4s_1 - D_6(c_5s_1 + c_1s_5c_{234}) + D_5c_1s_{234} \end{cases} \tag{4.42}$$

$$\xrightarrow{{}_6^0p_xc_1 + {}_6^0p_ys_1} {}_6^0p_xc_1 + {}_6^0p_ys_1 = -D_4 - D_6c_5\;;$$

$$c_5 = -\frac{{}_6^0p_xc_1 + {}_6^0p_ys_1 + D_4}{D_6} \Rightarrow \theta_5 = \pm\arccos\frac{-{}_6^0p_xc_1 - {}_6^0p_ys_1 - D_4}{D_6} \tag{4.43}$$

通过上述步骤即可解出第五轴的关节值，θ_5 求解完毕（两个解）。

（3）求解第六轴。

下面，先引入肘部关节翻转与否标识：

$$\begin{cases} {}_{tcp}^{0}n_x = s_1c_6s_{234} + s_6(s_1c_5c_{234} + c_1s_5) \\ {}_{tcp}^{0}n_y = -c_1c_6s_{234} + s_6(s_1s_5 - c_1c_5c_{234}) \end{cases}$$

$$\xleftrightarrow{{}_6^0n_xc_1 + {}_6^0n_ys_1} {}_6^0n_xc_1 + {}_6^0n_ys_1 = s_6s_5\;;$$

$$\begin{cases} {}_{tcp}^{0}o_x = s_1s_6s_{234} - c_6(s_1c_5c_{234} + c_1s_5) \\ {}_{tcp}^{0}o_y = -c_1s_6s_{234} - c_6(s_1s_5 - c_1c_5c_{234}) \end{cases}$$

$$\xleftrightarrow{{}_6^0o_xc_1 + {}_6^0o_ys_1} {}_6^0o_xc_1 + {}_6^0o_ys_1 = -c_6s_5$$

$$\Rightarrow \begin{cases} {}_6^0n_xc_1 + {}_6^0n_ys_1 = s_6s_5 \\ {}_6^0o_xc_1 + {}_6^0o_ys_1 = -c_6s_5 \end{cases}$$

$$\theta_6 = \arctan2({}_6^0n_xc1 + {}_6^0n_ys_1,\ -{}_6^0o_xc_1 - {}_6^0o_ys_1) = \arctan2(s_6s_5,\ c_6s_5) \tag{4.44}$$

通过上述步骤即可解出第六轴的关节值，θ_6 求解完毕（一个解）。

（4）求解第二、三、四轴。

① 求解第三轴 θ_3。

$$\begin{cases} p_{13x} = -(D_5(c_6(n_xs_1 - n_yc_1) + s_6(o_xs_1 - o_yc_1)) - D_6(a_xs_1 - a_yc_1) + p_xs_1 - p_yc_1) \\ p_{13y} = p_z - D_1 - a_zD_6 + D_5(o_zs_6 + n_zc_6) \end{cases} \tag{4.45}$$

$$\Rightarrow \begin{cases} n_xs_1 - n_yc_1 = s_{234}c_6 + c_5s_6c_{234} \\ o_xs_1 - o_yc_1 = s_6s_{234} - c_5c_6c_{234} \\ a_xs_1 - a_yc_1 = s_5c_{234} \\ p_xs_1 - p_yc_1 = D_6s_5c_{234} - (D_3c_{23} + D_2c_2) - D_5s_{234} \\ o_zs_6 + n_zc_6 = c_{234} \end{cases} \tag{4.46}$$

$$\Rightarrow \begin{cases} p_{13x} = a_3c_{23} + a_2c_2 \\ p_{13y} = a_3s_{23} + a_2s_2 \end{cases} \tag{4.47}$$

$$c_3 = \frac{p_{13x}p_{13x} + p_{13y}p_{13y} - D_2D_2 - D_3D_3}{2 \times D_2 \times D_3}$$

$$\theta_3 = \pm \arccos\left(\frac{p_{13x}p_{13x} + p_{13y}p_{13y} - D_2D_2 - D_3D_3}{2 \times D_2 \times D_3}\right) \tag{4.48}$$

通过上述步骤即可解出第三轴的关节值，θ_3 求解完毕（两个解）。

② 求解第二轴 θ_2。

$$\begin{cases} p_{13x} = a_3c_{23} + a_2c_2 \\ p_{13y} = a_3s_{23} + a_2s_2 \\ A = a_2 + a_3c_3 \\ B = a_3s_3 \\ denom = a_2a_2 + a_3a_3 + 2a_2a_3c_3 \end{cases}$$

$$\Rightarrow \begin{cases} Ap_{13y} - Bp_{13x} = s_2(a_2a_2 + a_3a_3 + 2a_2a_3c_3) \\ Ap_{13x} + Bp_{13y} = c_2(a_2a_2 + a_3a_3 + 2a_2a_3c_3) \end{cases}$$

$$\theta_2 = \arctan2\left(\frac{s_2(a_2a_2 + a_3a_3 + 2a_2a_3c_3)}{a_2a_2 + a_3a_3 + 2a_2a_3c_3}, \frac{c_2(a_2a_2 + a_3a_3 + 2a_2a_3c_3)}{a_2a_2 + a_3a_3 + 2a_2a_3c_3}\right)$$

$$\theta_2 = \arctan2\left(\frac{Ap_{13y} - Bp_{13x}}{denom}, \frac{Ap_{13x} + Bp_{13y}}{denom}\right) \tag{4.49}$$

通过上述步骤即可解出第二轴的关节值，θ_2 求解完毕（一个解）。

③ 求解第四轴 θ_4。

$$\begin{cases} x_{04x} = s_5(a_xs_1 - a_yc_1) - c_5(c_6(o_xs_1 - o_yc_1) - s_6(n_xs_1 - n_yc_1)) \\ x_{04y} = - c_5(n_zs_6 - o_zc_6) - a_zs_5 \end{cases} \tag{4.50}$$

$$\Rightarrow \begin{cases} a_xs_1 - a_yc_1 = s_5c_{234} \\ o_xs_1 - o_yc_1 = s_6s_{234} - c_5c_6c_{234} \\ n_xs_1 - n_yc_1 = c_6s_{234} + c_5s_6c_{234} \\ n_zs_6 - o_zc_6 = - s_{234}c_5 \end{cases}$$

$$\Rightarrow \begin{cases} x_{04x} = c_{234} \\ x_{04y} = s_{234} \end{cases} \Rightarrow \begin{cases} c_{23}x_{04y} - s_{23}x_{04x} = c_{23}s_{234} - s_{23}c_{234} \\ x_{04x}c_{23} + x_{04y}s_{23} = c_{23}c_{234} + s_{23}s_{234} \end{cases}$$

$$\theta_4 = \arctan2(c_{23}x_{04y} - s_{23}x_{04x},\ x_{04x}c_{23} + x_{04y}s_{23}) \tag{4.51}$$

通过上述步骤即可解出第四轴的关节值，θ_4 求解完毕（一个解）。

第 5 章　协作机器人动力学

目前，人们已经对机器人动力学开展了广泛的研究。首先是 Uicker 和 Kahn 提出的刚体机械系统基于 Euler-Lagrange 方程的方法。除了上述方法，还有不少学者利用理论要求较高的李代数研究机器人的动力学。早在 19 世纪初期，Chasles 和 Poinsot 在著作中已介绍了关于旋量理论的基本原理。旋量作为李代数的一个元素，其研究早于李群、李代数的出现。1983 年，Brockett 最先将李群与李代数中的指数映射引入机器人，建立了机器人的指数建模方法，通常称作指数积公式。后来，许多学者对李群与李代数理论在机器人和机构学领域的应用进行了广泛而深入的研究。现在，李群与李代数在刚体运动和机器人的研究方面已取得相当大的成就，并已经相当完善。但是，目前对于李群、李代数理论的应用研究大多都局限在刚体运动学的研究范畴，对柔、弹性杆件的研究还非常有限。刚体动力学仍然是当前机器人动力学分析中最主流的手段。

动力学正问题：已知关节驱动力矩，求机器人相应的关节位移、速度和加速度。

动力学逆问题：已知轨迹点上的关节位移、速度和加速度，求需要的关节力矩。

5.1　机器人静力学

静力学是力学的一个分支，它主要研究物体在力的作用下处于平衡的规律，以及如何建立各种力系的平衡条件。平衡是物体机械运动的特殊形式，严格地说，物体相对于惯性参照系处于静止或进行匀速直线运动的状态，即加速度为零的状态都称为平衡。对于一般工程问题，平衡状态是以地球为参照系来确定的。静力学还研究力系的简化和物体受力分析的基本方法。静力学是动力学研究的基础，在本节内容中将研究刚体在静态下关节和末端受力的关系。

5.1.1　机械臂上的静力

实际上，机械臂的作业过程中，通常只有末端与被操作对象或环境产生交互，机械臂本体的数个轴并不直接输出力。力从每个关节逐渐传递向末端，静力学研究的是机器人处于固定静止状态下的受力情况。从机械臂的末端关节开始，逐渐推算出支撑机械臂所携带负载时各个关节需输出的力矩。

在不考虑连杆自身重力的条件下，定义连杆 i 受到连杆 $i-1$ 施加的力为 $\boldsymbol{f}_i$，连杆 i 受到连杆 $i-1$ 施加的力矩为 $\boldsymbol{n}_i$，如图 5.1 所示。

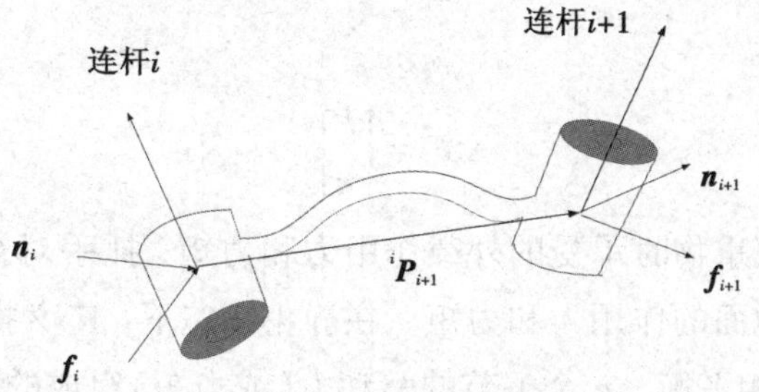

图 5.1　连杆受力情况

对于连杆 i，其受到的力和力矩是平衡的，因此有

$$ {}^i\boldsymbol{f}_i - {}^i\boldsymbol{f}_{i+1} = 0 \tag{5.1} $$

$$ {}^i\boldsymbol{n}_i - {}^i\boldsymbol{n}_{i+1} - {}^i\boldsymbol{P}_{i+1} \times {}^i\boldsymbol{f}_{i+1} = 0 \tag{5.2} $$

${}^i\boldsymbol{f}_{i+1}$ 表示的是连杆 $i+1$ 受到连杆 i 所施加的力在连杆 i 的坐标系下的描述。之所以在式(5.1)中 ${}^i\boldsymbol{f}_{i+1}$ 的前面取负号，是因为研究的是连杆 i 的受力，根据牛顿第三定律应取其反力。式(5.2)中相似的情况不再赘述。关节静力的计算依赖于机械臂末端所受静力，因此，通常从末端连杆逐步推算至最初的连杆，由式(5.2)可得递推式(5.3)：

$$ \begin{cases} {}^i\boldsymbol{f}_i = {}^i\boldsymbol{f}_{i+1} \\ {}^i\boldsymbol{n}_i = {}^i\boldsymbol{n}_{i+1} + {}^i\boldsymbol{P}_{i+1} \times {}^i\boldsymbol{f}_{i+1} \end{cases} \tag{5.3} $$

每次推算后将 i 减小 1，这样逐渐递推至 $i=0$，推断出所有关节受力和力矩的情况。

不同坐标系下的力和力矩不便于处理，需要通过旋转矩阵进行变换实现参考系的切换，因此有

$$ {}^i\boldsymbol{f}_i = {}^i_{i+1}\boldsymbol{R}^{i+1}\boldsymbol{f}_{i+1} \tag{5.4} $$

$$ {}^i\boldsymbol{n}_i = {}^i_{i+1}\boldsymbol{R}^{i+1}n_{i+1} + {}^i\boldsymbol{P}_{i+1} \times {}^i\boldsymbol{f}_i \tag{5.5} $$

根据机械臂自身的特点，通常每个关节只有 1 个自由度，因此，所需计算的结果只是实际力或力矩在该方向上的分量，其余部分由机械臂的结构来承担。若对应的关节是移动关节，则得到关节驱动力为

$$ \boldsymbol{\tau}_i = {}^i\boldsymbol{f}_i \cdot {}^i\hat{\boldsymbol{Z}}_i = {}^i\boldsymbol{f}_i^{\mathrm{Ti}}\hat{\boldsymbol{Z}}_i \tag{5.6} $$

若对应的关节是转动完成关节，则得到关节的驱动力矩为

$$ \boldsymbol{\tau}_i = {}^i\boldsymbol{n}_i \cdot {}^i\hat{\boldsymbol{Z}}_i = {}^i\boldsymbol{n}_i^{\mathrm{Ti}}\hat{\boldsymbol{Z}}_i \tag{5.7} $$

之所以需要用求得的关节受力或力矩与单位向量 $\hat{\boldsymbol{Z}}_i$ 的内积，是因为建立坐标系时设定移动关节沿着 z 轴滑动，转动关节绕 z 轴转动。

5.1.2 运动学—静力学的二元性

机器人与外界环境相互作用时，在接触的地方要产生力 $\boldsymbol{f}$ 和力矩 $\boldsymbol{n}$ ，统称为末端广义(操作)力矢量，记为

$$\boldsymbol{F} = \begin{bmatrix} \boldsymbol{f} \\ \boldsymbol{n} \end{bmatrix} \tag{5.8}$$

例如，机械臂提取重物时承受的外载作用力和力矩；抓手对被抓物体的作用力和力矩；多足步行机构与地面的作用力和力矩。在静止状态下，广义操作力矢量 $\boldsymbol{F}$ 应与各关节的驱动力(或力矩)相平衡。n 个关节的驱动力(或力矩)组成的 n 维矢量称为关节力矢量，记为

$$\boldsymbol{\tau} = [\tau_1 \quad \tau_2 \quad \cdots \quad \tau_n] \tag{5.9}$$

在静态下，关节力矩完全与末端抓手的力相互平衡。利用虚功原理，定义一段无穷小的位移(虚位移)，便于在数学上描述关节力矢量 $\boldsymbol{\tau}$ 与相应的广义操作力矢量 $\boldsymbol{F}$ 之间的关系。令各关节的虚位移矢量为 $\boldsymbol{\delta}_{\mathrm{q}}$ ，末端执行器相应的虚位移为 $\boldsymbol{\delta}_{\mathrm{x}}$ 。所谓虚位移，是满足机械系统几何约束的无限小位移。各关节所做的虚功之和 $W = \boldsymbol{\tau}^{\mathrm{T}}\boldsymbol{\delta}_{\mathrm{q}}$ 与末端执行器所做的虚功 $W = \boldsymbol{F}^{\mathrm{T}}\boldsymbol{\delta}_{\mathrm{x}}$ 相等(总的虚功为零)，即

$$\boldsymbol{\tau}^{\mathrm{T}}\boldsymbol{\delta}_{\mathrm{q}} = \boldsymbol{F}^{\mathrm{T}}\boldsymbol{\delta}_{\mathrm{x}} \tag{5.10}$$

由机器人的雅可比矩阵(机器人雅可比矩阵的相关内容在第六章中会详细讲解，此处可以简单理解为雅可比矩阵描述了从关节空间到操作空间的瞬时线性关系)可知，将 $\boldsymbol{\delta}_{\mathrm{x}} = \boldsymbol{J}(q)\boldsymbol{\delta}_{\mathrm{q}}$ 代入式(5.10)可得

$$\boldsymbol{\tau}^{\mathrm{T}}\boldsymbol{\delta}_{\mathrm{q}} = \boldsymbol{F}^{\mathrm{T}}\boldsymbol{\delta}_{x} = \boldsymbol{F}^{\mathrm{T}}\boldsymbol{J}(q) \tag{5.11}$$

即

$$\boldsymbol{\tau} = \boldsymbol{J}^{\mathrm{T}}\boldsymbol{F} \tag{5.12}$$

式(5.11)中，$\boldsymbol{J}^{\mathrm{T}}(q)$ 称为操作臂的力雅可比矩阵。也就是说，末端执行器力和关节力矩之间的变换关系可通过雅可比矩阵的转置来表示。它表示在静态平衡状态下，操作力向关节力映射的线性关系。因此，可以看出，操作臂的静力传递关系与速度传递关系紧密相关，具有对偶性，即

$$\begin{aligned} \boldsymbol{\tau} &= \boldsymbol{J}^{\mathrm{T}}\boldsymbol{F} \\ \mathrm{d}x &= \boldsymbol{J}(q)\mathrm{d}q \end{aligned} \tag{5.13}$$

式(5.13)指明了运动学—静力学的二元性，亦称为运动学—静力学的对偶性(kineto-statics duality)，也称为二元性。

机械臂的力雅可比表示在静态平衡状态下，操作力向关节力映射的线性关系。

当 $\boldsymbol{J}(q)$ 退化时(即不满秩)，操作臂处于奇异形位。$\boldsymbol{J}(q)$ 的零空间 $N(\boldsymbol{J}(q))$ 表示不产生操作速度的关节速度的集合。

静力映射的零空间 $N(\boldsymbol{J}^{\mathrm{T}}(q))$ 代表不需要任何关节驱动力(矩)而能承受的所有操作

力的集合，末端操作力完全由机构本身承受。而值域空间 $R(\boldsymbol{J}^{\mathrm{T}}(q))$ 则表示操作力能平衡的所有关节力矢量的集合。图 5.2 所示为关节空间与操作空间中速度与静力的映射关系。

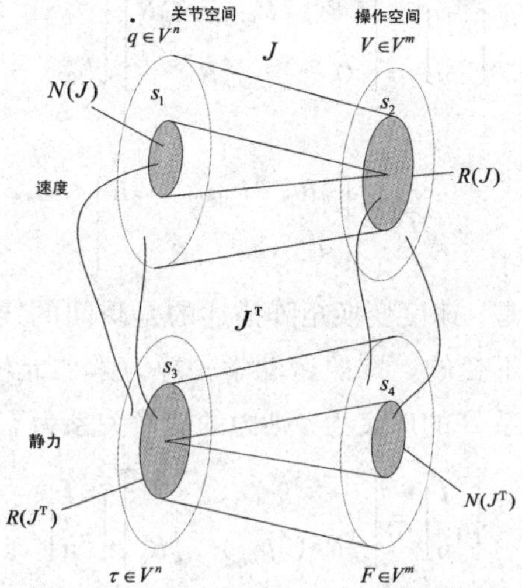

图 5.2　关节空间与操作空间中速度与静力的映射关系

根据线性代数的有关知识，零空间 $N(\boldsymbol{J}(q))$ 是值空间 $R(\boldsymbol{J}^{\mathrm{T}}(q))$ 在 n 维关节空间的正交补，即对于任何非零的 $q\in N(\boldsymbol{J}(q))$，则有 $\dot{q}\perp R(\boldsymbol{J}^{\mathrm{T}}(q))$；反之亦然。其物理含义是，在不产生操作速度的这些关节速度方向上，关节力矩不能被操作力所平衡。为了使操作臂保持静止不动，在零空间 $N(\boldsymbol{J}(q))$ 的关节力矢量必须为零。

在 m 维操作空间中存在着相似的对偶关系。$R(\boldsymbol{J}(q))$ 是 $N(\boldsymbol{J}^{\mathrm{T}}(q))$ 在操作空间的正交补。因此，不能由关节运动产生的这些操作运动的方向恰恰正是不需要关节力矩来平衡的操作力的方向。反之，若外力作用的方向是沿着末端执行器能够运动的方向，则外力完全可以由关节力(矩)来平衡。当雅可比矩阵 $\boldsymbol{J}(q)$ 退化时，操作臂处于奇异形位，零空间 $N(\boldsymbol{J}^{\mathrm{T}}(q))$ 不只包含 0，因而外力可能承受在操作臂机构本身上。

5.1.3　速度和力的变换

对于空间中的刚体的广义力 $\boldsymbol{F}=\begin{bmatrix}\boldsymbol{f}\\\boldsymbol{n}\end{bmatrix}$，可参考式(5.13)的结果，用“$P_{\mathrm{BORG}}\times$”表示叉乘算子，则可写为

$$\begin{bmatrix}{}^{B}v\\{}^{B}\omega\end{bmatrix}=\begin{bmatrix}{}_{A}^{B}R & -{}_{A}^{B}R\,{}^{A}P_{\mathrm{BORG}}\times\\0 & {}_{A}^{B}R\end{bmatrix}\begin{bmatrix}{}^{A}v\\{}^{A}\omega\end{bmatrix}\tag{5.14}$$

式(5.14)将前、后两个坐标系 A，B 的速度联系起来，通过一个速度变换矩阵来描述变换关系，可在已知坐标系 A 的速度的条件下求解坐标系 B 的速度。则速度变换矩阵为

$$
{}_A^B\boldsymbol{T}_v = \begin{bmatrix} {}_A^BR & -{}_A^BR\,{}^AP_{\mathrm{BORG}} \times \\ 0 & {}_A^BR \end{bmatrix} \tag{5.15}
$$

相反，在已知坐标系 B 的速度的条件下，坐标系 A 的速度为

$$
\begin{bmatrix} {}^Av \\ {}^A\omega \end{bmatrix} = \begin{bmatrix} {}_B^AR & {}^AP_{\mathrm{BORG}} \times {}_B^AR \\ 0 & {}_B^AR \end{bmatrix} \begin{bmatrix} {}^Bv \\ {}^B\omega \end{bmatrix} \tag{5.16}
$$

则相应的速度变换矩阵为

$$
{}_B^A\boldsymbol{T}_v = \begin{bmatrix} {}_B^AR & {}^AP_{\mathrm{BORG}} \times {}_B^AR \\ 0 & {}_B^AR \end{bmatrix} \tag{5.17}
$$

与雅可比矩阵类似的是，速度变换矩阵描述的是瞬间的线性变换关系，因为坐标系间的变换关系并不是一成不变的。按照运动学—静力学二元性，坐标系 A，B 的广义力转换关系如下。已知坐标系 B 的广义力，则力的变换关系为 ${}_B^A\boldsymbol{T}_f{}^{\mathrm{T}} = {}_B^A\boldsymbol{T}_v{}^{\mathrm{T}}$，即

$$
\begin{bmatrix} {}^A\boldsymbol{f} \\ {}^A\boldsymbol{n} \end{bmatrix} = \begin{bmatrix} {}_B^AR & 0 \\ {}_B^ARS({}^Ap_{B_0}) & {}_B^AR \end{bmatrix} \begin{bmatrix} {}^B\boldsymbol{f} \\ {}^B\boldsymbol{n} \end{bmatrix} \tag{5.18}
$$

类似地，已知坐标系 A 的广义力，则从坐标系 A 到坐标系 B 的力的变换关系为 ${}_A^B\boldsymbol{T}_f{}^{\mathrm{T}} = {}_A^B\boldsymbol{T}_v{}^{\mathrm{T}}$。

5.2 牛顿-欧拉法动力学分析

获取机器人的动态特性对于机器人的精确运动和动力学控制有重要的意义。牛顿-欧拉方程是以理论力学的两个基本方程——牛顿方程和欧拉方程为出发点，结合机器人的速度和加速度分析而得出的一种机器人动力学算法。它常以递推的形式出现，具有较快的计算速度，但形成最终的动力学完整方程封闭解的过程却比较麻烦。它的特点之一是需要计算关节处的约束力，所以将该算法应用于含闭链的机器人动力学比较困难。但也正由于该算法可算出关节处的约束力，从而为机器人机构设计提供力分析的原始条件。牛顿方程及描述旋转运动的欧拉方程描述了力、惯量和加速度之间的关系。

1. 牛顿方程

刚体质心正以加速度 $\dot{v}_{\mathrm{c}}$ 做加速运动。此时，由牛顿方程可得出作用在质心上的力 F 所引起刚体的加速度：

$$
F = m\dot{v}_{\mathrm{c}} \tag{5.19}
$$

式中，m 代表刚体的总质量。

2. 欧拉方程

一个旋转刚体，其角速度和角加速度分别为 ω，$\dot{\omega}$。此时，由欧拉方程可得作用在

刚体上的力矩 N 所引起刚体的转动为

$$N = {}^{C}I\dot{\omega} + \omega \times {}^{C}I\omega \tag{5.20}$$

式中，${}^{C}I$ 是刚体在坐标系 $\{C\}$ 中的惯性张量。

5.2.1　递推动力学算法原理

牛顿-欧拉动力学计算包括向外迭代和向内迭代两部分。

第一部分即向外迭代部分，是对每个连杆应用牛顿-欧拉方程，从连杆 1 到连杆 n 向外迭代计算连杆的速度和加速度(外推)。

第二部分即向内迭代部分，是从连杆 n 到连杆 1 向内迭代计算连杆间的相互作用力、力矩及关节驱动力矩(内推)。

1. 牛顿-欧拉外推法

外推，i：0—5。

$$\begin{cases} {}^{i+1}\omega_{i+1} = {}^{i+1}_{i}\boldsymbol{R}\,{}^{i}\omega_{i} + \dot{\theta}_{i+1}\,{}^{i+1}\hat{\boldsymbol{Z}}_{i+1} \\ {}^{i+1}\dot{\omega}_{i+1} = {}^{i+1}_{i}\boldsymbol{R}\,{}^{i}\dot{\omega}_{i} + {}^{i+1}_{i}\boldsymbol{R}\,{}^{i}\omega_{i} \times \dot{\theta}_{i+1}\,{}^{i+1}\hat{\boldsymbol{Z}}_{i+1} + \ddot{\theta}_{i+1}\,{}^{i+1}\hat{\boldsymbol{Z}}_{i+1} \\ {}^{i+1}\dot{v}_{i+1} = {}^{i+1}_{i}\boldsymbol{R}[\,{}^{i}\dot{\omega}_{i} \times {}^{i}\boldsymbol{P}_{i+1} + {}^{i}\omega_{i} \times ({}^{i}\omega_{i} \times {}^{i}\boldsymbol{P}_{i+1}) + {}^{i}\dot{v}_{i}] \\ {}^{i+1}\dot{v}_{C_{i+1}} = {}^{i+1}\dot{\omega}_{i+1} \times {}^{i+1}\boldsymbol{P}_{C_{i+1}} + {}^{i+1}\omega_{i+1} \times ({}^{i+1}\omega_{i+1} \times {}^{i+1}\boldsymbol{P}_{C_{i+1}}) + {}^{i+1}\dot{v}_{i+1} \end{cases} \tag{5.21}$$

$$\begin{cases} {}^{i+1}\boldsymbol{F}_{i+1} = m_{i+1}\,{}^{i+1}\dot{v}_{C_{i+1}} \\ {}^{i+1}\boldsymbol{N}_{i+1} = {}^{C_{i+1}}\boldsymbol{I}_{i+1}\,{}^{i+1}\dot{\omega}_{i+1} + {}^{i+1}\omega_{i+1} \times {}^{C_{i+1}}\boldsymbol{I}_{i+1}\,{}^{i+1}\omega_{i+1} \end{cases} \tag{5.22}$$

式(5.21)和式(5.22)中，${}^{i}\omega_{i}$ 表示连杆 i 相对于坐标系 $\{i\}$ 的角速度；${}^{i}v_{i}$ 表示坐标系 $\{i\}$ 原点的线速度；${}^{i}v_{C_i}$ 表示连杆 i 质心相对于坐标系 $\{i\}$ 的角速度；${}^{i}\hat{\boldsymbol{Z}}_{i}$ 为 z 轴上的单位向量；${}^{i}\boldsymbol{P}_{i+1}$ 表示坐标系 $\{i+1\}$ 的原点在坐标系 $\{i\}$ 中的坐标，即坐标系 $\{i+1\}$ 相对于坐标系 $\{i\}$ 的平移向量；${}^{i+1}_{i}\boldsymbol{R}$ 表示坐标系 $\{i\}$ 相对于坐标系 $\{i+1\}$ 旋转矩阵；$\dot{\theta}_{i}$ 表示第 i 个关节的旋转角速度，对于串联机器人，${}^{i}\omega_{i}$ 是 $\dot{\theta}_{i}$ 和上一个关节速度 ${}^{i}\omega_{i-1}$ 的合成；${}^{i+1}\dot{v}_{i+1}$ 是坐标系 $\{i+1\}$ 的原点加速度在坐标系 $\{i+1\}$ 的表示；${}^{i+1}\dot{v}_{C_{i+1}}$ 是第 $i+1$ 个连杆质心的加速度在坐标系 $\{i+1\}$ 的表示；${}^{i+1}\boldsymbol{F}_{i+1}$ 是第 $i+1$ 个连杆质心处由加速度引起的力在坐标系 $\{i+1\}$ 的表示；m_{i+1} 表示第 $i+1$ 个连杆的质量；${}^{C_{i+1}}\boldsymbol{I}_{i+1}$ 是第 $i+1$ 个连杆相对于第 $i+1$ 质心坐标系的惯量矩阵。

2. 牛顿-欧拉内推法

内推，i：6—1。

$$
\begin{cases}
{}^{i}\boldsymbol{f}_i = {}_{i+1}^{\ \ i}\boldsymbol{R}^{i+1}\boldsymbol{f}_{i+1} + {}^{i}\boldsymbol{F}_i \\
{}^{i}\boldsymbol{n}_i = {}^{i}\boldsymbol{N}_i + {}_{i+1}^{\ \ i}\boldsymbol{R}^{i+1}n_{i+1} + {}^{i}\boldsymbol{P}_{C_i} \times {}^{i}\boldsymbol{F}_i + {}^{i}\boldsymbol{P}_{i+1} \times {}_{i+1}^{\ \ i}\boldsymbol{R}^{i+1}\boldsymbol{f}_{i+1} \\
\boldsymbol{\tau}_i = {}^{i}\boldsymbol{n}_i^{\mathrm{T}\,i}\hat{\boldsymbol{Z}}_i
\end{cases}
\tag{5.23}
$$

式中，${}^{i}\boldsymbol{f}_i$ 是第 i 个质心处受力，是加速度产生的力和后一个连杆传递力的合成；${}^{i}\boldsymbol{n}_i$ 表示坐标系 $\{i\}$ 原点处的扭矩，是 3×1 维的扭矩；$\boldsymbol{\tau}_i$ 是 ${}^{i}\boldsymbol{n}_i$ 在 z 轴方向的分量，也是关节 i 处所需的扭矩值。

3. 计算重力的动力学算法

令 ${}^{0}\dot{v}_0=\boldsymbol{G}$ 就可以很简单地将作用在连杆上的重力因素代入动力学方程。其中，$\boldsymbol{G}$ 与重力矢量大小相等，而方向相反。这等效于机器人正以 g 为加速度在做向上加速运动。这个假想的向上加速度与重力作用在连杆上的效果是相同的，因而不需要其他额外的计算就可以对重力影响进行计算。

5.2.2 参数分类

1. 迭代参数

从动力学迭代公式来看，参数如下。

① 初始化参数：${}^{0}\omega_0$，${}^{0}v_0$。

② 角度参数：$\dot{q}$，$\ddot{q}$ 或 $\dot{\theta}$，$\ddot{\theta}$。

③ 运动学参数：${}_{\ i}^{i+1}R$，${}_{i+1}^{\ \ i}R$。

④ 连杆参数：${}^{i}P_{i+1}$，${}^{i}P_{Ci+1}$。

⑤ 惯性参数：m_{i+1}，${}^{Ci+1}I_{i+1}$。

上述参数可分为常量参数和变量参数，分别如下。

① 常量参数：惯性参数 m_{i+1}，${}^{Ci+1}I_{i+1}$；连杆参数 ${}^{i}P_{i+1}$，${}^{i}P_{Ci+1}$；初始化参数 ${}^{0}\omega_0$，${}^{0}v_0$。

② 变量参数：角度参数 $\dot{q}$，$\ddot{q}$ 或 $\dot{\theta}$，$\ddot{\theta}$；运动学参数 ${}_{\ i}^{i+1}R$，${}_{i+1}^{\ \ i}R$。

2. 常量获得

惯性参数 m_{i+1}，${}^{Ci+1}I_{i+1}$：其中 ${}^{Ci+1}I_{i+1}$ 为对角阵。

连杆参数 ${}^{i}P_{i+1}$，${}^{i}P_{Ci+1}$：列向量，数组定义。

初始化参数 ${}^{0}\omega_0$，${}^{0}v_0$：都为零向量。

初始化参数 ${}^{0}\dot{\omega}_0$，${}^{0}\dot{v}_0$：都为 0。

3. 变量获得

角度参数 $\dot{q}$，$\ddot{q}$ 或 $\dot{\theta}$，$\ddot{\theta}$：可通过运动学规划得到。

旋转矩阵 ${}_{\ i}^{i+1}R$，${}_{i+1}^{\ \ i}R$：可通过运动学计算得到，或者通过手动计算得到，其参数为角

度 θ，每个姿态的该计算值不同，应用中每计算周期都计算该值。

相邻连杆坐标系之间的相对转动公式如下：

$$ {}_{i+1}^{\ \ i}\boldsymbol{R}=\begin{bmatrix} c_{i+1} & -s_{i+1} & 0 \\ s_{i+1} & c_{i+1} & 0 \\ 0 & 0 & 1 \end{bmatrix},\ {}_{\ \ i}^{i+1}\boldsymbol{R}=\begin{bmatrix} c_{i+1} & s_{i+1} & 0 \\ -s_{i+1} & c_{i+1} & 0 \\ 0 & 0 & 1 \end{bmatrix} \tag{5.24} $$

5.3　拉格朗日法动力学

机器人动力学研究方法有很多，拉格朗日方法能以简单的形式求得复杂系统的动力学方程，且具有显式结构，物理意义较明确，便于理解。下面主要介绍拉格朗日（Lagrange）法。

5.3.1　拉格朗日法方程

对于任何机械系统，拉格朗日函数（L）定义为系统的动能（E_k）和势能（E_p）之差

$$ L=E_\mathrm{k}-E_\mathrm{p} \tag{5.25} $$

系统的动力学方程（称为第二类拉格朗日方程）为

$$ f_i=\frac{\mathrm{d}}{\mathrm{d}t}\frac{\partial L}{\partial \dot{q}_i}-\frac{\partial L}{\partial q_i} \tag{5.26} $$

式中，q_i 是表示动能和势能的广义坐标；$\dot{q}_i$ 为相应的广义速度；f_i 为相应的广义力。如果 q_i 是直线坐标，则 f_i 是力；反之，如果 q_i 是角度坐标，则 f_i 是力矩。

当主动力中有非势力时，则

$$ \frac{\mathrm{d}}{\mathrm{d}t}\frac{\partial L}{\partial \dot{q}_i}-\frac{\partial L}{\partial q_i}=Q_j \tag{5.27} $$

若 Q_j 为非势力的广义力，当含有黏性阻尼时，动力学方程变为

$$ \frac{\mathrm{d}}{\mathrm{d}t}\frac{\partial L}{\partial \dot{q}_i}-\frac{\partial L}{\partial q_i}+\frac{\partial \Phi}{\partial \dot{q}}=Q_j \tag{5.28} $$

若 Q_j 为瑞利耗散函数，由于势能 E_k 不显含 q_i，因此，动力学方程也可以写成

$$ f_i=\frac{\mathrm{d}}{\mathrm{d}t}\frac{\partial E_\mathrm{k}}{\partial \dot{q}_i}-\frac{\partial E_\mathrm{k}}{\partial q_i}+\frac{\partial E_\mathrm{p}}{\partial q_i} \tag{5.29} $$

操作臂动能的表达式，第 i 根连杆的动能 k_i 可以表示为

$$ k_i=\frac{1}{2}m_i v_{C_i}^{\mathrm{T}} v_{C_i}+\frac{1}{2}{}^{i}\omega_i^{\mathrm{T}}\,{}^{C_i}I_i\,{}^{i}\omega_i \tag{5.30} $$

5.3.2　两关节机器人动力学建模

图 5.3 所示为平面两关节机器人机构，选取笛卡儿坐标系分析该机器人动力学模型。

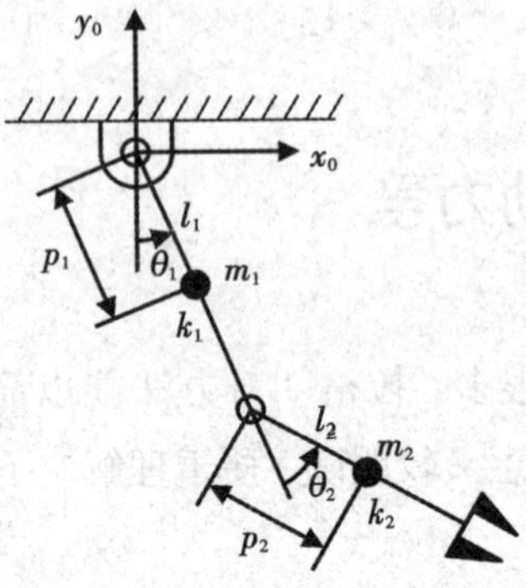

图 5.3　平面两关节机器人机构

连杆 1 和连杆 2 质量为 m_1，m_2，杆长为 l_1，l_2，质心为 k_1，k_2，质心离关节中心距离为 p_1，p_2。建立该两关节机器人动力学模型的方法和步骤如下。

1. 广义关节变量及广义力选定

选取广义关节变量为 θ_1，θ_2，关节 1 和关节 2 的力矩为 τ_1，τ_2。

2. 计算系统动能

杆 1 质心 k_1 的位置坐标为

$$x_1 = p_1\sin\theta_1,\ y_1 = -p_1\cos\theta_1$$

杆 1 质心 k_1 的速度平方为

$$\dot{x}_1^2 + \dot{y}_1^2 = (p_1\dot{\theta}_1)^2$$

杆 2 质心 k_2 的位置坐标为

$$\begin{cases} x_2 = l_1\sin\theta_1 + p_2\sin(\theta_1 + \theta_2) \\ y_2 = -l_1\cos\theta_1 - p_2\cos(\theta_1 + \theta_2) \end{cases}$$

杆 2 质心 k_2 的速度平方项为

$$\dot{x}_2 = l_1\cos\theta_1\dot{\theta}_1 + p_2\cos(\theta_1 + \theta_2)(\dot{\theta}_1 + \dot{\theta}_2)$$

$$\dot{y}_2 = l_1\sin\theta_1\dot{\theta}_1 + p_2\sin(\theta_1 + \theta_2)(\dot{\theta}_1 + \dot{\theta}_2)$$

$$\dot{x}_2^2 + \dot{y}_2^2 = l_1^2\dot{\theta}_1^2 + p_2^2(\dot{\theta}_1 + \dot{\theta}_2)^2 + 2l_1p_2(\dot{\theta}_1^2 + \dot{\theta}_1\dot{\theta}_2)\cos\theta_2$$

综上所述，可求得连杆 1 和连杆 2 动能为

$$E_{k_1}=\frac{1}{2}m_1p_1^2\dot{\theta}_1^2$$
$$E_{k_2}=\frac{1}{2}m_2l_1^2\dot{\theta}_1^2+\frac{1}{2}m_2p_2^2(\dot{\theta}_1+\dot{\theta}_2)^2+m_2l_1p_2(\dot{\theta}_1^2+\dot{\theta}_1\dot{\theta}_2)\cos\theta_2 \tag{5.31}$$

系统动能为

$$\begin{aligned}E_k&=\sum_{i=1}^{2}E_{k_i}\\&=\frac{1}{2}(m_1p_1^2+m_2l_1^2)\dot{\theta}_1^2+\frac{1}{2}m_2p_2^2(\dot{\theta}_1+\dot{\theta}_2)^2+\\&\quad m_2l_1p_2(\dot{\theta}_1^2+\dot{\theta}_1\dot{\theta}_2)\cos\theta_2\end{aligned} \tag{5.32}$$

3. 计算系统势能

连杆 1 和连杆 2 势能为

$$E_{p_1}=m_1gp_1(1-\cos\theta_1)$$
$$E_{p_2}=m_2gl_1(1-\cos\theta_1)+m_2gp_2[1-\cos(\theta_1+\theta_2)] \tag{5.33}$$

系统势能为

$$E_p=\sum_{i=1}^{2}E_{p_i}=(m_1p_1+m_2l_1)g(1-\cos\theta_1)+m_2gp_2[1-\cos(\theta_1+\theta_2)] \tag{5.34}$$

4. 构造拉格朗日函数

$$\begin{aligned}L&=E_k-E_p\\&=\frac{1}{2}(m_1p_1^2+m_2l_1^2)\dot{\theta}_1^2+\frac{1}{2}m_2p_2^2(\dot{\theta}_1+\dot{\theta}_2)^2+\\&\quad m_2l_1p_2(\dot{\theta}_1^2+\dot{\theta}_1\dot{\theta}_2)\cos\theta_2-(m_1p_1+m_2l_1)g(1-\cos\theta_1)-\\&\quad m_2gp_2[1-\cos(\theta_1+\theta_2)]\end{aligned} \tag{5.35}$$

5. 求得系统动力学方程

根据拉格朗日方程 $F_i=\frac{\mathrm{d}}{\mathrm{d}t}\frac{\partial L}{\partial\dot{\theta}_i}-\frac{\partial L}{\partial\theta_i}$ 计算各关节力矩。

(1)计算关节 1 上的力矩 τ_1。

$$\begin{aligned}\tau_1&=\frac{\mathrm{d}}{\mathrm{d}t}\frac{\partial L}{\partial\dot{\theta}_1}-\frac{\partial L}{\partial\theta_1}\\&=(m_1p_1^2+m_2p_2^2+m_2l_1^2+2m_2l_1p_2\cos\theta_2)\ddot{\theta}_1+\\&\quad(m_2p_2^2+m_2l_1p_2\cos\theta_2)\ddot{\theta}_2-(2m_2l_1p_2\sin\theta_2)\dot{\theta}_1\dot{\theta}_2-\\&\quad(m_2l_1p_2\sin\theta_2)g\dot{\theta}_2^2+(m_1p_1+m_2l_1)g\sin\theta_1+m_2gp_2\sin(\theta_1+\theta_2)\end{aligned} \tag{5.36}$$

简写为

$$\tau_1 = D_{11}\ddot{\theta}_1 + D_{12}\ddot{\theta}_2 + D_{112}\dot{\theta}_1\dot{\theta}_2 + D_{122}\dot{\theta}_2^2 + D_1 \tag{5.37}$$

式(5.36)中，有

$$\begin{cases} D_{11} = m_1p_1^2 + m_2p_2^2 + m_2l_1^2 + 2m_2l_1p_2\cos\theta_2 \\ D_{12} = m_2p_2^2 + m_2l_1p_2\cos\theta_2 \\ D_{112} = -2m_2l_1p_2\sin\theta_2 \\ D_{122} = -m_2l_1p_2\sin\theta_2 \\ D_1 = (m_1p_1 + m_2l_1)g\sin\theta_1 + m_2gp_2\sin(\theta_1 + \theta_2) \end{cases} \tag{5.38}$$

(2)计算关节 2 上的力矩 τ_2。

$$\begin{aligned} \tau_2 &= \frac{\mathrm{d}}{\mathrm{d}t}\frac{\partial L}{\partial\dot{\theta}_2} - \frac{\partial L}{\partial\theta_2} \\ &= (m_2p_2^2 + m_2l_1p_2\cos\theta_2)\ddot{\theta}_1 + \\ &\quad (m_2p_2^2)\ddot{\theta}_2 + [(-m_2l_1p_2 + m_2l_1p_2)\sin\theta_2]\dot{\theta}_1\dot{\theta}_2 + \\ &\quad (m_2l_1p_2\sin\theta_2)\dot{\theta}_1^2 + m_2gp_2\sin(\theta_1 + \theta_2) \end{aligned} \tag{5.39}$$

可简写为

$$\tau_2 = D_{21}\ddot{\theta}_1 + D_{22}\ddot{\theta}_2 + D_{212}\dot{\theta}_1\dot{\theta}_2 + D_{211}\dot{\theta}_1^2 + D_2 \tag{5.40}$$

式(5.39)中，有

$$\begin{cases} D_{21} = m_2p_2^2 + m_2l_1p_2\cos\theta_2 \\ D_{22} = m_2p_2^2 \\ D_{212} = (-m_2l_1p_2 + m_2l_1p_2)\sin\theta_2 = 0 \\ D_{211} = m_2l_1p_2\sin\theta_2 \\ D_2 = m_2gp_2\sin(\theta_1 + \theta_2) \end{cases} \tag{5.41}$$

式(5.41)分别表示了关节驱动力矩与关节位移、速度、加速度之间的关系，即力和运动之间的关系，称为二自由度机器人的动力学方程，即

$$\begin{cases} \tau_1 = D_{11}\ddot{\theta}_1 + D_{12}\ddot{\theta}_2 + D_{112}\dot{\theta}_1\dot{\theta}_2 + D_{122}\dot{\theta}_2^2 + D_1 \\ \tau_2 = D_{21}\ddot{\theta}_1 + D_{22}\ddot{\theta}_2 + D_{212}\dot{\theta}_1\dot{\theta}_2 + D_{211}\dot{\theta}_1^2 + D_2 \end{cases} \tag{5.42}$$

可简写为

$$\boldsymbol{\tau} = \boldsymbol{D}(\theta)\ddot{\boldsymbol{\theta}} + \boldsymbol{H}(\theta, \dot{\theta})\dot{\boldsymbol{\theta}} + \boldsymbol{G}(\theta) \tag{5.43}$$

式中，$\boldsymbol{\tau}=\begin{bmatrix}\tau_1\\ \tau_2\end{bmatrix}$，$\boldsymbol{\theta}=\begin{bmatrix}\theta_1\\ \theta_2\end{bmatrix}$，$\dot{\boldsymbol{\theta}}=\begin{bmatrix}\dot{\theta}_1\\ \dot{\theta}_2\end{bmatrix}$，$\ddot{\boldsymbol{\theta}}=\begin{bmatrix}\ddot{\theta}_1\\ \ddot{\theta}_2\end{bmatrix}$；$\boldsymbol{D}(\theta)$ 是 $n\times n$ 的正定对称矩阵，称为机器人的惯性矩阵；$\boldsymbol{H}(\theta,\dot{\theta})$ 是 $n\times 1$ 的离心力和哥氏力矢量；$\boldsymbol{G}(\theta)$ 是 $n\times 1$ 的重力矢量，与机器人形位 n 有关。而且，有

$$\boldsymbol{D}(\theta)=\begin{bmatrix} m_1p_1^2+m_2(l_1^2+p_2^2+2l_1p_2\cos\theta_2) & m_2(p_2^2+l_1p_2\cos\theta_2)\\ m_2(p_2^2+l_1p_2\cos\theta_2) & m_2p_2^2 \end{bmatrix} \tag{5.44}$$

$$\boldsymbol{H}(\theta,\dot{\theta})=m_2l_1p_2\sin\theta_2\begin{bmatrix}\dot{\theta}_2^2+2\dot{\theta}_1\dot{\theta}_2\\ \dot{\theta}_1^2\end{bmatrix} \tag{5.45}$$

$$\boldsymbol{G}(\theta)=\begin{bmatrix}(m_1p_1+m_2l_1)g\sin\theta_1+m_2p_2g\sin(\theta_1+\theta_2)\\ m_2p_2g\sin(\theta_1+\theta_2)\end{bmatrix} \tag{5.46}$$

对动力学方程进行分析可知：

(1) 含 $\ddot{\theta}_1$，$\ddot{\theta}_2$ 的项表示由加速度引起的关节力矩项，其中：

① 含 D_{11} 的项表示由关节 1 加速度引起的惯性力矩项；

② 含 D_{22} 的项表示由关节 2 加速度引起的惯性力矩项；

③ 含 D_{12} 的项表示关节 2 的加速度对关节 1 的耦合惯性力矩项；

④ 含 D_{21} 的项表示关节 1 的加速度对关节 2 的耦合惯性力矩项。

(2) 含有 $\dot{\theta}_1^2$，$\dot{\theta}_2^2$ 的项表示由于向心力引起的关节力矩项，其中：

① 含 D_{122} 的项表示关节 2 速度引起的向心力对关节 1 的耦合力矩项；

② 含 D_{211} 的项表示关节 1 速度引起的向心力对关节 2 的耦合力矩项。

(3) 含有 $\dot{\theta}_1\dot{\theta}_2$ 的项表示由于哥氏力引起的关节力矩项，其中：

① 含 D_{112} 的项表示哥氏力对关节 1 的耦合力矩项；

② 含 D_{212} 的项表示哥氏力对关节 2 的耦合力矩项。

(4) 只含关节变量 θ_1，θ_2 的项表示重力引起的关节力矩项，其中：

① 含 D_1 的项表示连杆 1、连杆 2 的质量对关节 1 引起的重力矩项；

② 含 D_2 的项表示连杆 2 的质量对关节 2 引起的重力矩项。

由此可见，简单的二自由度平面关节型机器人动力学方程已经很复杂了，包含很多因素，这些因素都在影响机器人的动力学特性。对于复杂的多自由度机器人，其动力学方程和推导过程更加复杂。

通常，有一些简化动力学方程的方法：

① 当杆件质量不是很大、重量很轻时，动力学方程中的重力矩项可以省略；

② 当关节速度不是很大、机器人不是高速机器人时，含有 $\dot{\theta}_1^2$，$\dot{\theta}_2^2$，$\dot{\theta}_1\dot{\theta}_2$ 等项可以

省略；

③ 当关节加速度不是很大，即关节电机的升降速不是很突然时，含 $\ddot{\theta}_1$，$\ddot{\theta}_2$ 的项可省略。当然，关节加速度的减小，会引起速度升降的时间增加，延长了机器人作业循环的时间。

若一个机械系统满足以下两个条件：

第一，系统动能是向量 $\dot{\boldsymbol{q}}$ 的二次型函数，即

$$E_k = \frac{1}{2}\dot{\boldsymbol{q}}^T\boldsymbol{D}(q)\dot{\boldsymbol{q}} \tag{5.47}$$

式中，$D(q)$ 是对称正定的惯性矩阵。

第二，系统势能 E_p 与 $\dot{q}$ 无关。

可以推导出这种系统对应的拉格朗日方程为

$$\boldsymbol{\tau} = \boldsymbol{D}(\theta)\ddot{\boldsymbol{\theta}} + \boldsymbol{H}(\theta, \dot{\theta})\dot{\boldsymbol{\theta}} + \boldsymbol{G}(\theta) \tag{5.48}$$

式(5.48)具有普遍性，可用于任何类型的机械系统。机器人机械臂也满足这两个条件。

5.3.3 动力学方程推导

动力学方程如下：

$$\boldsymbol{M}(\theta)\ddot{\boldsymbol{\theta}} + \boldsymbol{C}(\theta, \dot{\theta})\dot{\boldsymbol{\theta}} + \boldsymbol{G}(\theta) = \boldsymbol{\tau} \tag{5.49}$$

式中，$\boldsymbol{M}(\theta)$ 为机械手的质量矩阵；$\boldsymbol{C}(\theta, \dot{\theta})$ 为离心力和哥氏力矢量；$\boldsymbol{G}(\theta)$ 为重力矢量。若 $G(\theta)=0$，从物理意义上来讲是重力不影响真空机械手的水平运动。其余参数表示如下：

$$\ddot{\boldsymbol{\Theta}} = [\ddot{\theta}_1 \quad \ddot{\theta}_2 \quad \ddot{\theta}_3]^T,\ \dot{\boldsymbol{\Theta}}^2 = [\dot{\theta}_1^2 \quad \dot{\theta}_2^2 \quad \dot{\theta}_3^2]^T,$$

$$\dot{\boldsymbol{\Theta}}\dot{\boldsymbol{\Theta}} = [\dot{\theta}_1\dot{\theta}_2 \quad \dot{\theta}_1\dot{\theta}_3 \quad \dot{\theta}_2\dot{\theta}_3]^T,\ \boldsymbol{G}(\boldsymbol{\Theta}) = [0 \quad 0 \quad 0]^T \tag{5.50}$$

1. 质量矩求法

在计算力学中，质量矩是质量到广义坐标概念的推广。简单地说，质量矩是物体的质量乘以质心到某点或轴的距离，公式如下

$$\boldsymbol{M} = \sum_{i=1}^{n}(m_i\boldsymbol{J}_L^{(i)T}\boldsymbol{J}_L^{(i)} + \boldsymbol{J}_A^{(i)T}\boldsymbol{I}_i\boldsymbol{J}_A^{(i)}) \tag{5.51}$$

注意：$\boldsymbol{M}$ 为对称矩阵。

$$\dot{\boldsymbol{\Theta}} = [\dot{\theta}_1 \quad \dot{\theta}_2 \quad \dot{\theta}_3 \quad \dot{\theta}_4 \quad \dot{\theta}_5 \quad \dot{\theta}_6]^T \tag{5.52}$$

$$\frac{1}{2}\dot{\Theta}^{\mathrm{T}}M\dot{\Theta}=\frac{1}{2}\sum_{i=1}^{n}(m_i\dot{\Theta}^{\mathrm{T}}J_L^{(i)\mathrm{T}}J_L^{(i)}\dot{\Theta}+\dot{\Theta}^{\mathrm{T}}J_A^{(i)\mathrm{T}}I_iJ_A^{(i)}\dot{\Theta})\tag{5.53}$$

式中，J_L 和 J_A 分别为雅可比矩阵的线速度和角速度分块。

2. 雅可比矩阵的作用

雅可比矩阵为

$$\begin{bmatrix}v\\w\end{bmatrix}=\begin{bmatrix}J_L\\J_A\end{bmatrix}_{6\times6}\dot{\Theta}\tag{5.54}$$

其作用是传递关节空间速度到笛卡儿空间的速度关系。

$$\begin{cases}v_{ci}{}^{\mathrm{T}}v_{ci}=({}^{J}_{L}\dot{\Theta})^{\mathrm{T}}(J_L\dot{\Theta})=\dot{\Theta}^{\mathrm{T}}J_L^{(i)\mathrm{T}}J_L^{(i)}\dot{\Theta}\\ w_i{}^{\mathrm{T}}I_iw_i=(J_A\dot{\Theta})^{\mathrm{T}}I_i(J_A\dot{\Theta})=\dot{\Theta}^{\mathrm{T}}J_A^{(i)\mathrm{T}}J_A^{(i)}\dot{\Theta}\end{cases}\tag{5.55}$$

$$\begin{aligned}M&=\sum_{i=1}^{n}(m_iJ_L^{(i)\mathrm{T}}J_L^{(i)}+J_A^{(i)\mathrm{T}}I_iJ_A^{(i)})\\&=m_1M_{L1}+m_2M_{L2}+m_3M_{L3}+m_4M_{L4}+m_5M_{L5}+m_6M_{L6}\\&=M_{A1}+M_{A2}+M_{A3}+M_{A4}+M_{A5}+M_{A6}\end{aligned}\tag{5.56}$$

3. 离心力和哥氏力

统一按照 Chiristoffell 符号法，即

$$\sum_{j=1}^{n}b_{ij}(q)\ddot{q}_j+\sum_{j=1}^{n}\sum_{k=1}^{n}h_{ijk}(q)\dot{q}_k\dot{q}_j+g_i(q)=\xi_i,\ i=1,\cdots,n\tag{5.57}$$

其中

$$h_{ijk}=\frac{\partial b_{ij}}{\partial q_k}-\frac{1}{2}\frac{\partial b_{jk}}{\partial q_i}\tag{5.58}$$

或写成

$$c_{ij}=\sum_{k=1}^{n}c_{ijk}\dot{q}_k\tag{5.59}$$

$$c_{ijk}=\frac{1}{2}\left(\frac{\partial b_{ij}}{\partial q_k}+\frac{\partial b_{ik}}{\partial q_j}-\frac{\partial b_{jk}}{\partial q_i}\right),\ h_{i+2j+2}=m_{ij}\tag{5.60}$$

4. 重力项

重力项即

$$G_i=\frac{\partial U}{\partial\theta_i}=\sum_{j=1}^{n}m_jg^{\mathrm{T}}\frac{\partial p_{ci}}{\partial\theta_i}=\sum_{j=1}^{n}m_jg^{\mathrm{T}}J_{Li}^{(j)}\tag{5.61}$$

5. M 阵线速度项

$$M=\sum_{i=1}^{n}(m_iJ_L^{(i)\mathrm{T}}J_L^{(i)}+J_A^{(i)\mathrm{T}}I_iJ_A^{(i)})\tag{5.62}$$

注意：M 阵为对称矩阵。

6. 惯性张量

若坐标系原点在连杆的端点且位于轴的中部(高度)，使 y 轴、z 轴都对称，从而在计算惯性积时，按照下面的积分公式，使 $\boldsymbol{I}$ 的非对角线元素都为 0(因为都有 xy，yz，xz 项)，成为对角阵。对角阵的值由机械设计软件计算得出。

$\boldsymbol{I}$ 的典型形式如下：

$$\boldsymbol{I}_{i,i}=\begin{bmatrix}\boldsymbol{I}_{i,x} & 0 & 0\\ 0 & \boldsymbol{I}_{i,y} & 0\\ 0 & 0 & \boldsymbol{I}_{i,z}\end{bmatrix} \tag{5.63}$$

7. $\boldsymbol{G}$ 矩阵

存储在每个臂链中的势能之和为

$$\boldsymbol{V}(q)=\sum_{i=1}^{n}\boldsymbol{V}_i(q)=\sum_{i=1}^{n}\boldsymbol{m}_i\boldsymbol{g}^{\mathrm{T}}\boldsymbol{r}_i(q) \tag{5.64}$$

$\boldsymbol{g}\in\boldsymbol{R}^{3\times1}$ 是重力矢量在基坐标下的表示，$\boldsymbol{g}=[0\quad 0\quad -g]^{\mathrm{T}}$。因为 z 轴是竖直的，$\boldsymbol{r}_i(q)$ 是相对于基坐标系的参考偏移向量，从式(5.64)可知，$\boldsymbol{V}(q)$ 取决于关节空间向量 $\boldsymbol{q}$，而不是关节速度 $\dot{\boldsymbol{q}}$。

令 $\boldsymbol{G}=[\boldsymbol{G}_1\quad \boldsymbol{G}_2\quad \cdots\quad \boldsymbol{G}_n]^{\mathrm{T}}$，则

$$\begin{aligned}\boldsymbol{G}_i&=\frac{\partial\boldsymbol{V}}{\partial\boldsymbol{q}_i}\\&=\frac{\partial}{\partial\boldsymbol{q}_i}\sum_{i=1}^{n}\boldsymbol{m}_i\boldsymbol{g}^{\mathrm{T}}\boldsymbol{r}_i(q)\\&=\sum_{i=1}^{n}\boldsymbol{m}_i\boldsymbol{g}^{\mathrm{T}}\frac{\partial\boldsymbol{r}_i(\boldsymbol{g})}{\partial\boldsymbol{q}_i}\\&=\sum_{i=1}^{n}\boldsymbol{m}_i\boldsymbol{g}^{T}\boldsymbol{j}_{L,i},\ i=1,2,\cdots,n\end{aligned} \tag{5.65}$$

基坐标系下的恒定重力矢量是 $\boldsymbol{g}=[0\quad 0\quad -9.81]^{\mathrm{T}}$，通过雅可比矩阵 $\boldsymbol{J}_L(\theta)$ 可得，矩阵 $\boldsymbol{G}$ 的向量元素均为零。

5.4 机器人动力学的应用

桁架机器人是工业机器人中的一种，也叫龙门式机器人或直角坐标机器人，是能够实现自动控制、可重复编程、基于空间直角坐标系的自动化设备。桁架机器人一般可分为三自由度桁架机器人和二自由度桁架机器人。前面讲解的两关节机器人的关节均为转动关节，而桁架机器人的关节均为移动关节，且其结构较为简单，适合读者研究机器人

动力学的应用方法。

高速和高精度是工业机器人发展的方向，对于桁架机器人来说，面临的挑战主要有两个方面：首先是惯性力问题，桁架机器人在工作过程中除了受重力及负载的作用，还会受到自身惯性力的影响；其次是本体结构振动问题，桁架机器人结构中关键零部件的柔性影响不能忽视。

以下以平面二自由度直角坐标机器人为例，介绍其动力学方程的建模过程。

图 5.4 所示为平面二自由度直角坐标机器人机构，两个连杆的质量分别为 m_1，m_2，这两个平动关节的位移表示为 d_1，d_2，用 τ_1，τ_2 表示施加在各关节处的广义力。

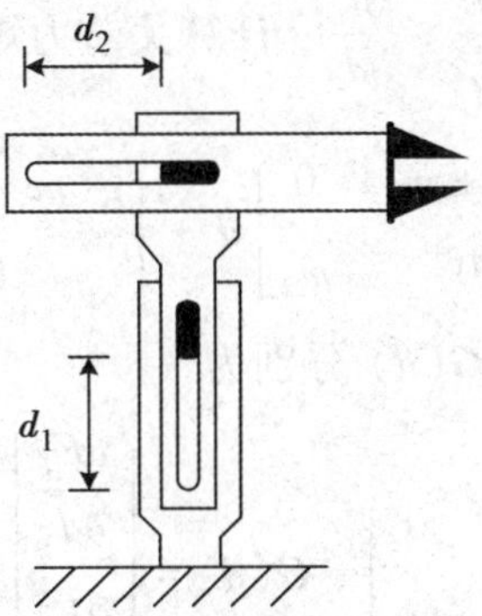

图 5.4　二自由度直角坐标机器人机构

一个刚性物体的动能是平移动能和旋转动能之和，即通过将物体质量集中在质心而得到的平移动能及物体关于质心的旋转动能。因为这两个关节均为平动关节，所以每个连杆的动能仅包括平移动能。

连杆 1 和连杆 2 的质量分别为 m_1，m_2，可得质心速度分别为

$$\begin{cases} v_1^2 = \dot{d}_1^2 \\ v_2^2 = \dot{d}_1^2 + \dot{d}_2^2 \end{cases} \tag{5.66}$$

系统动能为

$$\begin{aligned} E_{\mathrm{k}} &= \frac{1}{2}m_1 v_1^2 + \frac{1}{2}m_2 v_2^2 \\ &= \frac{1}{2}m_1 \dot{d}_1^2 + \frac{1}{2}m_2(\dot{d}_1^2 + \dot{d}_2^2) \end{aligned} \tag{5.67}$$

连杆 1 和连杆 2 的势能分别为

$$\begin{cases} E_{\mathrm{p1}} = m_1 g d_1 \\ E_{\mathrm{p2}} = m_2 g d_1 \end{cases} \tag{5.68}$$

系统总的势能为

$$E_{\mathrm{p}} = \sum_{i=1}^{2} E_{\mathrm{p}_i} = g(m_1 + m_2) d_1 \tag{5.69}$$

构造拉格朗日函数为

$$\begin{aligned} L &= E_{\mathrm{k}} - E_{\mathrm{p}} \\ &= \frac{1}{2} m_1 \dot{d}_1^2 + \frac{1}{2} m_2 (\dot{d}_1^2 + \dot{d}_2^2) - g(m_1 + m_2) d_1 \\ &= \frac{1}{2} \begin{bmatrix} m_1 + m_2 & 0 \\ 0 & m_2 \end{bmatrix} \dot{d}^2 - g(m_1 + m_2) \begin{bmatrix} d_1 \\ 0 \end{bmatrix} \end{aligned} \tag{5.70}$$

根据拉格朗日方程 $\tau_i = \frac{\mathrm{d}}{\mathrm{d}t} \frac{\partial L}{\partial \dot{d}_i} - \frac{\partial L}{\partial d_i}$，计算关节力矩为

$$\boldsymbol{\tau} = \begin{bmatrix} m_1 + m_2 & 0 \\ 0 & m_2 \end{bmatrix} \dot{d} + \begin{bmatrix} g(m_1 + m_2) \\ 0 \end{bmatrix} \tag{5.71}$$

可得惯量矩阵 $\boldsymbol{D}(d)$ 和重力矢量 $\boldsymbol{G}(d)$ 分别为

$$\boldsymbol{D}(d) = \begin{bmatrix} m_1 + m_2 & 0 \\ 0 & m_2 \end{bmatrix}, \ \boldsymbol{G}(d) = \begin{bmatrix} \dfrac{\partial E_{\mathrm{p}}}{\partial d_1} \\ \dfrac{\partial E_{\mathrm{p}}}{\partial d_2} \end{bmatrix} = \begin{bmatrix} g(m_1 + m_2) \\ 0 \end{bmatrix} \tag{5.72}$$

此时惯性矩阵恒定，因此，$\boldsymbol{H}(d, \dot{d})$ 项为零。

综上所述，该平面二自由度直角坐标机器人的动力学方程为

$$\begin{cases} \tau_1 = (m_1 + m_2) \dot{d}_1 + g(m_1 + m_2) \\ \tau_2 = m_2 \dot{d}_2 \end{cases} \tag{5.73}$$

【例 5.1】 应用拉格朗日方法，推导图 5.5 所示的二自由度极坐标机器人的动力学方程。已知每个连杆的质心位于连杆中心，旋转惯量为 I_1 和 I_2。

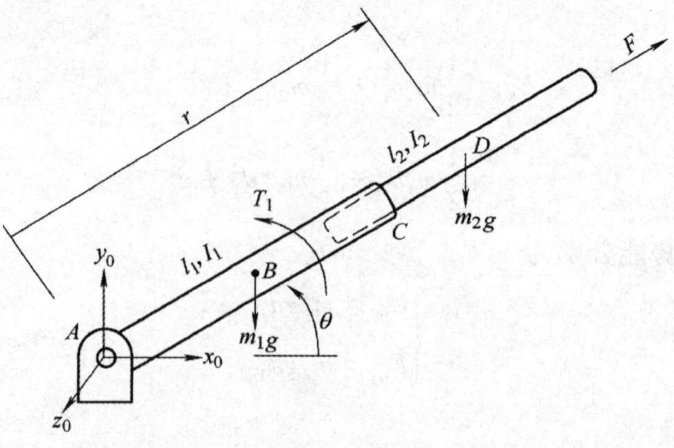

图 5.5 二自由度极坐标机器人机构

解：推导拉格朗日方程并求导，其过程如下：

$$E_k = K_1 + K_2$$

$$K_1 = \frac{1}{2}I_{1,A}\dot{\theta}^2 = \frac{1}{2}\left(\frac{1}{3}m_1 l_1^2\right)\dot{\theta}^2 = \frac{1}{6}m_1 l_1^2\dot{\theta}^2$$

$$x_D = r\cos\theta \Rightarrow \dot{x}_D = \dot{r}\cos\theta - r\dot{\theta}\cos\theta$$

$$y_D = r\sin\theta \Rightarrow \dot{y}_D = \dot{r}\sin\theta + r\dot{\theta}\cos\theta$$

$$v_D^2 = \dot{r}^2 + r^2\dot{\theta}^2$$

$$K_2 = \frac{1}{2}I_{2,D}\dot{\theta}^2 + \frac{1}{2}m_2 v_D^2 = \frac{1}{2}\left(\frac{1}{12}m_2 l_2^2\right)\dot{\theta}^2 + \frac{1}{2}m_2(\dot{r}^2 + r^2\dot{\theta}^2)$$

$$E_k = \left(\frac{1}{6}m_1 l_1^2 + \frac{1}{24}m_2 l_2^2 + \frac{1}{2}m_2 r^2\right)\dot{\theta}^2 + \frac{1}{2}m_2\dot{r}^2$$

$$E_p = m_1 g\frac{l_1}{2}\sin\theta + m_2 g r\sin\theta$$

$$\begin{aligned} L &= E_k - E_p \\ &= \left(\frac{1}{6}m_1 l_1^2 + \frac{1}{24}m_2 l_2^2 + \frac{1}{2}m_2 r^2\right)\dot{\theta}^2 + \\ &\quad \frac{1}{2}m_2\dot{r}^2 - \left(m_1 g\frac{l_1}{2} + m_2 g r\right)\sin\theta \end{aligned}$$

代入拉格朗日方程 $\begin{cases} T = \dfrac{\mathrm{d}}{\mathrm{d}t}\dfrac{\partial L}{\partial\dot{\theta}} - \dfrac{\partial L}{\partial\theta} \\ F = \dfrac{\mathrm{d}}{\mathrm{d}t}\dfrac{\partial L}{\partial\dot{r}} - \dfrac{\partial L}{\partial r} \end{cases}$，得

$$\begin{bmatrix} T \\ F \end{bmatrix} = \begin{bmatrix} \frac{1}{3}m_1 l_1^2 + \frac{1}{12}m_2 l_2^2 + m_2 r^2 & 0 \\ 0 & m_2 \end{bmatrix}\begin{bmatrix} \ddot{\theta} \\ \ddot{r} \end{bmatrix} + \begin{bmatrix} 0 & 0 \\ -m_2 r & 0 \end{bmatrix}\begin{bmatrix} \dot{\theta}^2 \\ \dot{r}^2 \end{bmatrix} +$$

$$\begin{bmatrix} m_2 r & m_2 r \\ 0 & 0 \end{bmatrix}\begin{bmatrix} \dot{r}\dot{\theta} \\ \dot{r}\dot{\theta} \end{bmatrix} + \begin{bmatrix} \left(m_1 g\frac{l_1}{2} + m_2 g r\right)\cos\theta \\ m_2 g\sin\theta \end{bmatrix}$$

5.5　机器人动力学的其他形式

机器人连杆位置由一组关节矢量 $\boldsymbol{\theta} = [\theta_1 \quad \theta_2 \quad \cdots \quad \theta_n]^T$ 确定，所有关节矢量组成的空间即关节空间。

机器人末端执行器的作业是在直角坐标空间中进行的，其位姿 $\boldsymbol{X}=[x, y, z, \varphi_x, \varphi_y, \varphi_z]^{\mathrm{T}}$ 也是在直角坐标空间中描述的。这个空间称为操作空间，又称为笛卡儿空间、任务空间。

在关节空间和操作空间中，机器人动力学方程有不同的表示形式，并且二者之间存在着一定的对应关系。

与关节空间动力学方程相对应，在笛卡儿空间，用笛卡儿变量建立机器人的动力学方程，即

$$\boldsymbol{F}=\boldsymbol{D}_x(\theta)\ddot{\boldsymbol{X}}+\boldsymbol{H}_x(\theta, \dot{\theta})+\boldsymbol{G}_x(\theta) \tag{5.74}$$

式中，$\boldsymbol{F}$ 是作用在机器人末端的力(力矩)矢量；$\ddot{\boldsymbol{X}}$ 是表达末端位姿的笛卡儿矢量；$\boldsymbol{D}_x(\theta)$ 是笛卡儿空间的惯性矩阵；$\boldsymbol{H}_x(\theta, \dot{\theta})$ 是笛卡儿空间的离心力和哥氏力矢量；$\boldsymbol{G}_x(\theta)$ 是笛卡儿空间的重力项矢量。

将二自由度机器人的动力学方程重写如下：

$$\boldsymbol{\tau}=\boldsymbol{D}(\theta)\ddot{\theta}+\boldsymbol{H}(\theta, \dot{\theta})+\boldsymbol{G}(\theta) \tag{5.75}$$

用力雅可比矩阵的逆矩阵左乘式(5.75)，可得

$$\boldsymbol{J}^{-\mathrm{T}}\boldsymbol{\tau}=\boldsymbol{J}^{-\mathrm{T}}\boldsymbol{D}(\theta)\ddot{\theta}+\boldsymbol{J}^{-\mathrm{T}}\boldsymbol{H}(\theta, \dot{\theta})+\boldsymbol{J}^{-\mathrm{T}}\boldsymbol{G}(\theta) \tag{5.76}$$

由雅可比矩阵的定义可得

$$\dot{\boldsymbol{X}}=\boldsymbol{J}\dot{\theta} \tag{5.77}$$

求导得

$$\ddot{\boldsymbol{X}}=\dot{\boldsymbol{J}}\dot{\theta}+\boldsymbol{J}\ddot{\theta} \tag{5.78}$$

可得关节空间和笛卡儿空间加速度关系为

$$\ddot{\theta}=\boldsymbol{J}^{-1}\ddot{\boldsymbol{X}}-\boldsymbol{J}^{-1}\dot{\boldsymbol{J}}\dot{\theta} \tag{5.79}$$

由力雅可比矩阵的定义可得

$$\boldsymbol{F}=\boldsymbol{J}^{-\mathrm{T}}\boldsymbol{\tau}=\boldsymbol{J}^{-\mathrm{T}}\boldsymbol{D}(\theta)\ddot{\theta}+\boldsymbol{J}^{-\mathrm{T}}\boldsymbol{H}(\theta, \dot{\theta})+\boldsymbol{J}^{-\mathrm{T}}\boldsymbol{G}(\theta) \tag{5.80}$$

可得

$$\boldsymbol{F}=\boldsymbol{J}^{-\mathrm{T}}\boldsymbol{D}(\theta)\boldsymbol{J}^{-1}\ddot{\boldsymbol{X}}-\boldsymbol{J}^{-\mathrm{T}}\boldsymbol{D}(\theta)\boldsymbol{J}^{-1}\dot{\boldsymbol{J}}\dot{\theta}+\boldsymbol{J}^{-\mathrm{T}}\boldsymbol{H}(\theta, \dot{\theta})+\boldsymbol{J}^{-\mathrm{T}}\boldsymbol{G}(\theta) \tag{5.81}$$

由式(5.81)可得笛卡儿空间动力学方程和关节空间动力学方程的关系为

$$\begin{cases}\boldsymbol{D}_x(\theta)=\boldsymbol{J}^{-\mathrm{T}}\boldsymbol{D}(\theta)J^{-1}\\ \boldsymbol{H}_x(\theta, \dot{\theta})=\boldsymbol{J}^{-\mathrm{T}}H(\theta, \dot{\theta})-\boldsymbol{J}^{-\mathrm{T}}\boldsymbol{D}(\theta)\boldsymbol{J}^{-1}\dot{\boldsymbol{J}}\dot{\theta}\\ \boldsymbol{G}_x(\theta)=\boldsymbol{J}^{-\mathrm{T}}\boldsymbol{G}(\theta)\end{cases} \tag{5.82}$$

当机器人接近奇异点时，笛卡儿空间动力学方程中的某些量趋于无穷大，动态性能恶化。

更一般的关节动力学方程可表示为

$$\boldsymbol{\tau} = \boldsymbol{D}(\theta)\ddot{\theta} + \boldsymbol{H}(\theta, \dot{\theta})\dot{\theta} + \boldsymbol{G}(\theta) + \boldsymbol{F}(\dot{\theta}) + \boldsymbol{J}^{\mathrm{T}}(\theta)f \tag{5.83}$$

式中，$\boldsymbol{G}(\theta)$ 为重力负荷项；$\boldsymbol{D}(\theta)$ 为关节空间惯量矩阵；$\boldsymbol{H}(\theta, \dot{\theta})\dot{\theta}$ 为科氏矩阵项；f 为有效载荷项；$\boldsymbol{F}(\dot{\theta})$ 为摩擦力项。

对于大多数机器人，摩擦力是继重力后另一个主要的关节力。摩擦力主要由电机轴承、黏性摩擦及齿轮传动、连杆轴承等因素引起，是关节速度的函数。典型摩擦力的特性如图5.6所示。

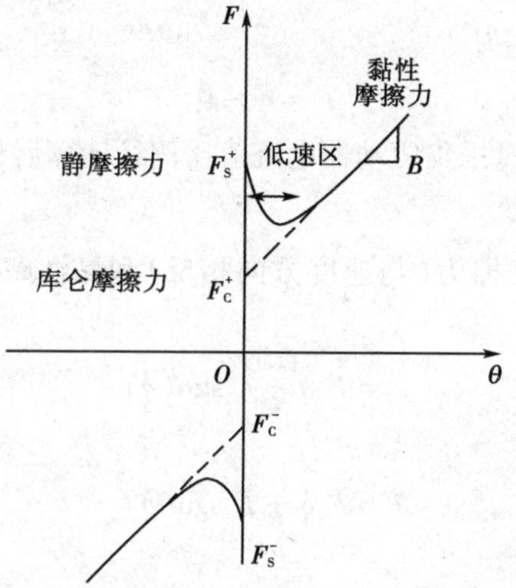

图5.6　典型摩擦力的特性

黏性摩擦力常采用下面的数学模型：

$$F(\dot{\theta}) = B\dot{\theta} + Q_c \tag{5.84}$$

式中，B 为黏性摩擦系数；Q_c 为库仑摩擦力。库仑摩擦力常采用如下非线性函数描述：

$$Q_c = \begin{cases} 0, & \dot{\theta} = 0 \\ Q_c^+, & \dot{\theta} > 0 \\ Q_c^-, & \dot{\theta} < 0 \end{cases} \tag{5.85}$$

通常，关节从静止开始运动需要克服静摩擦力，一旦运动起来摩擦力会迅速下降，此时黏性摩擦力会起作用。遗憾的是，通常关节传动的准确摩擦力特性难以获得。

5.6　机器人摩擦力

在实际应用中，摩擦力是一种重要的力，所有机构都必然受到摩擦力的影响。在控制精度和动态控制指标的要求下，传统的控制效果很差。引入动力学控制是一条有效的途径。采用力矩前馈控制(动力学前馈补偿)法，可有效改善机器人的性能。将摩擦力模型附加到动力学中，可得到一个更加完善的模型：

$$\boldsymbol{\tau}=\boldsymbol{M}(\theta)\ddot{\theta}+\boldsymbol{C}(\theta,\dot{\theta})\dot{\theta}+\boldsymbol{G}(\theta)+\boldsymbol{F}(\theta,\dot{\theta}) \tag{5.86}$$

5.6.1 原理方程

牛顿方程如下：

$$T-F=ma \tag{5.87}$$

匀速运动下的牛顿方程为

$$T-F=0 \tag{5.88}$$

式中，T 为驱动力矩，可通过采集驱动器电流值比例经计算后得到；F 为阻力，匀速情况下即摩擦力。

摩擦力可分解为滑动摩擦力(与速度方向相反)和黏性摩擦力(与速度成比例)，公式如下：

$$F=F_{\mathrm{v}}\dot{q}+F_{\mathrm{s}}\operatorname{sgn}(\dot{q}) \tag{5.89}$$

即

$$T=F_{\mathrm{v}}\dot{q}+F_{\mathrm{s}}\operatorname{sgn}(\dot{q}) \tag{5.90}$$

1. 滑动摩擦力

水平运动情况下，重力不产生影响。同一速度时，分别测试相反方向的匀速运动，可得

$$\begin{cases}T_1=F_{\mathrm{v}}\dot{q}+F_{\mathrm{s}}\operatorname{sgn}(\dot{q})\\T_2=F_{\mathrm{v}}\dot{q}-F_{\mathrm{s}}\operatorname{sgn}(\dot{q})\end{cases} \tag{5.91}$$

$$F_{\mathrm{s}}=\frac{1}{2}(T_1-T_2) \tag{5.92}$$

垂直运动时，可得

$$\begin{cases}T_1=F_{\mathrm{v}}\dot{q}+F_{\mathrm{s}}\operatorname{sgn}(\dot{q})+mg\\T_2=F_{\mathrm{v}}\dot{q}-F_{\mathrm{s}}\operatorname{sgn}(\dot{q})-mg\end{cases} \tag{5.93}$$

此时，可按照(机械软件)计算或称量或动力学计算重力，进而得到滑动摩擦力。

2. 黏性摩擦力

水平运动情况下，重力不产生影响。分别测两组不同速度的匀速运动，可得

$$\begin{cases}T_1=F_{\mathrm{v}}\dot{q}_1+F_{\mathrm{s}}\operatorname{sgn}(\dot{q})\\T_2=F_{\mathrm{v}}\dot{q}_2+F_{\mathrm{s}}\operatorname{sgn}(\dot{q})\end{cases} \tag{5.94}$$

$$F_v = \frac{T_1 - T_2}{\dot{q}_1 - \dot{q}_2} \tag{5.95}$$

垂直运动时，可得

$$\begin{cases} T_1 = F_v \dot{q}_1 + F_s \operatorname{sgn}(\dot{q}) + mg \\ T_2 = F_v \dot{q}_2 + F_s \operatorname{sgn}(\dot{q}) - mg \end{cases} \tag{5.96}$$

黏性摩擦相同时，可得

$$F_v = \frac{T_1 - T_2}{\dot{q}_1 - \dot{q}_2} \tag{5.97}$$

5.6.2 摩擦辨识

图 5.7 所示为用 MATLAB 工具箱对最小二乘法求解摩擦力矩系数示意图。摩擦辨识采用最小二乘法对摩擦力矩曲线做拟合。MATLAB 软件有一个功能强大的曲线拟合工具箱 cftool，其使用方便，能实现多种类型的线性、非线性曲线拟合。

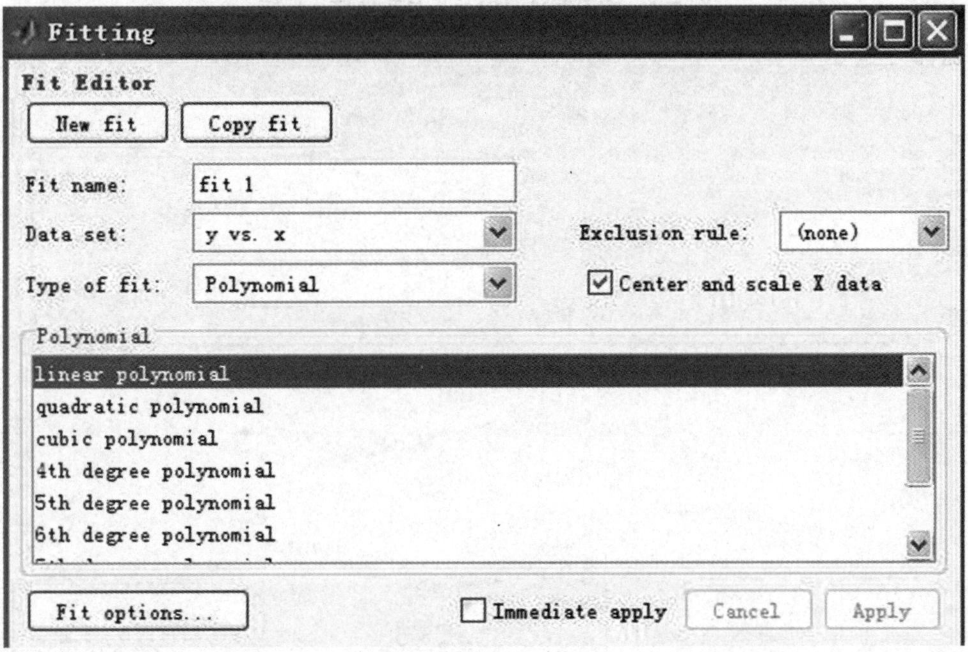

图 5.7 用 MATLAB 工具箱对最小二乘法求解摩擦力矩系数示意图

利用驱动器调试软件获取不同速度下驱动器的各个参数值，包含位置、速度、力矩等。采集不同速度下的码盘值、速度值、力矩值，通过从驱动器获取的力矩与 MATLAB 软件仿真出来的动力学力矩之间的差值，很容易得到摩擦力矩。

伸缩轴力矩变化曲线如图 5.8 所示。从图中观察到，使用 MATLAB 工具箱得到的结论推导的显式结论一致，即验证了正确性。

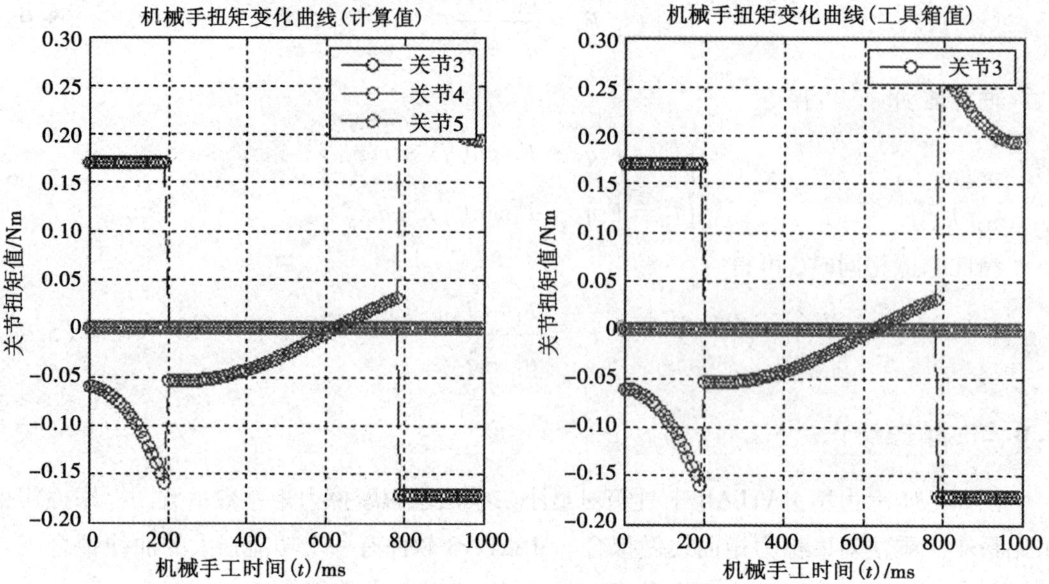

图 5.8　动力学计算值与工具箱值对比曲线

第 6 章　机器人的雅可比矩阵和误差标定补偿

操作臂的雅可比矩阵是机器人微分运动学的重要研究工具，其描述了操作臂的操作空间速度与关节速度之间的线性变换。

6.1　雅可比矩阵

数学中，雅可比矩阵(Jacob matrix)是一个多元函数的偏导矩阵。假设有 6 个函数，每个函数有 6 个变量，即

$$\begin{cases} y_1 = f_1(x_1, x_2, x_3, x_4, x_5, x_6) \\ y_2 = f_2(x_1, x_2, x_3, x_4, x_5, x_6) \\ y_3 = f_3(x_1, x_2, x_3, x_4, x_5, x_6) \\ y_4 = f_4(x_1, x_2, x_3, x_4, x_5, x_6) \\ y_5 = f_5(x_1, x_2, x_3, x_4, x_5, x_6) \\ y_6 = f_6(x_1, x_2, x_3, x_4, x_5, x_6) \end{cases} \tag{6.1}$$

可简写成 $\boldsymbol{Y}=\boldsymbol{F}(X)$。

将式(6.1)微分，可得

$$\begin{cases} \mathrm{d}y_1 = \dfrac{\partial f_1}{\partial x_1}\mathrm{d}x_1 + \dfrac{\partial f_1}{\partial x_2}\mathrm{d}x_2 + \cdots + \dfrac{\partial f_1}{\partial x_6}\mathrm{d}x_6 \\ \mathrm{d}y_2 = \dfrac{\partial f_2}{\partial x_1}\mathrm{d}x_2 + \dfrac{\partial f_1}{\partial x_2}\mathrm{d}x_2 + \cdots + \dfrac{\partial f_2}{\partial x_6}\mathrm{d}x_6 \\ \mathrm{d}y_3 = \dfrac{\partial f_3}{\partial x_1}\mathrm{d}x_3 + \dfrac{\partial f_1}{\partial x_2}\mathrm{d}x_2 + \cdots + \dfrac{\partial f_3}{\partial x_6}\mathrm{d}x_6 \\ \mathrm{d}y_4 = \dfrac{\partial f_4}{\partial x_1}\mathrm{d}x_4 + \dfrac{\partial f_1}{\partial x_2}\mathrm{d}x_2 + \cdots + \dfrac{\partial f_4}{\partial x_6}\mathrm{d}x_6 \\ \mathrm{d}y_5 = \dfrac{\partial f_5}{\partial x_1}\mathrm{d}x_5 + \dfrac{\partial f_1}{\partial x_2}\mathrm{d}x_2 + \cdots + \dfrac{\partial f_5}{\partial x_6}\mathrm{d}x_6 \\ \mathrm{d}y_6 = \dfrac{\partial f_6}{\partial x_1}\mathrm{d}x_6 + \dfrac{\partial f_1}{\partial x_2}\mathrm{d}x_2 + \cdots + \dfrac{\partial f_6}{\partial x_6}\mathrm{d}x_6 \end{cases} \tag{6.2}$$

可简写成

$$dY=\frac{\partial F}{\partial X}dX \tag{6.3}$$

式(6.3)中的 6×6 矩阵$\frac{\partial F}{\partial X}$叫作雅可比矩阵。在机器人速度分析和静力学分析中都将遇到类似的矩阵，称之为机器人雅可比矩阵，简称雅可比，一般用符号 J 表示。

6.1.1 两关节机器人雅可比矩阵

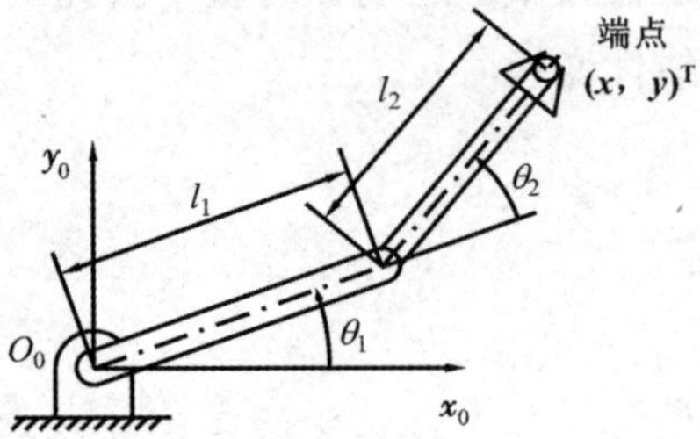

图 6.1　二自由度平面关节机器人

图 6.1 所示为二自由度平面关节机器人，其末端位置 $P(x, y)$ 与关节变量(θ_1, θ_2)的关系为

$$\begin{cases} x=l_1\cos\theta_1+l_2\cos(\theta_1+\theta_2) \\ y=l_1\sin\theta_1+l_2\sin(\theta_1+\theta_2) \end{cases} \tag{6.4}$$

将式(6.4)微分，可得

$$\begin{cases} dx=\frac{\partial x}{\partial \theta_1}d\theta_1+\frac{\partial X}{\partial \theta_2}d\theta_2 \\ dy=\frac{\partial y}{\partial \theta_1}d\theta_1+\frac{\partial y}{\partial \theta_2}d\theta_2 \end{cases} \tag{6.5}$$

写成矩阵形式为

$$\begin{bmatrix} dx \\ dy \end{bmatrix}=\begin{bmatrix} \frac{\partial x}{\partial \theta_1} & \frac{\partial x}{\partial \theta_2} \\ \frac{\partial y}{\partial \theta_1} & \frac{\partial y}{\partial \theta_2} \end{bmatrix}\begin{bmatrix} d\theta_1 \\ d\theta_2 \end{bmatrix} \tag{6.6}$$

令

$$J(\theta)=\begin{bmatrix} \frac{\partial x}{\partial \theta_1} & \frac{\partial x}{\partial \theta_2} \\ \frac{\partial y}{\partial \theta_1} & \frac{\partial y}{\partial \theta_2} \end{bmatrix},\ dX=\begin{bmatrix} dx \\ dy \end{bmatrix}s,\ d\theta=\begin{bmatrix} d\theta_1 \\ d\theta_2 \end{bmatrix}$$

则式(6.6)可简写为

$$\mathrm{d}\boldsymbol{X}=\boldsymbol{J}(\theta)\mathrm{d}\theta \tag{6.7}$$

将式(6.7)等号两边同时除以时间，得

$$\frac{\mathrm{d}\boldsymbol{X}}{\mathrm{d}t}=\boldsymbol{J}(\theta)=\frac{\mathrm{d}\theta}{\mathrm{d}t} \tag{6.8}$$

可简写为

$$\boldsymbol{V}=\boldsymbol{J\theta} \tag{6.9}$$

式(6.8)和式(6.9)中，$\boldsymbol{V}$ 为末端执行器在操作空间中的广义速度，即笛卡儿速度；$\boldsymbol{\theta}$ 为机器人在关节空间的关节速度；$\boldsymbol{J}(\theta)$ 为机器人雅可比矩阵。

图 6.1 中的二自由度平面关节机器人雅可比矩阵为

$$\boldsymbol{J}=\begin{bmatrix} -l_1\sin\theta_1-l_2\sin(\theta_1+\theta_2) & -l_2\sin(\theta_1+\theta_2) \\ l_1\cos\theta_1+l_2\cos(\theta_1+\theta_2) & l_2\cos(\theta_1+\theta_2) \end{bmatrix} \tag{6.10}$$

简写为

$$\boldsymbol{J}=\begin{bmatrix} -L_1S_1-L_2S_{12} & -l_2s_{12} \\ l_1c_1+l_2c_{12} & l_2c_{12} \end{bmatrix} \tag{6.11}$$

将矩阵 $\boldsymbol{J}$ 的第 1 列和第 2 列分别用矢量 $\boldsymbol{J}_1$ 和 $\boldsymbol{J}_2$ 表示，则

$$\begin{cases} \boldsymbol{J}=[\boldsymbol{J}_1,\ \boldsymbol{J}_2] \\ \boldsymbol{V}=\boldsymbol{J}_1\dot{\theta}_1+\boldsymbol{J}_2\dot{\theta}_2 \end{cases} \tag{6.12}$$

式中，$\boldsymbol{J}_1\dot{\theta}_1$ 表示仅由第一个关节运动引起的末端速度；$\boldsymbol{J}_2\dot{\theta}_2$ 表示仅由第二个关节运动引起的末端速度。总的末端速度为这两个速度矢量的合成。

这表明，机器人雅可比矩阵的每一列表示其他关节不动而某一关节运动产生的末端速度。

6.1.2　六关节机器人雅可比矩阵

对于六关节机器人，广义关节变量为 $\boldsymbol{\theta}=(\theta_1\quad\theta_2\quad\cdots\quad\theta_6)^{\mathrm{T}}$。

关节空间的微小运动为 $\boldsymbol{\theta}=(\mathrm{d}\theta_1\quad\mathrm{d}\theta_2\quad\cdots\quad\mathrm{d}\theta_6)^{\mathrm{T}}$。

机器人末端操作空间微小位移由末端微小线位移和微小角位移(微小转动)组成：

$$\mathrm{d}\boldsymbol{X}=[\mathrm{d}x\quad\mathrm{d}y\quad\mathrm{d}z\quad\delta\varphi_s\quad\delta\varphi_s\quad\delta\varphi_2]^{\mathrm{T}} \tag{6.13}$$

笛卡儿速度 $\boldsymbol{V}$ 是 6×1 维的矢量，由一个 3×1 的线速度矢量 $\boldsymbol{v}$ 和一个 3×1 的角速度矢量 $\boldsymbol{\omega}$ 组成，即 $\boldsymbol{V}=[\boldsymbol{v}\quad\boldsymbol{\omega}]^{\mathrm{T}}$。关节速度为$[\dot{\theta}_1\quad\dot{\theta}_2\quad\cdots\quad\dot{\theta}_6]^{\mathrm{T}}$。

雅可比矩阵的行数等于机器人在笛卡儿空间的自由度数目，雅可比矩阵的列数等于机器人的关节数量。对于一个六关节机器人，$\boldsymbol{J}$ 是 6 × 6 阶的矩阵，可表示为

$$J=\begin{bmatrix} J_{11} & J_{12} & J_{13} & J_{14} & J_{15} & J_{16} \\ J_{21} & J_{22} & J_{23} & J_{24} & J_{25} & J_{26} \\ J_{31} & J_{32} & J_{33} & J_{34} & J_{35} & J_{36} \\ J_{41} & J_{42} & J_{43} & J_{44} & J_{45} & J_{46} \\ J_{51} & J_{52} & J_{53} & J_{54} & J_{55} & J_{56} \\ J_{61} & J_{62} & J_{63} & J_{64} & J_{65} & J_{66} \end{bmatrix} \tag{6.14}$$

$\boldsymbol{J}$ 的第 i 列代表第 i 个关节速度对末端线速度和角速度的传递比。

6.2 逆雅可比矩阵和奇异性

若机器人雅可比矩阵 $\boldsymbol{J}$ 非奇异，可根据笛卡儿速度计算出关节速度为

$$\dot{\theta}=\boldsymbol{J}^{-1}(\theta)\boldsymbol{V} \tag{6.15}$$

式中，$\boldsymbol{J}^{-1}$ 为机器人逆雅可比矩阵。

式(6.15)很重要，如要求机器人手部(末端)在笛卡儿空间以某个速度运动，则根据上式可以计算出沿着该路径每一个瞬时所需要的关节速度。

一般来说，求 $\boldsymbol{J}^{-1}$ 比较困难，有时还会出现奇异解，此时将无法解算关节速度。

通常 $\boldsymbol{J}^{-1}$ 出现奇异解的情况有以下两种。

(1)工作空间边界上奇异。

工作空间边界上奇异，是指当机器人手臂全部伸展或全部折回，而使末端执行器处于或很接近工作空间边界的情况。

(2)工作空间内部奇异。

工作空间内部奇异是由两个或更多个关节轴线重合引起的。机器人处在奇异形位时，会产生退化现象，丧失一个或更多自由度。这意味着在笛卡儿空间某个方向上或某个子空间中，不管机器人关节速度如何，都不能使机器人末端运动。

【例 6.1】 图 6.2 所示为二自由度平面关节型机器人机构。该机器人末端某瞬时沿固定坐标系 X_0 轴正向以 1.0 m/s 的速度移动，杆长为 $l_1=l_2=0.5$ m。假设该瞬时 $\theta_1=30°$，$\theta_2=-60°$，求相应瞬时的关节速度。该机器人奇异位形在什么位置？

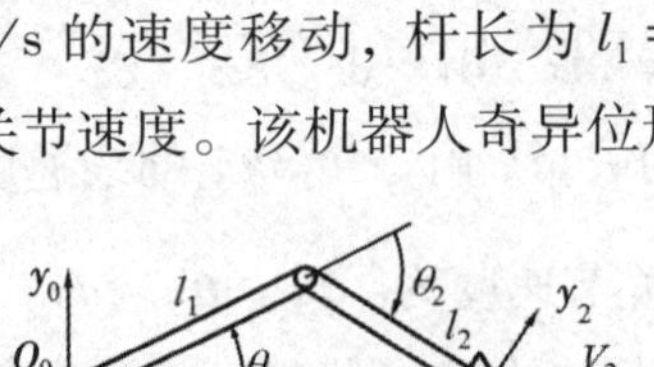

图 6.2　二自由度平面关节型机器人机构

解：二自由度机械手的速度雅可比矩阵为

$$J=\begin{bmatrix} -l_1s_1-l_2s_{12} & -l_2s_{12} \\ l_1c_1+l_2c_{12} & l_2c_{12} \end{bmatrix}$$

逆速度雅可比矩阵为

$$J^{-1}=\frac{1}{l_1l_2s_2}\begin{bmatrix} l_2c_{12} & l_2s_{12} \\ -l_1c_1-l_2c_{12} & -l_1s_1-l_2s_{12} \end{bmatrix}$$

已知端点速度为

$$V=[v_x \quad v_y]^{\mathrm{T}}=[1 \quad 0]^{\mathrm{T}}$$

可得

$$\dot{\theta}=\begin{bmatrix} \dot{\theta}_1 \\ \dot{\theta}_2 \end{bmatrix}=\frac{1}{l_1l_2s_2}\begin{bmatrix} l_2c_{12} & l_2s_{12} \\ -l_1c_1-l_2c_{12} & -l_2s_1-l_2s_{12} \end{bmatrix}\begin{bmatrix} 1 \\ 0 \end{bmatrix}$$

当 $l_1l_2s_2=0$ 时，无解，则

$$\dot{\theta}_1=\frac{\cos(\theta_1+\theta_2)}{l_1\sin\theta_2}=\frac{\cos(30°-60°)}{0.5\times\sin(-60°)}=-\frac{\frac{\sqrt{3}}{2}}{0.5\times\frac{\sqrt{3}}{2}}=-2\ \mathrm{rad/s}$$

$$\dot{\theta}_2=\frac{\cos\theta_1}{l_2\sin\theta_2}-\frac{\cos(\theta_1+\theta_2)}{l_1\sin\theta_2}=-\frac{\cos30°}{0.5\times\sin(-60°)}-\frac{\cos(30°-60°)}{0.5\times\sin(-60°)}=4\ \mathrm{rad/s}$$

分析：因 $l_1\neq0$，$l_2\neq0$，所以 $\theta_2=0$ 或 180°时，机器人逆速度雅可比矩阵 J^{-1} 奇异，机器人处于奇异形位。

此时机器人手臂完全伸直或完全折回，即两杆重合，手部处在工作域的边界上。该瞬时手部只能沿着一个方向（即与臂垂直的方向）运动，不能沿其他方向运动，故退化了一个自由度。

6.3　静力学分析与力雅可比矩阵

6.3.1　静力学分析

本部分讨论机器人在静止姿态下的力平衡关系。机器人的结构特性使力和力矩从一个连杆向下一个连杆传递，机器人作业时会与外界环境产生相互作用力和力矩，所以需要求出保持系统静态平衡的关节驱动力或力矩。

假定各关节“锁定”，机器人成为一个结构固定的机构，该“锁定”用的关节力（力矩）与末端所支持的载荷或受到外界环境的作用力取得静力平衡。求解这种“锁定”用

的关节力（力矩）或求解在已知关节驱动力（力矩）作用下的末端输出力，就是对机器人进行静力计算。

本部分不考虑作用在连杆上的重力，关节静力（力矩）是由施加在最后一个连杆上的静力（力矩）引起的。如图 6.3 所示建立连杆坐标系$\{i\}$和$\{i+1\}$，分析连杆的静力（力矩）平衡关系。

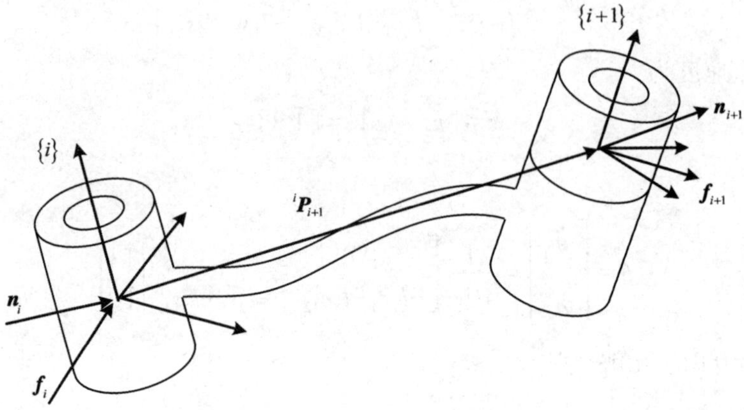

图 6.3　单连杆的静力和静力矩平衡关系

图 6.3 中，$\boldsymbol{f}_i$ 为连杆 $i-1$ 施加在连杆 i 上的力，$\boldsymbol{n}_i$ 为连杆 $i-1$ 施加在连杆 i 上的力矩。利用静力平衡条件，连杆所受合力和合力矩为零。将连杆 i 上的静力相加，可得连杆 i 的力和力矩平衡方程式：

$$ {}^{i}\boldsymbol{f}_i - {}^{i}\boldsymbol{f}_{i+1} = 0 \tag{6.16} $$

式中，${}^{i}\boldsymbol{f}_i$，${}^{i}\boldsymbol{f}_{i+1}$为静力$\boldsymbol{f}_i$，$\boldsymbol{f}_{i+1}$在坐标系$[i]$中的描述。

将绕坐标系$\{i\}$原点的力矩相加，可得

$$ {}^{i}\boldsymbol{n}_i - {}^{i}\boldsymbol{n}_{i+1} - {}^{i}\boldsymbol{P}_{i+1} \times {}^{i}\boldsymbol{f}_{i+1} = 0 \tag{6.17} $$

式中，${}^{i}P_{i+1}$为坐标系$\{i+1\}$的原点在坐标系$\{i\}$中的表示。

通常，根据末端外界作用力和力矩，依次计算作用于每个连杆上的力和力矩，对式(6.16)和式(6.17)进行整理，可得

$$ \begin{cases} {}^{i}\boldsymbol{f}_i = {}^{i}\boldsymbol{f}_{i+1} \\ {}^{i}\boldsymbol{n}_i = {}^{i}\boldsymbol{n}_{i+1} + {}^{i}\boldsymbol{P}_{i+1} \times {}^{i}\boldsymbol{P}_{i+1} \end{cases} \tag{6.18} $$

为了在连杆本体坐标系中写出连杆力和力矩的表达式，利用坐标系$\{i+1\}$相对于坐标系$\{i\}$的旋转矩阵${}^{i}_{i+1}\boldsymbol{R}$进行变换，可得连杆之间的静力（力矩）传递表达式为

$$ \begin{cases} {}^{i}\boldsymbol{f}_i = {}^{i}_{i+1}\boldsymbol{R} \times {}^{i+1}\boldsymbol{f}_{i+1} \\ {}^{i}\boldsymbol{n}_i = {}^{i}_{i+1}\boldsymbol{R} \times {}^{i+1}\boldsymbol{n}_{i+1} + {}^{i}\boldsymbol{p}^{i+1} \times {}^{i}\boldsymbol{f}_i \end{cases} \tag{6.19} $$

各连杆所承受的力（力矩）向量中，一部分分量由连杆机构本身来平衡，还有一部分分量由各关节的驱动力（力矩）来平衡。根据式(6.19)可进一步求出每个关节的驱动力

(力矩)。

对于转动关节 i，关节的驱动力矩用来平衡连杆绕关节轴 z_i 的力矩，即关节驱动力矩 $\boldsymbol{\tau}_i$ 是连杆静力矩在 z_i 方向的分量，即

$$\boldsymbol{\tau}_i = {}^i\boldsymbol{n}_i^{\mathrm{T}} \cdot {}^i\hat{z}_i \tag{6.20}$$

式(6.20)表示${}^i\boldsymbol{n}_i^{\mathrm{T}}$ 和${}^i\hat{z}_i$ 的点积，${}^i\boldsymbol{n}_i^{\mathrm{T}}$ 为连杆 i 静力矩的转置。

对于移动关节，关节驱动力用来平衡连杆沿关节轴 z_i 方向的力，即关节驱动力 $\boldsymbol{\tau}_i$ 为连杆静力在 z_i 方向的分量，即

$$\boldsymbol{\tau}_i = {}^i\boldsymbol{f}_i^{\mathrm{T}} \cdot \hat{z}_i \tag{6.21}$$

根据式(6.19)~式(6.21)可计算出静态下机器人各个关节所需的驱动力(力矩)。

【例 6.2】 如图 6.4 所示，在平面两连杆机器人末端施加作用力${}^3F$，即该力施加在坐标系{3}的原点，求各关节所需的驱动力矩。

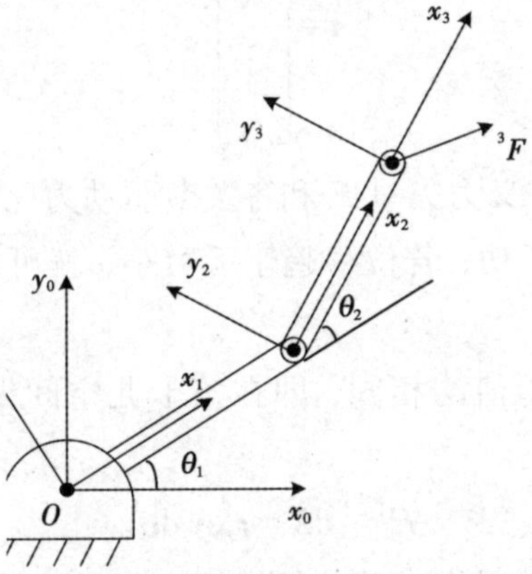

图 6.4　平面两连杆机器人机构

解：从机器人末端开始计算力和力矩，即

$$ {}^2\boldsymbol{f}_2 = {}_3^2\boldsymbol{R}\times{}^3\boldsymbol{f}_3 = \begin{bmatrix} f_x \\ f_y \\ 0 \end{bmatrix},\ {}^2\boldsymbol{n}_2 = {}_3^2\boldsymbol{R}\times{}^3\boldsymbol{n}_3 + {}^2\boldsymbol{P}_3\times{}^2\boldsymbol{f}_2 = \boldsymbol{l}_2 x_2 \times \begin{bmatrix} f_x \\ f_y \\ 0 \end{bmatrix} = \begin{bmatrix} 0 \\ 0 \\ l_2 f_y \end{bmatrix} $$

$$ {}^2\boldsymbol{f}_1 = {}_2^1\boldsymbol{R}\times{}^2\boldsymbol{f}_2 = \begin{bmatrix} c_2 & s_2 & 0 \\ s_2 & c_2 & 0 \\ 0 & 0 & 1 \end{bmatrix}\begin{bmatrix} f_x \\ f_y \\ 0 \end{bmatrix} = \begin{bmatrix} c_2 f_x - s_2 f_y \\ s_2 f_x + c_2 f_y \\ 0 \end{bmatrix} $$

$$ \boldsymbol{f}_1 = {}_2^1\boldsymbol{R}\times{}^2\boldsymbol{n}_2 + {}^1\boldsymbol{P}_2\times{}^1\boldsymbol{f}_1 = \begin{bmatrix} 0 \\ 0 \\ l_2 f_y \end{bmatrix} + l_1 x_1 \times {}^1\boldsymbol{f}_1 = \begin{bmatrix} 0 \\ 0 \\ l_2 s_2 f_x + l_1 c_2 f_y + l_2 f_y \end{bmatrix} $$

可得两关节所需的驱动力矩为

$$\begin{cases}\boldsymbol{\tau}_1 = {}^1\boldsymbol{n}_1^{\mathrm{T}} \cdot {}^2\hat{z}_1 = l_1 s_2 f_x + l_1 c_2 f_y + l_2 f_y \\ \boldsymbol{\tau}_2 = {}^2\boldsymbol{n}_2^{\mathrm{T}} \cdot {}^2\hat{z}_2 = l_2 f_y\end{cases}$$

6.3.2 力雅可比矩阵

将机器人末端端点力和力矩合写成一个 6 维矢量，即

$$\boldsymbol{F} = \begin{bmatrix} \boldsymbol{f} \\ \boldsymbol{n} \end{bmatrix} \tag{6.22}$$

式中，$\boldsymbol{F}$ 是作用在执行器末端的 6×1 维广义力矢量，$\boldsymbol{f}$ 是 3×1 维力矢量，$\boldsymbol{n}$ 是 3×1 维力矩矢量。

将机器人各关节驱动力（力矩）写成 6×1 维矢量，即

$$\boldsymbol{\tau} = \begin{bmatrix} \tau_1 \\ \tau_2 \\ \vdots \\ \tau_6 \end{bmatrix}$$

在静态下，机器人末端广义力矢量 $\boldsymbol{F}$ 和各关节驱动力（力矩）$\boldsymbol{\tau}$ 平衡。若末端端点和各个关节有位移，则说明做了功；若位移趋于无穷小，就可以用虚功原理来描述静止的情况。

功在任何广义坐标系下的值均相同，即在笛卡儿空间做的功等于在关节空间做的功，即

$$\boldsymbol{F}^{\mathrm{T}} \cdot \mathrm{d}\boldsymbol{X} = \boldsymbol{\tau}^{\mathrm{T}} \cdot \mathrm{d}\boldsymbol{\theta} \tag{6.23}$$

式中，$\mathrm{d}\boldsymbol{X}$ 为 6×1 维的末端无穷小笛卡儿位移矢量；$\mathrm{d}\boldsymbol{\theta}$ 为（6×1）维的各个关节无穷小位移矢量。

雅可比矩阵定义为 $\mathrm{d}\boldsymbol{X}=\boldsymbol{J}\mathrm{d}\boldsymbol{\theta}$，将其带入式（6.23），有

$$\boldsymbol{F}^{\mathrm{T}} \cdot \boldsymbol{J} \cdot \mathrm{d}\boldsymbol{\theta} = \boldsymbol{\tau}^{\mathrm{T}} \cdot \mathrm{d}\boldsymbol{\theta} \tag{6.24}$$

式（6.24）对所有的 $\mathrm{d}\boldsymbol{\theta}$ 均成立，可得

$$\boldsymbol{\tau}^{\mathrm{T}} = \boldsymbol{F}^{\mathrm{T}} \cdot \boldsymbol{J} \tag{6.25}$$

即

$$\boldsymbol{\tau} = \boldsymbol{J}^{\mathrm{T}} \cdot \boldsymbol{F} \tag{6.26}$$

式中，$\boldsymbol{J}^{\mathrm{T}}$ 称为机器人力雅可比矩阵，它表示末端广义力与各关节力（力矩）之间的映射关系。

机器人力雅可比矩阵是机器人雅可比矩阵的转置。

从关系式 $\boldsymbol{\tau}=\boldsymbol{J}^{\mathrm{T}}\boldsymbol{F}$ 可知，机器人静力学计算有以下两类问题。

① 已知外界环境对末端的作用力 $\boldsymbol{F}$，求各关节的驱动力（力矩）。此时可根据 $\boldsymbol{\tau}=\boldsymbol{J}^{\mathrm{T}}\boldsymbol{F}$ 来求解。

② 已知关节驱动力矩 $\boldsymbol{\tau}$，求机器人末端对外界环境的作用力 $\boldsymbol{F}$。对于六自由度操作

臂，在非奇异位形，可利用 $\boldsymbol{F}=(\boldsymbol{J}^{\mathrm{T}})^{-1}\boldsymbol{\tau}$ 求解。

分析 $\boldsymbol{F}=(\boldsymbol{J}^{\mathrm{T}})^{-1}\boldsymbol{\tau}$，可知：由于机器人的自由度可能不是6，若 $n>6$，力雅可比矩阵 $\boldsymbol{J}^{\mathrm{T}}$ 就有可能不是一个方阵，则 $\boldsymbol{J}^{\mathrm{T}}$ 就没有逆解。所以，对这类问题的求解就变得困难得多，在一般情况下不一定能得到唯一的解。如果 $\boldsymbol{F}$ 的维数比 $\boldsymbol{\tau}$ 的维数低，且 $\boldsymbol{J}$ 是满秩，则可利用最小二乘法求得 $\boldsymbol{F}$ 的估值。

【例 6.3】 图 6.5 所示为平面两连杆机器人结构示意图。末端手部端点力为 $\boldsymbol{F}=[F_x \quad F_y]^{\mathrm{T}}$，求相应于力 $\boldsymbol{F}$ 的关节力矩(忽略摩擦)。如右图 6.5(b)所示，在该瞬时，$\theta_1=0°$，$\theta_2=90°$，则此时与末端手部端点力相对应的关节力矩为多少?

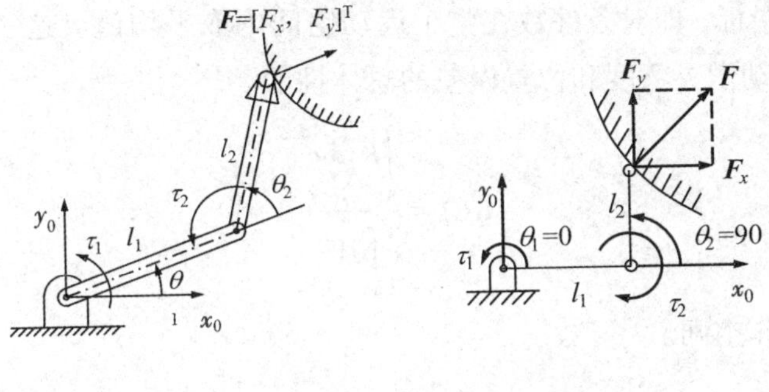

图 6.5　平面两连杆机器人结构示意图

解： 该机器人的力雅可比矩阵为

$$\boldsymbol{J}^{\mathrm{T}}=\begin{bmatrix}-l_1s_1-l_2s_{12} & l_1c_1+l_2c_{12}\\ -l_2s_{12} & l_2c_{12}\end{bmatrix}$$

根据 $\boldsymbol{\tau}=\boldsymbol{J}^{\mathrm{T}}\boldsymbol{F}$，可得

$$\boldsymbol{\tau}=\begin{bmatrix}\tau_1\\ \tau_2\end{bmatrix}=\begin{bmatrix}-l_1s_1-l_2s_{12} & l_1c_1+l_2c_{12}\\ -l_2s_{12} & l_2c_{12}\end{bmatrix}\begin{bmatrix}F_x\\ F_y\end{bmatrix}$$

所以，有

$$\boldsymbol{\tau}_1=[l_1\sin\theta_1+l_2\sin(\theta_1+\theta_2)]F_x+[l_1\cos\theta_1+l_2\cos(\theta_1+\theta_2)]F_x$$

$$\boldsymbol{\tau}_2=-l_2\sin(\theta_1+\theta_2)F_x+l_2\cos(\theta_1+\theta_2)F_y$$

若在某瞬时，$\theta_1=0$，$\theta_2=90°$，则在该瞬时与手部端点力相对应的关节力矩为

$$\begin{cases}\boldsymbol{\tau}_1=-l_2F_x+l_1F_y\\ \boldsymbol{\tau}_2=-l_2F_x\end{cases}$$

6.4　操作臂的灵巧性

操作臂的灵巧性是机器人运动性能的一项重要评价指标，其量化结果用灵巧度来描述。该指标也被广泛应用于机构尺寸的优化中。操作臂灵巧度是指末端沿任意方向到达

指定位姿的运动能力。雅可比矩阵的条件数是一个重要的灵巧度指标，条件数越接近于1，说明在该位姿下的运动性能越好。该指标的定义如下：

$$\boldsymbol{K}_J = \|\boldsymbol{J}\| \cdot \|\boldsymbol{J}^{-1}\| \tag{6.27}$$

式中，$\boldsymbol{J}$ 为操作臂的雅可比矩阵，$\|\boldsymbol{J}\|$ 的值为雅可比矩阵的最大奇异值。$\|\boldsymbol{J}\|$ 定义如下：

$$\|\boldsymbol{J}\| = \sqrt{\lambda_{\min}(\boldsymbol{J}^{\mathrm{T}}\boldsymbol{J})} = \sigma_{\min}(\boldsymbol{J}) \tag{6.28}$$

由于条件数 $\boldsymbol{K}_J$ 只与机械臂关节的转角和结构尺寸有关，虽然反映了机械臂在指定位姿下的运动能力，但不能反映在全域空间内的运动能力。因此，提出了全域空间条件数均值(GCI)这一指标，即对条件数在整个运动空间内取平均值。这一指标可以反映在整个运动空间内运动学灵巧度和位置误差的总体性能。

$$GCI = \frac{\int_W K_J \mathrm{d}w}{\int_W \mathrm{d}W} \tag{6.29}$$

式中，W 为全域工作空间。

6.5 冗余度机器人

当机械手自由度的个数大于描述给定任务所必需变量的个数时，称机械手是运动学冗余(kinematically redundant)的。对上面所定义的空间，当操作空间的维度 n 小于关节空间的维度 m 时，一个机械手一定是冗余的，称为本质冗余。

式(6.9)可理解为，将关节速度向量的 n 个分量与为了指定任务而涉及的速度向量 $\boldsymbol{v}$ 的 r 个分量之间联系起来的微分运动学方程映射。为了阐明这一点，应考虑以下两个问题。

(1)七自由度冗余机械臂。

如图6.6所示，七自由度冗余协作臂的关节空间变量个数为7($m=7$)，操作空间变量个数为6($n=6$)，因此，该机械臂本质上是一个冗余机械臂。

(2)三连杆平面机械臂。

三连杆平面机械臂结构如图6.7所示。考虑三连杆平面臂情形：其从本质上来说并不是冗余的($n=m=3$)，而且其雅可比矩阵相应有3个全零行。如果任务没有指定角速度的时候，则操作空间变量数为2($r=2$)，臂变为功能性冗余。从冗余性分析考虑，其雅可比矩阵为

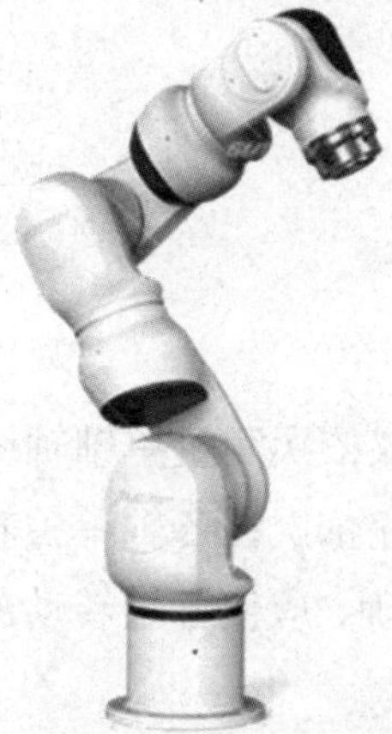

图 6.6　七自由度冗余协作臂

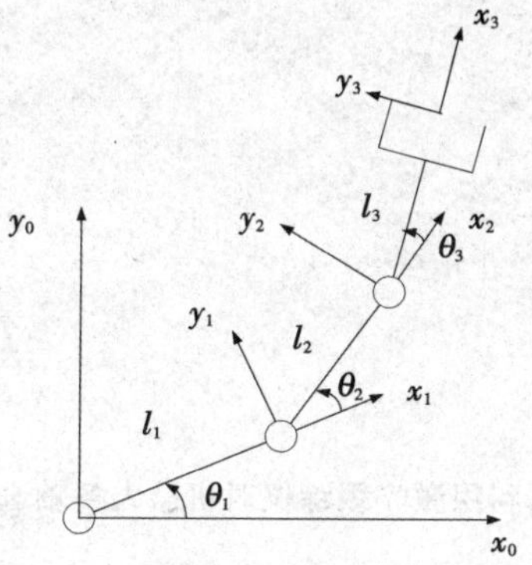

图 6.7　三连杆平面机械臂结构

$$
\boldsymbol{J}=\begin{bmatrix}
-l_1s_1-l_2s_{12}-l_3s_{123} & -l_2s_{12}-l_3s_{123} & -l_3s_{123}\\
l_1c_1+l_2c_{12}+l_3c_{123} & l_2c_{12}+l_3c_{123} & l_3c_{123}\\
0 & 0 & 0\\
0 & 0 & 0\\
0 & 0 & 0\\
1 & 1 & 1
\end{bmatrix} \tag{6.30}
$$

可见，冗余是一个与指定给机械手的任务有关的概念。

6.6 误差标定与补偿

6.6.1 机器人标定步骤

如图 6.8 所示，使用激光跟踪仪依次测量单轴轴线 J1～J6。其方法是将激光跟踪仪的靶球安装到机器人末端，按照顺序依次让各轴单独转动，每隔一定角度间隔让激光跟踪仪采一次点。为了使测量更加准确，应使各轴转动的范围尽量大，并保证至少能采到 20 个点。

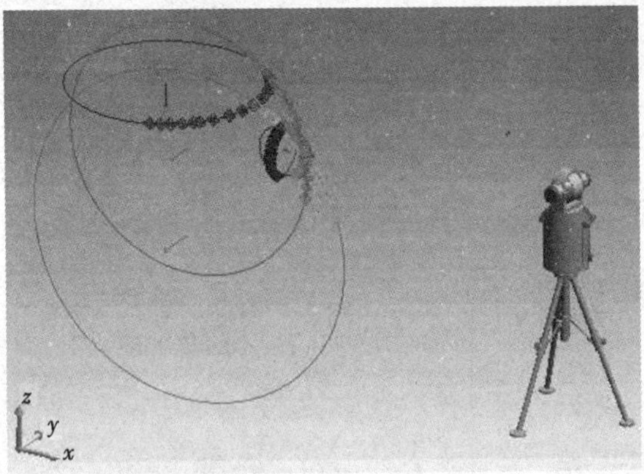

图 6.8 利用激光跟踪仪对机器人各轴进行测量

测量时有以下注意事项。

(1)在测量到某一轴时，除了 J1 轴，应保证该轴之前的各轴均在零位。即测量 J2 轴时，应使 J1 轴回零；测量 J3 轴时，应使 J1，J2 轴回零；以此类推。

(2)在测量 J6 轴时，应从其零位点开始测量。

(3)使各轴回零时，应尽量使用离线编程软件，这样可使回零可靠。

(4)测量过程中，应保证激光跟踪仪光线不断线，这可通过在机器人各轴旋转的过程中适时调整靶球朝向的方法来实现。调整时，注意不得使靶球脱离靶球安装座。

考虑到规范性，测得的各轴轴线所对应的点组命名见表 6.1。

表 6.1 测得的各轴轴线所对应的点组命名

对应轴	1 轴	2 轴	3 轴	4 轴	5 轴	6 轴
点组名	J1	J2	J3	J4	J5	J6

6.6.2　各轴零位误差计算

1. 各连杆坐标系 z 轴建立

如图 6.9 所示，利用激光跟踪仪采到的点来拟合各轴轴线，即连杆坐标系的 z 轴。各轴轴线的拟合方法如下。

(1)拟合圆周。

拟合圆周的过程如下:“创建”→“圆周”→“通过多点拟合”→“F2”→选择相应点集→“确定”→“回车”→“平面偏移方向”选“工作原点位置”，“测边偏移”两项都选“探针中心”，其他项默认→单击“主要点”，修改名称后按“确定”。

(2)拟合各轴轴线。

拟合各轴轴线的过程如下:“创建”→“直线”→“2 个点”→依次选择所拟合圆周的两个主要点，即“中心”和“在法线上的点”→修改名称后按“关闭”即可。

(3)更改颜色。

按照“赤、橙、黄、绿、青、蓝”的顺序更改 1~6 轴轴线的颜色，直线颜色可在“属性”中更改。

各轴轴线命名见表 6.2。

表 6.2　各轴轴线命名

对应轴	1 轴	2 轴	3 轴	4 轴	5 轴	6 轴
点组名	L1	L2	L3	L4	L5	L6

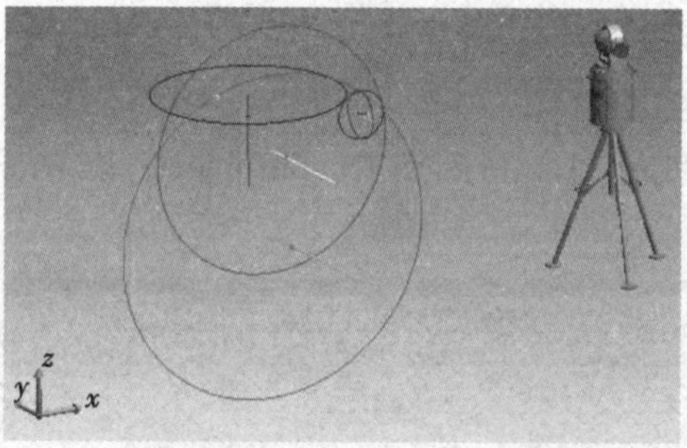

图 6.9　建立机器人各轴轴线

2. 各连杆坐标系 x 轴建立

如图 6.10 所示，各连杆坐标系 x 轴的建立即相邻两轴轴线公垂线的建立，公垂线段的长度为 DH 参数中的 a 值。相邻两轴轴线公垂线的建立方法：“创建”→“直线”→“相互垂直”→依次选择两轴轴线。

注意：由于 2，3 轴轴线(即 L_2，L_3)理论上相互平行，二者的公垂线误差较大，因此，不能以 2，3 轴公垂线作为连杆坐标系的 x 轴。另外，由于 6 轴以后不再有轴线，因此，也无法建立与下一轴的公垂线。这两种情况只能以近似的公垂线来代替。

综上所述，各连杆坐标系 x 轴的建立方法如下。

(1)连杆 1，3，4，5。

建立相邻两轴的公垂线。

(2)连杆 2。

建立近似公垂线，方法如下：

建立 a_1 中点 Ca1，将 Ca1 投影到直线 L_2 上，得到点 Ca1_on object；将点 Ca1_on object 投影到直线 L_3 上，得到点 Ca1_on object_on object；以得到的两投影点建立直线，得到近似公垂线 a_2。

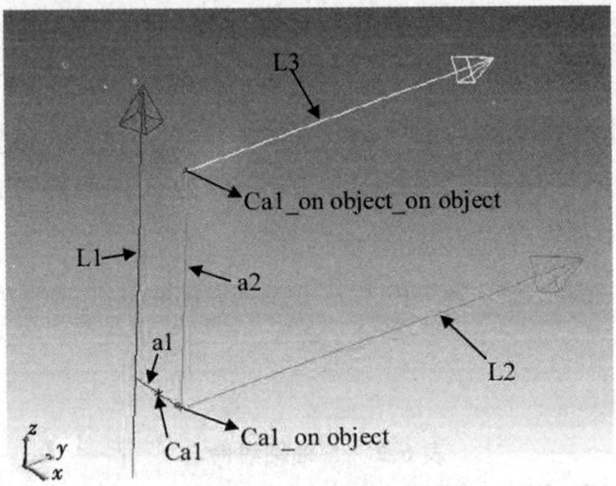

图 6.10　a2 的建立

(3)连杆 6。

建立近似公垂线，方法如下：如图 6.11 所示，将点组 J6 中的第一点(6 轴处于零位时测得的点)P_1 投影到直线 L_6 上，得到点 P1_on object；以 P_1 及 $P1$_on object 两点建立直线，得到近似公垂线 a_6。

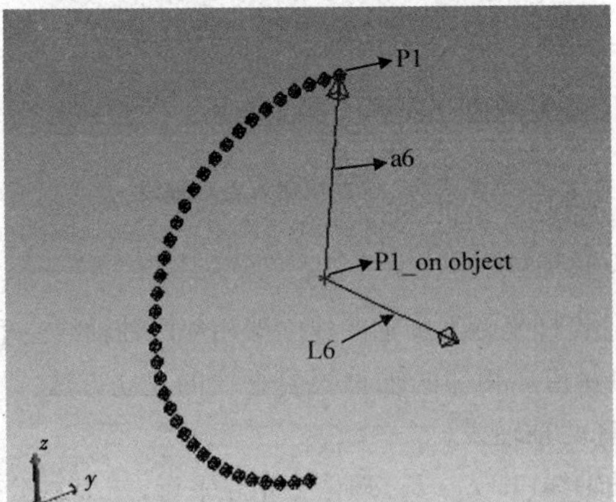

图 6.11　a_6 的建立

(4)更改颜色。

按照“赤、橙、黄、绿、青、蓝”的顺序更改各 x 轴轴线的颜色，直线颜色可在“属性”中更改。

各轴 x 轴命名见表 6.3。

表 6.3　各轴 x 轴命名

对应轴	1 轴	2 轴	3 轴	4 轴	5 轴	6 轴
点组名	a1	a2	a3	a4	a5	a6

L 和 a 的命名如图 6.12~图 6.15 所示。

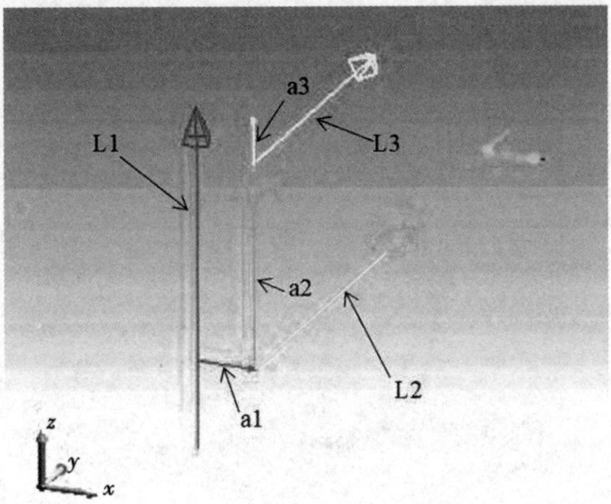

图 6.12　L_1~L_3 及 a_1~a_3 的命名

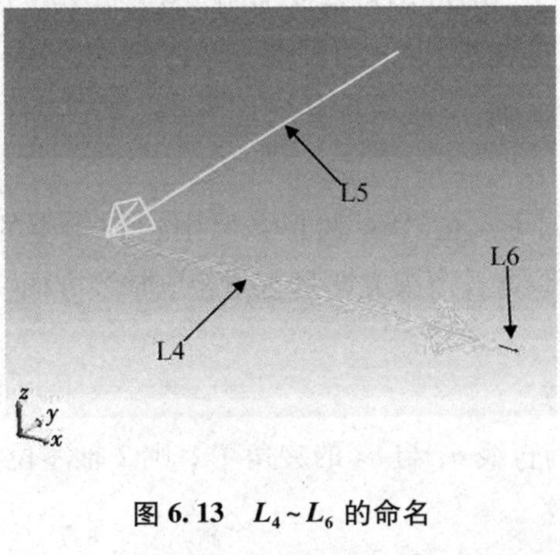

图 6.13　L_4~L_6 的命名

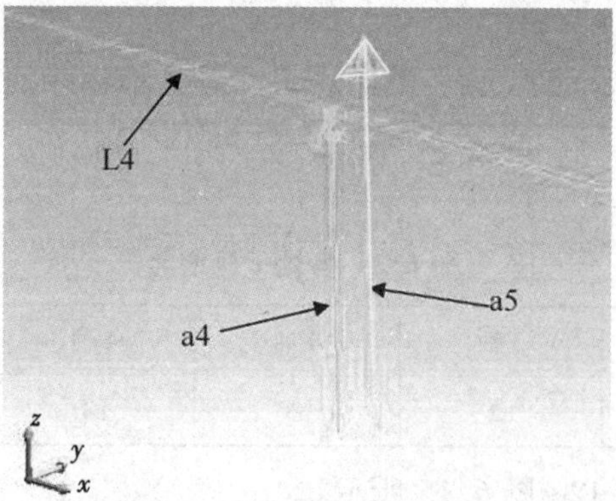

图 6.14　a_4 和 a_5 的命名

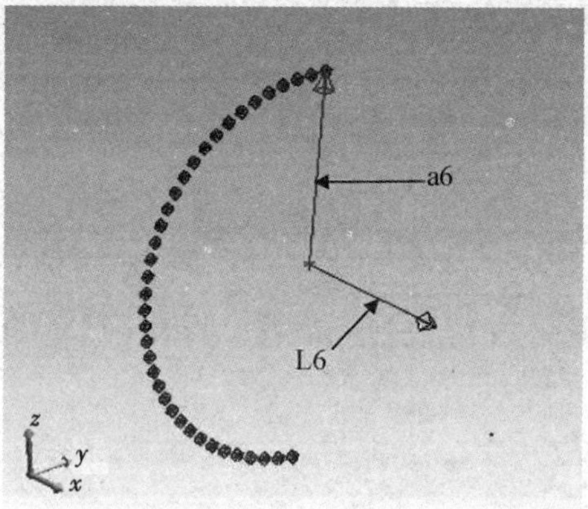

图 6.15　a_6 的命名

3. 各轴零位误差计算

下面以新松公司生产的 SRH6 型机器人为例，进行各轴零位误差计算的相关说明。

(1) z 轴、x 轴方向修正。

机器人各连杆坐标系 z 轴、x 轴方向按照图 6.16 所示进行修改(实际机器人坐标视为机器人工具坐标)。

直线方向修改方法如下：在“SA 树形条”中找到相应的直线→右击并选择“属性”→勾选“绘画箭头”→查看箭头方向是否与相应轴线方向一致，若不一致，选择“逆向”来修改直线方向。

(2) 2 轴零位误差计算。

如图 6.17 所示，查询直线 a_1 与 a_2 的夹角 T_2，则 2 轴零位误差为 $dT_2=T_2-90°$。

(3) 3 轴零位误差计算。

如图 6.18 所示，查询直线 a_2 与 L_4 的夹角 T_3，则 3 轴零位误差为 $dT_3=90°-T_3$。

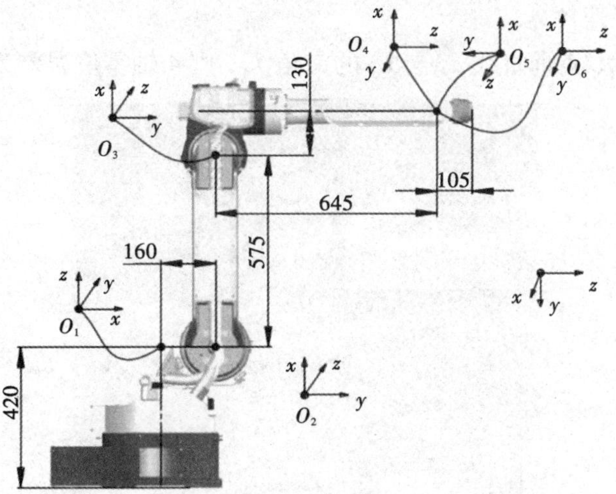

图 6.16　机器人坐标系

（注：实际机器人的基坐标系与本机器人基坐标系相同）

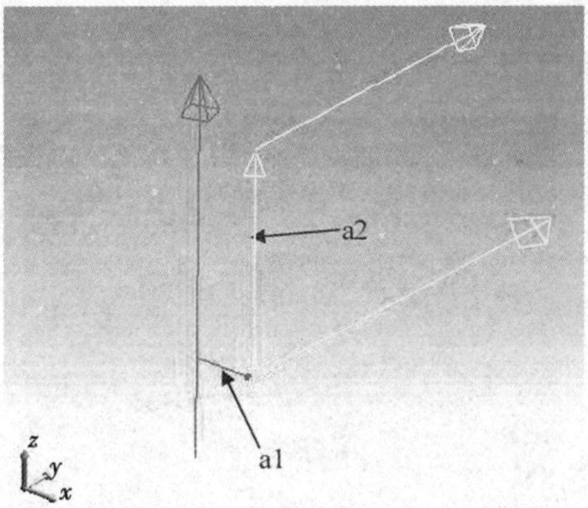

图 6.17　2 轴零位误差计算

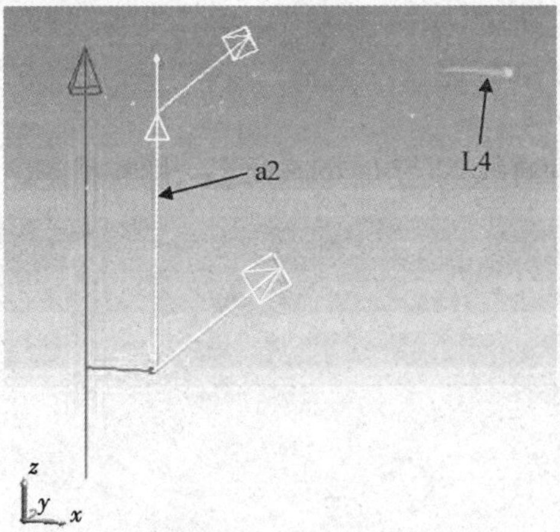

图 6.18　3 轴零位误差计算

(4)4 轴零位误差计算。

如图 6.19 所示，查询直线 a_4 与 L_3 的夹角 T_4，则 4 轴零位误差为 $dT_4=T_4-90°$。

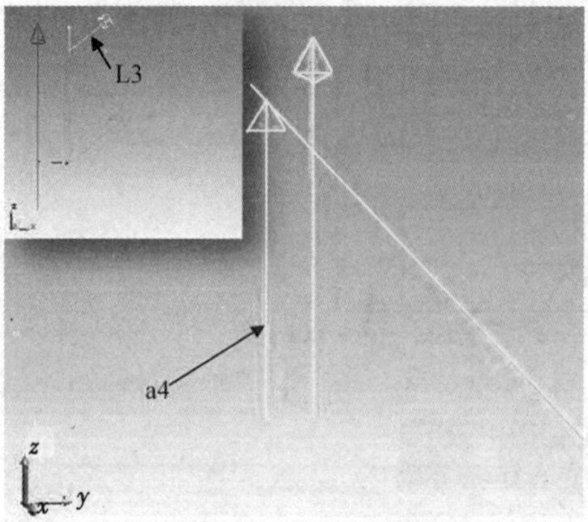

图 6.19　4 轴零位误差计算

(5)5 轴零位误差计算。

如图 6.20 所示，查询直线 a_5 与 L_4 的夹角 T_5，则 5 轴零位误差为 $dT_5=T_5-90°$。

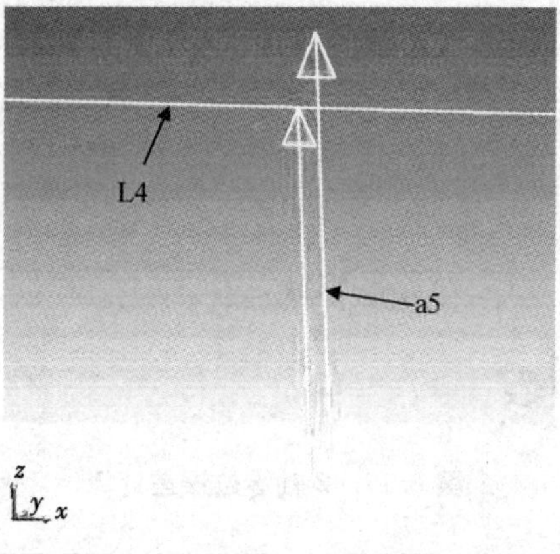

图 6.20　5 轴零位误差计算

(6)6 轴零位误差计算。

如图 6.21 所示，查询直线 a_6 与 L_5 的夹角 T_6，则 6 轴零位误差为 $dT_6=90°-T_6$。

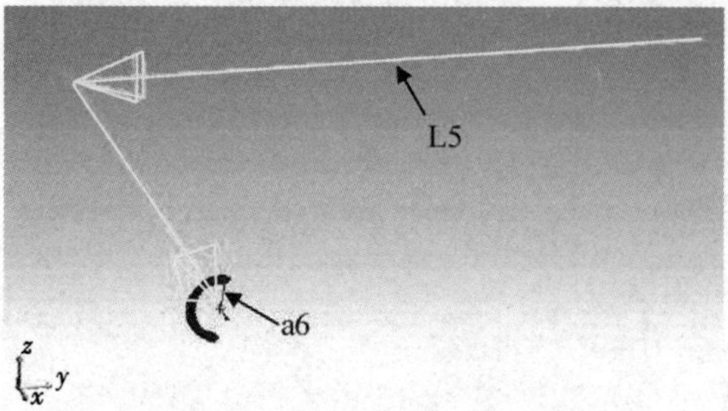

图 6.21　6 轴零位误差计算

需要注意的是，由于1轴之前和6轴之后都不再有轴，因此，理论上1轴和6轴的零位都无法标定。但是，可以通过精确加工末端工具，使得靶球的圆心与其在6轴轴线上的投影点的连线与6轴的 x 轴尽量平行，那么就可以近似地计算出6轴的零位误差。

各轴零位误差计算公式见表6.4。

表6.4　各轴零位计算公式

对应轴	查询直线	查询夹角	零位误差
2轴	a_1，a_2	T_2	$dT_2=T_2-90°$
3轴	a_2，L_4	T_3	$dT_3=90°-T_3$
4轴	a_4，L_3	T_4	$dT_4=T_4-90°$
5轴	a_5，L_4	T_5	$dT_5=T_5-90°$
6轴	a_6，L_5	T_6	$dT_6=90°-T_6$

4. 零位误差补偿及效果检验

（1）零位误差补偿。

利用离线编程软件对机器人各轴零位进行误差补偿，并在补偿后的状态下对机器人进行校零。各轴零位误差补偿值见表6.5。

表6.5　各轴零位误差补偿值

对应轴	理论值	零位误差补偿后各轴关节值
2轴	0°	$-dT_2$
3轴	0°	$-dT_3$
4轴	0°	$-dT_4$
5轴	-90°	$-90°-dT_5$
6轴	0°	$-dT_6$

（2）零位误差补偿效果检验。

在对机器人进行零位误差补偿并校零后，需要对其效果进行检验。

观察各轴的零位指示标签，看其是否有过大的偏离。

建立机器人基坐标系及工具坐标系，选取空间中的几个点，对比试教盒（或离线编程软件）中的坐标值与激光跟踪仪测量值，看二者坐标值对应点之间的距离是否超出经验范围（一般6 kg机器人使用激光跟踪仪进行零位标定后，绝对误差在1 mm附近或小于1 mm属于正常）。

第 7 章　机器人规划

一般情况下，机器人的手部(末端工具)须按照设定的轨迹进行运动，来完成机器人在操作空间的任务。轨迹规划的一般过程是：在轨迹上给定若干个操作空间点，按照逆运动学模型将操作空间的点映射到关节空间，并对关节空间点进行插值，进而实现操作空间的作业任务。本章从关节空间和操作空间两个方面对轨迹规划进行讲解。

7.1　轨迹规划考虑的问题

常见的机器人作业有以下两种。

1. 关节空间轨迹规划

关节空间规划是在机器人的关节空间中进行的，规划对象是机器人各个关节的角度，经规划后机器人的各个关节按照相应的轨迹运动(将关节变量表示成时间的函数，并规划它的一阶和二阶时间导数)。

2. 笛卡儿空间轨迹规划

笛卡儿空间轨迹规划是在机器人的工作坐标系中进行的，规划对象是机器人末端执行器的轨迹曲线，经规划后执行器沿着规划的曲线运动(将机器人位姿、速度和加速度表示为时间的函数，相应的关节位移、速度和加速度由机器人的信息导出)。

轨迹是指操作臂在运动过程中的位移、速度和加速度。

7.2　路径与轨迹

对机械手的最低要求是从初始姿态移动到指定的最终姿态，其过渡过程由运动律表征。运动律要求执行器施加到关节的广义力不违反饱和度限制，且不激发结构的典型谐振模式，从而有必要设计适当的产生光滑轨迹的规划算法。

7.2.1　路径和轨迹的区别

为了避免经常作为近义词使用的两个概念之间产生混淆，现对“路径”和“轨迹”

之间的区别进行解释。

路径(path)表示在关节空间或操作空间中，机械手在执行指定运动时必须跟随的点的轨迹。轨迹(trajectory)则是一条指定了时间律的路径，如在每一点的速度和(或)加速度。

路径和轨迹的区别为：路径是运动的纯几何描述，轨迹则是一条指定了时间律的路径。

7.2.2 轨迹规划的输入、输出

轨迹规划的局限性如下。

(1)几何轨迹不可能由用户完全指定。通常用户只能指定少量的参量，如极值点可能的中间点和插入点的几何基元等。

(2)通常也不会在几何路径每一点上都指定其运动的时间律。更适合的是关注整个轨迹时间，最大速度和加速度约束，以及最终对特别感兴趣点上的指定速度和加速度。

轨迹规划算法生成一个描述末端执行器位置和方向变量且依照约束随时间变化的时间序列。因为对机械手的控制行为是在关节空间中完成的，因此，将使用适当的逆运动学算法，来重构相应于操作空间中上述序列的关节变量的时间序列。

轨迹规划的输入包括路径描述、路径约束、由机械手动力学施加的约束。其输出是位置、速度、加速度。

7.3 关节空间轨迹规划

规划轨迹有以下两种常用的方法。

第一种方法，要求使用者在沿轨迹选定的位置点上(称为节点或插值点)显式地给定广义坐标位置、速度和加速度的一组约束；然后，轨迹规划器从插值和满足插值点约束的函数中选定参数化轨迹。

第二种方法，使用者以解析函数显式地给定机械臂必经的路径，如笛卡儿坐标中的直线路径；然后，轨迹规划器在关节坐标或笛卡儿坐标中确定一条与给定路径近似的轨迹。

在第一种方法中，约束的给定和机械臂轨迹规划是在关节坐标系中进行的。由于对机械臂手部没有约束，使用者难于跟踪机械臂手部运行的路径。因此，机械臂手部可能在没有事先警告的情况下与障碍物发生碰撞。

在第二种方法中，路径约束是在笛卡儿坐标中给定的，而关节驱动器在关节坐标中进行控制。因此，为了求得一条逼近给定路径的轨迹，必须用函数近似地把操作空间中的路径约束变换为关节空间中的路径约束，再确定满足关节坐标路径约束的参数化

轨迹。

轨迹规划既可在关节空间中进行，又可在操作空间中进行。对于关节变量空间的规划，要规划关节变量的时间函数及其关于时间的一阶、二阶导数，以便描述机械臂的预定运动。在笛卡儿空间规划中，要规划机械臂手部位置、速度和加速度的时间函数，而相应的关节位置、速度和加速度可根据运动学进行求解。

7.3.1 轨迹规划

在操作空间进行轨迹规划的特点为：规划面向的是直角坐标系，其优点是概念直观，而且沿预定直线路径准确性易保证。由于机械臂末端位姿通常无法由传感器直接获取，因此几乎所有可用的控制算法都是建立在关节坐标基础上的。因此，操作空间路径规划需要通过机器人运动学逆解在直角坐标和关节坐标进行实时变换。

如果在轨迹规划阶段要考虑机械臂的动力学特性，就要以直角坐标给定路径约束，同时以关节坐标给定物理约束（关节的速度与加速度甚至加加速度的限制，以及各关节输出的最大扭矩等），这会使最后的优化问题具有在两个不同坐标系中的混合约束。

在关节空间的规划有三个优点：① 直接用运动时的受控变量规划轨迹；② 轨迹规划可接近实时地进行；③ 关节轨迹易于规划。

面向关节空间的方法把笛卡儿节点变换为相应的关节坐标，并用低次多项式内插这些关节节点。这种方法的优点是计算较快，而且易于处理机械臂的动力学约束。但当取样点落在拟合的光滑多项式曲线上时，面向关节空间的方法沿笛卡儿空间路径的准确性会有所损失。相应地，关节空间规划对于各连杆及末端的位姿难以控制，对于空间上的约束难以满足。结合两种规划的优缺点，在有空间约束时，宜采用在路径上以笛卡儿空间进行规划，轨迹生成则最终通过逆运动学落实在关节空间内。

7.3.2 点到点运动

点到点运动（point-to-point motion，PTP）又称点位作业或点位控制。点位控制通常没有路径约束，多以关节坐标运动表示。点位控制只要求满足终点位姿，在轨迹中间只有关节的几何限制、最大速度和加速度约束；为了保证运动的连续性，要求速度连续，各轴协调（通常同时启动、加速、减速及停止）。连续轨迹控制（CP 控制）有路径约束，因此，要对路径进行设计。

首先将在工具工作空间中期望的路径点通过逆运动学计算，得到期望的关节位置。然后在关节空间内，给每个关节找到一个经过中间点到达终点的光滑函数，在机器人的初始位置和目标位置之间用多项式函数来“内插”或“逼近”给定的路径，并产生一系列的控制点。同时使得每个关节到达中间点和终点的时间相同，这样便可保证机械手工具能够到达期望的直角坐标位置。这里只要求各个关节在路径点之间的时间相同，各个关节光滑函数的确定则是互相独立的。

1. 多项式轨迹

多项式轨迹即机械臂在规定时间 t_f 内，从初始位置移动到终点位置，并不关心末端执行器的路径，或者说无法兼顾末端执行器的路径。一般使用的三次多项式轨迹为

$$q(t) = a_3t^3 + a_2t^2 + a_1t + a_0 \tag{7.1}$$

在操作臂运动过程中，由于相应于起始点的关节角 q_i 是已知的，而终止点的关节角 q_f 可以通过运动学逆解得到，因此，运动轨迹的描述，可用起始点关节角与终止点关节角度的一个平滑插值函数 $q(t)$ 来表示。显然，有许多平滑函数可作为关节插值函数。

为实现单个关节的平稳运动，轨迹函数 $q(t)$ 至少需要满足 4 个约束条件，即 2 个端点位置约束和 2 个端点速度约束。端点位置约束是指起始位姿和终止位姿分别所对应的关节角度。$q(t)$ 在时刻 $t_0 = 0$ 时的值是起始关节角度 q_i，在终端时刻 t_f 时的值是终止关节角度 q_f，即起始点与终点的约束条件为

$$\begin{cases} q(0) = q_i \\ q(t_f) = q_f \end{cases} \tag{7.2}$$

此时，未知参数共有 4 个，而方程只有 2 个。为满足关节运动速度的连续性要求，另需 2 个约束条件，即在起始点和终止点的关节速度要求，通常限定起始点与终止点处的关节速度(通常为零)，即

$$\begin{cases} \dot{q}(0) = 0 \\ \dot{q}(t_f) = 0 \end{cases} \tag{7.3}$$

联立 4 个约束条件可获得方程组

$$\begin{cases} q_i = a_0 \\ q_f = a_3t_f^3 + a_2t_f^2 + a_1t_f + a_0 \\ \dot{q}_i = a_1 \\ \dot{q}_f = 3a_3t_f^2 + 2a_2t_f^2 + a_1 \end{cases} \tag{7.4}$$

求解由 a_3，a_2，a_1，a_0 构成的线性方程组，可以轻易获得每个时间点关节空间的位置。

根据式(7.4)给出的 4 个约束条件，可以唯一确定一个三次多项式 $q(t) = a_0 + a_1t + a_2t^2 + a_3t^3$ 运动过程中的关节速度和加速度：

$$\begin{cases} \dot{q}(t) = a_1 + 2a_2t + 3a_3t^2 \\ \ddot{q}(t) = 2a_2 + 6a_3t \end{cases} \tag{7.5}$$

为求得三次多项式的系数 a_0，a_1，a_2，a_3，代入给定的约束条件来求解该方程组，可得

$$\begin{cases} a_0 = q_i \\ a_1 = 0 \\ a_2 = \dfrac{3}{t_f^2(q_f - q_i)} \\ a_3 = -\dfrac{2}{t_f^3}(q_f - q_i) \end{cases} \tag{7.6}$$

对于起始速度及终止速度为零的关节运动，满足连续平稳运动要求的三次多项式插值函数：

$$q(t) = q_i + \frac{3}{t_f^2(q_f - q_i)}t^2 - \frac{2}{t_f^3}(q_f - q_i)t^3 \tag{7.7}$$

由式(7.7)可得关节角速度和角加速度的表达式：

$$\begin{cases} \dot{q}(t) = \dfrac{6}{t_f^2}(q_f - q_i)t - \dfrac{6}{t_f^3}(q_f - q_i)t^2 \\ \ddot{q}(t) = \dfrac{6}{t_f^2}(q_f - q_i) - \dfrac{12}{t_f^3}(q_f - q_i)t \end{cases} \tag{7.8}$$

这里需要强调，这组解适用于关节起始、终止速度为零的运动情况。当速度是其他情况时，可以改变速度值重新进行计算。如果要加入其他约束，如关节起始、终止加速度的约束，就要使用 5 次多项式。其计算原理与 3 次多项式的计算原理类似。对于需要精确经过某些位姿点的情形，利用多项式插值就比较麻烦，且多项式的幂次也要增加，这里就不再赘述。这种规划方法的特点是简单，求解迅速；缺点是时间是由人为指定的，中段的速度和加速度均由多项式求得，性能不可控。

这里需要指出的是，利用多项式进行轨迹规划时，有时候会将多项式写成正则形式，正则多项式的一般形式如下：

$$\begin{cases} q(t) = q_0 + (q_f - q_0)s(\tau) \\ \dot{q}(t) = \dfrac{q_f - q_0}{T}s'(\tau) \\ \ddot{q}(t) = \dfrac{q_f - q_0}{T^2}s''(\tau) \end{cases} \tag{7.9}$$

其中

$$\begin{gathered} s(\tau) = a\tau^5 + b\tau^4 + c\tau^3 + d\tau^2 + e\tau + f \\ 0 \leqslant s \leqslant 1,\ 0 \leqslant \tau \leqslant 1,\ \tau = \frac{t}{T} \end{gathered} \tag{7.10}$$

式(7.9)和式(7.10)中，T 为轨迹规划时间，t 为机械手运行时间。图 7.1 是一组利用多项式插值得到的六关节机器人关节空间的多项式轨迹规划曲线；多项式插值的关节运动轨迹曲线如图 7.2 和图 7.3 所示，这组速度和加速度曲线是在图 7.1 轨迹的基础上得到的。但机械手需要经过多个中间位姿，多项式规划就不太实用了。

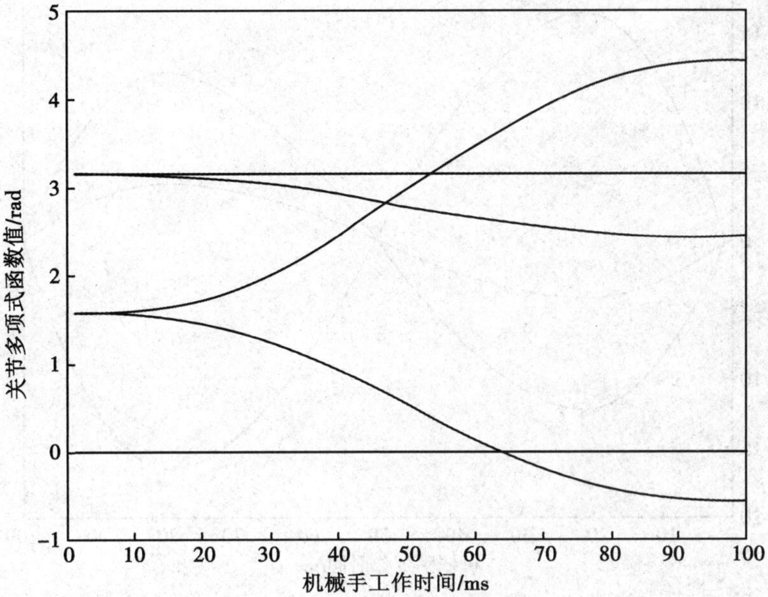

图 7.1　关节空间的多项式轨迹规划曲线

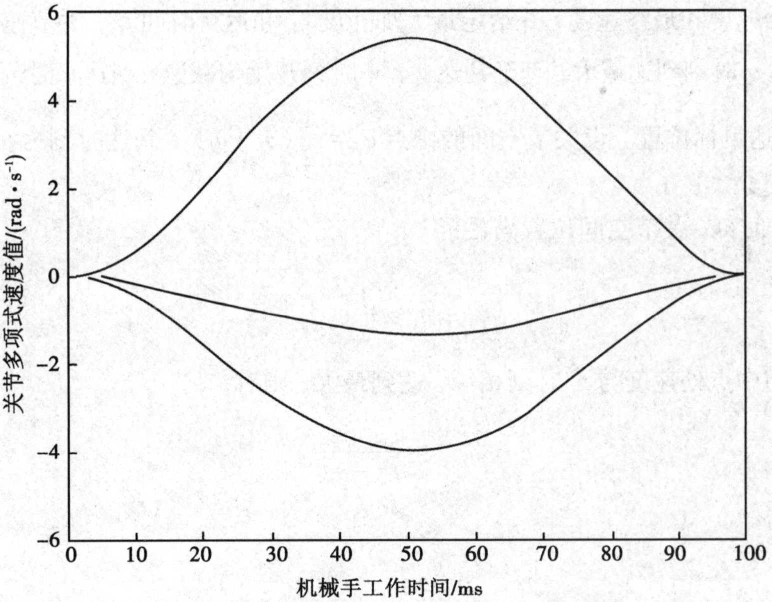

图 7.2　多项式规划下的关节空间速度曲线

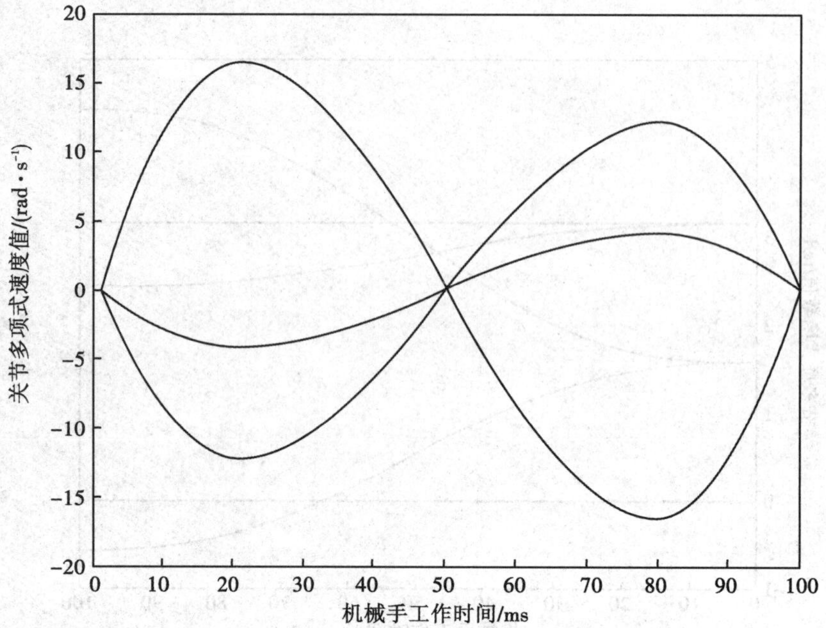

图 7.3　多项式规划下的关节空间加速度曲线

2. T 形速度规划

设定初始速度和最终速度，并给定最大加速度 $\ddot{q}_c$ 和运行时间 t_f，关节速度从 0 开始匀加速，到达 t_c 时刻到达最大，直至到达 $t_f - t_c$ 时刻开始匀减速，到达 t_f 时刻刚好速度降为 0，并且到达目标位置。设关节空间的中点 $q_m = \frac{1}{2}(q_i + q_f)$，到达时刻为 t_m（理论上是 $\frac{t_m}{2}$），则在 t_c 时刻，关节空间位置满足：

$$q_c - q_i = \frac{1}{2}\ddot{q}_c t_c^2 \tag{7.11}$$

关节空间中点处速度与 t_c 时刻相等，达到最大，则有

$$\ddot{q}_c t_c = \frac{q_m - q_c}{t_m - t_c}$$

求解方程可得

$$t_c = \frac{t_f}{2} - \frac{1}{2}\sqrt{\frac{t_f^2\ddot{q}_c - 4(q_f - q_i)}{\ddot{q}_c}} \tag{7.12}$$

最终，关节空间轨迹随时间的变化符合如下分段函数：

$$q(t)=\begin{cases} q_i+\dfrac{1}{2}\ddot{q}_c t^2, & 0\leqslant t\leqslant t_c \\ q_i+\ddot{q}_c t_c\left(t-\dfrac{1}{2}t_c\right), & t_c<t\leqslant t_f-t_c \\ q_f-\dfrac{1}{2}\ddot{q}_c(t_f-t)^2, & t_f-t_c<t\leqslant t_f \end{cases} \tag{7.13}$$

梯形速度规划关节空间轨迹如图 7.4 所示。

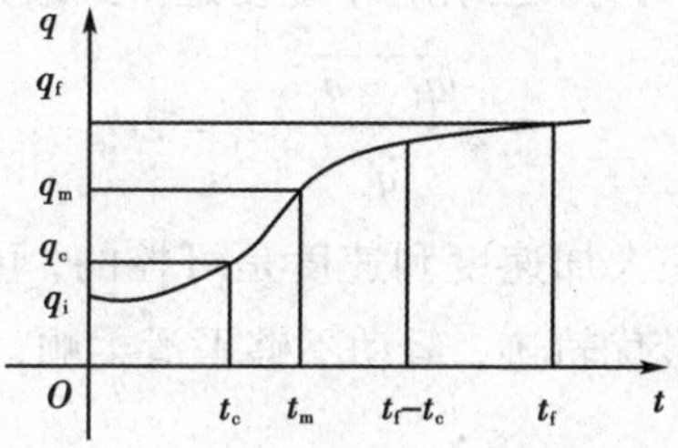

图 7.4　梯形速度规划关节空间轨迹

梯形速度规划关节速度如图 7.5 所示。

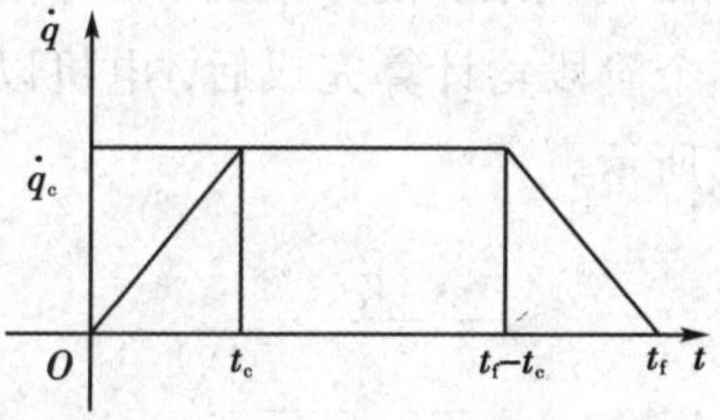

图 7.5　梯形速度规划关节速度

梯形速度规划关节加速度如图 7.6 所示。

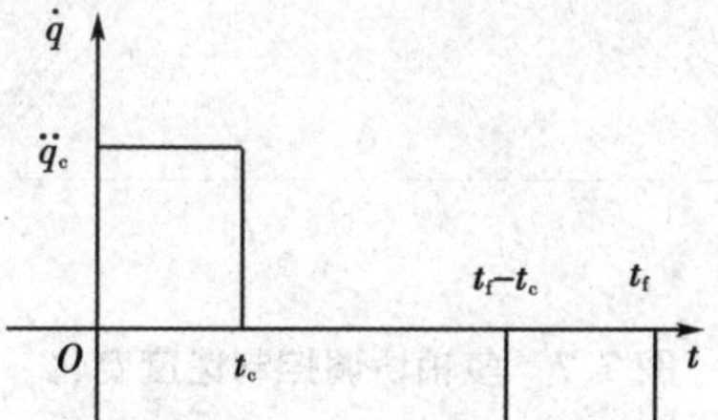

图 7.6　梯形速度规划关节加速度

这种规划速度曲线是一个“梯形”，因而得名梯形规划或 T 形规划。这种规划方式，在初始位置 q_i 和终点位置 q_f 确定的前提下，除了上述给定执行时间 t_f 和最大加速度 $\ddot{q}_c$ 的方式，还可以给定最大速度 $\dot{q}_c$ 和最大加速度 $\ddot{q}_c$ 来进行轨迹的规划。这种情况下，最大速

度时刻为

$$t_c = \frac{\dot{q}_c}{\ddot{q}_c} \tag{7.14}$$

若 $t_f > 2t_c$，则速度曲线有匀速段，此时

$$t_f = \frac{q_f - q_i}{\dot{q}_c} + \frac{\dot{q}_c}{\ddot{q}_c} \tag{7.15}$$

若 $t_f \leqslant 2t_c$，则速度曲线为等腰三角形，速度达不到最大，此时

$$t'_c = \sqrt{\frac{q_f - q_i}{\ddot{q}_c}},\ t_f = 2t'_c \tag{7.16}$$

这种规划方法的优点是最大加速度和速度是可控的，可以保障机器人的运动性能；缺点是加速度不连续，不是最优轨迹，运动不够平滑柔顺，加速度较大时启停阶段会导致刚度不佳的本体剧烈振动。

3. 多轴协调控制

为保证多轴联动时所有关节电机步调一致，即同时启动、加速、减速及停止，必须在速度曲线的每一段选取执行所需时间最长的一个关节，并按照该时间重新计算其他关节的加加速度和最大加速度。7 个阶段均计算完成后，电机以不同的速度、加速度于同一时间进入同一状态，如图 7.7 所示。

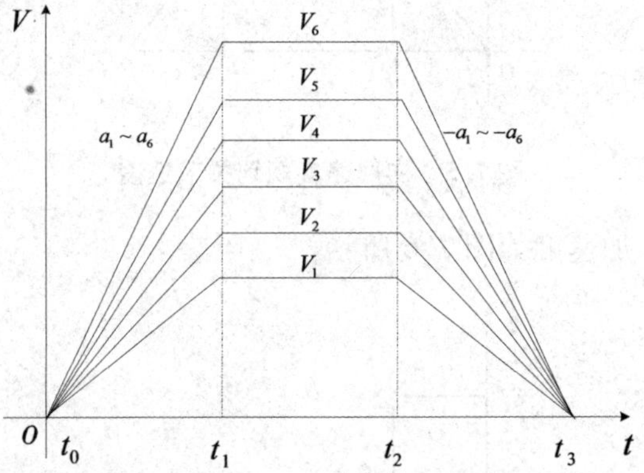

图 7.7　多轴协调控制速度变化

下面进行轨迹规划性能指标分析。

在进行轨迹规划时，运动学的要求是机器人工作考虑的首要因素，同时要综合考虑机器人的工作转速、质量及载荷的大小等多种因素。

(1)最大速度。

最大速度即机器人运动的速度。

(2)最大加速度。

最大加速度即机器人运动加速度最大值。其大小是影响机器人动力学特性的主要因素。

(3)最大冲击。

最大冲击即机器人冲击最大值。其大小对机器人系统的动力学特性有很大的影响，会直接影响机器人系统的残余振动和机器人的动力学特性。

(4)轨迹规划曲线的高阶导数。

加速度曲线能否连续会决定轨迹规划曲线能否接受刚性和柔性的冲击，而加速度的导数曲线——冲击曲线，若不连续，则冲击曲线改变值的多少对机器人动力特性有很大的影响。

4. 基于直线和抛物线的轨迹规划方法

关节插补的另外一种可选的路径形状是直线。即简单地从当前关节位置进行线性插值，直到终止位置。然而直接进行线性插值将导致在起始点和终止点的关节运动速度不连续。为了生成一条位置和速度都连续的平滑运动轨迹，开始先用线性函数，但是需要在每个路径点增加一段抛物线拟合区域。

在抛物线拟合区域中，将使用恒定的加速度平滑地改变速度。图 7. 8 就是使用这种方法得到的路径规划曲线，即直线和两个抛物线组合成的一条完整的位置、加速度均连续的路径。

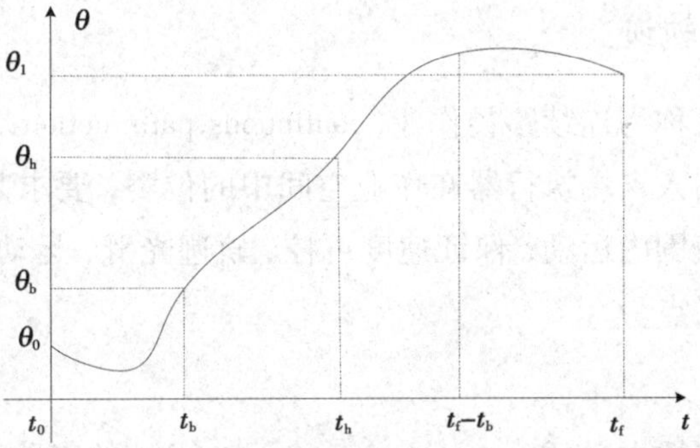

图 7. 8　基于直线和抛物线的轨迹规划方法示意图

为了构造这样的路径段，设两端的抛物线拟合区段具有相同的持续时间，因此，在这两个拟合区域中采用相同的恒定加速度(符号相反)。这里存在多个解，但是每个结果都对称于时间中点 t_h 和位置中点 θ_h 。由于拟合区段终点的速度必须等于直线段的速度，所以有

$$\ddot{\theta} t_b = \frac{\theta_h - \theta_b}{t_h - t_b} \tag{7. 17}$$

式中，θ_b 是拟合段终点的 θ 值，而 $\ddot{\theta}$ 是拟合区段的加速度。θ_b 由式(7. 18)给出：

$$\theta_b = \theta_0 + \frac{1}{2}\ddot{\theta}t_b^2 \tag{7.18}$$

联立式(7.17)和式(7.18)，且 $t = 2t_h$，可以得到

$$\ddot{\theta}t_b^2 - \ddot{\theta}t_b + (\theta_f - \theta_0) = 0 \tag{7.19}$$

式中，t 为期望的运动时间，对于任意给定的 θ_f，θ_0，t，可以通过选取满足式(7.19)的 $\ddot{\theta}$ 和 t_b 来获取任意一条路径。通常，先选择加速度 $\ddot{\theta}$，再计算式(7.20)，求解相应的 t_b。选择的加速度必须足够大，否则解将不存在。根据加速度和其他已知参数计算式(7.19)，求解 t_b，得

$$t_b = \frac{t}{2} - \frac{\sqrt{\ddot{\theta}^2 t^2 - 4\ddot{\theta}(\theta_f - \theta_0)}}{2\ddot{\theta}} \tag{7.20}$$

在拟合区域段使用的加速度条件约束为

$$\ddot{\theta} \geqslant \frac{4(\theta_f - \theta_0)}{t^2} \tag{7.21}$$

式(7.21)等号成立的时候，直线部分的长度缩减为零，整个路径由两段抛物线区域组成，且衔接处斜率相等。如果加速度的取值越来越大，则拟合区域的长度将随之越来越短。当处于极限时，即加速度无穷大，则路径又回到了简单的直线插补。

7.3.3 系列点连续轨迹

系列点连续轨迹又称为连续路径作业(continuous-path motion，CP)，这种控制方式的特点是连续地控制机器人末端执行器在作业空间中的位姿，要求其严格按照预定的轨迹和速度在一定的精度范围内运动，保证速度可控、轨迹光滑、运动平稳地完成作业任务，需要依次通过指定路径点。

1. 多项式轨迹

需要机器人末端在插入 q_k 和 q_{k+1}（$k = 1, 2, \cdots, N$）的三阶多项 $q_k(t)$ 上施加如下条件：

$$\begin{cases} q_k(t_k) = q_k \\ q_k(t_{k+1}) = q_{k+1} \\ \dot{q}_k(t_{k+1}) = \dot{q}_k \\ \dot{q}_k(t_{k+1}) = \dot{q}_{k+1} \end{cases} \tag{7.22}$$

轨迹的连续性条件如下：

$$q_k(t_{k+1}) = q_{k+1}(t_{k+1}) \tag{7.23}$$

求解方程组，可得如图7.9所示的最终轨迹。

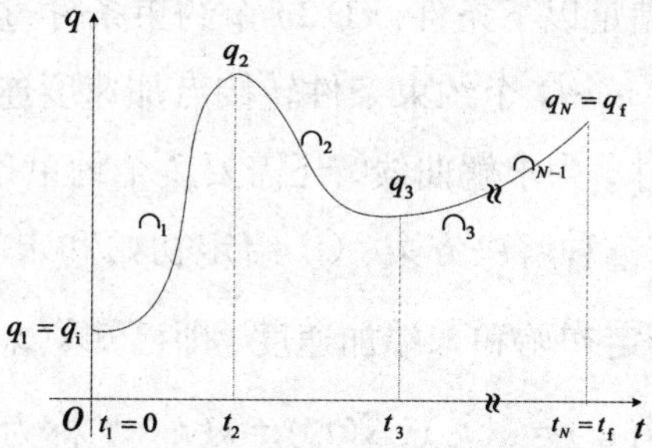

图 7.9　多项式连续轨迹曲线

多项式连续轨迹规划的速度曲线如图 7.10 所示。

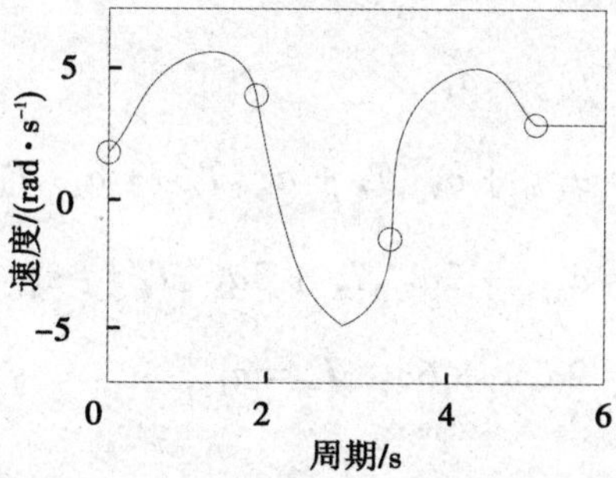

图 7.10　多项式连续轨迹规划的速度曲线

多项式连续轨迹规划的加速度曲线如图 7.11 所示。

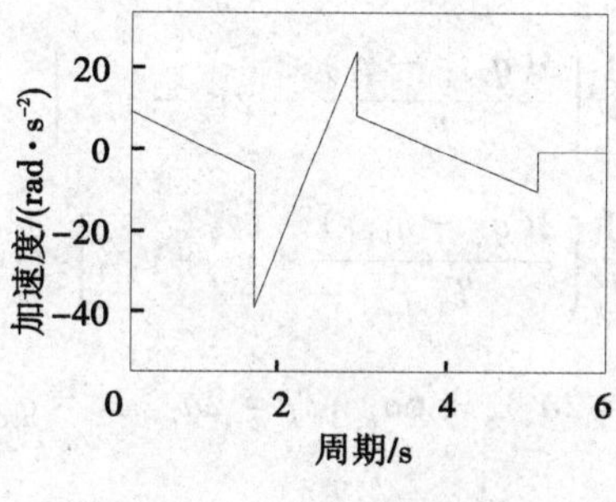

图 7.11　多项式连续轨迹规划的加速度曲线

由图 7.9~图 7.11 可见，此方法只保证了速度的连续性，但加速度不连续，会引起冲击。

2. 三次样条插值

构造连续的三次样条曲线

$$\begin{cases} s(t) = \{q_k(t),\ t \in [t_k,\ t_{k+1}],\ k = 0,\ 1,\ \cdots,\ n-1\} \\ q_k(t) = a_{k0} + a_{k1}(t - t_k) + a_2(t - t_k)2 + a_3(t - t_k)3 \end{cases} \tag{7.24}$$

共有 $4n$ 个参数，需要满足以下条件：① $2n$ 个约束条件过给定路径点；② $n-1$ 个约束条件转接点速度连续；③ $n-1$ 个约束条件转接点加速度连续。

共有 $4n-2$ 个约束条件，为求解曲线，还需要 2 个约束条件。

针对上述的问题，共有三种解决方案：① 给定初始和末端速度，即已知 $\dot{s}(t_0)=v_0$，$\dot{s}(t_n)=v_n$，$\dot{s}(t_n)=v_n$；② 给定初始和末端加速度，即已知 $\ddot{s}(t_0)$，$\ddot{s}(t_n)$，此曲线又称为自然样条曲线；③ 设定条件 $\dot{s}(t_0)=\dot{s}(t_n)$，$\ddot{s}(t_0)=\ddot{s}(t_n)$，称为周期性的样条轨迹函数。

给定初始和末端速度的样条轨迹：

$$\begin{cases} q_k(t_k)=a_{k,0}=q_k \\ \dot{q}_k(t_k)=a_{k,1}=v_k \\ \ddot{q}_k(t_k)=2a_{k,2}=a_k \\ q_k(t_{k+1})=a_{k,0}+a_{k,1}T_k+a_{k,2}T_k^2+a_{k,3}T_k^3=q_{k+1} \\ \dot{q}_k(t_{k+1})=a_{k,1}+2a_{k,2}T_k+3a_{k,3}T_k^2=v_{k+1} \\ \ddot{q}_k(t_{k+1})=2a_{k,2}+6a_{k,3}T_k=a_{k+1} \end{cases} \tag{7.25}$$

式中，$T_k=t_{k+1}-t_k$。

由式(7.25)可解得

$$\begin{cases} a_{k,0}=q_k \\ a_{k,1}=v_k \\ a_{k,2}=\dfrac{1}{T_k}\left[\dfrac{3(q_{k+1}-q_k)}{T_k}-2v_k-v_{k+1}\right] \\ a_{k,3}=\dfrac{1}{T_k^2}\left[\dfrac{2(q_k-q_{k+1})}{T_{k+1}}+v_k+v_{k+1}\right] \end{cases} \tag{7.26}$$

$$\ddot{q}_k(t_{k+1})=2a_{k,2}+6a_{k,3}T_k=2a_{k+1,2}=\ddot{q}_{k+1}(t_{k+1})$$

化简可得

$$T_{k+1}v_k+2(T_{k+1}+T_k)v_{k+1}+T_kv_{k+2}=\frac{3}{T_kT_{k+1}}\left[T_k^2(q_{k+2}-q_{k+1})+T_{k+1}^2(q_{k+1}-q_k)\right] \tag{7.27}$$

将式(7.27)整理成为矩阵形式，则有

$$\begin{bmatrix} 2(T_0+T_1) & T_0 & 0 & \cdots & 0 \\ T_2 & 2(T_1+T_2) & T_1 & & \vdots \\ 0 & & \vdots & & 0 \\ \vdots & \cdots & T_{n-2} & 2(T_{n-3}+T_{n-2}) & T_{n-3} \\ 0 & \cdots & 0 & T_{n-1} & 2(T_{n-2}+T_{n-1}) \end{bmatrix}$$

$$= \begin{bmatrix} \dfrac{3}{T_0T_1}[T_0^2(q_2-q_1)+T_1^2(q_1-q_0)]-T_1v_0 \\ \dfrac{3}{T_1T_2}[T_1^2(q_3-q_2)+T_2^2(q_2-q_1)] \\ \vdots \\ \dfrac{3}{T_{n-3}T_2}[T_{n-3}^2(q_{n-1}-q_{n-2})+T_{n-2}^2(q_{n-2}-q_{n-3})] \\ \dfrac{3}{T_{n-2}T_{n-1}}[T_{n-2}^2(q_n-q_{n-1})+T_{n-1}^2(q_{n-1}-q_{n-2})]-T_{n-2}v_n \end{bmatrix} \tag{7.28}$$

求解方程组可得到 v_k，进而可求得 a_k。三次样条轨迹的位置、速度和加速度曲线如图 7.12 所示。

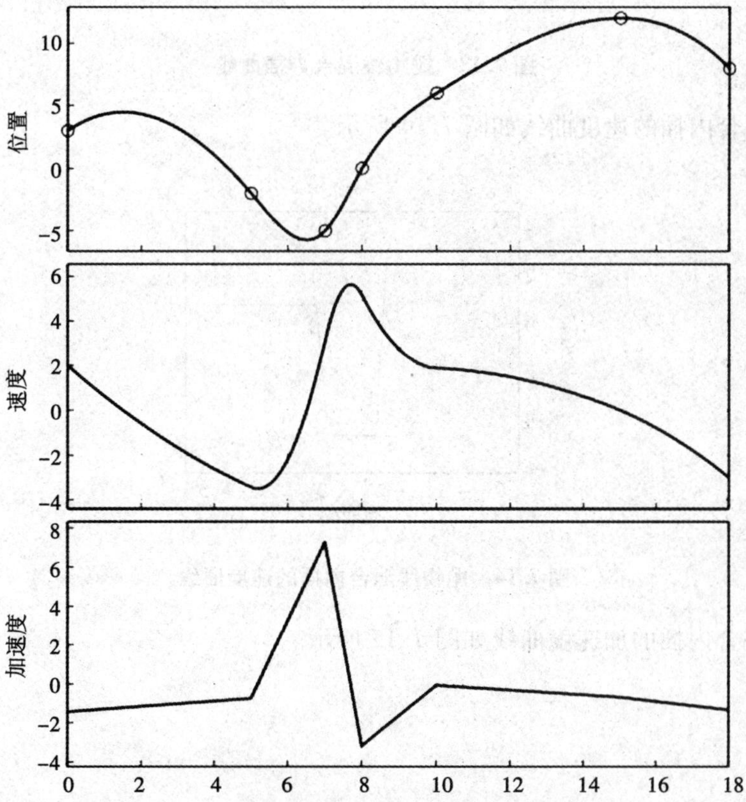

图 7.12　三次样条轨迹的位置、速度和加速度曲线

3. 与抛物线混合的内插线性多项式

在 t_1，t_2，…，t_N 时刻，先用线性分段插入 N 段路径，再在衔接点采用抛物线转接。给定 q_k，Δt_k，$\Delta t'_k$，则中间点速度和加速度为

$$\begin{cases} \dot{q}_{k,\ k+1} = \dfrac{q_k - q_{k-1}}{\Delta t_{k-1}} \\ \ddot{q}_k = \dfrac{\dot{q}_{k,\ k+1} - \dot{q}_{k-1,\ k}}{\Delta t'_k} \end{cases} \tag{7.29}$$

注意：此路径不经过 q_k，而是从其附近经过，如图 7.13 所示。

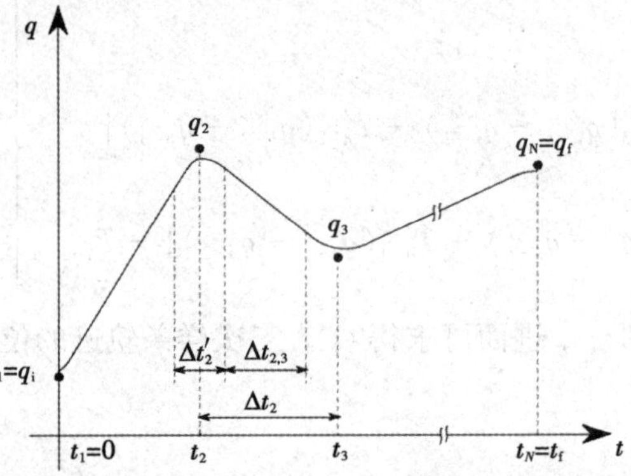

图 7.13　抛物线混合内插曲线

抛物线混合内插的速度曲线如图 7.14 所示。

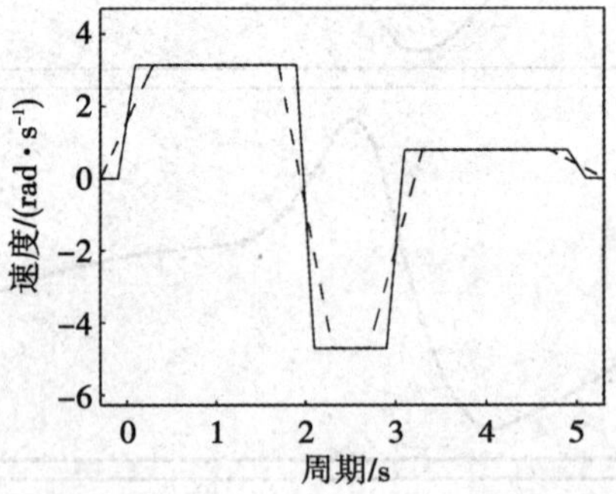

图 7.14　抛物线混合内插的速度曲线

抛物线混合内插的加速度曲线如图 7.15 所示。

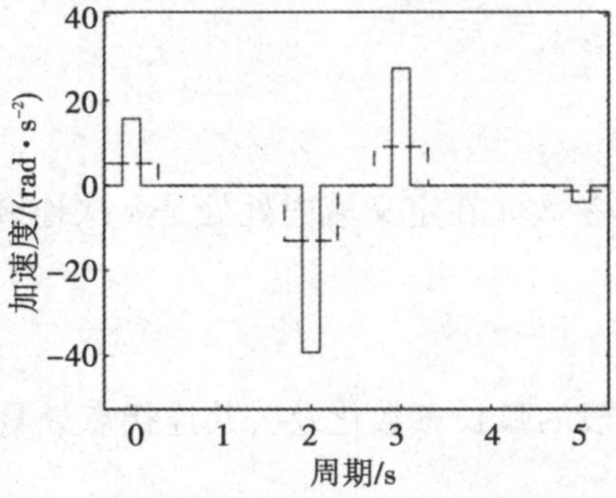

图 7.15　抛物线混合内插的加速度曲线

7.4　操作空间轨迹规划

在关节空间内的规划可以保证运动轨迹经过给定的路径点。但是在直角坐标空间，路径点之间的轨迹形状往往是十分复杂的，它取决于机械手机构的运动学特性。在有些情况下，对机械手末端的轨迹形状也有一定要求，如要求它在两点之间走一条直线，或者沿着一个圆弧运动以绕过障碍物等。这时便需要在笛卡儿空间内规划机械手的运动轨迹。

笛卡儿空间的路径点指的是机械手末端的工具坐标相对于基坐标的位置和姿态。每一个点由 6 个量组成，其中 3 个量描述位置，另外 3 个量描述姿态。

在笛卡儿空间内规划的方法主要有线性函数插值法和圆弧插值法。

末端执行器需按照预定几何轨迹运动时，则需要在操作空间进行轨迹规划，操作空间规划通常有以下两种形式：

① 若无须精确按照预定几何轨迹执行，则可通过指定 N 个路径点来描述末端姿态特性，并采用多项式等函数插值；

② 若必须精确按照预定几何轨迹执行，则可通过规划运动基元或定义路径的时间律得到。

1. 路径基元

笛卡儿空间轨迹定义为 $p=f(u)$，$u\in[u_{\min},u_{\max}]$。路径规划目的是找到时间律 $u=u(t)$。

令 s 表示从 $p(u_{\min})$ 到 p 点的弧长，则路径可用参数 s 表示为 $p=f(s)$，$s\in[0,L]$，路径切向单位向量为 $\boldsymbol{t}=\dfrac{\mathrm{d}p}{\mathrm{d}s}$，路径法线单位向量为 $\boldsymbol{n}=\dfrac{\dfrac{\mathrm{d}^2p}{\mathrm{d}s^2}}{\left\|\dfrac{\mathrm{d}^2p}{\mathrm{d}s^2}\right\|}$，路径副法线单位向量为

$\boldsymbol{b}=\boldsymbol{t}\times\boldsymbol{n}$。

2. 路径连续性说明

(1)参数连续性 C^n。

当曲线 $p=f(u)$ 关于其参数 u 在定义域内处处是 k 次连续可微的，则称它具有 k 阶连续性，记为 C^n。

(2)几何连续性 G^n。

当且仅当两曲线在相应段的弧长参数化及公共连接点处具有 C^n 连续性，则称它们在该点处具有 C^n 连续性。

7.4.1 直线路径

连接点 p_i 到点 p_f 的直线段路径为

$$p(s)=p_\mathrm{i}+\frac{s(p_\mathrm{f}-p_\mathrm{i})}{\|p_\mathrm{f}-p_\mathrm{i}\|},\ s\in[0,\ \|p_\mathrm{f}-p_\mathrm{i}\|] \tag{7.30}$$

关于参数 s 的导数为

$$\frac{\mathrm{d}p(s)}{\mathrm{d}s}=\frac{p_\mathrm{f}-p_\mathrm{i}}{\|p_\mathrm{f}-p_\mathrm{i}\|},\ \frac{\mathrm{d}^2p(s)}{\mathrm{d}s^2}=0 \tag{7.31}$$

7.4.2 圆形路径

圆形路径通过如下参数确定，如图 7.16 所示。

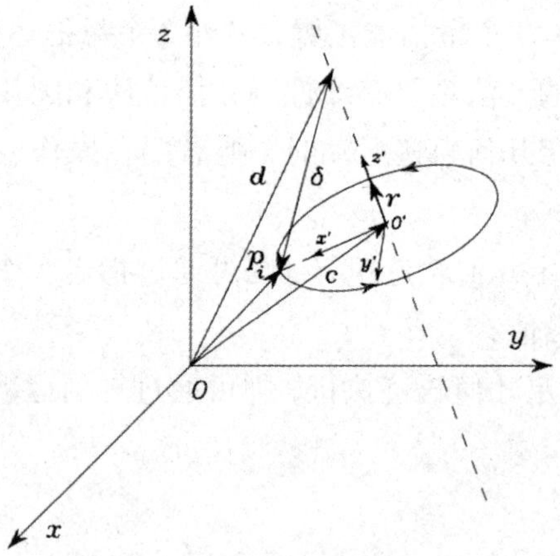

图 7.16 圆形路径规划空间示意图

假设圆轴为 r_i，沿圆轴点的位置向量 d、圆上位置点 p_i，在坐标系 O'—$x'y'z'$ 中，圆的参数方程为

$$\boldsymbol{p}'(s)=\begin{bmatrix} r\cos\left(\frac{s}{r}\right) & r\sin\left(\frac{s}{r}\right) & 0\end{bmatrix}^\mathrm{T} \tag{7.32}$$

转换到坐标系 $O-xyz$ 中，方程为

$$\boldsymbol{p}(s)=c+\boldsymbol{R}p'(s) \tag{7.33}$$

式中，$\boldsymbol{R}$ 为两坐标系之间的旋转矩阵，即

$$\boldsymbol{R}=[x' \quad y' \quad z'] \tag{7.34}$$

关于参数 s 的导数为

$$\begin{cases}\dfrac{\mathrm{d}\boldsymbol{p}(s)}{\mathrm{d}s}=\boldsymbol{R}\left[-\sin\left(\dfrac{s}{r}\right) \quad \cos\left(\dfrac{s}{r}\right) \quad 0\right]^{\mathrm{T}}\\ \dfrac{\mathrm{d}^2\boldsymbol{p}(s)}{\mathrm{d}s^2}=\boldsymbol{R}\left[-\dfrac{\cos\left(\dfrac{s}{r}\right)}{r} \quad -\dfrac{\sin\left(\dfrac{s}{r}\right)}{r} \quad 0\right]^{\mathrm{T}}\end{cases} \tag{7.35}$$

7.4.3　位置路径

令 $p_e=f(s)$ 为以弧长 s 为参数的路径表达式，末端执行的坐标系原点在时间 t_{f} 内，从 p_{i} 到 p_{f} 对应的弧长从 0 到 $s=s_{\mathrm{f}}$，沿路径的时间律可由函数 $s(t)$ 描述。对于一个给定的时间律 $s(t)$，点 p_e 对时间的导数为

$$\begin{cases}\dot{p}_e=\dot{s}\dfrac{\mathrm{d}p_e}{\mathrm{d}s}=\dot{s}t\\ \ddot{p}_e=\dot{s}^2\dfrac{\mathrm{d}^2p_e}{\mathrm{d}s^2}+\ddot{s}\dfrac{\mathrm{d}p_e}{\mathrm{d}s}=\dot{s}^2\left\|\dfrac{\mathrm{d}^2p_e}{\mathrm{d}s^2}\right\|n+\ddot{s}t\end{cases} \tag{7.36}$$

式中，$\dot{s}$ 和 $\ddot{s}$ 分别与路径在点 p 的切向速度和切向加速度的大小相关，可以根据 $\dot{p}_e$ 和 $\ddot{p}_e$ 的约束条件，确定 $\dot{s}$ 和 $\ddot{s}$ 的约束条件，从而构造出 $s(t)$ 函数。

直线路径下，条件为

$$\begin{cases}\dot{p}_e=\dfrac{\dot{s}}{\|p_{\mathrm{f}}-p_{\mathrm{i}}\|}(p_{\mathrm{f}}-p_{\mathrm{i}})=\dot{s}t\\ \ddot{p}_e=\dfrac{\ddot{s}}{\|p_{\mathrm{f}}-p_{\mathrm{i}}\|}(p_{\mathrm{f}}-p_{\mathrm{i}})=\ddot{s}t\end{cases} \tag{7.37}$$

圆弧路径下，条件为

$$\begin{cases}\dot{p}_e=\boldsymbol{R}\left[-\dot{s}\sin\left(\dfrac{s}{r}\right) \quad \dot{s}\cos\left(\dfrac{s}{r}\right) \quad 0\right]^{\mathrm{T}}\\ \ddot{p}_e=\boldsymbol{R}\left[\dfrac{-\dot{s}^2\cos\left(\dfrac{s}{r}\right)}{r}-\ddot{s}\sin\left(\dfrac{s}{r}\right) \quad -\dfrac{\dot{s}^2\sin\left(\dfrac{s}{r}\right)}{r}+\ddot{s}\cos\left(\dfrac{s}{r}\right) \quad 0\right]^{\mathrm{T}}\end{cases} \tag{7.38}$$

7.5 机器人规划的作用与任务

7.5.1 规划的作用与问题分解途径

1. 规划的概念

规划是指在执行一个问题求解程序中的任何一步之前，计算该程序步骤的过程，是对行动过程的描述。它蕴涵排序，步骤含糊且具有分层结构。规划的分层结构如图 7.17 所示。

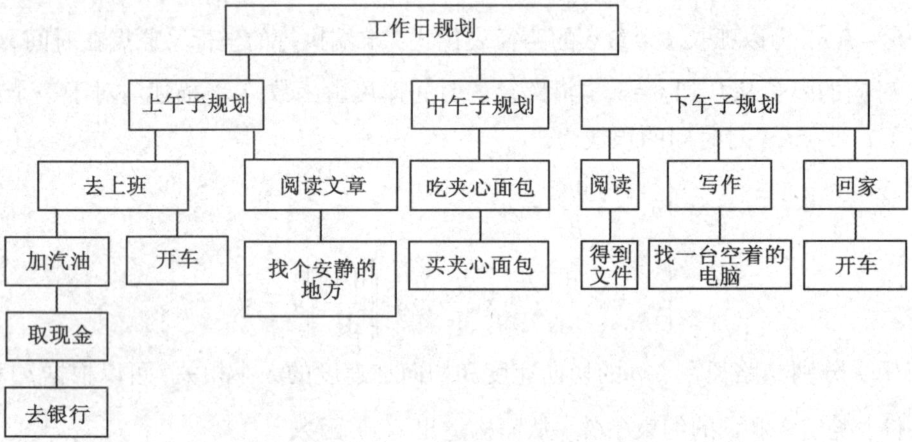

图 7.17　规划的分层结构

2. 规划的作用与问题分解途径

(1)规划的作用。

缺乏规划可能导致得到的解决方案不是最佳的问题求解。规划可用来监控求解过程。

(2)问题分解的途径。

途径一：只考虑状态中可能变化了的那部分。

途径二：把单一的问题分割成若干个子问题。

(3)域的预测和规划的修正。

域的预测和规则的修正可以产生一个有希望成功的规划。若规划失败，从现有状态重新开始规划。非期望结果并不使余下部分失败。使规划失败的影响限制在局部内。记录规划执行步骤及理由，便于回溯。

7.5.2 机器人规划系统的任务与方法

1. 机器人规划系统的任务

机器人规划系统的任务如下：根据最有效的启发信息，选择应用于下一步的最好规则；应用所选取的规则来计算生成的新状态；对所求得的解答进行检验；检验空端，并舍弃；检验殆正确的解答，并应用具体技术使之完全正确。

2. 机器人规划系统的方法

选择和应用规则：每一个动作都表示由该动作状态引起的变化，另用某些语句来描述所有其他维持不变的事物。

优点：只需一个机制——消解。

缺点：若问题状态复杂，则需很多的公理条数。

7.6 应用 MATLAB 实现机器人运动规划

7.6.1 五次多项式轨迹

基于 MATLAB Robotics Toolbox 的机器人的轨迹规划即五次多项式轨迹。

通常的轨迹规划限制条件：起始和终止速度、加速度为0，设定起点和终点，一共5个条件，所以最容易想到的是五次多项式轨迹规划。其代码如下：

```
1. clear;
2. clc;
3. p0=-1; %定义初始点及终点位置;
4. p1=2;
5. p=tpoly(p0, p1, 50); %取步长为50;
6. figure(1);
7. plot(p); %绘图，可以看到在初始点及终点的一、二阶导均为零;
8. [p, pd, pdd]=tpoly(p0, p1, 50); %得到位置、速度、加速度 tpoly 为五阶多项式
(这里的50步长并非限制条件);
9. figure(2);
10. subplot(3, 1, 1); plot(p); xlabel('Time'); ylabel('p');
11. title('初始和终止速度都为0');
12. grid on;
13. subplot(3, 1, 2); plot(pd); xlabel('Time'); ylabel('pd');
14. grid on;
```

```
subplot(3, 1, 3); plot(pdd); xlabel('Time'); ylabel('pdd');
grid on;

[s, sd, sdd]=tpoly(0, 1, 50, 0.5, 0); %初始速度为 0.5，终点速度为 0;
figure(3);
subplot(3, 1, 1); plot(s); xlabel('Time'); ylabel('s');
title('初始和终止速度为 0.5 和 0');
hold on;
n=find(s==max(s));
plot(n, s(n), 'o');
cell_string{1}=['smax='num2str(s(n))]; %多行文本
cell_string{2}=['time='num2str(n)];
text(n, s(n)-3, cell_string);
hold off;
grid on;
subplot(3, 1, 2); plot(sd); xlabel('Time'); ylabel('sd');
grid on;
subplot(3, 1, 3); plot(sdd); xlabel('Time'); ylabel('sdd');
grid on;
```

规划输出的轨迹曲线如图 7.18 所示。

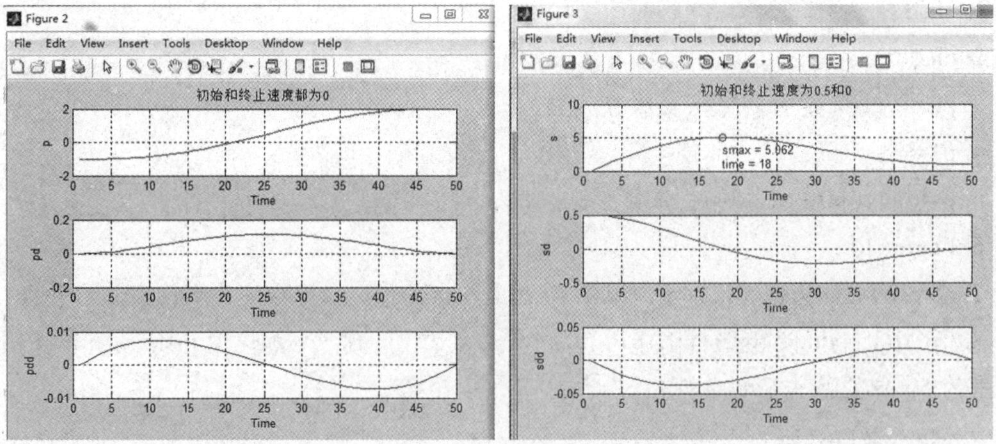

(a) (b)

图 7.18　规划输出的轨迹曲线

7.6.2　抛物线轨迹

机器人的抛物线轨迹的起始段和终止段为抛物线，中间有部分为直线匀速段。其限制条件为起始及终止位置、起始及终止速度、总时间。匀速段的速度在一定条件下也可以作为限制条件。其代码如下：

```
clear;
clc;
p0=-1; %定义初始点及终点位置;
p1=2;
p=tpoly(p0, p1, 50); %取步长为50;
figure(1);
plot(p); %绘图，可以看到在初始点及终点的一、二阶导均为零;
[p, pd, pdd]=tpoly(p0, p1, 50); %得到位置、速度、加速度;
%p为五阶多项式，速度、加速度均在一定范围内;
figure(2);
subplot(3, 1, 1); plot(p); xlabel('Time'); ylabel('p');
title('初始和终止速度都为0');
grid on;
subplot(3, 1, 2); plot(pd); xlabel('Time'); ylabel('pd');
grid on;
subplot(3, 1, 3); plot(pdd); xlabel('Time'); ylabel('pdd');
grid on;

[s, sd, sdd]=tpoly(0, 1, 50, 0.5, 0); %初始速度0.5，终点速度0;
figure(3);
subplot(3, 1, 1); plot(s); xlabel('Time'); ylabel('s');
title('初始和终止速度为0.5和0')
hold on;
n=find(s==max(s));
plot(n, s(n), 'o');
cell_string{1}=['smax='num2str(s(n))]; %多行文本;
cell_string{2}=['time='num2str(n)];
text(n, s(n)-3, cell_string);
hold off;
grid on;
subplot(3, 1, 2); plot(sd); xlabel('Time'); ylabel('sd');
grid on;
```

```
subplot(3, 1, 3); plot(sdd); xlabel('Time'); ylabel('sdd');
grid on;

[l, ld, ldd] = lspb(0, 1, 50); %Linear Segment(匀速) with Parabolic(抛物线) Blends(过渡);
figure(4);
subplot(3, 1, 1); plot(l); xlabel('Time'); ylabel('l');
grid on;
hold on;
subplot(3, 1, 2); plot(ld); xlabel('Time'); ylabel('ld'); %可以看到速度是呈梯形变化的;
grid on;
hold on;
subplot(3, 1, 3); plot(ldd); xlabel('Time'); ylabel('ldd');
grid on;
hold on;
[l, ld, ldd] = lspb(0, 1, 50, 0.025);
subplot(3, 1, 1); plot(l, 'c'); xlabel('Time'); ylabel('l');
grid on;
subplot(3, 1, 2); plot(ld, 'c'); xlabel('Time'); ylabel('ld');
grid on;
subplot(3, 1, 3); plot(ldd, 'c'); xlabel('Time'); ylabel('ldd');
grid on;

[l, ld, ldd] = lspb(0, 1, 50, 0.04);
subplot(3, 1, 1); plot(l, 'r'); xlabel('Time'); ylabel('l');
grid on;
hold off;
legend('normal', '0.025', '0.04', 'location', 'southeast');
subplot(3, 1, 2); plot(ld, 'r'); xlabel('Time'); ylabel('ld');
grid on;
hold off;
legend('normal', '0.025', '0.04', 'location', 'northeast');
```

```
subplot(3, 1, 3); plot(ldd, 'r'); xlabel('Time'); ylabel('ldd');
grid on;
hold off;
legend('normal', '0.025', '0.04', 'location', 'northeast').
```

第 8 章　机器人通信

国际电工委员会(IEC)给出了关于现场总线(fieldbus)的详细定义。在 IEC 制定的 IEC61158 现场总成标准中，将现场总线解释为安装在制造或过程区域的现场装置与控制室内的自动控制装置之间的数字式、串行、多点通信的数据总线。在制定的第二版 IEC61158-2 中的第 2 部分的物理层规范(physical layer specification)与服务定义(server definition)中，再次解释为一种用于底层工业控制和测量的设备，如变送器(transducers)、执行器(actuators)和本地控制器(local controllers)之间的数字式、串行、多点通信的数据总线。

现场总线概念的解释不拘泥于国际电工委员会给出的一种表述。例如，现场总线是连接传感器(sensors)、执行器、控制器等现场设备的网络；现场总线是一种实现多点双向串行底层通信的控制网络，应用于数字化、开放化的生产现场的通信；用于在自动化控制领域之间实现基本控制设备(车间级)联系的一种数字数据通信串行链路也被称为现场总线；现场总线为连接现场装置的或连接控制室到现场设备的双向通信网络系统；在现代测控技术中，现场总线是一种实现现代测量控制设备的数据通信，形成开放型测控网络的新技术，可以称为自动化领域的计算机局域网，也叫作网络集成的测控系统。

8.1　现场总线概述

8.1.1　现场总线的现状与发展

现场总线是用于现场仪表与控制系统和控制室之间的一种全分散、全数字化、智能、双向、互联、多变量、多点、多站的通信网络。

按照 IEC 对现场总线一词的定义，现场总线是一种应用于生产现场，在现场设备之间、现场设备与控制装置之间实行双向、串行、多节点数字通信的技术。

在过程控制领域中，从 20 世纪 50 年代至今，一直都使用着一种信号标准，那就是 4 ~20 mA 的模拟信号标准。20 世纪 70 年代，数字式计算机被引入测控系统，而此时的计算机提供的是集中式控制处理。20 世纪 80 年代，微处理器在控制领域得到应用，微处理器被嵌入各种仪器设备，形成了分布式控制系统。在分布式控制系统中，各微处理器被指定一组特定任务，通信则由一个带有附属“网关”的专有网络提供，网关的程序大部分是由用户编写的。

随着微处理器的发展和广泛应用，产生了以 IC 代替常规电子线路，以微处理器为核心，实施信息采集、显示、处理、传输及优化控制等功能的智能设备。一些具有专家辅助推断分析与决策能力的数字式智能化仪表产品具备了诸如自动量程转换、自动调零、自校正、自诊断等功能，还能提供故障诊断、历史信息报告、状态报告、趋势图等功能。通信技术的发展，促使传送数字化信息的网络技术开始被广泛地应用。与此同时，基于质量分析的维护管理、与安全相关系统的测试的记录、环境监视需求的增加，都要求仪表能在当地处理信息，并在必要时允许被管理和访问，这些也使现场仪表与上级控制系统的通信量大增。另外，从实际应用的角度，机器人控制也不断地在控制精度、可操作性、可维护性、可移植性等方面提出新的需求，由此导致现场总线的产生。

8.1.2　机器人控制系统中的通信机制

机器人控制器是根据指令及传感信息控制机器人完成一定的动作或作业任务的装置，其决定机器人性能的优劣。

机器人控制系统中，由控制器输出控制指令，驱动执行器按照期望轨迹运动。在此过程中，机器人的状态及环境信息由传感器反馈给控制器。其彼此之间数据交换一般是在局域网中进行的。在机器人控制系统中，通常存在以下两种通信方式。

1. 同步通信/实时通信

进行数据传输时，发送和接收双方要保持完全的同步。因此，要求接收和发送设备必须使用同一时钟。这样可以实现高速度、大容量的数据传送。

用于系统中对实时性要求高的环节，其通信周期通常为毫秒级甚至微秒级，这通常通过现场总线来实现。它主要解决工业现场的智能化仪器仪表、控制器、执行机构等现场设备。

常见的工业现场总线中，CAN 总线和 EtherCAT 总线在机器人控制系统中的应用更为广泛，而协作机器人由于控制成本，通常采用 CAN 总线解决设备间的数字通信及这些现场控制设备和高级控制系统之间的信息传递问题。

2. 异步通信/非实时通信

异步通信是一种数据传输方式，通常不使用额外的时钟信号。这里的数据是间歇传送而不是稳定串流。数据不按照规律间隔传送，而发送器和接收器不是必须在所有时间都精确地同步。

在机器人控制系统中，非实时通信通常用于控制器与上位机通信或与其他非实时进程通信，一般为接收端阻塞等待发送的信息，并在接收后进行解析和处理。其常见形式有以太网通信和串口通信。

8.2 CAN 总线通信

德国汽车电子业巨头 Bosch 公司开发的控制局域网(controller area network, CAN)是当前使用范围最广泛的开放式现场总线，是用来解决现场测量控制设备之间的数据交换的一种串行数据通信总线。CAN 在工业领域的应用广泛，如汽车制造领域，所以它也通常被称为 CAN 总线(CAN bus)。当今世界上的汽车制造厂商大多数使用 CAN 总线来完成汽车内部的控制器、执行器及传感器等设备的数据通信。

随着时代的发展和进步，CAN 的规范也在与时俱进、升级完善。从最开始的 CAN 1.0 规范(标准格式)发展为兼容 CAN 1.2 规范的 CAN 2.0 规范，其中 CAN 2.0 规范的应用最为广泛。CAN 2.0 分为标准格式 CAN 2.0A 和扩展格式 CAN 2.0B。其中，CAN 2.0A 在 CAN 技术规范版本 1.2 中定义的 CAN 报文格式，可提供 11 位地址；而 CAN 2.0B 给出了标准的和扩展的两种报文格式，可提供 29 位地址。

8.2.1 CAN 概述

1. 概述

CAN 为开放式现场总线，由于其突出的性能和可靠性，不仅被应用在汽车的监测、控制系统领域，而且在航空航天、电力、纺织、造纸、电力生产等领域被广泛地应用。例如，在自动化仪表、智能传感器、数控机床、医疗器械、机器人、楼宇自动化装置、火车、轮船等元件、设备、设施中，CAN 总线都得到了良好的应用。

2. CAN 总线特点

CAN 是一种多主方式的串行数据通信总线，具有突出的性能和可靠性，设计规范中不仅要求有高的位速率、高抗电磁干扰性能，而且能够检测总线上的任何错误。与其他总线相比，CAN 总线还具有实时性和灵活性，其技术特点如下。

(1)CAN 总线的任意节点都可以主动发送报文，可以理解为一种多主或对等网络。

(2)CAN 总线是通过通信数据而不是通过站地址进行编码的；通过报文过滤，可实现多种数据传输方式，如点对点、多点播送(传送)、广播等。

(3)采用短帧结构传输，位速率高，抗电磁干扰能力强。

(4)可以检测出总线的各种错误和相应的错误处理方式，检错效率高，解决错误能力强，保证了通信的高可靠性。检验错误的方法有位错误和位填充错误检测、CRC 校验、报文格式检查和应答错误检测。

(5)CAN 总线的通信介质选择灵活，可以为双绞线、同轴电缆或光纤。

(6)CAN 总线的通信长度最长为 10 km(速率为 5 Kbit/s 及以下)；总线的最大数据通信频率可达 1 Mbit/s(总线长度为 40 m 及以下)。

(7)CAN 总线的最大节点数为 110 个；规范的标准格式的报文标识符可达 2032 个，而扩展格式的报文标识符的个数几乎不受限制。

(8)CAN 总线通过定义节点的优先级来实现报文发送的先后顺序，报文的优先级可以通过报文标识符来定义。不同节点的报文发送顺序是通过定义不同级别的优先级，从而保证高优先级的节点报文得到优先发送。

(9)当网络负载很重时，CAN 总线不会出现网络瘫痪现象，采用非破坏性逐位仲裁机制来解决总线访问冲突。

(10)当总线上有节点发生错误时，不影响总线其他节点的通信，发生错误的节点具有自动关闭输出功能。

3. CAN 总线拓扑结构与设备

(1)CAN 中继器。

CAN 中继器被应用于 CAN 网络连接，可以连接 CAN 主网与 CAN 子网，或者连接两个相同通信速率的平行 CAN 网络。在 CAN 网络中，CAN 中继器不仅可以增加 CAN 节点数目，成倍地提高 CAN 通信距离，而且可以提升总线的电气信号，从而实现 CAN 报文数据的转发。

(2)CAN 网桥。

CAN 网桥能将一个独立的网络连接到数据链路层。网桥提供了存储功能，可以在网络中转发报文，而中继器转发的是电气信号。

(3)CAN 网关。

CAN 网关将不同通信系统之间的协议数据进行转换，即可以连接不同协议的网络，如 CAN 转 RS-232 网关、CAN 转 RS-485 网关、CAN 转 Ethernet 网关。

4. CAN 总线的一些基本概念

(1)报文(messages)。

总线上发送的信息叫作报文。报文具有固定格式和不同而有限的长度。当总线开放时，任何连接的单元均可开始发送一个新的报文。

(2)信息路由(information routing)。

在 CAN 系统中，CAN 节点不使用有关系统配置的任何信息(如站地址)，而是对通信数据进行编码。

(3)报文路由(message routing)。

每个报文的内容由一个标识符 ID 命名。ID 并不指明报文的目的，但描述数据的含义，以便网络中的所有节点有可能借助报文过滤并决定该数据是否由它们接收。

(4)多点传送(multicast)。

作为报文过滤的结果，任何数目的节点均可接收同一个报文，并且同时按照该报文的要求做出响应。

(5)位速率(bit rate)。

不同系统中，CAN 的数据传输速率不是一成不变的。然而，在一个给定系统中，位速率是唯一的，并且是固定的。

(6)远程数据请求(remote data request)。

远程数据请求需要数据的节点发送远程帧，可以实现使另外的节点发送需要的数据帧，要求此数据帧和相应的远程帧以相同的标识符 ID 命名。

(7)仲裁(arbitration)。

仲裁是一种总线访问冲突时的解决方案。当总线开放，多个单元同时发送报文时，总线的仲裁机制为通过标识符 ID 进行逐位仲裁。这种仲裁机制的优势为信息和时间都无损失。当远程帧和相应的请求数据的数据帧同时启动时，数据帧的优先级高于远程帧。仲裁过程中，将发送器的位电平与在总线上监控的位电平进行比较，若结果相同，则该单元可以继续发送。当发送一个“隐性”电平(recessive level)，而总线监视到一个“显性”电平(dominant level)时，该单元丢失仲裁，且必须退出而不再发送后续位。

(8)错误标注和恢复时间(error signaling and recovery time)。

任意的节点都可以对损坏的报文进行标注。被错误标注的报文将被丢弃，并自动进行重新发送。若已损报文被错误标注，则直到下一个报文开始发送的时间周期为恢复时间。当不存在新的错误产生时，恢复时间最多为 29 个位时间。

(9)睡眠方式/唤醒(sleep mode/wake-up)。

CAN 器件可以处于没有内部活动的睡眠方式，达到降低系统功耗的效果。此睡眠方式可以通过总线的任何活动或系统的内部条件被唤醒。唤醒过程中，系统的节点可以发送特殊唤醒报文来唤醒系统内仍处于睡眠状态的其他节点，唤醒报文是具有最小可能性的专用标识符(如“rrr rrrd rrrr”中，r 为隐性位，d 为显性位)。

8.2.2 报文传送及其帧类型

报文的发送器为总线上报文发送的单元。报文的接收器为总线上既不是发送器又不处于空闲的单元。

位流编码的规则有按照位填充规则和其他方式。通过位填充编码方式的有帧起始、仲裁场、控制场、数据场和 CRC 序列。无论何时，当发送器在将被发送的位流中检测到数值相同的 5 个连续位时，会自动地在实际的发送位流中插入一个补码位。另外一种方式为数据帧或远程帧的其余位场(CRC 界定符、应答场和帧结束)，具有固定格式，不进行填充。错误帧和超载帧同样具有固定格式，并且不用位填充规则编码。报文中的位流按照非归零码规则编码，在一个完整的位时间内，产生的位电平要么是“显性”，要么是“隐性”。

CAN 总线在报文传输中由以下四种不同的帧类型表示和控制。

①数据帧：总线上传输最多的帧，将数据从发送器发送到各个接收器。

②远程帧：请求具有相同标识符 ID 的数据帧的发送数据。远程帧(或数据帧)通过帧间空间与其他各帧分开。

③错误帧：任何节点在检测到总线错误时就发送错误帧。

④超载帧：用于提供当前的和后续的数据帧或远程帧之间的附加延迟。

1. 数据帧

数据帧的标准格式和扩展格式如图 8.1 所示。

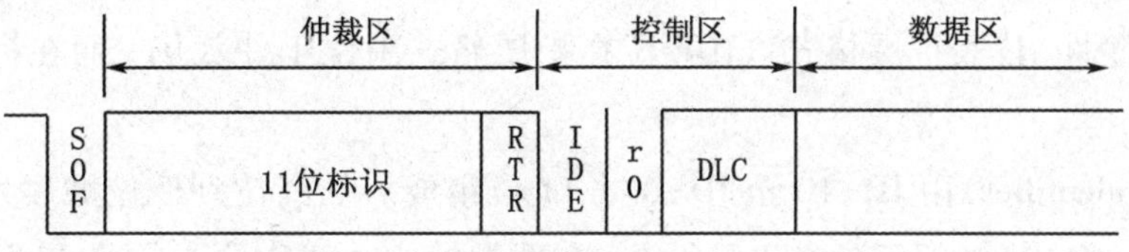

(a)标准格式

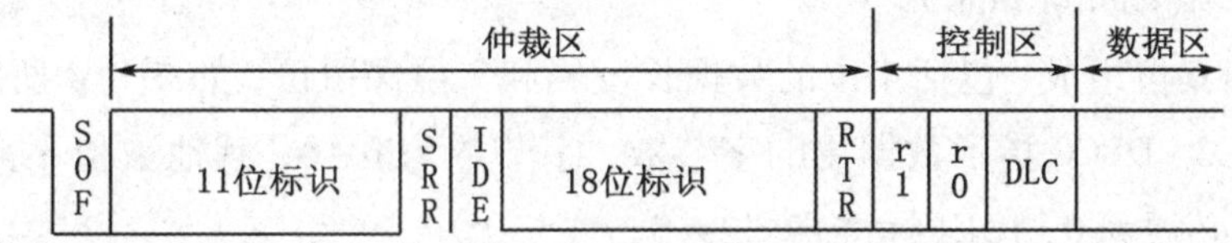

(b)扩展格式

图 8.1　标准 CAN 2.0A 和扩展 CAN 2.0B

数据帧由帧起始、仲裁场、控制场、数据场、CRC 场、应答场和帧结束七部分组成。如图 8.2 所示。

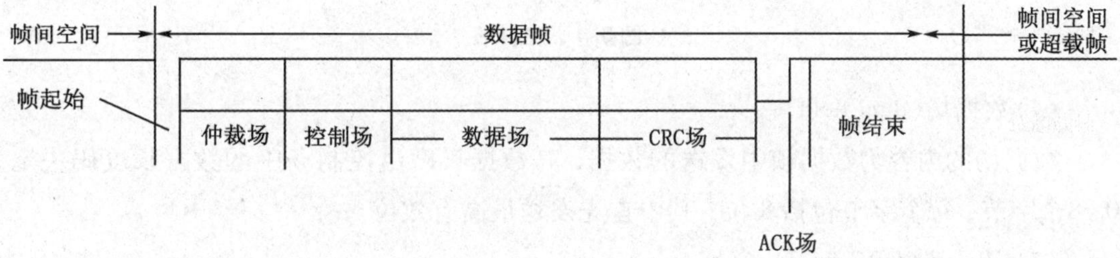

图 8.2　数据帧

(1)帧起始(start of frame, SOF)。

帧起始仅由一显位构成。数据帧的开始，所有站都必须同步于首先发送的那个帧起始前沿。

(2)仲裁场(arbitration field)。

仲裁场包括 11 位标识符 ID28 ~ ID18、远程发送请求位 RTR(remote transmission request bit)，如图 8.3 所示，其中标识符的高七位不可全为 1(隐性)。

仲裁场(扩展格式)包括 29 位标识符 ID28 ~ ID0、SRR 位、识别符扩展位 IDE

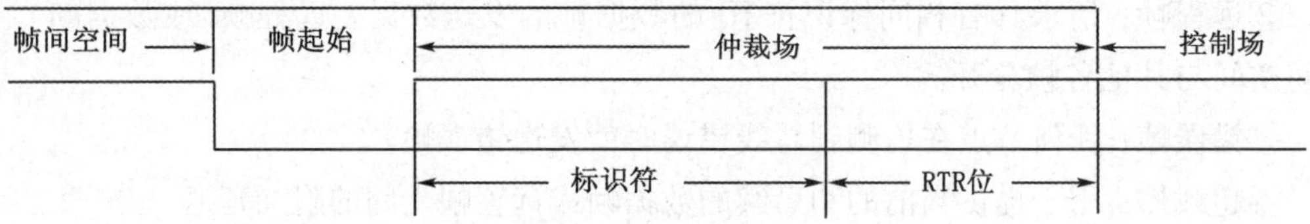

图 8.3 仲裁场

(identifier extension bit)位和 RTR 位。其中，SRR 是隐性位，用于替代标准格式的 RTR 位；IDE=1(隐性)代表扩展格式。IDE 位在扩展格式中位于仲裁场，而在标准格式中位于控制场。

标识符(identifier)由 ID-10 至 ID-0 共 11 位组成。从高位到低位顺序发送，要求高 7 位(ID-10 ~ID-4)必须不是全“隐性”。在数据帧中，RTR 位必须是“显性”的；而在远程帧中，RTR 位必须是“隐性”的。

(3)控制场(control field)。

控制场由 6 位组成，包括 4 位的数据长度码和 2 位保留位，如图 8.4 所示。其中，数据长度码 DLC3~DLC0 指示数据场的字节数，字节数为 0~8，其他数值不允许使用。保留位 r1 和 r0 必须为 0，IDE(标准格式)= 0。

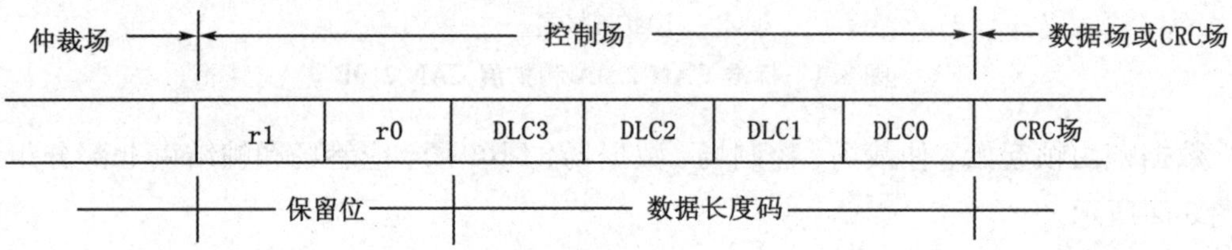

图 8.4 控制场

(4)数据场(data field)。

数据场的内容为数据帧中发送的数据，其数据长度由控制场中的数据长度码决定，0~8个字节，每个字节包括 8 位，其中首先发送最高有效位。

(5)CRC 场(CRC field)。

CRC 场由 15 位 CRC 序列和 1 位 CRC 界定符组成，如图 8.5 所示。一个完整帧中的帧起始、仲裁场、控制场、数据场(假若存在)在内的无填充位流都要进行 CRC 校验。CRC 界定符为“隐性”位。

(6)应答场(ack field)。

应答场由应答间隙和应答界定符组成，共计 2 位，如图 8.6 所示。在应答场中发送站送出 2 个“隐性”位。接收器在接收到正确的报文后，在应答间隙，接收器发送“应答”(即传送一个“显性”位)将此信息报告给发送器。所有接收到匹配 CRC 序列的站，在应答间隙通过把“显性”位写入发送器的“隐性”位来报告此信息。应答界定符是应

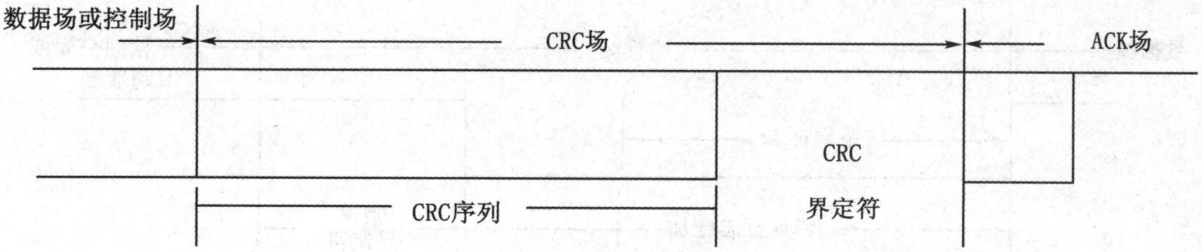

图 8.5　CRC 场

答场的第二位，并且必须是“隐性”位。因此，应答间隙被两个“隐性”位(CRC 界定符和应答界定符)包围。

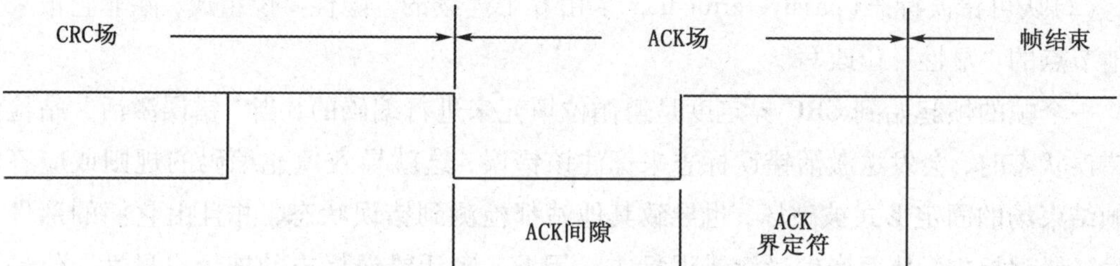

图 8.6　应答场

(7)帧结束(arbitration field)。

帧结束即用 7 个“隐性”位组成的标志序列来界定每个帧的结束。

2. 远程帧

远程帧包括帧起始、仲裁场、控制场、CRC 场、应答场和帧结束 6 个部分，如图 8.7 所示。

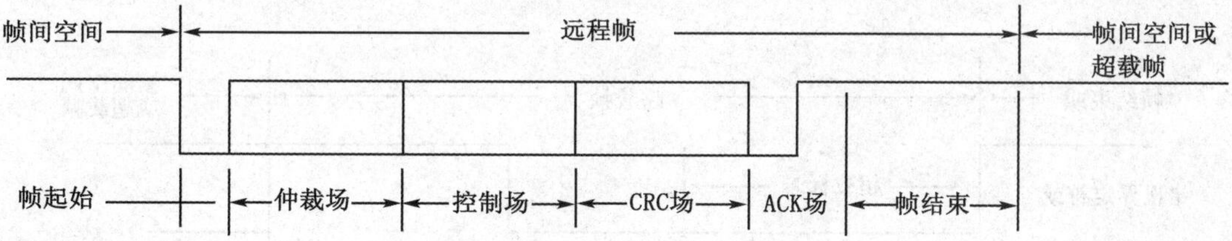

图 8.7　远程帧

3. 错误帧

错误帧由各站的错误标志(error flag)和错误界定符(error delimiter)组成，如图 8.8 所示。

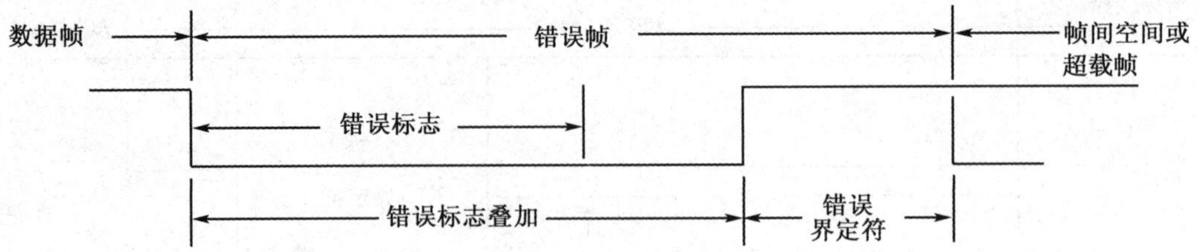

图 8.8　错误帧

错误标志具有以下两种形式。

(1)激活错误标志(active error flag)：由 6 个连续的“显性”位组成。

(2)认可错误标志(passive error flag)：由 6 个连续的“隐性”位组成，除非它被来自其他节点的“显性”位改写。

一个帧的帧起始到 CRC 界定度是遵循位填充来进行编码的，当“错误激活”站检测到错误状态时，会发送激活错误标志来标注该错误，这就导致填充编码的规则或应答场或帧结束场的固定形式被破坏，也导致其他站都检测到错误状态，并且由它们的部件开始发送错误标志，从而产生激活错误标志。因此，激活错误标志的连续“显性”位是由各个单独站发送的不同错误标志叠加形成的。该序列的总长度在最小值 6 位和最大值 12 位之间变化。当“错误认可”站检测到错误状态时，将发送一个认可错误标志来试图标注该错误。该“错误认可”站以认可错误标志的开始为起点，等待 6 个相同极性的连续位。当检测到 6 个相同位后，认可错误标志即宣告完成。

4. 超载帧

超载帧由超载标志(overload flage)和超载界定符(overland delimiter)组成，如图 8.9 所示。当一个完整的帧在间歇场(帧间空间)检测到“显性”位，或者接收器在接收过程中要求下一个数据帧或远程帧的延迟，都将激活超载帧。

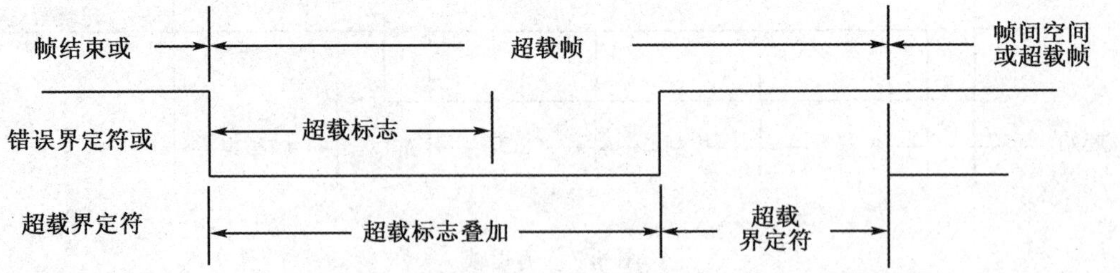

图 8.9　超载帧

当超载帧被激活后，以期望间歇场(帧间空间)的第一位时间作为超载帧的起点，当第 2 个超载帧在检测到“显性”位后开始发送第一位。最多可产生 2 个超载帧用于延迟下一个数据帧或远程帧。

当超载标志被检测出来后，它们的部件陆续发送超载标定的标志，这样就破坏了间歇场的固定形式。超载标志是由 6 个“显性”位组成，全部形式对应于激活错误标志形式。

超载界定符与错位界定符具有类似的形式，包括 8 个“隐性”位。超载标志位被发送后，检测出由“显性”到“隐性”位信号发送。在此时刻，总线上的每个站均完成送出其超载标志，并且所有站一致开始发送剩余的 7 个“隐性”位。

5. 帧间间隔

不是总线上的所有帧(数据帧、远程帧、出错帧和超载帧)都具有帧间间隔。数据帧和远程帧有帧间间隔，而超载帧和出错帧之间没有帧间间隔，多个超载帧之间也没有帧间间隔。

帧间间隔包含间歇域、总线空闲域及暂停发送域。当“被动错误状态”的节点已作为前一报文的发送器时，除了间歇域和总线空闲，也会产生暂停发送域。

8.2.3 错误类型和界定

错误类型包括位错误、填充错误、CRC 错误、形式错误和应答错误。

1. 位错误

某个单元向总线送出数据的同时监视总线，当总线上接收到的数据与发送的位数据值不同时，则在该时刻检测出位错误。

2. 填充错误

某个单元向总线送出数据的同时监视总线，当总线上接收到数据的位数值与发送的位数值不一致时，则在该时刻检测出位错误。在应使用位填充方法进行编码的报文中，出现了第 6 个连续相同的位电平时，将检出一个填充错误。

3. CRC 错误

总线上的某个单元发送数据，当接收器接收完成后，CRC 计算得到 CRC 序列，如果接收器和发送器计算得到的 CRC 序列不一致，则此刻检测出 CRC 错误。

4. 形式错误

当固定形式的位场中出现一个或更多非法位时，则检测到一个形式错误。

5. 应答错误

在应答间隙，发送器未检测到“显性”位，则由它检出一个应答错误。某个单元向总线送出数据的同时监视总线，当总线上接收到数据的位数值与发送的位数值不一致时，则在该时刻检测出的位错误。

位错误、填充错误、形式错误或应答错误的发送错误标志时刻为由检测出的站在下一位开始。CRC 错误发送错误标志的时刻为由检测出的站在应答界定符后面那一位开始，除非用于其他错误状态的错误标志已经开始发送。

在 CAN 总线中，就故障界定而言，一个单元（节点）可能处于三种状态：① 错误激活（error active）；② 错误认可（error passive）；③ 总线脱离（bus off）。

8.2.4 位定时要求

一些重要概念介绍如下。

1. 正常位速率（nominal bit rate）

正常位速率即在非重同步情况下，借助理想发送器每秒发送的位数。

2. 正常位时间（nominal bit time）

正常位时间为正常位速率的倒数。

正常位时间可由同步段（SYNC-SEG）、传播时间段（PROP-SEG）、相位缓冲器段 1（PHASE-SEG1）和相位缓冲器段 2（PHASE-SEG2）几个互不重叠的时间段组成，如图 8.10 所示。

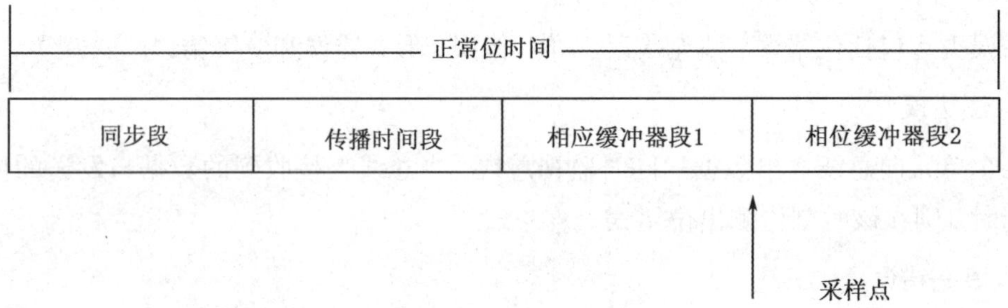

图 8.10 正常位时间

① 同步段（SYNC-SEG）：可以同步总线上的各个节点，期望在此时间段中出现跳变沿。

② 传播段（PROP-SEG）：时间等于信号在总线上传播时间的 2 倍加上输入比较器延时和输出驱动器延时，用来补偿网络内的物理延时。

③ 相位缓冲段 1（PHASE-SEG1）和相位缓冲段 2（PHASE-SEG2）：实现补偿沿的相位误差，同步总线上的各个节点。通过重同步，这两个时间段可能被延长或缩短。

④ 采样点（sample point）：当总线上电平被读取，即总线上的数字被读取的当前时刻。它位于相位缓冲段 1 的终点。

3. 信息处理时间

信息处理时间即从采样点的时刻开始到计算后续位电平的总时间段。

4. 时间份额（time quantum）

时间份额是一个由振荡器周期派生出的固定时间单元。时间份额的总数必须被编程为 8~25。

8.2.5 CAN振荡器容差的提高

为使振荡器容差最大值由当前的0.5%提高到1.5%，并与当前CAN指标向前兼容，则对CAN 2.0进行了下列修正：

(1)当一个CAN节点在间歇场的第3位采样的信号为“显性”时，可以认为是帧起始；

(2)若一个CAN节点准备发送报文，当次节点在间歇场的第3位采样的信号为“显性”时，可以认为是帧起始，并在下一位以其标识符的第一位开始发送报文，而不是首先发送帧起始位，也不变为接收器；

(3)当一个CAN节点采样到错误界定符或超载界定符的第8位(最后一位)是“显性”信号，它将在下一位开始发送一个超载帧(不是错误帧)，错误计数器不增加；

(4)仅“隐性”至“显性”的跳变沿用于同步，为了与当前规范相统一，以下规则仍有效；

(5)硬同步时，所有CAN控制器均同步于帧起始位；

(6)当间歇场出现3个“隐性”位时，CAN控制器开始发送帧起始。

8.2.6 CAN总线位仲裁技术

如图8.11所示，所有站将按位对比报文的标识符，三个报文的前两位报文标识符都是相同的“01”，站1的第三位标识符位高，所以站1的报文被丢掉，而其他两个站的报文第3位为低。站2和站3报文继续比较，直至第7位时，站3的信号为高，最后站2的报文被保留。

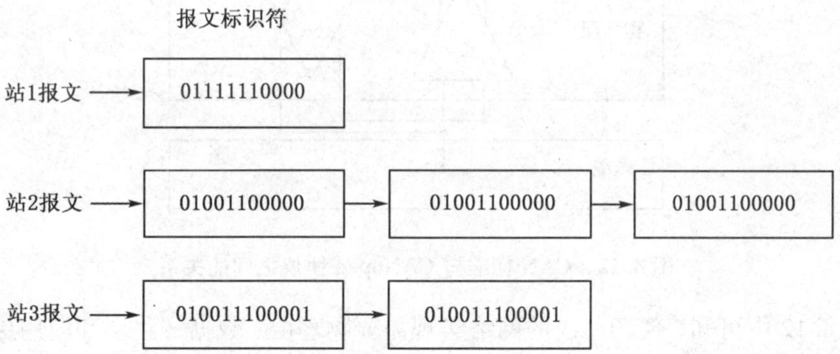

图8.11 报文标识符

错误处理如下。

(1)CAN控制器的TX和RX出错计数器对错误类型进行判断。若为全局的，计数器加1；若为本地的，计数器加8。

(2)每当收到信息，出错计数器就会增加或减少。

(3) 如果每次收到的信息是正确的，则计数器减 1。

(4) 如果信息出现整个网络错误，则计数器加 1。

(5) 如果信息出现本地错误，则计数器加 8。

8.3 CANopen 总线通信

在 OSI 模型中，CAN 总线包括 7 层，若将 CAN 总线应用在实际产品和功能项目中，需要制定模型中的应用层协议。例如，SAE J1939/ISO11783，CANopen，CANaerospace，DeviceNet，NMEA2000 等，都是目前国际上典型的应用层协议。

8.3.1 概述

在 OSI 模型中，CAN 标准与 CANopen 协议之间的关系如图 8.12 所示。

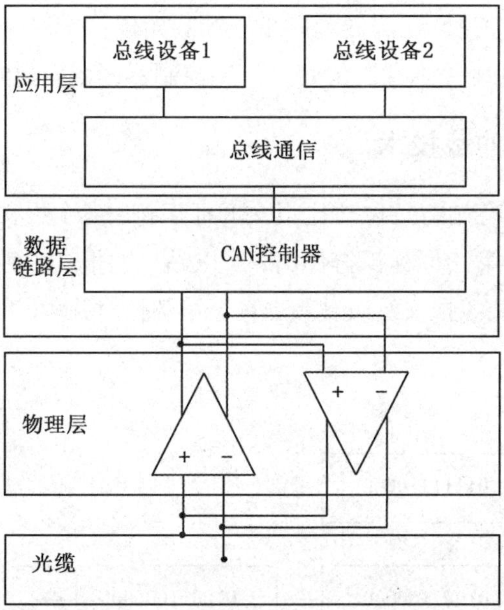

图 8.12　CAN 标准与 CANopen 协议之间的关系

从图 8.12 中可知，现场总线的网络实现需要物理层、数据链路层和应用层。剩余的传输层、网络层、会话层及描述层没有发挥作用。

CAN 现场总线的物理层和数据链路层不需要软件应用人员进行相关软件(software)或固件(firmware)的开发，其实现是通过硬件来完成的。而且 CAN 总线本身也只给出前两层的定义，没有进行应用层的定义，所以在实际项目应用时，需要定义一个应用层协议，给出报文的标准帧(11 位标识符)或扩展帧(29 位标识符)及数据的应用。在当今基于 CAN 总线工业生产自动化领域中，需要可以支持各种 CAN 厂商设备的一种开放的、标准化的应用层协议。通过此协议，能够实现在 CAN 网络中提供标准的、统一的系统通信模式和设备功能描述方式，执行网络管理功能。

应用层(application layer)：为现场总线网络中各个设备提供服务与协议。

通信描述(communication profile)：数据通信方式的定义及设备的配置和通信数据的含义。

设备描述(device profile)：为设备(类)增加符合规范的行为。

1. CANopen 的组成架构

CANopen 的软件组成主要包括三部分，即通信模块、对象字典、应用程序模块，如图 8.13 所示。通信模块中主要对状态机、PDO 通信机制和 SDO 通信机制进行了定义；对象字典定义了 CANopen 的数据组织形式；应用程序模块主要定义了 CANopen 机制的软件实现。硬件主要包括总线系统。

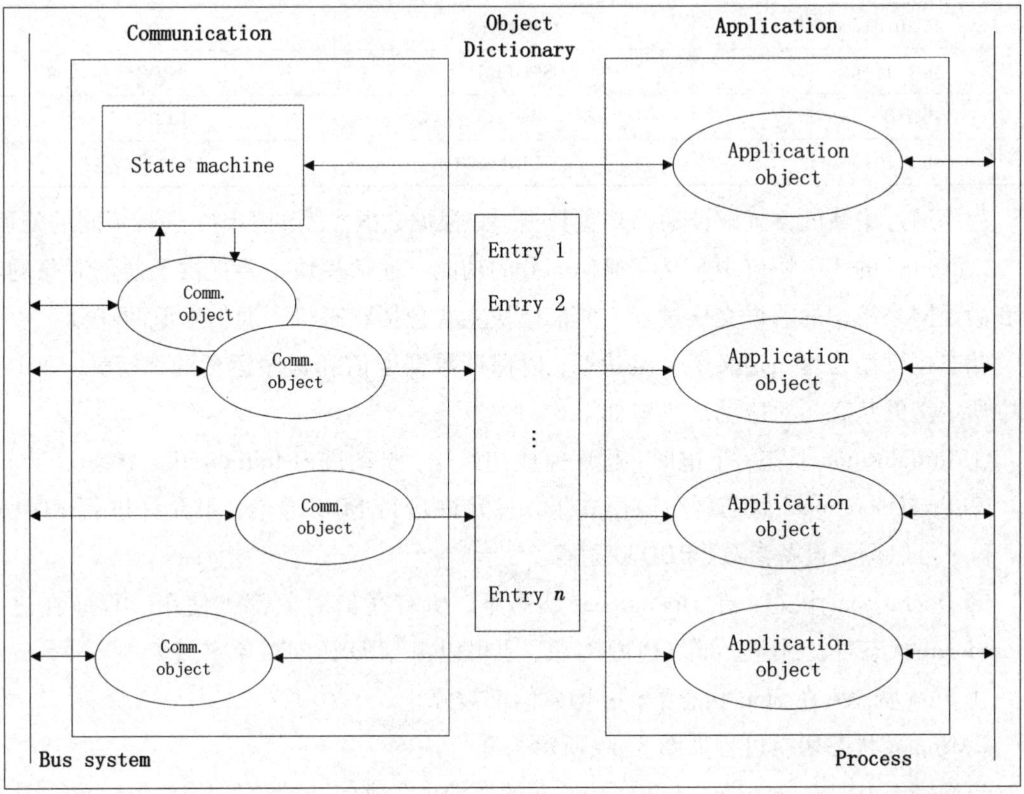

图 8.13　CANopen 设备架构

2. 通信模块

CANopen 是应用层协议，适用多种总线接口，如 EtherCAT 和 CAN。在轴控制板程序中，上位机通过发送 CAN 数据帧实现通信对象的数据交换。在轴控制板程序中，主要定义了表 8.1 所列的通信对象。

表 8.1 CANopen 通信对象

功能码+节点 ID(11bits)	通信对象	描述
4b′0000+7′b0000000	NMT	用于状态切换
4b′0001+7′b0000000	SYNC	同步通信对象
4b′0010+7′b0000000	TIME STAMP	时间戳
4b′0011+node-id	PDO1(tx)	TPDO1
4b′0100+node-id	PDO1(rx)	RPDO1
4b′0101+node-id	PDO2(tx)	TPDO2
4b′0110+node-id	PDO2(rx)	RPDO2
4b′0111+node-id	PDO3(tx)	TPDO3
4b′1000+node-id	PDO3(rx)	RPDO3
4b′1001+node-id	PDO4(tx)	TPDO4
4b′1010+node-id	PDO4(rx)	RPDO4
4b′1011+node-id	SDO(tx)	TPDO5
4b′1100+node-id	SDO(rx)	RPDO5
4b′1110+node-id	NMT ERR control	状态错误信息

程序通过中断的方式解读通信对象数据，并根据数据类型的不同，进行不同的处理。

CANopen 的 301 协议中定义了通信部分的功能。通信模块主要提供了通信对象的功能和满足网络结构的数据交换过程。通信模块主要包括状态机和通信对象两部分。

状态机模型为程序定义了一组状态，以保证数据通信和程序运行的稳定性。301 协议中所定义的状态与对应功能具体如下。

① Initialization 状态：上电时，程序完成初始化，自动进入 Initialization 状态。

② Pre-Operational 状态：在该模式下，只允许进行 SDO 通信，不允许进行 PDO 通信，程序可以调整设备参数、PDO 映射等。

③ Operational 状态：在 Operational 状态下，所有通信对象都被使用。程序在进入 Operational 状态时，创建全部的 PDO 对象，也可以由 SDO 访问对象字典。

④ Stop 状态：在 Stop 状态下，一切通信都被停止。

CANopen 状态切换过程如图 8.14 所示。

当程序上电时，自动进入 Initializaotion 状态，并在通信开始前切换到 Pre-Operational 状态。在该状态下，程序无法进行 PDO 通信。只能通过 SDO 对对象字典进行操作，PDO 的相关参数同样保存在对象字典中。上位机通过发送 NMT 数据对象(COB-ID = 11’b000 0000 0000)进行状态切换。在进入 OP 状态后，轴控板可以与上位机进行 PDO 通信。

(1)对象字典。

在 CANopen 协议中，设备参数、通信对象参数等信息都是以对象字典的形式组织的。对象字典包括以下六个部分。

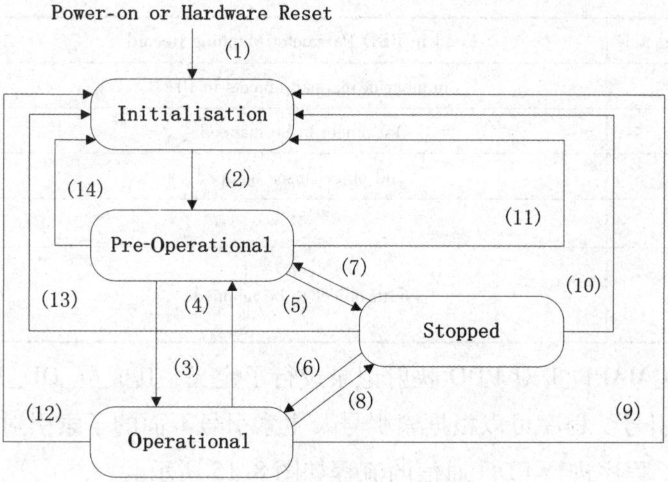

图 8.14 CANopen 状态切换过程

① 索引：每一个对象字典都有一个唯一的索引号，索引号还会包含子索引。程序通过该索引号访问对象字典，并对其进行读写操作。

② 对象的分类：301 协议中对对象字典进行了分类，指明了在某索引号下，该对象字典具有什么意义。

③ 对象的名称：该部分可以为对象添加一个简要的文字描述。

④ 对象类型：指明对象字典的数据类型。

⑤ 对象属性：指明访问权限。

⑥ 可选/必须：指明该对象是否必须存在。

(2)PDO 通信过程。

PDO 数据对象主要用于实时数据通信。在轴控制板中，PDO 通信由 CAN 数据帧引起的中断触发。为了满足 PDO 的通信功能，对象字典中定义了 PDO 参数记录集和 PDO 映射记录集。关于 PDO 参数记录集的定义见表 8.2。

表 8.2 PDO 参数记录集的定义

Index	Sub-Index	Field in PDO Communication Parameter Record	Data Type
0020h	0h	number of supported entries in the record	UNSIGNED8
	1h	COB-ID	UNSIGNED32
	2h	transmission type	UNSIGNED8
	3h	inhibit time	UNSIGNED16
	4h	reserved	UNSIGNED8
	5h	event timer	UNSIGNED16

关于 PDO 映射记录集的定义见表 8.3。

表 8.3　PDO 映射记录集的定义

Index	Sub-Index	Field in PDO Parameter Mapping Record	Data Type
0021h	0h	number of mapped objects in PDO	UNSIGNED8
	1h	1st object to be mapped	UNSIGNED32
	2h	2nd object to be mapped	UNSIGNED32
⋮	⋮	⋮	⋮
	40h	64th object to be mapped	UNSIGNED32

结构体_PDO_MAPP_T 对 PDO 映射记录进行了定义，其成员_OD_Mapped 指定了映射对象对应的索引号。程序可以根据索引号及主索引号下面的子索引对 PDO 进行操作。

在轴控板中，程序进行 PDO 通信的流程如图 8. 15 所示。

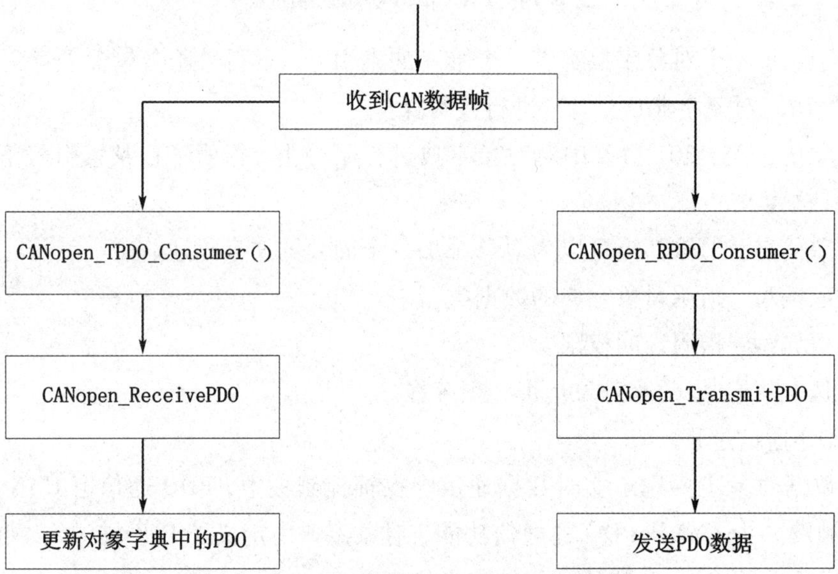

图 8.15　轴控板中 PDO 程序流程

程序收到 CAN 数据帧后产生中断，进入 CAN 中断响应函数。根据功能码判断是 TPDO 操作还是 RPDO 操作。如果是 RPDO 操作，则更新对应的对象字典；如果是 TPDO 操作，则将对应的 PDO 数据发送。PDO 为实时通信提供了一种机制，与实时操作相关的数据可以实现定时刷新。

在轴控制板中，PDO 数据是基于远程帧发送的。当收到发送请求时，将 sync 帧对应标志位置位，等待 sync 帧到来时发送。

(3)SDO 通信。

SDO 通信主要用于对象字典的下载和上传。在轴控板程序中，SDO 通信主要用于对象字典参数的配置。SDO 数据对象的通信流程如图 8. 16 所示。

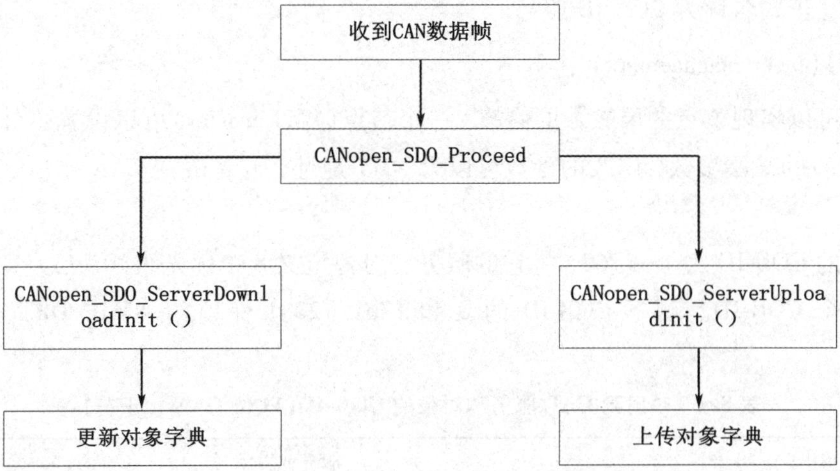

图 8.16　SDO 数据对象的通信流程

3. 高层协议

CAN 的高层协议包括 CAN 应用层协议和基于 CAN 应用层协议而扩展的 CANopen 协议。CAN-in-Automation(CiA)定义了标准的 CANopen 协议。CANopen 协议在基于 CAN 总线的工业控制系统中被广泛应用，尤其是在欧洲发达国家。CANopen 协议提供了大多数设备的描述方式，描述的设备有数字和模拟的输入输出模块、驱动设备、操作设备、控制器、可编程控制器或编码器等。对不同厂商的设备，CANopen 协议通过总线提供标准、统一的通信模式。可以说 CANopen 协议在基于 CAN 现场总线的系统中占领导地位。

8.3.2　CAL 协议

CAL(CAN application layer)协议是由 CiA(CAN in automation)协会进行定义的标准，并且负责管理、维护、发展和推广，是基于 CAN 的高层通信协议中的一种。CAL 提供了以下四种应用层服务功能。

1. CMS(CAN-based message specification)

CMS 把变量、事件、域类型作为应用对象，提供了如何设计和规定设备(节点)的解决方案，用于实现用户的应用。例如，解决了对 8 字节的数据(域)进行上传和下载的解决方案，并且包括终止传输的功能。CMS 继承于 MMS(manufacturing message specification)。MMS 是为 OSI 实现工业设备的远程控制和监控而制定的应用层规范。

2. NMT(network management)

因为 NMT 的通信模式为主从的方式，所以只有一个主节点来实现，应用于网络管理。例如，网络的初始化、启动停止及节点失效的侦探功能。

3. DBT(distributor)

因为 DBT 的通信模式为主从的方式，所以只有一个主节点开实现，可以提供动态分配 CAN ID(正式名称为 COB-ID 服务。

4. LMT(layer management)

LMT 可以实现节点的层参数的修改：一个节点(LMT master)可以设置另外一个节点(LMT slave)的某层参数，修改的参数可以为 NMT 地址，或者改变 CAN 接口的位定时和波特率。

CMS 的 COB-ID 为 1~1760，将它的服务和对象定义 8 个优先级(0~7)，每个优先级占据 220 个 COB-ID。剩下 COB-ID 的 0 和 1761~2031 保留给 NMT，DBT，LMT，见表 8.4。

表 8.4　映射到 CAL 服务和对象的 COB-ID(11 位 CAN 标识符)

COB-ID	服务或对象
0	NMT 启动或停止服务
1~220	CMS 对象，优先级 0
221~440	CMS 对象，优先级 1
441~660	CMS 对象，优先级 2
661~880	CMS 对象，优先级 3
881~1100	CMS 对象，优先级 4
1101~1320	CMS 对象，优先级 5
1321~1540	CMS 对象，优先级 6
1541~1760	CMS 对象，优先级 7
1761~2015	NMT 节点保护
2016~2031	NMT，LMT，DBT 服务

注意：表 8.4 中的 COB-ID 范围为[0，2031]是历史原因，不论是 CAN 2.0A 标准规范还是 CAN 2.0B 标准规范的 ID，均不改变这个描述。

8.3.3　CANopen 基础知识

1. 对象字典

对象字典(object dictionary，OD)是一个有序的对象组；每个对象采用一个 16 位的索引和一个 8 位的子索引。可以通过索引进行寻址，利用子索引来访问数据结构中的单个元素。CANopen 对象字典通用结构参照表 8.5。节点对象索引的范围为 0x1000~0x9FFF，当对象字典中索引值低于 0x0FFF 时，它们仅仅是一些数据类型定义。

表 8.5　CANopen 对象字典通用结构

索引	对象
0000	没有使用
0001~001F	静态数据类型(标准数据类型)

表8.5(续)

索引	对象
0020~003F	由简单类型组合成的复杂数据类型
0040~005F	制造商规定的复杂数据类型
0060~007F	设备子协议规定的静态数据类型
0080~009F	设备子协议规定的复杂数据类型
00A0~0FFF	保留
1000~1FFF	通信子协议区域
2000~5FFF	制造商规定子协议区域
6000~9FFF	标准的设备子协议区域
A000~FFFF	保留

对象字典描述了CANopen网络中节点的性质参数，每一个节点都有一个对象字典。

节点的对象字典的参数可以通过CAN总线的“审问”进行查询，但不必这样麻烦。节点对象的设计是按照设计者编写的，是根据电子数据文档(electronic data sheet, EDS)的对象字典中的参数完成的。在查询过程中，节点本身只需要能够提供对象字典中必需的对象(而在CANopen规定中，必需的项实际上是很少的)，以及其他可选择的、构成节点部分可配置功能的对象。

CANopen协议包含一系列通信子协议。

通信子协议(communication profile)的内容包括对象字典的主要形式对象和对象字典中通信子协议的对象，以及它们的通信参数，也包含CANopen的通信对象，适用于所有的CANopen的设备。除了通信子协议，还有面对各种不同设备的设备子协议(device profile)，为各种不同类型的设备定义对象字典中的对象。目前，设备子协议的类型有五种，还有几种正在发展。与CANopen包含的其他协议相同，设备子协议定义了对象的各种功能和参数，包括索引、子索引、数据类型及对象的本身性质，必需的对象应该保持最少数目以减小实现的工作量，判断OD对象是必需的还是可选的，以及对象是只读、只写或可读写等。

注意：电子数据文档中包含了CANopen协议中参数的默认值，以及协议中设备的通信功能、通信对象、与设备相关的对象。

CANopen规范中定义的文件类型的文件除了电子数据文档，还有设备配置文件(device configuration file, DCF)，用来描述单个设备的对象配置。

CANopen协议中的可选项是来描述在通信部分和与设备相关部分的设备功能。当需要的项超过设备子协议中可以提供的空间，可以拓展设备子协议，因为设备子协议中已预留了足够空间以供给厂商的特定功能使用。

CANopen协议中的对象字典中的通信参数部分对所有CANopen设备(如在OD中的对象是相同的，对象值不必一定相同)是相同的，但设备相关部分对不同类的设备是不同的。

2. CANopen 通信

CANopen 通信模型是指 CANopen 网络中的通信消息，包括消息的具体内容和实现的功能。

注意：CANopen 需要对象字典中的对象（使用对象字典索引和子索引）与 CANopen 的通信对象（网络消息，使用 COB-ID）是不同的。

CANopen 通信模型包含管理报文、服务数据对象、过程数据对象和预定义报文或特殊功能对象四种不同的通信对象。

（1）管理报文。

层管理、网络管理和 ID 分配服务，如初始化、配置和网络管理（包括节点保护）。

服务和协议符合 CAL 中的 LMT、NMT 和 DBT 服务部分。在 CAN 总线网络中，LMT、NMT 或 DBT 的通信方式为主从的，只有一个主节点，含有一个或多个从节点。

（2）服务数据对象（service data object，SDO）。

客户机通过使用对象字典中的索引和子索引（在 CAN 报文的前几个字节）来访问服务器和对象字典中的对象。

SDO 通过 CAL 中多元域的 CMS 对象来实现，传送的数据长度不是固定的。如果数据的长度大于 4 B，可以分成几个报文来发送。

SDO 通信有较多的要求。例如，SDO 的每个消息请求都需要应答，协议是确认服务类型，每个 SDO 都需要两个 ID。其中，请求和应答报文的数据长度为 8 B（没有意义的数据长度在第一个字节中表示，第一个字节携带协议信息）。

（3）过程数据对象（process data object，PDO）。

PDO 通信实现了实时数据的发送，数据从一个主节点传输到一个或多个从节点，其最大长度为 8 B。PDO 传输最多 64 个数字的 I/O 信号，或者 4 路 16 位的 AD 值。

PDO 通信没有 SDO 通信要求多，通过 CAN 的 ID 可知 PDO 数据内容，并且假定生产者和消费者知道这个 PDO 的数据内容。

每个 PDO 在对象字典中用下列两个对象进行描述。

① PDO 通信参数：PDO 使用的 COB-ID、通信的传输类型、禁止时间和定时器周期。

② PDO 映射参数：PDO 在 CANopen 协议中的对象字典映射的对象列表和对象的数据长度（in bits）。生产者和消费者必须知道 PDO 的映射关系，以解释 PDO 内容。

在网络启动配置初始化时定义 PDO 消息内容的初始化，PDO 的映射对象可以在对象字典中找到。如果生产者和消费者支持可变 PDO 映射，那么设备通过 SDO 报文可以配置 PDO 映射参数。

PDO 可以有下列多种传送方式。

① 同步（通过接收 SYNC 对象实现同步）。

❖非周期：通过触发远程帧或触发子协议中规定的对象特定事件来进行数据内容的发送和同步。

❖周期：传送在每 1~240 个 SYNC 消息后触发。

② 异步。

❖由远程帧触发传送。

❖由设备子协议中规定的对象特定事件触发传送。

❖由表 8.6 可知，不同 PDO 的传输方式是通过 8 位无符号的整数定义的传输类型定义来进行划分的。传输类型为 PDO 通信参数对象的一部分。

表 8.6　PDO 传输类型定义

传输类型	触发 PDO 的条件（B=both needed，O=one or both）			PDO 传输
	SYNC	RTR	Event	
0	B	—	B	同步，非循环
1~240	O	—	—	同步，循环
241~251	—	—	—	保留
252	B	B	—	同步，在 RTR 之后
253	—	O	—	异步，在 RTR 之后
254	—	O	O	异步，制造商特定事件
255	—	O	O	异步，设备子协议特定事件

注：1. 传输类型：在 1~240 时，该数字代表两个 PDO 间的 SYNC 对象数量。

2. SYNC：代表接收到同步对象。

3. RTR：代表接收到远程帧。

4. Event：代表事件发生，如数值改变或定时器中断。

PDO 的禁止时间是 16 位无符号整形的数据定义，单位为 100 μs。禁止时间的设定可以避免在总线数据传输时，优先级高的信息数据量过大一直占用总线而导致优先级较低的节点不能进行数据收发的问题。禁止时间定义在两个连续 PDO 传输的最小时间间隔。

PDO 的时间定时周期由 16 位无符号整数定义，单位为 1 ms。时间定时周期的设定可以使定时的事件自动触发，不必设定触发位。

PDO 的实现是通过 CAN 总线应用层协议存储事件类型的 CMS 对象完成的。PDO 数据传送没有上层协议，通过 CAN 的 ID 可以知道 PDO 数据内容。每个 PDO 报文可以传送最多 8 个字节(64 位)的数据。

(4)预定义报文或特殊功能对象。

① 时间标记对象(time stamp)。通过 CAN 总线应用层协议存储时间类型的 CMS 对象。

② 同步(SYNC)。在网络范围内(尤其在驱动应用中)同步：在整个网络范围中，当有输入值输入时，应保存并发送，并且根据前一个 SYNC 接收到的报文更新输出值。

主从模式：SYNC 的从节点收到主节点定时发送的 SYNC 对象后执行任务；在 SYNC 报文传送后，在给定的时间窗口内传送一个同步 PDO；通过 CAN 总线应用层协议基本变量类型的 CMS 对象完成。

CANopen 协议下，为了同步信号的正常发送，设定 COB-ID 的优先级最高，并且为了减少同步的时间，取消了 SYNC 报文传送数据。

③ Boot-up。网络管理从节点通过发送 Boot-up 报文通知网络主节点，说明该节点已经完成由初始化到预操作状态的切换。

CANopen 通信存在两种数据传输方式，它们分别采用了两种不同的数据传输机制。

① SDO 数据传输：主要适用于设备之间进行低优先级数据的传输，典型应用是在总线启动阶段用于配置 CANopen 网络上的从站设备。

② PDO 数据传输：适用于传输 8 B 或更少数据，没有类似其他协议的预设定含义(意味着需要预先定义数据内容)。

CANopen 节点必须支持一定数量的网络管理服务(即管理报文，administrative messages)，需要至少一个 SDO 通信。每个生产/消费过程数据的节点需要至少一个 PDO。所有其他的通信对象是可选的。一个 CANopen 节点中 CAN 接口、对象字典和应用程序之间的联系如图 8.17 所示。

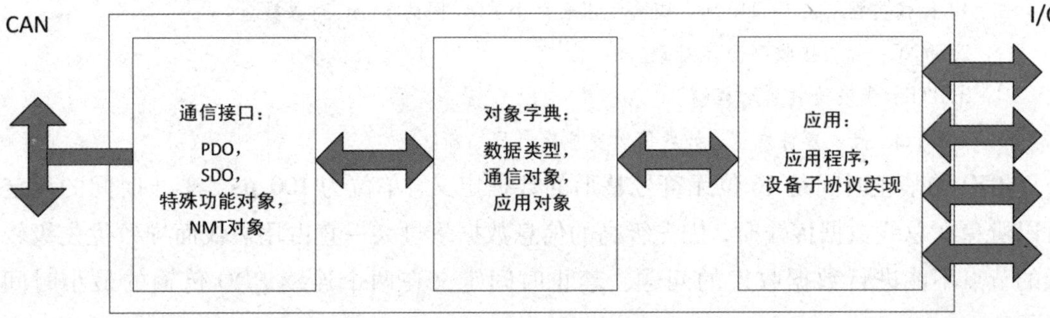

图 8.17　CANopen 设备

3. CANopen 预定义连接集

在预操作状态下，CANopen 定义了强制性的默认 CAN-ID 分配表，如图 8.18 所示。分配表由 4 位功能码和 7 位节点 ID 部分组成，符合 11 位标准帧。在使用过程中，CANopen 节点必须向它所支持的通信对象提供相应的 CAN-ID，还可动态修改它们。其作用为可以减小总线网络的组态工作量。

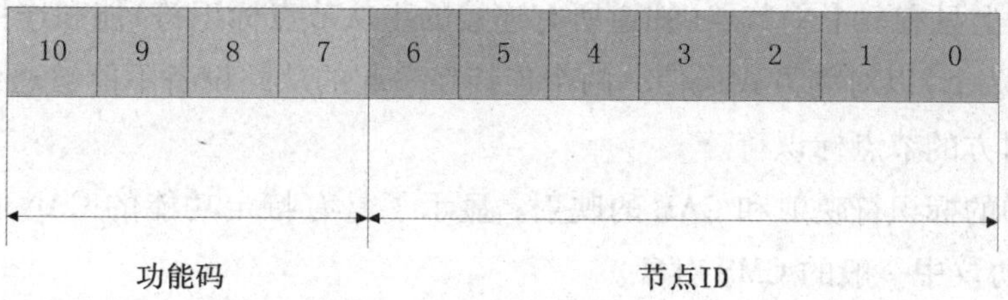

图 8.18 预定义连接集 ID

节点 ID 的范围是 1~127，由系统集成商自行定义，如可以通过拨码开关设置。CANopen 预定义主从连接集 CAN 标识符如表 8.7 所列。从表 8.7 中可知，连接集定义了 4 个 PDO(接收)、4 个 TPDO(发送)、1 个 SDO(接收/发送)、1 个紧急报文和节点状态报文 ID。

表 8.7 CANopen 预定义主/从连接集 CAN 标识符分配表

CANopen 预定义主/从连接集的广播对象			
对象	功能码	COB-ID	通信参数在对象字典(OD)中的索引
NMT 模块控制	0000	000H	—
同步	0001	080H	1005H, 1006H, 1007H
时间标记对象	0010	100H	1012H, 1013H
CANopen 主/从连接集的对等对象			
对象	功能码	COB-ID	通信参数在对象字典(OD)中的索引
紧急	0001	081H~0FFH	1024H, 1015H
PDO1(SEND)	0011	181H~1FFH	1800H
PDO1(RECEIVE)	0100	201H~27FH	1400H
PDO2(SEND)	0101	281H~2FFH	1801H
PDO2(RECEIVE)	0110	301H~37FH	1401H
PDO3(SEND)	0111	381H~3FFH	1802H
PDO3(RECEIVE)	1000	401H~47FH	1402H
PDO4(SEND)	1001	481H~4FFH	1803H
PDO4(RECEIVE)	1010	501H~57FH	1403H
SDO(SEND/SERVER)	1011	581H~5FFH	1200H
SDO(RECEIVE/CLIENT)	1100	601H~67FH	1200H
NMT Error Control	1110	701H~77FH	1016H~1017H

注:1. TPDO, RPDO, SDO 发送/接收是由从站节点(slave)观察的;

2. NMT 错误控制包括节点保护、心跳报文和 Boot-up 报文。

4. CANopen 标识符分配

标识符地址分配表与预定义的主从连接集相对应。因为所有的对等标识符是不同的，所以实际上只有一个主节点（知道所有连接的主从节点标识符）能和连接的每个从站设备（最多127个）以对等方式通信。两个连接在一起的从站设备不能够通信，因为它们彼此不知道对方的节点标识符。

表8.7中的标识符映射和CAL的映射，显示了具有特定功能的CANopen节点如何映射到CAL协议中一般的CMS对象。

CANopen网络中，COB-ID分配有以下三种不同的方法。

① 使用预定义的主从连接集。COB-ID是默认的，不需要配置。如果从节点支持，PDO数据内容也可以重新配置。

② 上电后修改PDO的COB-ID（在预操作阶段），使用（预定义的）SDO在从站的对象字典中对PDO配置进行修改。

③ 使用CAL DBT服务：主节点或从节点最初由它们的配置标识符指定。从节点标识符可以由从站设备上的拨码开关配置，或者使用从站CAL服务进行配置。当CANopen网络初始化完毕且启动后，主节点首先通过“Connect_Remote_Node”报文（一个CAL NMT服务）和每个网络连接的从节点建立一个对话。一旦这个对话建立，CAN通信标识符（SDO和PDO）即可用CAL DBT服务分配好，这需要主、从节点支持扩展的Boot-up。

5. CANopen Boot-up过程

在CANopen网络初始化过程中，无论是最小化的报文启动过程还是扩展的报文启动过程，都是被CANopen节点支持的，并且两种节点可以在同一个网络中存在。其中，最小化的报文启动需要每个节点支持，扩展的报文启动是可选的。

与最小化的报文启动相比，扩展的报文启动在预操作和操作状态之间复杂了一些。节点初始化过程如图8.19所示。

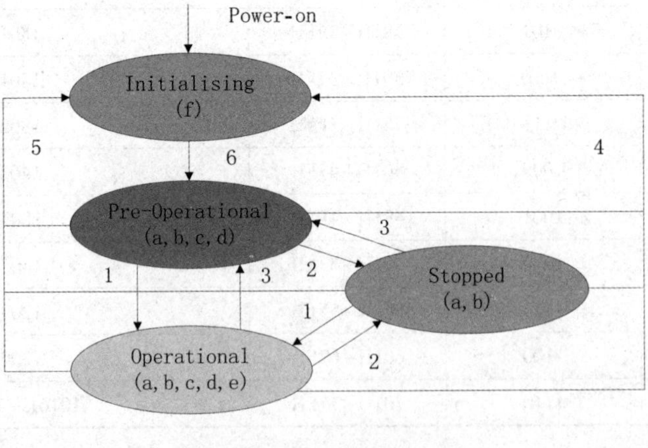

图8.19　节点初始化过程

a—NMT；b—Node Guard；c—SDO；d—Emergency；e—PDO；f—Boot-up

图8.19中括号内的字母表示处于对应状态下可以使用的通信服务。

状态转移(1~5 由 NMT 服务发起)及 NMT 命令字(在括号中)解释如下。

① 1：开始 Remote_node(0x01)；

② 2：停止 Remote_Node(0x02)；

③ 3：进入 Pre-Operational_State(0x80)；

④ 4：重启节点(0x81)；

⑤ 5：重启通信(0x82)；

⑥ 6：设备初始化结束，自动进入预操作状态，发送 Boot-up 消息。

在任何时候网络管理服务都可使所有或部分节点进入不同的工作状态。网络管理服务的 CAN 报文由标准帧(标识符为 0)和 2 B 数据组成；第一个字节表示请求的网络服务类型(“NMT command specifier”)，第二个字节是节点标识符或 0(此时寻址所有节点)。

仅支持最小化 Boot-up 的节点设备叫作最小能力设备。最小能力设备在设备初始化状态结束后自动进入预操作状态。在预操作状态，可以通过 SDO 进行从站参数设置和标识符分配。

设备进入准备状态后，除了网络管理服务和节点保护服务(如果支持并且激活的话)，将停止总线网络通信。

8.3.4　CANopen 消息语法细节

在下文中，标识符使用的是 CANopen 预定义连接集中已定义的默认 COB-ID。

1. NMT 模块控制(NMT module control)

NMT 模块控制的报文只能由 NMT 主节点发送，NMT 所有从节点必须支持 NMT 模块控制服务。其中，NMT 模块控制消息不需要应答。其消息格式如下：当节点 ID 为 0，则所有的 NMT 从站被寻址，如表 8.8 所列。命令字可以取表 8.9 中所列的值，则 NMT 将开启相应的服务。

表 8.8　NMT 模块控制消息格式

COB-ID	Byte 0	Byte 1
0x000	命令字	节点 ID

表 8.9　NMT 服务命令

命令字	NMT 服务
1	开启远程服务
2	停止远程服务
128	进入预操作状态
129	重置服务
130	重置通信

2. NMT 节点保护(NMT node guarding)

NMT 节点保护即 NMT 主节点可以检查每个从站节点的当前状态。尤其是从站节点没有数据传送时，NMT 节点保护更有意义。

NMT 主节点发送远程帧（无数据）如表 8.10 所列，NMT 从节点的报文应答如表 8.11 所列。

表 8.10　NMT 主节点发送远程帧

COB-ID
0x700+Node_ID

表 8.11　NMT 从节点的报文应答

COB-ID	Byte0
0x700+Node_ID	bit7：触发位；bit0～6：状态

报文数据部分包括一个触发位（bit7），触发位必须在每次节点 NMT 保护应答中交替置“0”或“1”。触发位在第一次节点 NMT 保护请求时置为“0”。报文中位 0 到位 6（bit0～6）表示从站节点状态，节点状态值见表 8.12。

表 8.12　节点状态值

值	状态
0	Initialising
1	Disconnected *
2	Connecting *
3	Preparing *
4	Stopped
5	Operational
127	Pre-operational

表 8.12 中带“＊”号的状态只有支持扩展 Boot-up 的节点才提供。注意：初始化状态 0 从不在 NMT 节点保护应答中出现，因为一个设备节点在这个状态时并不应答 NMT 节点保护报文。从站节点可被设置为产生周期性报文，称作心跳报文，见表 8.13。

表 8.13　心跳报文→消费者

COB-ID	Byte 0
0x700+Node_ID	状态

当一个心跳节点启动后，它的 Boot-up 报文是第一个心跳报文。心跳报文的消费者通常是 NMT 主节点，它为每个心跳节点设定一个超时时间，当超时发生时，从站节点采取相应动作。

注意：一个从站节点不能够同时支持节点保护和心跳报文协议。

3. NMT Boot-up

NMT 从站节点发布 Boot-up 报文通知 NMT 主节点，它已经从初始化状态进入预操作状态，见表 8.14。

表 8.14　NMT 主节点→NMT 从站节点

COB-ID	Byte 0
0x700+Node_ID	0

4. 过程数据对象(PDO)

举一个例子，假定第二个 TPDO 映射如表 8.15 所列(在 CANopen 中用对象字典索引 0x1A01 对 TPDO 进行描述)。

表 8.15　PDO 映射

对象 0x1A01：第二个 PDO 映射		
子索引	值	意义
0	2	两个对象映射到 PDO 中
1	0x60000210	对象 0x6001，子索引 0x02，由 16 位组成
2	0x64010108	对象 0x6402，子索引 0x01，由 8 位组成

在 CANopen 输入/输出模块的设备子协议(CiA DSP-401)定义中，对象字典 0x6001 的子索引 2 是节点的第 3 组 16 位数字输入，对象字典 0x6402 的子索引 0x01 是节点的第 1 组 8 位模拟输入。

这个 TPDO 报文如果被发送(可能由输入改变、定时器中断或远程请求帧等方式触发，与 TPDO 设置的传输类型相一致，可以在对象字典 0x1801 子索引 2 中查找)，则由 3 B 数据组成，其格式如表 8.16 所列。

表 8.16　PDO 报文→PDO 消费者

COB-ID	Byte 0	Byte 1	Byte 2
0x280+Node_ID	8 位数据量输入	16 位模拟量输入 (低 8 位)	16 位模块量输入 (高 8 位)

通过改变对象字典 0x1A01 的报文内容，TPDO 的报文内容也可被改变(如果节点支持，即可变 TPDO 映射)。

注意：在 CANopen 协议中多字节数据总是先发送 LSB(little endian)；不允许超过 8 B 的报文映射到某一 PDO 通道中。

在 CANopen 应用层通信协议中定义了 MPDO 服务(multiplexor PDO)，允许一个 PDO 传输大量报文数据，通过在 MPDO 配置报文中的数据字节中包含源或目的节点 ID、对象字典中的索引和子索引来实现。例如，如果没有这个机制，当一个节点有 64 个 16 位的模拟通道时，就需要 16 个不同的 TPDO 来传送数据。

5. 服务数据对象(SDO)

服务数据对象是用来访问一个从站节点的对象字典。数据访问者被称作客户端，对象字典中被访问且提供所请求服务的 CANopen 总线设备被称作服务器。客户的 CAN 报文和服务器的应答 CAN 报文总是包含 8 B 数据(尽管不是所有的数据字节都一定有意义)。一个客户的请求一定有来自服务器的应答。

服务数据对象有下列两种传送机制。

① 加速传送(expedited transfer):最多传输 4 B 数据。

② 分段传送(segmented transfer):传输数据长度大于 4 B。

SDO 的报文结构如表 8.17 和表 8.18 所列。

表 8.17 SDO 的报文结构(一)

Byte 0	Byte 1~2	Byte 3	Byte 4~7
SDO Command Specifier	对象索引	对象子索引	* *

表 8.18 SDO 的报文结构(二)

Byte 0	Byte 1~70
SDO 命令字	最大 7 B 数据(segmented transfer)

SDO 命令字包含如下信息:下载/上传(download/upload)、请求/应答(request/response)、分段/加速传送(segmented/expedited transfer)、CAN 帧数据字节长度、用于每个报文分段的交替置位的触发位(toggle bit)。

SDO 中实现了 5 个请求/应答协议:启动域下载(initiate domain download)、域分段下载(download domain segment)、启动域上传(initiate domain upload)、域分段上传(upload domain segment)和域传送中止(abort domain transfer)。

在 CANopen 协议的最新版中,引入一种新的服务数据对象传送机制——块传送(block transfer)。即当需要传送的报文数据长度大于 4 B 时,对于多个分段报文,只需 1 个确认应答(如果是下载,则由服务器启动传送;如果是上传,则由客户启动传送),以便增加总线的传输速度。

块传送相应的 CANopen 通信协议如下:启动块下载(initiate block download)、块分段下载(download block segment)、块下载结束(end block download)、启动块上传(initiate block upload)、块分段上传(upload block segment)和块上传结束(end block upload)。

其中,下载(download)是指对节点 OD(object dictionary)进行写操作,上传(upload)指对节点 OD 进行读操作。

下面详细说明这些协议的 SDO 命令字(CAN 数据报文的第一个字节)的语法和细节。

(1)启动域下载 SDO 命令字如表 8.19 所列("—"表示不相关,应为 0)。

表 8.19 启动域下载 SDO 命令字

启动域下载								
Bit	7	6	5	4	3	2	1	0
Client→	0	0	1	—	n		e	s
←Server	0	1	1	—	—	—	—	—

① n：如 e=1 且 s=1，则有效，否则为 0；表示 CAN 报文数据部分中无任何意义的数据的字节总数（字节 8-n 到 7 数据无意义）。

② e：0 为正常传送，1 为加速传送。

③ s：是否指明数据长度，0 为数据长度未指明，1 为数据长度指明。

④ e=0，s=0：由 CiA 保留。

⑤ e=0，s=1：数据字节为字节计数器，byte 4 是数据低位部分（LSB），byte 7 是数据高位部分（MSB）。

⑥ e=1：数据字节为将要下载的数据。

（2）域分段下载的 SDO 命令字如表 8.20 所列。

表 8.20　域分段下载的 SDO 命令字

域分段下载								
Bit	7	6	5	4	3	2	1	0
Client→	0	0	0	t	n		c	
←Server	0	0	1	t	—	—	—	—

① n：无意义的数据字节数，如果没有指明段长度，则为 0。

② c：0 表示有后续分段报文需要下载，1 表示最后一个段报文。

③ t：触发位，为后续每个分段交替清零和置位（第一次传送为 0，等效于 request/response）。

（3）启动域上传的 SDO 命令字如表 8.21 所列。

表 8.21　启动域上传的 SDO 命令字

启动域上传								
Bit	7	6	5	4	3	2	1	0
Client→	0	1	0	—	—	—	—	—
←Server	0	1	0	—	n		e	s

其中，n，e，s 与启动域下载的 n，e，s 相同。

（4）域分段上传命令字如表 8.22 所列。

表 8.22　域分段上传命令字

域分段上传								
Bit	7	6	5	4	3	2	1	0
Client→	0	1	1	t	—	—	—	—
←Server	0	0	0	t	n		c	

其中，n，c，t 与域分段下载的 n，c，t 相同。

(5)SDO 客户或服务器通过发出如表 8. 23 所列格式的报文来中止 SDO 传送。

表 8. 23　中止 SDO 传送的报文

域传送中止								
Bit	7	6	5	4	3	2	1	0
C→/←S	1	0	0	—	—	—	—	—

在域传送的中止报文协议中，数据字节 0 和 1 表示对象索引；字节 2 表示子索引；字节 4~7 表示 32 位中止码，描述中止报文传送的原因，见表 8. 24。

表 8. 24　域传送中止 SDO：十六进制中止代码表(4~7 B)

中止代码	代码功能描述
0503 0000	触发位没有交替改变
0504 0000	SDO 协议超时
0504 0001	非法或未知的 client/server 命令字
0504 0002	无效的块大小(仅 block transfer 模式)
0504 0003	无效的序号(仅 block transfer 模式)
0503 0004	CRC 错误(仅 block transfer 模式)
0503 0005	内存溢出
0601 0000	对象不支持访问
0601 0001	试图读只写对象
0601 0002	试图写只读对象
0602 0000	对象字典中对象不存在
0604 0041	对象不能映射到 PDO
0604 0042	映射的对象的数目和长度超出 PDO 的长度
0604 0043	一般性参数不兼容
0604 0047	一般性设备内部不兼容
0606 0000	硬件错误导致对象访问失败
0606 0010	数据类型不匹配，服务参数长度不匹配
0606 0012	数据类型不匹配，服务参数长度太大
0606 0013	数据类型不匹配，服务参数长度太短
0609 0011	子索引不存在
0609 0030	超出参数的值范围(写访问时)
0609 0031	写入参数数值太大
0609 0032	写入参数数值太小
0609 0036	最大值小于最小值
0800 0000	一般性错误
0800 0020	数据不能传送或保存到应用

表8.24(续)

中止代码	代码功能描述
0800 0021	由于本地控制导致数据不能传送或保存到应用
0800 0022	由于当前设备状态导致数据不能传送或保存到应用
0800 0023	对象字典动态产生错误或对象字典不存在

(6)启动块下载命令字如表 8.25 所列。

表 8.25 启动块下载命令字

启动块下载								
Bit	7	6	5	4	3	2	1	0
Client→	1	1	0	—	—	cc	s	0
←Server	1	0	1	—	—	sc	—	0

① cc：表明客户使用 CRC 对数据校验，0=no，1=yes。

② s：是否指明数据集长度，0 为数据集长度未指明，1 为数据集长度指明。

③ s=0：由 CiA 保留。

④ s=1：表明传输的数据字节为字节计数器，字节 4 为 LSB，字节 7 为 MSB。

⑤ 服务器字节 4：表示 blksize，即每块中分段的数目，为 0~128(不包含 0 和 128)。

(7)块分段下载命令字如表 8.26 所示。

表 8.26 块分段下载命令字

块分段下载								
Bit	7	6	5	4	3	2	1	0
Client→	c	0						
Client→	c	1						
..etc..	c	seqno						
←Server	1	0	1	—	—	—	1	0

① c：是否有后续分段需要下载，0=yes，1=no。

② seqno：分段号，0~128(不包含 0 和 128)。

③ 客户数据字节：每分段至多包括 7 B 数据被下载。

④ 服务器字节 1：表示最后一个被成功接收的分段号；如果为 0，表示分段号为 1 的分段未被正确接收，所有段必须重传。

⑤ 服务器字节 2：包含 blksize，即每个块中分段的数目，客户机必须使用它进行下一次块下载，分块数量为 0~128(不包含 0 和 128)。

（8）下载结果命令字见表 8. 27。

表 8. 27　块下载结束命令字

块下载结束								
Bit	7	6	5	4	3	2	1	0
Client→	1	1	0		n		—	1
←Server	1	0	1	—	—	—	—	1

① n：指示最后一个块的最后一个段中无意义数据的字节数。

② 客户数据 bytes1+2 为整个数据集的 16 位 CRC；只有当启动块下载报文中 cc 和 sc 同时为 1 时 CRC 才有效。

（9）启动块上传命令见表 8. 28。

表 8. 28　启动块上传命令字

启动块上传								
Bit	7	6	5	4	3	2	1	0
Client→	1	0	1	—	—	cc	0	0
←Server	1	1	0	—	—	sc		0
Client→	1	0	1	—	—	—	1	1

① cc：是否使用循环冗余校验 CRC 对客户数据进行校验，0=no，1=yes。

② sc：服务器数据是否使用 CRC 校验，0=no，1=yes。

③ s：是否指明数据集长度，0 为数据集长度未指明，1 为数据集长度指明。

④ s=0：由 CiA 保留。

⑤ s=1：数据字节为字节计数器，字节 4 为 LSB，字节 7 为 MSB。

⑥ 客户数据字节 4：表示 blksize，即每块中分段的数目，在 0~128。

⑦ 客户数据字节 5：表示协议转换字（protocol switch threshold，pst），用于是否允许改变 SDO 传送协议。0 为不允许改变，1 为允许改变（如果要上传的数据字节数少于或等于 pst，Server 可以从启动域上传协议应答改变为域分段上传协议）。

（10）块分段上传命令字见表 8. 29。

表 8. 29　块分段上传命令字

块分段上传								
Bit	7	6	5	4	3	2	1	0
←Server	c				0			
←Server	c				1			
etc.	c				seqno			
Client→	1	1	0	—	—	—	1	0

① c：是否有后续分段需要下载，0=yes，1=no。

② seqno：分段号，0~128(不包含0和128)。

③ 服务器数据字节：每分段至多包括7 B数据被下载。

④ 客户字节1：表示最后一个被成功接收的分段号；如果为0，表示分段号为1的分段未被正确接收，所有段必须重传。

⑤ 客户字节2：包含blksize，每个块中分段的数目，客户机必须使用它进行下一次块下载，0~128(不包含0和128)。

(11)块上传结束命令字见表8.30。

表8.30　块上传结束命令字

块上传结束								
Bit	7	6	5	4	3	2	1	0
←Server	1	1	0	n			—	1
Client→	1	0	1	—	—	—	—	1

① n：指示最后一个块的最后一个段中无意义数据的字节数。

② 服务器数据bytes1+2为整个数据集的16位循环冗余校验，只有当启动块上传报文中cc和sc同时为1时，循环冗余校验CRC才有效。

例如：使用SDO的方式来访问一个从站节点的对象字典OB。

使用下面的SDO报文，将数据0x3FE写到节点ID为2的0x1801对象字典且子索引为3的对象中去，适用CANopen中的域下载协议，加速传输模式(2字节数据)。访问从站节点的对象字典的SDO报文见表8.31。

表8.31　访问从站节点的对象字典的SDO报文

客户端→服务器(节点#2)							
COB-ID	Byte						
	0	1	2	3	4	5	6-7
602	2B	01	18	03	FE	03	—
客户端←服务器(节点#2)							
582	60	01	18	03	—	—	—

使用下面的SDO CANopen报文，从ID2中读取OB索引为0x1801，子索引为3的对象，使用启动域上传协议，服务器采用加速传输方式进行请求应答(2 B数据)，如表8.32所列。

表8.32　读取对象字典索引0x1801，子索引0x3中的对象所用的报文

客户端→服务器(节点#2)							
COB-ID	Byte						
	0	1	2	3	4	5	6-7
602	40	01	18	03	—	—	—
客户端←服务器(节点#2)							
582	4B	01	18	03	FE	03	—

6. 应急指示对象(emergency object)

Emergency 报文由从站节点设备内部出现的错误触发，并由相关从站以最高优先级发送到其他节点，适用于中断类型的错误报警信号。

一个 Emergency 报文由 8 个 B 组成，其报文格式如表 8.33 所列。

表 8.33　Emergency 报文格式

COB-ID	Byte 0~1	Byte 2	Byte 3~7
0x080+Node_ID	应急错误代码	错误寄存器 (对象 0x1001)	制造商特定的错误区域

CANopen 协议的应急错误代码见表 8.34。应急错误代码中的“××”部分由相应的设备子协议定义。

表 8.34　应急错误代码(十六进制)

应急错误代码	代码功能描述
00××	Error Reset or No Error
10××	Generic Error
20××	Current
21××	Current, device input side
22××	Current, inside the device
23××	current, device output side
30××	Voltage
31××	Mains voltage
32××	Voltage inside the device
33××	output voltage
40××	Temperature
41××	Ambient temperature
42××	Device temperature
50××	Device hardware
60××	Device software
61××	Internal software
62××	User software
63××	Data set
70××	Additional modules
80××	Monitoring
81××	communication
8110	CAN overrun
8120	Error Passive

表8.34(续)

应急错误代码	代码功能描述
8130	Life Guard Error or Heartbeat Error
8140	Recovered from Bus-Off
82××	Protocol Error
8210	PDO no processed Due to length error
8220	Length exceeded
90××	External error
F0××	Additional functions
FF××	Device specific

错误寄存器(error register)在设备的 OB 索引为 0x1001 中，表 8.35 说明了错误寄存器的位定义。

表 8.35 8 位错误寄存器位定义

位	错误类型
0	Generic
1	Current
2	Voltage
3	Temperature
4	Communication
5	Device profile specific
6	Reserved(=0)
7	Manufacturer specific

节点设备可以将内部错误映射到这个状态字节，以便通过对象字典快速访问。

制造商可以将设备相关的其他错误信息定义到特定错误区域。

8.4 机器人 EtherCAT 通信

8.4.1 EtherCAT 协议概述

EtherCAT 是由德国 BECKHOFF(倍福自动化有限公司)于 2003 年提出的实时工业以太网技术。它具有高速和高数据效率的特点，支持多种设备连接拓扑结构。其从站节点使用专用的控制芯片，主站使用标准的以太网控制器。

EtherCAT 的主要特点如下。

① 广泛的适用性。任何带商用以太网控制器的控制单元都可以作为 EtherCAT 主站。从小型的 16 位处理器到使用 3 GHz 处理器的 PC 系统，任何计算机都可以成为 EtherCAT控制系统。

② 完全符合以太网标准。EtherCAT 可以与其他以太网设备及协议并存于同一总线，以太网交换机等标准结构组件也可以用于 EtherCAT。

③ 无须从属子网。复杂的节点或只有 2 位的 I/O 节点都可以用作 EtherCAT 从站。

④ 高效率。最大化利用以太网宽带进行用户数据传输。

⑤ 刷新周期短。可以达到小于 100 μs 的数据刷新周期，可以用于伺服技术中低层的闭环控制。

⑥ 同步性能好。各从站节点设备可以达到小于 1 μs 的时钟同步精度。

EtherCAT 支持多种设备连接拓扑结构，如线形、树形或星形结构；可以选用的物理介质有 100Base-TX 标准以太网电缆或光缆(使用 100Base-TX 电缆时，站间距离可以达到 100 m)。整个网络最多可以连接 65535 个设备。

使用快速以太网全双工通信技术构成主从式的环形结构如图 8.20 所示。

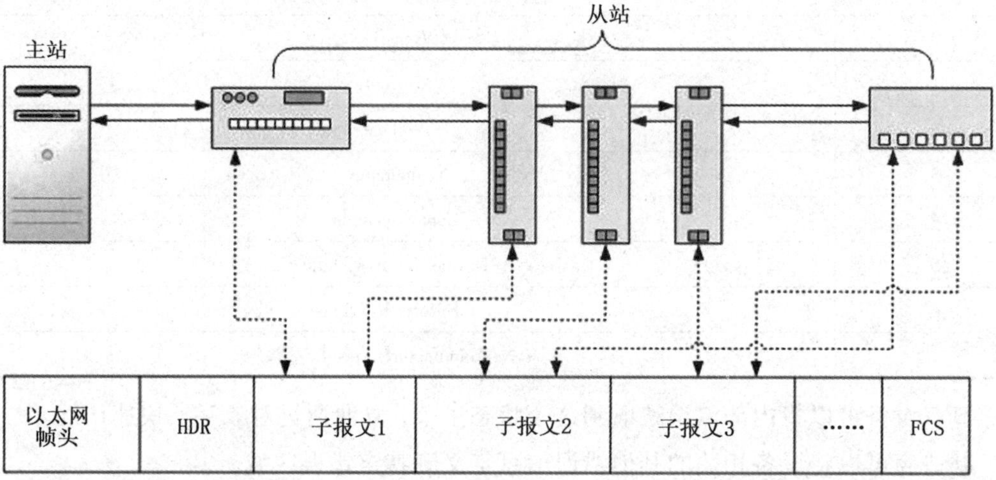

图 8.20 快速以太网全双工通信技术构成主从式的环形结构

8.4.2 EtherCAT 系统组成

EtherCAT 是一种实时工业以太网技术。它充分利用了以太网的全双工特性，使用主从模式介质访问控制(MAC)，主站发送以太网帧给从站，从站从数据帧中抽取数据或将数据插入数据帧。主站使用标准的以太网接口卡，从站使用专门的 EtherCAT 从站控制器 ESC(EtherCAT slave controller)。EtherCAT 物理层使用标准的以太网物理层器件。

EtherCAT 系统运行如图 8.21 所示。

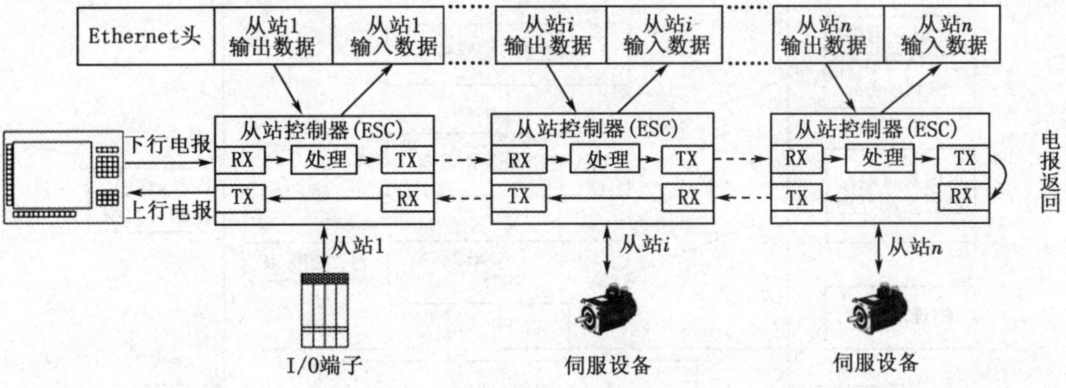

图 8.21　EtherCAT 系统运行

1. EtherCAT 主站组成

EtherCAT 主站使用标准的以太网控制器，传输介质通常使用 100BASE-TX 规范的 5 类 UTP 线缆，如图 8.22 所示。

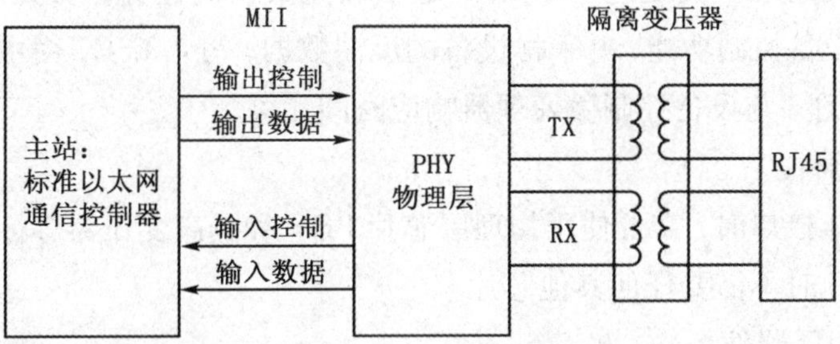

图 8.22　EtherCAT 物理层连接原理图

在基于 PC 的主站中，通常使用网络接口卡 NIC(network interface card)，其中的网卡芯片集成了以太网通信控制器和物理数据收发器。而在嵌入式主站中，通信控制器通常嵌入微处理器。

2. EtherCAT 从站组成

EtherCAT 从站设备同时实现通信和控制应用两部分功能，其结构如图 8.23 所示。

EtherCAT 从站由以下四部分组成。

(1) EtherCAT 从站控制器 ESC。

EtherCAT 从站通信控制器 ESC 负责处理 EtherCAT 数据帧，并使用双端口存储区实现 EtherCAT 主站与从站本地应用的数据交换。

各个从站 ESC 按照各自在环路上的物理位置顺序移位读写数据帧。在报文经过从站时，ESC 从报文中提取发送给自己的输出命令数据，并将其存储到内部存储区，输入数据从内部存储区又被写入相应的子报文中。

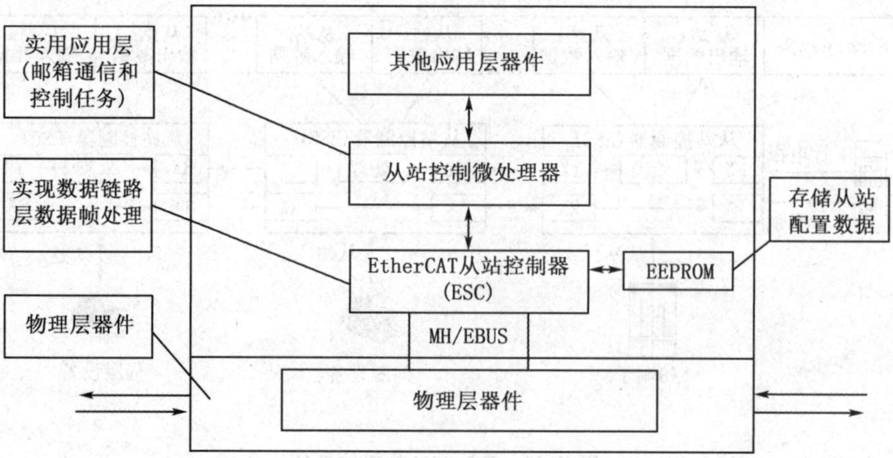

图 8.23 EtherCAT 从站组成

ESC 具有 4 个数据收发端口，每个端口都可以收发以太网数据帧。

(2)从站控制微处理器。

从站控制微处理器负责处理 EtherCAT 通信和完成控制任务。微处理器从 ESC 读取控制数据，实现设备控制功能，并采样设备的反馈数据，写入 ESC，由主站读取。通信过程完全由 ESC 处理，与设备控制微处理器响应时间无关。

(3)物理层器件。

从站使用 MII 接口时，需要使用物理层芯片 PHY 和隔离变压器等标准以太网物理层器件。使用 EBUS 时不需要任何其他芯片。

(4)其他应用层器件。

针对控制对象和任务需要，微处理器可以连接其他控制器件。

3. EtherCAT 物理拓扑结构

在逻辑上，EtherCAT 网段内从站设备的布置构成一个开口的环形总线。在开口的一端，主站设备直接或通过标准以太网交换机插入以太网数据帧，并在另一端接收经过处理的数据帧。所有的数据帧都被从第一个从站设备转发到后续的节点。最后一个从站设备将数据帧返回到主站。

EtherCAT 从站的数据帧处理机制允许在 EtherCAT 网段内的任一位置使用分支结构，同时不打破逻辑环路。分支结构可以构成各种物理拓扑(如线形、树形、星形和菊花链形)及各种拓扑结构的组合，从而使设备连接布线灵活方便。

8.5　EtherCAT 工业以太网协议

8.5.1　EtherCAT 应用层协议

应用层(application layer，AL)是 EtherCAT 协议最高的一个功能层，是直接面向控制任务的一层，它为控制程序访问网络环境提供手段，同时为控制程序提供服务。应用层不包括控制程序，它只是定义了控制程序和网络交互的接口，使符合此应用层协议的各种应用程序可以协同工作。EtherCAT 协议结构如图 8.24 所示。

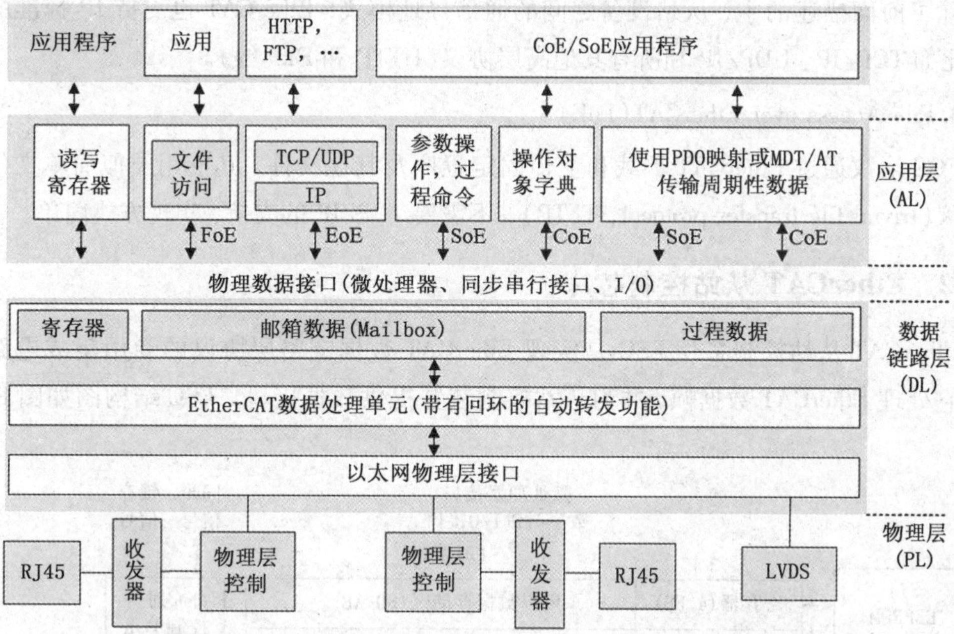

图 8.24　EtherCAT 协议结构

EtherCAT 包括以下四种应用层协议。

1. CANopen over EtherCAT(CoE)

CANopen 最初是为基于 CAN 总线的系统所制定的应用层协议。EtherCAT 协议在应用层支持 CANopen 协议的基础上，做了相应的扩充，其主要功能如下：

① 使用邮箱通信访问 CANopen 对象字典及其对象，实现网络初始化；

② 使用 CANopen 应急对象和可选的事件驱动 PDO 消息，实现网络管理；

③ 使用对象字典映射过程数据、周期性传输指令数据和状态数据。

CoE 协议完全遵从 CANopen 协议，其对象字典的定义也相同，针对 EtherCAT 通信扩展了相关通信对象(0x1C00～0x1C4F)，用于设置存储同步管理器的类型、通信参数和 PDO 数据分配。

2. Servo Drive over EtherCAT(SoE)

IEC61491 是国际上第一个专门用于伺服驱动器控制的实时数据通信协议标准，其商业名称为 SERCOS(serial real-time communication specification)。EtherCAT 协议的通信性能非常适合数字伺服驱动器的控制，应用层使用 SERCOS 应用层协议实现数据接口，还可以实现以下功能：

① 使用邮箱通信访问伺服控制规范参数(IDN)，配置伺服系统参数；

② 使用 SERCOS 数据电报格式配置 EtherCAT 过程数据报文，周期性传输伺服指令数据和伺服状态数据。

3. Ethernet over EtherCAT(EoE)

除了前面描述的主、从站设备之间的通信寻址模式，EtherCAT 也支持 IP 标准的协议，比如 TCP/IP、UDP/IP 和所有其他高层协议(HTTP 和 FTP 等)。

4. File Access over EtherCAT(FoE)

FOE 协议通过 EtherCAT 下载和上传固定程序及其他文件，其使用类似简单文件传输协议(trivial file transfer protocol，TFTP)，不需要 TCP/IP 的支持，实现方式简单。

8.5.2 EtherCAT 从站控制芯片

EtherCAT 从站控制芯片 ESC 是实现 EtherCAT 数据链路层协议的专用集成电路芯片。它处理 EtherCAT 数据帧，并为从站控制装置提供数据接口。ESC 结构图如图 8.25 所示。

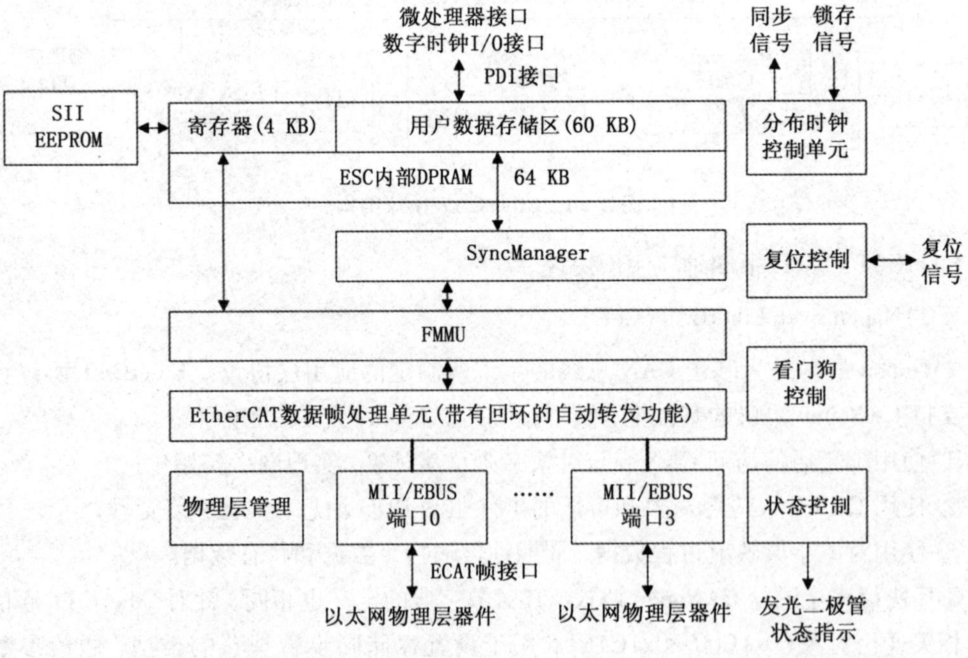

图 8.25　ESC 结构图

ESC 具有以下主要功能。

(1)集成数据帧转发处理单元，通信性能不受从站微处理器性能限制。每个 ESC 最多可以提供 4 个数据收发端口。

(2)主站发送 EtherCAT 数据帧操作被 ESC 称为 ECAT 帧操作。

(3)最大 64 KB 的双端口存储器 DPRAM 存储空间，包括 4 KB 的寄存器空间和 1~60 KB 的用户数据区。DPRAM 可以由外部微处理器使用并行或串行数据总线访问，访问 DPRAM 的接口被称为物理设备接口 PDI(physical device interface)。

(4)可以不用微处理器控制，作为数字量输入/输出芯片独立运行，具有通信状态机处理功能，最多提供 32 位数字量输入/输出。

(5)具有 FMMU 逻辑地址映射功能，能提高数据帧利用率。

(6)有储存同步管理器通道 SyncManager(SM)和管理 DPRAM，保证了应用数据的一致性和安全性。

(7)集成分布时钟(distribute clock)功能，为微处理器提供高精度的中断信号。

(8)具有 EEPROM 访问功能，存储 ESC 和应用配置参数，定义从站信息接口(slave information interface, SII)。

ESC 由德国 BECKHOFF 公司提供，包括 ASIC 芯片和 IP-Core。目前有 2 种规格的 ASIC 从站控制专用芯片，即 ET1100 和 ET1200。

用户也可以使用 IP-Core 将 EtherCAT 通信功能集成到设备控制 FPGA，并根据需要配置功能和规模。

8.5.3 EtherCAT 硬件设计

EtherCAT 主站使用标准的以太网设备，能够发送和接收符合 IEEE802.3 标准以太网数据帧的设备都可以作为 EtherCAT 主站。在实际应用中，可以使用基于 PC 计算机或嵌入式计算机的主站，对其硬件设计没有特殊要求。

EtherCAT 从站使用专用 ESC 芯片，需要设计专门的从站硬件。

ET1100 芯片只支持 MII 接口的以太网物理层 PHY 器件。有些 ESC 器件也支持 RMII (reduced MII)接口。但是由于 RMII 接口 PHY 使用发送 FIFO 缓存区，增加了 EtherCAT 从站的转发延时和抖动，所以不推荐使用 RMII 接口。

8.5.4 EtherCAT 伺服驱动器控制应用协议

IEC61800 标准系列是一个可调速电子功率驱动系统通用规范。其中，IEC61800-7 定义了控制系统和功率驱动系统之间的通信接口标准，包括网络通信技术和应用行规，如图 8.26 所示。EtherCAT 作为网络通信技术，支持了 CANopen 协议中的行规 CiA402 和 SERCOS 协议的应用层，分别称为 CoE 和 SoE。

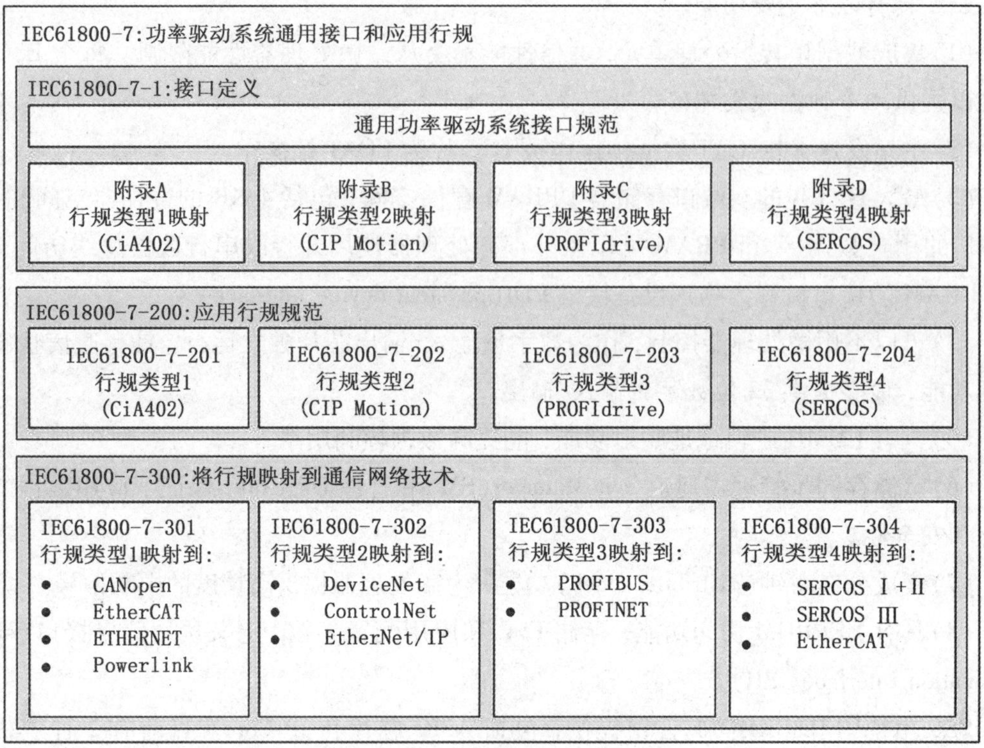

图 8.26 IEC61800-7 体系结构

8.6 EtherCAT 工业以太网主站

EtherCAT 主站采用标准的以太网设备，能够发送和接收符合 IEEE802.3 标准以太网数据帧的设备。在实际应用中，使用基于 PC 计算机或嵌入式计算机的主站对其硬件设计没有特殊要求。如果主站使用 TwinCAT 软件，需要满足 TwinCAT 支持的网卡以太网控制器型号。

因为 EtherCAT 从站使用专用 EtherCAT 从站控制器芯片(ESC)，所以要设计专门的从站硬件系统。

EtherCAT 由主站和从站组成工业控制网络，主站不需要专用的控制器芯片，只要在 PC 计算机、工业 PC 计算机(IPC)或嵌入式计算机系统上运行主站软件即可。主站软件一般采用 BECKHOFF 公司的 TwinCAT3 等产品或采用开源主站。

EtherCAT 主站主要有 TwinCAT3，Acontis，IgH，SOEM，KPA，RSW-ECAT Master EtherCAT。

EtherCAT 主站的作用如下：启动和配置；读取 XML 配置描述文件；从网络适配器发送和接收“原始的”EtherCAT 帧；管理 EtherCAT 从站状态；发送初始化指令(定义用于

从站设备的不同状态变化)；邮箱通信；集成了虚拟交换机功能；循环的过程数据通信。

CANopen 协议是基于 CAN 总线的一种高层协议，在欧洲应用较为广泛，且协议针对行业应用，实现方式比较简洁。

IEC61800-7 是控制系统和功率驱动系统之间的通信接口标准，包括网络通信技术和应用行规。

8.6.1　EtherCAT 主站分类

1. 概述

终端用户或系统集成商在选择 EtherCAT 主站设备时，希望获得所定义的最少功能和互操作性。但并不是每个主站都必须支持 EtherCAT 技术的所有功能。

EtherCAT 主站分类规范定义了具有定义良好的主站功能集的主站分类。方便起见，只定义了两个主站分类：

① A 类：标准 EtherCAT 主站设备；

② B 类：最小 EtherCAT 主站设备。

其基本思想是每个实现都应以满足 A 类的需求为目标。只有在资源被禁止的情况下，如在嵌入式系统中，才至少必须满足 B 类的要求。

其他可被认为是可选的功能，则由功能包来描述。功能包描述了特定功能的所有强制性主站功能，如冗余。

2. 主站分类

EtherCAT 主站的主要任务是网络的初始化和所有设备状态机、过程数据通信的处理，并为在主站和从站应用程序之间进行交换的参数数据提供非循环访问。

配置逻辑从 ESI 或 SII、ESC 寄存器和对象库或 IDN 列表中收集所需要的信息，生成 EtherCAT 网络信息(ENI)并提供给 EtherCAT 主站。

EtherCAT 主站分类和配置工具结构如图 8.27 所示。主站应用可能是 PLC 或运动控制功能，也可能是在线诊断应用。

(1)A 类主站。

A 类主站设备必须支持 ETG 规范的 ETG.1000 系列及 ETG.1020 系列中所描述的所有功能。主站设备应支持 A 类主站的要求。

(2)B 类主站。

B 类主站与 A 类主站相比减少了部分功能，不过对于这一类主站来说，运行大多数 EtherCAT 设备所需的主要功能(如支持 COE、循环处理数据交换)是必需的。只有那些不能满足 A 类主站设备要求的主站设备才必须满足 B 类主站的要求。

(3)功能包。

功能包(FP)定义了一组可选择的功能。如果一个功能包被支持，则应满足其所列要

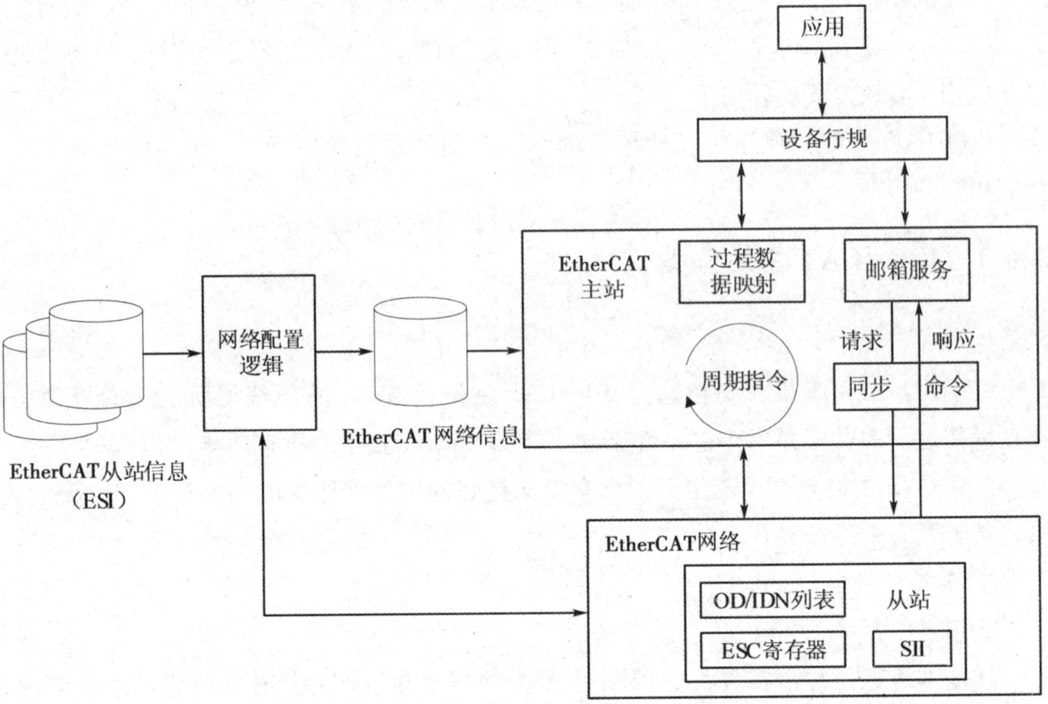

图 8.27　EtherCAT 主站分类和配置工具结构

求的所有功能。

(4) 主站分类和功能包的有效性。

对主站分类和功能包的定义是一个持续的过程，因为一直需要进行技术和附加特性上的提高来满足客户和应用的需求。而主站分类的作用就是通过用这些提高来为最终用户的利益考虑。

因此，基本功能集和每个单独功能包的功能范围都是由版本号来定义的。如果没有相应的版本号，主站供应商就不能对其主站分类的实现（基本功能集及每个功能包）进行分类。

3. TwinCAT 3 EtherCAT 主站

TwinCAT 是德国 BECKHOFF 公司的基于 PC 平台和 Windows 操作系统的控制软件。它的作用是把工业 PC 或嵌入式 PC 变成一个功能强大的 PLC 或运动控制器控制生产设备。

1995 年，TwinCAT 被首次推出市场，现存版本有两种：TwinCAT 2 和 TwinCAT 3。

TwinCAT 2 是针对单 CPU 及 32 位操作系统而开发设计的，其运行核不能工作在 64 位操作系统上。对于多 CPU 系统，只能发挥单核的运算能力。

TwinCAT 3 考虑了 64 位操作系统和多核 CPU，并且可以集成 C++编程和 MATLAB 建模，所以 TwinCAT 3 的运行核既可以工作在 32 位操作系统，也可以工作在 64 位操作系统，并且可以发挥全部 CPU 的运算能力。对于 PLC 控制和运动控制项目，TwinCAT 3 和 TwinCAT 2 除了开发界面有所不同，在编程、调试、通信的原理和操作方法方面都几乎完全相同。

TwinCAT 是一套纯软件的控制器，完全利用 PC 标配的硬件，实现逻辑运算和运动控制。

TwinCAT PLC 的特点：与传统的 PLC 相比，CPU、存储器和内存资源都有了数量级的提升；运算速度快，尤其是传统 PLC 不擅长的浮点运算，如多路温控、液压控制及其他复杂算法，TwinCAT PLC 可以轻松胜任。

4. TwinCAT 3 Runtime 的运行条件

用户订购 BECKHOFF 控制器时，就必须决定控制软件使用 TwinCAT 2 还是 TwinCAT 3 的运行核，软件为出厂预装，用户不能自行更改。

TwinCAT 运行核，分为 Windows Standard 和 Windows CE 两个版本。Windows Standard 版本包括 Windows XP，Windows Xpe，Windows NT，Windows 7，WES 7。由于 Windows CE 系统小巧轻便、经济实惠，相对于传统 PLC 而言，功能上仍然有绝对的优势，因此，在工业自动化市场上，尤其是国内市场，Window CE 显然更受欢迎。

5. TwinCAT 3 功能介绍

TwinCAT 3 软件的结构如图 8.28 所示。

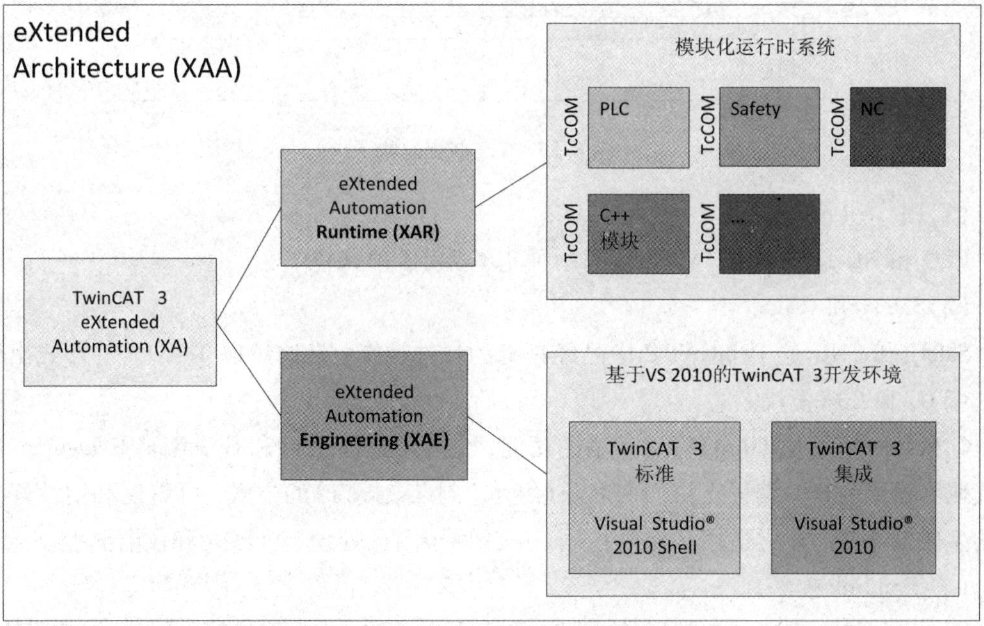

图 8.28　TwinCAT 3 软件的结构

已经发布的 TcCOM 结构如图 8.29 所示。

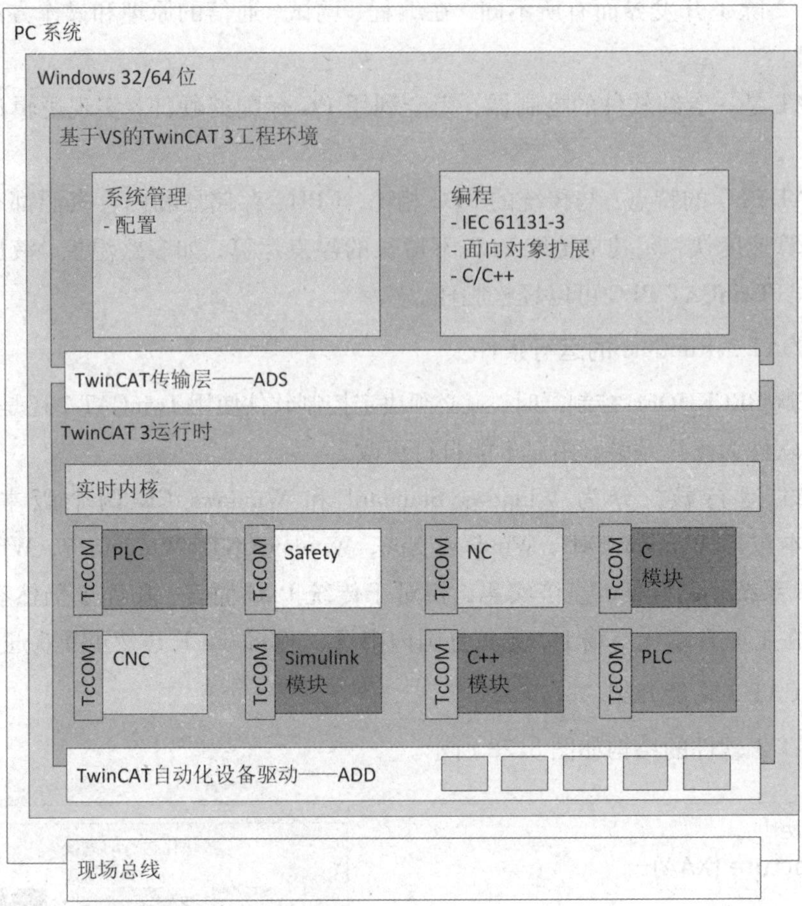

图 8.29　TcCOM 结构

(1)PLC 和 NC。

PLC 和 NC 是与 TwinCAT 兼容的两种基本类别的 TcCOM。

(2)Safety 和 CNC。

Safety 和 CNC 是 TwinCAT 2 中已经具有的软件功能，在这里以 TcCOM 的形式出现。

(3)C 和 C++模块。

C 和 C++模块是 TwinCAT 3 新增的功能，允许用户使用 C 和 C++编辑 Real-time 的控制代码和接口。C++编程支持面向对象(继承、封装、接口)的方式，可重复利用性好，代码的生成效率高，非常适用于实时控制，广泛用于图像处理、机器人和仪器测控。

(4)Simulink 模块。

Simulink 是 TwinCAT 3 新增的功能，允许用户事先在 MATLAB 中创建控制模型(模型包含了控制代码和接口)，然后把模型导入 TwinCAT 3。利用 MATLAB 的模型库和各种调试工具，比 TwinCAT 编程更容易实现对复杂控制算法的开发、仿真和优化，通过 RTW 自动生成仿真系统代码，并支持图形化编程。

基于一个 TcCOM，用户可以重复创建多个模块。每个模块都有自己的代码执行区、接口数据区，此外还有数据区、指针和端口等。

TwinCAT 模块如图 8.30 所示。

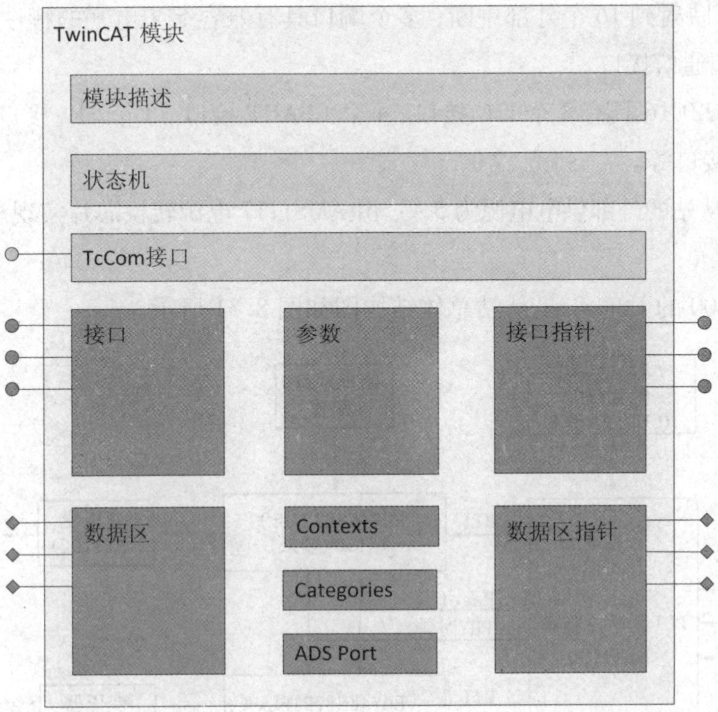

图 8.30　TwinCAT 模块

6. 基于 ET1100 的 EtherCAT 从站总体结构

EtherCAT 从站以 ST 公司生产的 ARM Cortex-M4 微控制器 STM32F407ZET6 为核心，搭载相应的外围电路构成。

STM32F407ZET6 内核的最高时钟频率可以达到 168 MHz，还集成了单周期 DSP 指令和浮点运算单元（FPU），提升了计算能力，可以进行复杂的计算和控制。

STM32F407ZET6 内核除了具有优异的性能，还具有以下丰富的内嵌和外设资源。

（1）存储器。

STM32F407ZET6 内核拥有 512 KB 的 Flash 存储器和 192 KB 的 SRAM，并提供了存储器的扩展接口，可外接多种类型的存储设备。

（2）时钟、复位和供电管理。

STM32F407ZET6 内核支持 1.8~3.6 V 的系统供电；具有上电/断电复位、可编程电压检测器等多个电源管理模块，可有效避免供电电源不稳定而导致的系统误动作情况的发生；内嵌 RC 振荡器，可以提供高速的 8 MHz 的内部时钟。

（3）直接存储器存取（DMA）。

STM32F407ZET6 内核具有 16 通道的 DMA 控制器，支持突发传输模式，且各通道可独立配置。

(4)丰富的 I/O 端口。

STM32F407ZET6 内核具有 A~G 共 7 个端口，每个端口有 16 个 I/O 端口，所有的 I/O端口都可以映射到 16 个外部中断；多个端口具有兼容 5 V 电平的特性。

(5)多类型通信接口。

STM32F407ZET6 具有 3 个 I2C 接口、4 个 USART 接口、3 个 SPI 接口、2 个 CAN 接口、1 个 ETH 接口等。

EtherCAT 从站的外部供电电源为 5 V，由 AMS1117 电源转换芯片实现从 5 V 到 3.3 V 的电压变换。

基于 ET1100 的 EtherCAT 从站总体结构图如图 8.31 所示。

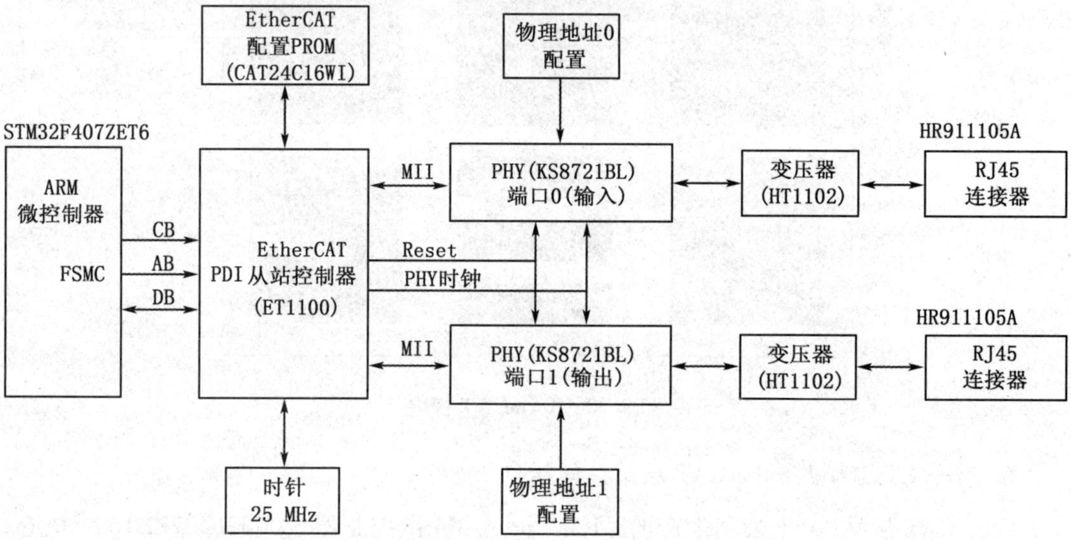

图 8.31　基于 ET1100 的 EtherCAT 从站总体结构图

基于 ET1100 的 EthorCAT 从站主要由以下部分组成：① 微控制器 STM32F407ZET6；② EtherCAT 从站控制器 ET1100；③ EtherCAT 配置 PROM(CAT24C6WI)；④ 以太网 PHY 器件(KS8721BL)；⑤ PULSE 公司以太网数据变压器(H1102)；⑥ RJ45 连接器(HR911105A)；⑦ 实现测量与控制的 I/O 端口电路。

8.6.2　IEC61800-7 通信接口标准

IEC61800 标准系列是一个可调速电子功率驱动系统通用规范。其中，IEC61800-7 是控制系统和功率驱动系统之间的通信接口标准，包括网络通信技术和应用行规。

IEC61800-7 定义了一系列通用的传动控制功能、参数、状态机，以及被映射到概述文件的操作序列描述。同时，提供了一种访问驱动功能和数据的方法，它们独立于驱动配置文件和通信接口。其目的在于建立一个通用的驱动模型，该模型使用那些能够映射到不同通信接口的通用功能和对象。使用通用的接口在建立运动控制系统时可以增加设备的独立性，不需要考虑通信网络的某些具体细节。

8.6.3　IEC61800-7 体系架构

IEC61800-7 体系架构如图 8.32 所示。

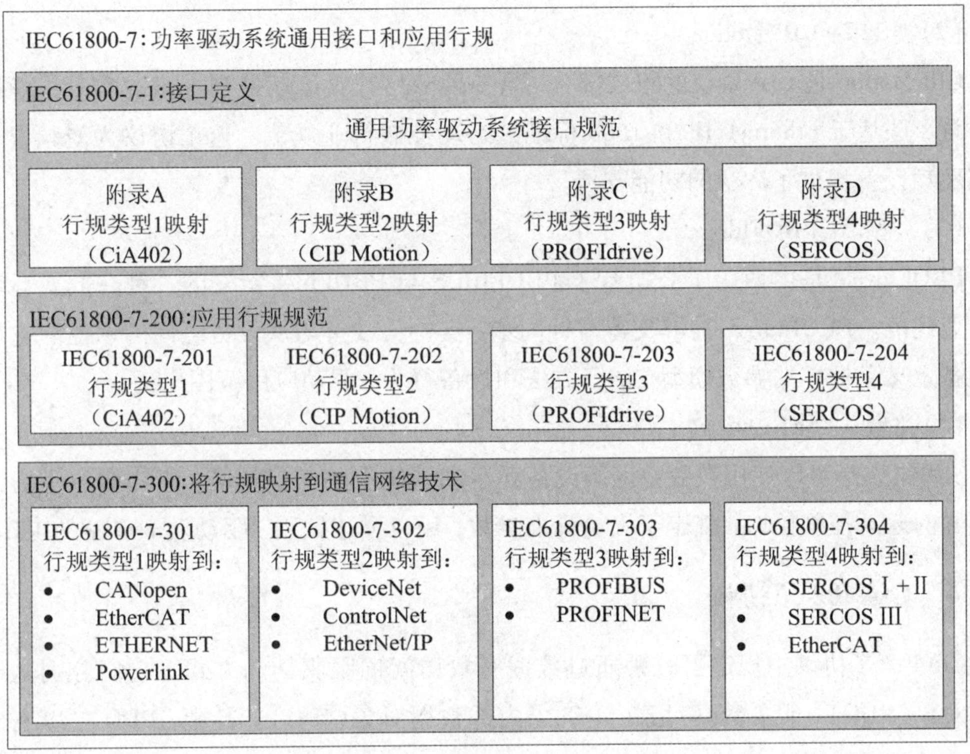

图 8.32　IEC61800-7 体系架构

EtherCAT 作为网络通信技术，支持了 CANopen 协议中的行规 CiA 402 和 SERCOS 协议的应用层，分别称为 CoE 和 SoE。

IEC61800-7 由三个部分组成，涉及四种类型，具体内容如下。

1. 三个部分

（1）IEC61800-7-1。

IEC61800-7-1 主要是关于一般接口的定义，它包含一个通用的电力系统驱动接口规范和几个附件，根据附件规定，四种类型接口被映射到通用接口。

（2）IEC61800-7-200。

IEC61800-7-200 是这四种类型的调速电力驱动系统概要规范，也称为行规。

（3）IEC61800-7-300。

IEC61800-7-300 规定了这四种类型映射到相对应网络对象的方式。

2. 四种类型

(1)类型 1：CiA 402。

CiA 402(CAN in automation，CiA)规定了 CAN 的应用层协议 CANopen。CiA 402 描述了 CANopen 应用层数字运动控制设备，如伺服电机、变频设备和步进电机等，是一种驱动和运动控制的行业规范。

(2)类型 2：CIP Motion。

CIP Motion 是 CIP 协议的组成部分，是一种专门针对运动控制推出的实时工业以太网协议，是基于 Ethernet/IP 和 1588 标准的运动控制行业规范。这个协议为变频设备和伺服驱动设备提供了广泛的功能支持。

(3)类型 3：PROFIdrive。

PROFIdrive 是由西门子公司基于 PROFIBUS 与 PROFInet 定义的一种开放式运动控制行业规范。PROFIdrive 能够支持时钟同步，支持从设备与从设备之间的通信。它为驱动设备定义了标准的参数模型、访问方法和设备行为，驱动应用范围广泛。

(4)类型 4：SERCOS。

SERCOS 是可以使用在数字伺服设备和运动系统上的通信标准，它作为一种为人们所熟知的运动控制接口，规定了大量标准参数，用以描述控制、驱动及 I/O 站的工作。

8.6.4　CiA402 子协议

CiA402 子协议中规定了三种通过数据对象访问伺服驱动的方式。它们分别是过程数据对象(PDO)、服务数据对象(SDO)、内部数据对象(IDO)。其中，PDO 是以不确定的方式访问；SDO 是通过握手的方法，即以确定的方式访问；IDO 是生产厂家指定的，通常不可以直接进行访问，只有在通过其 SDO 授权后才可以访问。电源驱动状态机规定了设备的状态和它可采取的状态转换方法，也描述了接收到的命令。因此，可以通过设备的控制字来转换它的状态，也可以通过它的状态字获得设备正处在的状态。

8.7　以太网通信

8.7.1　网络模型

计算机网络 OSI 模型(open systems interconnection model)是一种概念模型，它表征并标准化电信或计算系统的通信功能，而不考虑其基础内部结构和技术。其目标是多种通信系统与标准协议的互操作性。该模型将通信系统划分为抽象层，其原始版本定义了七层。网络的 OSI 模型如图 8.33 所示。

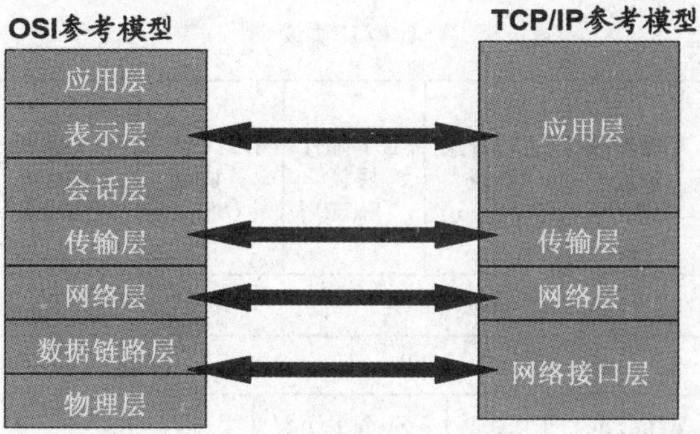

图 8.33　网络的 OSI 模型

OSI 模型各层功能如图 8.34 所示。

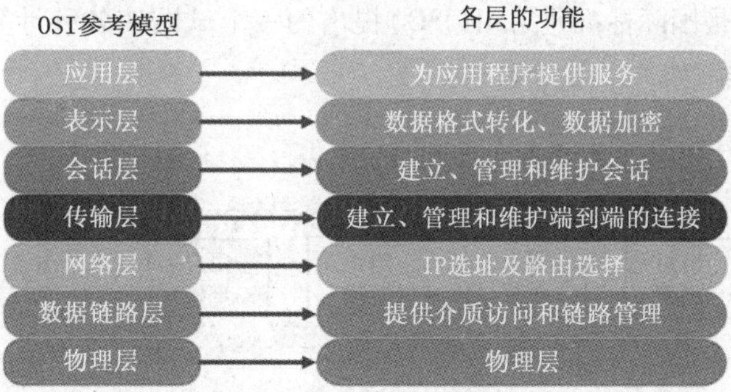

图 8.34　OSI 模型各层功能

8.7.2　TCP/IP 协议族

1. TCP/IP 的介绍

互联网协议族(Internet protocol suite，IPS)是一个网络通信模型，以及一整个网络传输协议家族，为互联网的基础通信进行架构。它常被通称为 TCP/IP 协议族(TCP/IP protocol suite 或 TCP/IP protocols)，简称 TCP/IP。

TCP/IP 提供点对点的链接机制，将数据应该如何封装、定址、传输、路由及在目的地如何接收，都加以标准化。它通常将软件通信过程抽象化为四个抽象层，采取协议堆栈的方式，分别实现不同通信协议。协议套组下的各种协议，依其功能不同，被分别归属到这四个层次结构，常被视为简化的七层 OSI 模型。

2. TCP/IP 和 ISO/OSI 分层比较

TCP/IP 和 ISO/OSI 分层比较如图 8.35 所示。

补充：ISO/OSI 模型，即开放式通信系统互联参考模型(open system interconnection

ISO/OSI模型	TCP/IP协议					TCP/IP模型
应用层 表示层 会话层	文件传输协议(FTP)	远程登录协议(Telnet)	电子邮件协议(SMTP)	网络文件服务协议(NFS)	网络管理协议(SNMP)	应用层
传输层	TCP		UDP			传输层
网络层	IP	ICMP	ARP	RARP		网际层
数据链路层 物理层	Ethernet IEEE 802.3	FDDI	Token-Ring/IEEE 802.5	ARCnet	PPP/SLIP	网络接口层 硬件层

图 8.35　TCP/IP 和 ISO/OSI 分层比较

reference model)，是国际标准化组织(ISO)提出的一个试图使各种计算机在世界范围内互联为网络的标准框架，简称 OSI。

3. TCP/IP 分层详解

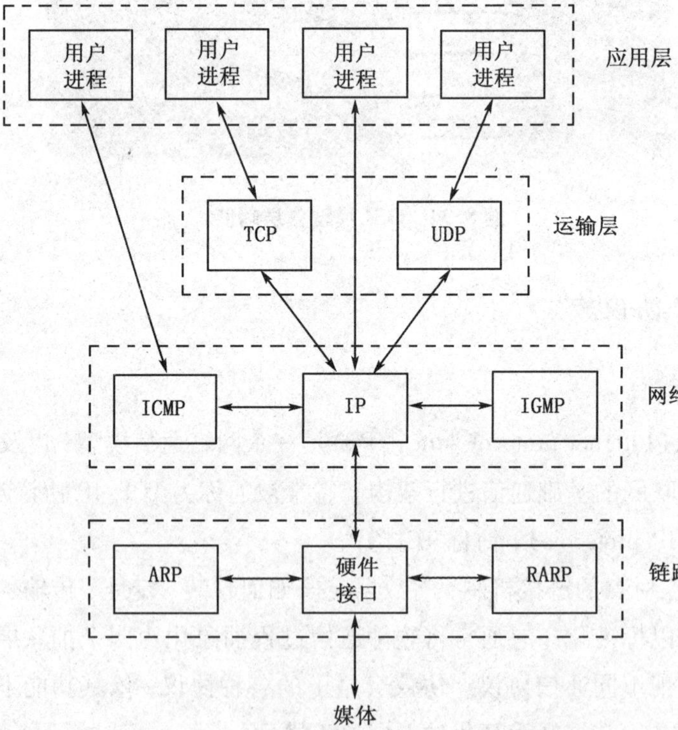

图 8.36　TCP/IP 协议族中不同层次的协议

通常把 TCP/IP 协议族分为四层，如图 8.36 所示，但是如果分为五层，就需要在链路层下面再加一个物理层。TCP/IP 协议族各层作用见表 8.36。

表 8.36　TCP/IP 协议族各层作用

层	作用	协议
链路层（数据链路层、网络接口层）	处理与电缆或其他任何传输媒介的物理接口	ARP（地址解析协议）、RARP（逆地址解析协议）
网络层（互联网层）	处理分组在网络中的活动，如分组选路	IP 协议、ICMP 协议、IGMP 协议
运输层	主要为两台主机上的应用程序提供端到端的通信	TCP 协议、UDP 协议
应用层	用于不同的应用程序	Telnet 远程登录、FTP 文件传输协议、SMTP 简单邮件传送协议、SNMP 简单网络管理协议

IP 是一种网络层协议，提供的是一种不可靠的服务，它只是尽可能快地把分组从源结点送到目的结点，但是并不提供任何可靠性保证，同时被 TCP 和 UDP 使用。TCP 和 UDP 的每组数据都通过端系统和每个中间路由器中的 IP 层在互联网中进行传输。

ICMP 是 IP 协议的附属协议。IP 层用它来与其他主机或路由器交换错误报文和其他重要信息。

IGMP 是 Internet 组管理协议。它用来把一个 UDP 数据报播到多个主机。

TCP 是一个传输控制协议，它为两台主机提供了可靠性的数据通信。其所做工作包括把应用程序交给它的数据进行合适的分块并交给下层的网络层，确认接收到的分组，设置发送最后确认分组的超时时钟，等等。

UDP 是用户数据报协议，它为应用层提供了简单的服务。它只是把称作数据报的分组从一台主机发送到另外一台主机，并不保证该数据报能到达另外一端。

4. IP 地址介绍

互联网上的每个接口必须有一个唯一的 Internet 地址（也称作 IP 地址）。IP 地址长为 32 位。IP 地址并不采用平面形式的地址空间，如 1，2，3 等。IP 地址具有一定的结构，五类互联网地址格式如图 8.37 所示。

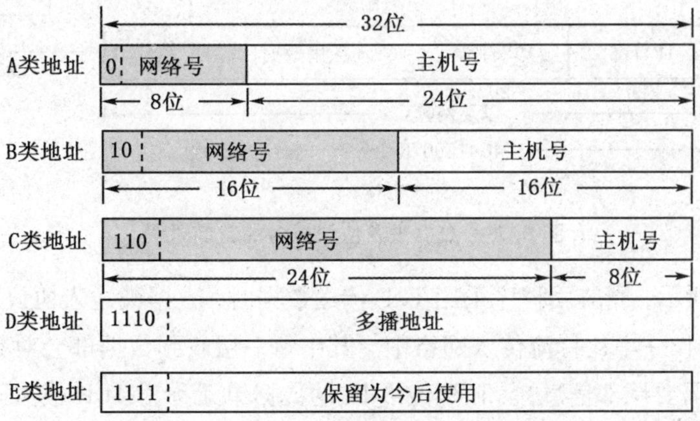

图 8.37　五类互联网地址格式

这五类 IP 地址的范围见表 8.37。

表 8.37　五类 IP 地址的范围

类型	范围
A	0.0.0.0~127.255.255.255
B	128.0.0.0~191.255.255.255
C	192.0.0.0~223.255.255.255
D	224.0.0.0~239.255.255.255
E	240.0.0.0~247.255.255.255

由此可知，通过 IP 地址的网络号和主机号已经可以识别网络接口，进而访问主机，但是因为人们最喜欢的还是使用主机名访问，所以需要提供一个域名系统(DNS)，它可以提供主机名和 IP 地址之间的映射信息。

5. 封装和分用

(1)封装。

数据进入协议栈时的封装过程如图 8.38 所示。

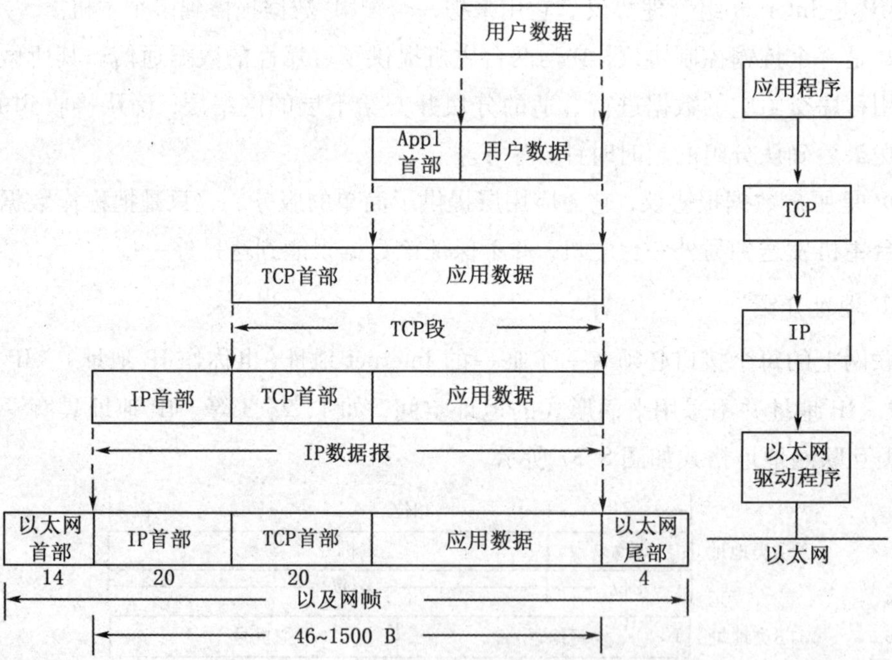

图 8.38　数据进入协议栈时的封装过程

如图 8.38 所示，当应用程序采用 TCP 传送数据时，数据被送入协议栈中，然后通过每一层直到被当作一串比特流传入网络中。其中每一层收到数据都会对数据增加一些首部信息(有的还需要尾部信息)。TCP 传给 IP 的数据单元称为 TCP 报文段或简称为 TCP 段(UDP 传给 IP 的数据单元称为 UDP 数据段)，IP 传给网络接口层的数据单元称为 IP

数据报。通过以太网传输的比特流称为帧。

(2)分用。

当目的主机收到一个以太网的数据帧时，数据要从协议栈中由底层往上层，同时去掉各层协议上的报文首部，如图 8.39 所示。

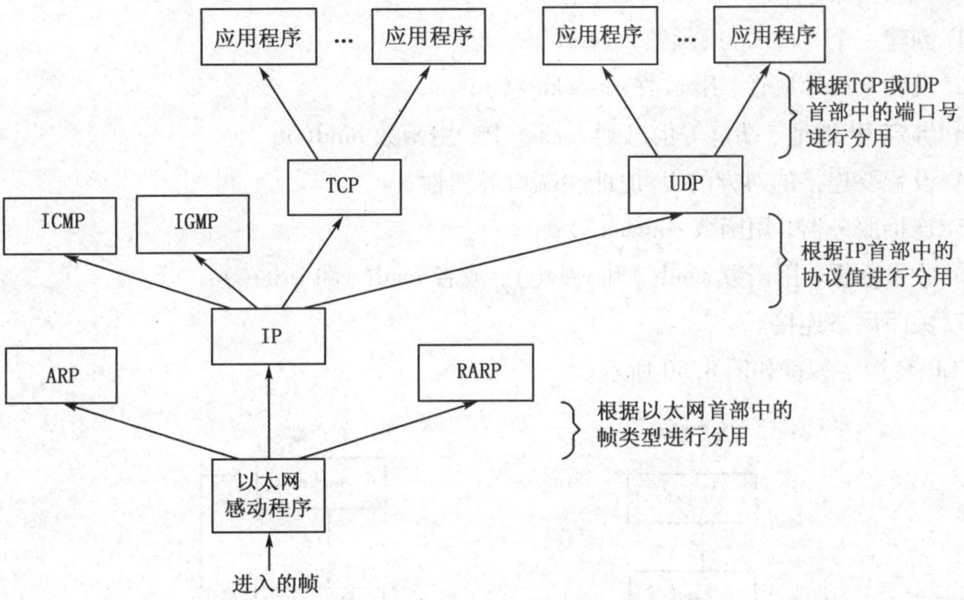

图 8.39　以太网数据帧的分用过程

(3)端口号。

服务器一般都是通过知名端口号来识别的。例如，对于每个 TCP/IP 实现来说，FTP 服务器的 TCP 端口号都是 21，每个 Telnet 服务器的 TCP 端口号都是 23，每个 TFTP(简单文件传送协议)服务器的 UDP 端口号都是 69。任何 TCP/IP 实现所提供的服务都用知名的 1～1023 的端口号。这些知名端口号由 Internet 号分配机构(Internet Assigned Numbers Authority，IANA)来管理。知名端口号介于 1～255；256～1023 的端口号通常都是由 Unix 系统占用，以提供一些特定的 Unix 服务；1024～5000 端口号用于客户端分配临时端口号；大于 5000 的端口号是为其他服务器预留的。

8.7.3　TCP 套接字

TCP 服务器端编程的一般步骤如下：

① 创建一个 socket，用函数 socket()；

② 设置 socket 属性，用函数 setsockopt()；

③ 绑定 IP 地址、端口等信息到 socket 上，用函数 bind()；

④ 开启监听，用函数 listen( )；

⑤ 接收从客户端来的网络连接，用函数 accept( )；

⑥ 收发数据，用函数 send( )和 recv( )，或者 read( )和 write( )；

⑦ 关闭网络连接；

⑧ 关闭监听。

TCP 客户端编程的一般步骤如下：

① 创建一个 socket，用函数 socket( )；

② 设置 socket 属性，用函数 setsockopt( )；

③ 绑定 IP 地址、端口等信息到 socket 上，用函数 bind( )；

④ 设置要连接的对方的 IP 地址和端口等属性；

⑤ 连接服务器，用函数 connect( )；

⑥ 收发数据，用函数 send( )和 recv( )，或者 read( )和 write( )；

⑦ 关闭网络连接。

TCP 套接字编程如图 8.40 所示。

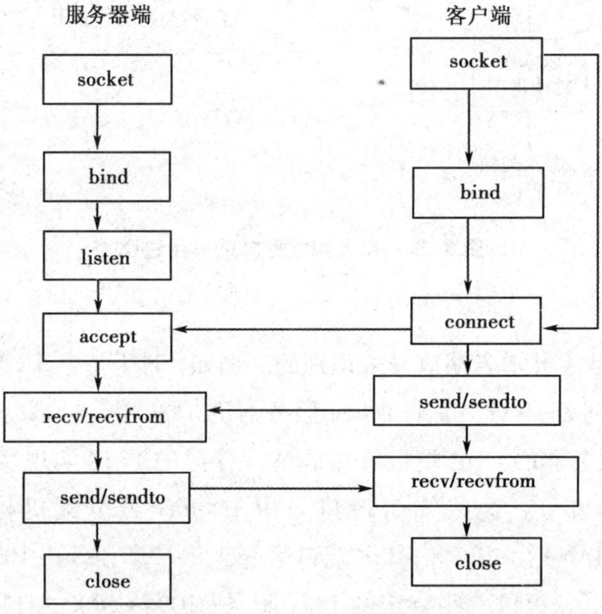

图 8.40　TCP 套接字编程

8.7.4　UDP 套接字

与 TCP 编程对应的 UDP 编程的步骤要简单许多，具体如下。

UDP 服务器端编程的一般步骤如下：

① 创建一个 socket，用函数 socket( )；

② 设置 socket 属性，用函数 setsockopt( )；

③ 绑定 IP 地址、端口等信息到 socket 上，用函数 bind( )；

④ 循环接收数据，用函数 recvfrom( )；

⑤ S 关闭网络连接。

UDP 客户端编程的一般步骤如下：

① 创建一个 socket，用函数 socket( )；

② 设置 socket 属性，用函数 setsockopt( )；

③ 绑定 IP 地址、端口等信息到 socket 上，用函数 bind( )；

④ 设置对方的 IP 地址和端口等属性；

⑤ 发送数据，用函数 sendto( )；

⑥ 关闭网络连接。

UDP 套接字编程如图 8.41 所示。

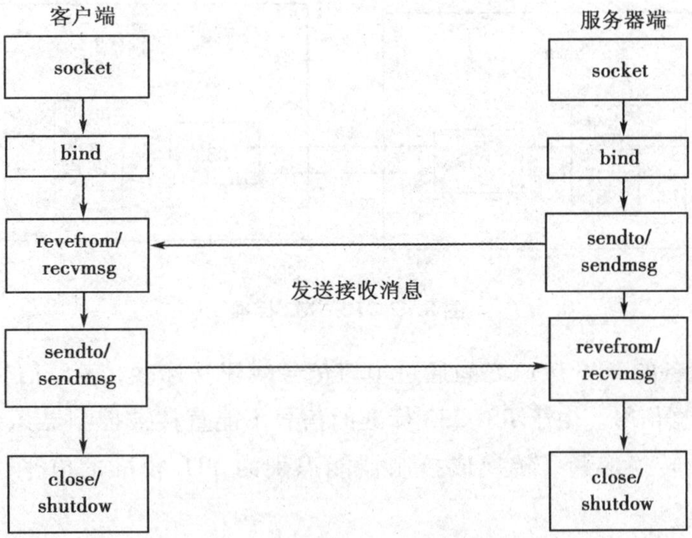

图 8.41　UDP 套接字编程

8.8　串口通信

8.8.1　串口通信概述

串口是串行接口(serial port)的简称，也称为串行通信接口或 COM 接口。

串口通信是指采用串行通信协议(serial communication)，在一条信号线上将数据一个比特一个比特地逐位进行传输的通信模式。

串口按照电气标准及协议来划分，包括 RS-232-C，RS-422，RS-485 等。

8.8.2 串口通信物理层

串行通信是仅用一根接收线和一根发送线就能将数据以位形式进行传输的一种通信方式。尽管串行通信的速度比按照字节传输的并行通信的速度慢，但是串口可以在仅使用 2 根线的情况下实现数据的传输。

典型的串口通信使用 3 根线完成，分别是地线、发送线、接收线。由于串口通信是异步的，所以端口能够在一根线上发送数据，同时在另一根线上接收数据。串口通信最重要的参数是波特率、数据位、停止位和奇偶的校验。对于两个需要进行串口通信的端口，这些参数必须匹配，这也是实现串口通信的前提。

串口通信的物理层有很多标准，这里主要介绍 RS-232 标准。RS-232 标准主要规定了信号的用途、通信接口及信号的电平标准。RS-232 标准如图 8.42 所示。

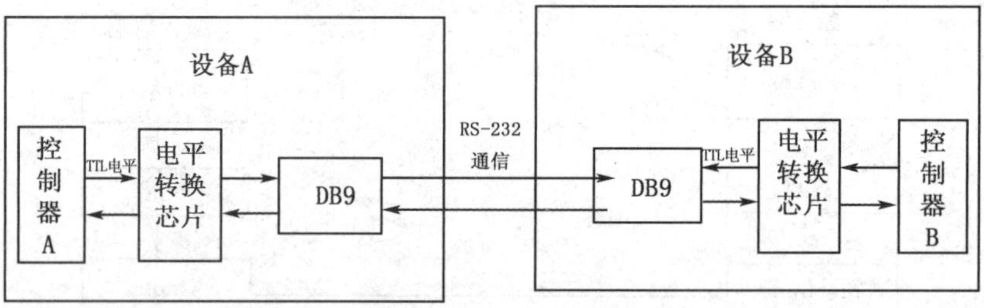

图 8.42　RS-232 标准

两个通信设备的 DB9 接口之间通过串口信号线建立连接，串口信号线中使用 RS-232 标准传输数据信号。由于 RS-232 标准的信号不能直接被控制器识别，因此这些信号经过一个电平转换芯片，转换成控制器能识别的 TTL 校准的电平信号，进而实现通信。

图 8.43 所示为 DB9 标准串口通信接口。

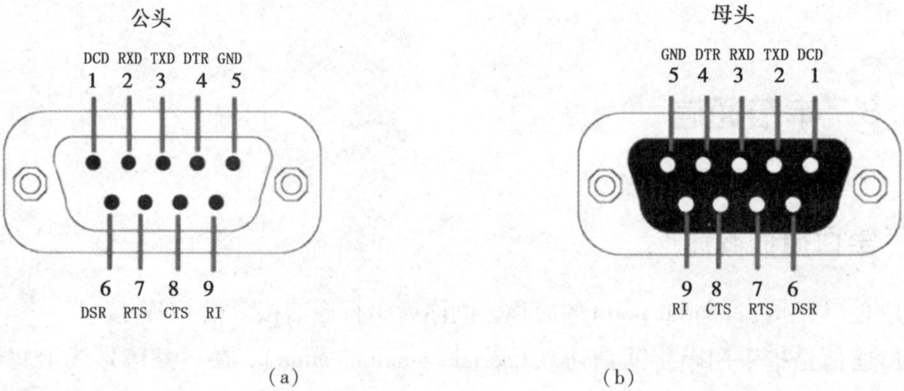

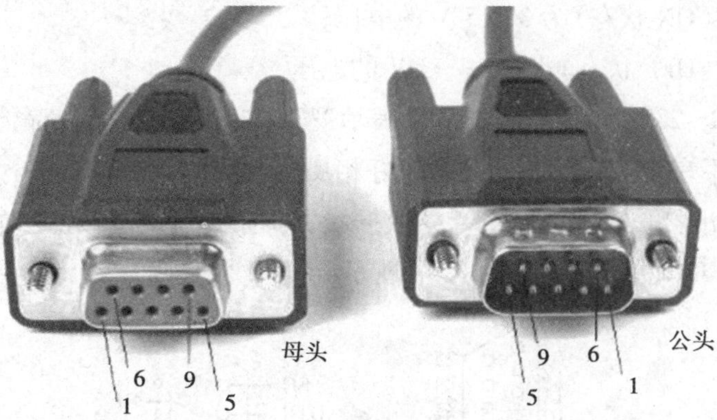

(c)

图 8.43 DB9 标准串口通信接口

9 针串口和 25 针串口常用管脚的功能说明见表 8.38。

表 8.38 9 针串口和 25 针串口常用管脚的功能说明

9 针串口(DB9)			25 针串口(DB25)		
针号	功能说明	缩写	针号	功能说明	缩写
1	数据载波检测	DCD	8	数据载波检测	DCD
2	接收数据	RXD	3	接收数据	RXD
3	发送数据	TXD	2	发送数据	TXD
4	数据终端准备	DTR	20	数据终端准备	DTR
5	信号地	GND	7	信号地	GND
6	数据设备准备好	DSR	6	数据准备好	DSR
7	请求发送	RTS	4	请求发送	RTS
8	清除发送	CTS	5	清除发送	CTS
9	振铃指示	DELL	22	振铃指示	DELL

8.8.3 RS-232C 标准

常用的串行通信接口标准有 RS-232C，RS-422，RS-423，RS-485。其中，RS-232C 作为串行通信接口的电气标准，定义了数据终端设备(data terminal equipment，DTE)和数据通信设备(data communication equipment，DCE)间按位串行传输的接口信息，合理安排了接口的电气信号和机械要求，在世界范围内得到了广泛应用。

RS-232C 对电器特性、逻辑电平和各种信号功能都做了以下规定。

(1)在 TXD，RXD 数据线上：

① 逻辑 1 为-15～-3 V 的电压；

② 逻辑 0 为 3～15 V 的电压。

(2)在 RTS，CTS，DSR，DTR，DCD 等控制线上：

① 信号有效(ON 状态)为 3~15 V 的电压；

② 信号无效(OFF 状态)为-15~-3 V 的电压。

由此可见，RS-232C 是用正负电压来表示逻辑状态，与晶体管-晶体管逻辑集成电路(TTL)以高低电平表示逻辑状态的规定正好相反。

RS-232C 标准接口有 25 条线：4 条数据线、11 条控制线、3 条定时线及 7 条备用和未定义线。RS-232C 标准接口如图 8.44 所示。

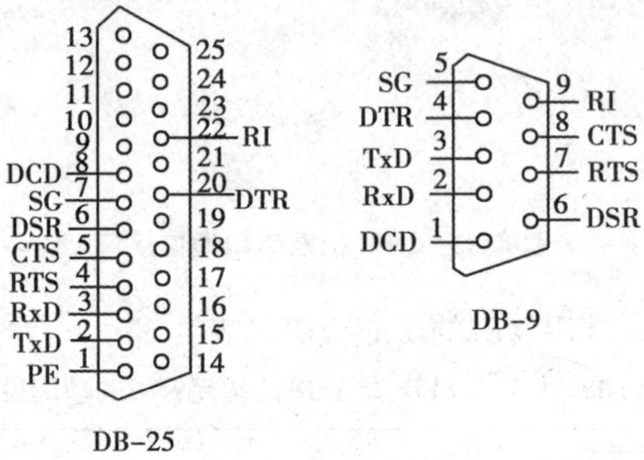

图 8.44　RS-232C 标准接口

下面对这些信号线进行简单的介绍。

① 数据装置准备好(DSR)：有效状态(ON)表示数据通信设备处于可以使用状态。

② 数据终端准备好(DTR)：有效状态(ON)表示数据终端设备处于可以使用状态。

这两个设备状态信号有效，只表示设备本身可用，并不说明通信链路可以开始进行通信，能否开始进行通信要由下面的一些控制信号决定。

③ 请求发送(RTS)：用来表示数据终端设备(DTE)请求数据通信设备(DCE)发送数据。

④ 允许发送(CTS)：用来表示数据通信设备(DCE)已经准备好数据，可以向数据终端设备(DTE)发送数据，是对 RTS 的响应。请求发送(RTS)和允许发送(CTS)用于半双工的通信系统中，在全双工的通信系统中，不需要使用请求发送(RTS)和允许发送(CTS)信号，直接将其置为“ON”即可。

⑤ 数据载波检出(DCD)：用于表示数据通信设备(DCE)已接通通信链路，告知数据终端设备(DTE)准备接收数据。

⑥ 振铃指示(RI)：当数据通信设备收到交换台送来的振铃呼叫信号时，使该信号处于有效状态(ON)，通知终端，已被呼叫。

⑦ 发送数据(TXD)：数据终端设备(DTE)通过该信号线将串行数据发送到数据通信设备(DCE)。

⑧ 接收信号(RXD)：数据终端设备(DTE)通过该信号线接收从数据通信设备(DCE)发来的串行数据。

⑨ 地线(SG, PG): SG 表示信号地, PG 表示保护地信号线。

8.8.4　串行通信

同步通信(synchronous data communication, SYNC)是指在约定的通信速率下,发送端和接收端的时钟信号频率和相位始终保持一致(同步),这样就保证了通信双方在发送和接收数据时具有完全一致的定时关系。

同步通信把许多字符组成一个信息组(信息帧),每帧的开始用同步字符来指示,一次通信只传送一帧信息。在传输数据的同时需要传输时钟信号,以便接收方可以用时钟信号来确定每个信息位。

同步通信的优点是传送信息的位数几乎不受限制,一次通信传输的数据从几十到几千个字节,通信效率较高。同步通信的缺点是要求在通信中始终保持精确的同步时钟,即发送时钟和接收时钟要严格同步(常用的做法是两个设备使用同一个时钟源)。

异步通信(asynchronous data communication, ASYNC),又称为起止式异步通信,是以字符为单位进行传输的,字符之间没有固定的时间间隔要求,而每个字符中的各位则以固定的时间传送。

在异步通信中,收发双方取得同步是通过在字符格式中设置起始位和停止位的方法来实现的。具体来说,即在一个有效字符正式发送之前,发送器先发送一个起始位,然后发送有效字符位,在字符结束时再发送一个停止位,起始位至停止位构成一帧。

停止位至下一个起始位之间是不定长的空闲位,并且规定起始位为低电平(逻辑值为 0),停止位和空闲位都是高电平(逻辑值为 1)。这样就保证了起始位开始处一定会有一个下跳沿,由此就可以标志一个字符传输的起始。根据起始位和停止位也就可以很容易地实现字符的界定和同步。

显然,采用异步通信时,发送端和接收端可以由各自的时钟来控制数据的发送和接收,这两个时钟源彼此独立,可以互不同步。

异步通信规定传输的数据格式由起始位(start bit)、数据位(data bit)、奇偶校验位(parity bit)和停止位(stop bit)组成,如图 8.45 所示(该图中未画出奇偶校验位,因为奇偶检验位不是必须有的。如果有奇偶检验位,则奇偶检验位应该在数据位之后、停止位之前)。

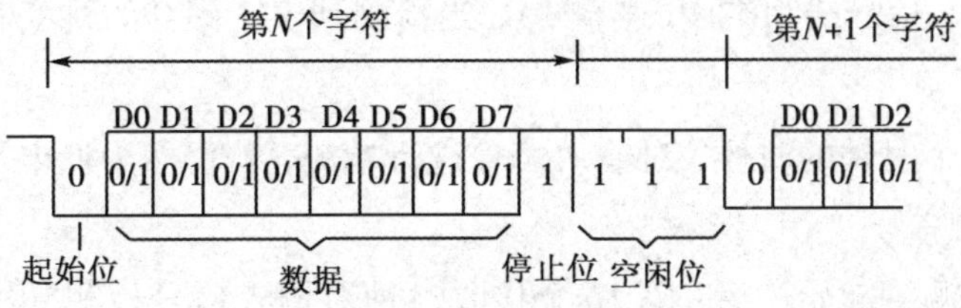

图 8.45　异步通信数据格式

异步通信数据中各位的作用如下。

① 起始位：它必须是持续一个比特时间的逻辑 0 电平，标志传输一个字符的开始，接收方可用起始位使自己的接收时钟与发送方的数据同步。

② 数据位：它紧跟在起始位之后，是通信中真正的有效信息。数据位的位数可以由通信双方共同约定，一般可以是 5 位、7 位或 8 位，标准的 ASCII 码是 0~127(7 位)，扩展的 ASCII 码是 0~255(8 位)。传输数据时，先传送字符的低位，后传送字符的高位。

③ 奇偶校验位：它仅占一位，用于进行奇校验或偶校验。奇偶检验位不是必须有的。如果是奇校验，需要保证传输的数据总共有奇数个逻辑高位；如果是偶校验，需要保证传输的数据总共有偶数个逻辑高位。

奇偶校验位仅是对数据进行简单的置逻辑高位或逻辑低位，不会对数据进行实质的判断。这样做的好处是接收设备能够知道一个位的状态，有可能判断是否有噪声干扰通信及传输的数据是否同步。

④ 停止位：它可以是 1 位、1.5 位或 2 位，可以由软件设定。它一定是逻辑 1 电平，标志着传输一个字符的结束。

⑤ 空闲位：它是指从一个字符的停止位结束到下一个字符的起始位开始，表示线路处于空闲状态，必须由高电平来填充。

1. 发送数据的过程

(1)初始化后或没有数据需要发送时，发送端输出逻辑 1，可以有任意数量的空闲位。

(2)当需要发送数据时，发送端首先输出逻辑 0，作为起始位。

(3)然后输出数据位。发送端先输出数据的最低位 D0，再输出 D1，最后输出数据的最高位。

(4)如果设有奇偶检验位，发送端输出检验位。

(5)最后，发送端输出停止位(逻辑 1)。

(6)如果没有信息需要发送，发送端输出逻辑 1(空闲位)；如果有信息需要发送，则转入步骤(2)。

2. 接收数据的过程

(1)开始通信，信号线为空闲(逻辑 1)，当检测到由 1 到 0 的跳变时，开始对接收时钟计数。

(2)当计到 8 个时钟的时候，对输入信号进行检测，若仍然为低电平，则确认这是起始位，而不是干扰信号。

(3)接收端检测到起始位后，隔 16 个接收时钟对输入信号检测一次，把对应的值作为 D0 位数据。

(4)再隔 16 个接收时钟，对输入信号检测一次，把对应的值作为 D1 位数据，直到全部数据位都已输入。

(5)检验奇偶检验位。

(6)接收到规定的数据位个数和校验位之后，通信接口电路希望收到停止位(逻辑1)。若此时未收到逻辑1，说明出现了错误，在状态寄存器中置“帧错误”标志；若没有错误，则对全部数据位进行奇偶校验。无校验错时，把数据位从移位寄存器中取出送至数据输入寄存器；若校验错时，在状态寄存器中置“奇偶错”标志。

(7)本帧信息全部接收完后，把线路上出现的高电平作为空闲位。

(8)当信号再次变低时，开始进入下一帧的检测。

第9章　机器人控制

9.1　机器人控制概述

机器人控制系统的特点是多变量、非线性、耦合，具体包含如下方面：① 机器人包含多个自由度；② 机器人控制系统与运动学和动力学密切相关；③ 机器人各变量间存在耦合且参数可能变化；④ 机器人控制中经常会存在多个解。

9.1.1　机器人控制方式

1. 点位控制(PTP)

点位控制即只对机器人末端执行器在操作空间某些特定离散点的位姿进行控制，对到达目标点的运动路径没有要求。其常被应用于点焊、装配、搬运、上下料、在印制电路板上安插元器件等场合。

2. 连续轨迹控制(CP)

连续轨迹控制要求机器人末端执行器按照预定轨迹和速度运动。其常被应用于弧焊、喷漆、切割等场合。

3. 力控制(FC)

力控制适用于机器人末端执行器在操作空间跟踪期望轨迹的情况，此时执行器不与外界环境接触。当机器人末端执行器与外界环境发生接触时，单纯的位置控制不适用。

9.1.2　机器人位置控制

图9.1所示为一个典型的基于位置的机器人控制系统结构图。

所需的关节力矩为

$$\boldsymbol{\tau}=\boldsymbol{D}(\theta_d)\ddot{\theta}_d+\boldsymbol{H}(\theta_d+\dot{\theta}_d)+\boldsymbol{G}(\theta_d) \tag{9.1}$$

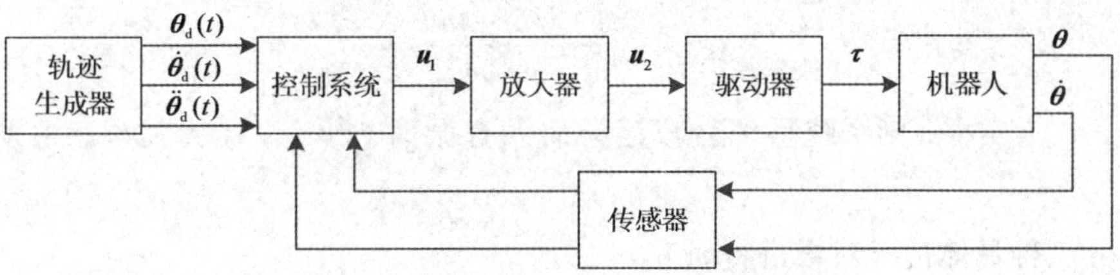

图 9.1　基于位置的机器人控制系统结构图

伺服误差为

$$\begin{cases} E=\theta_d-\theta \\ \dot{e}=\dot{\theta}_d-\dot{\theta} \end{cases} \tag{9.2}$$

9.1.3　二阶线性系统

首先分析一个简单的机械系统。

如图 9.2 所示，质量为 m 的质量块连接在刚度为 k 的弹簧上，其摩擦系数为 b。质量块零位和 x 轴正方向如图 9.2 所示。

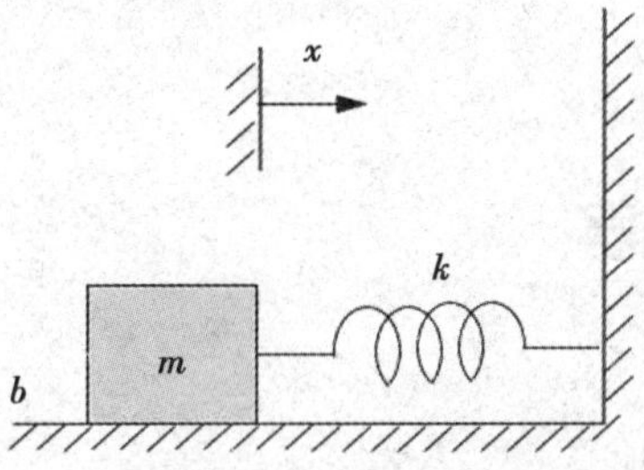

图 9.2　质量-弹簧系统

假定摩擦力与质量块的速度成正比，由受力分析可得运动方程为

$$m\ddot{x}+b\dot{x}+kx=0 \tag{9.3}$$

微分方程的解 $x(t)$ 是关于时间的函数，它确定了质量块的运动。方程的解取决于质量块的初始位置和初始速度。

图 9.2 中表示了以下两种不同特征的运动：

① 弹簧刚度很小，摩擦力很大，当质量块受扰动离开平衡位置后，将以缓慢的衰减运动方式回到平衡位置；

② 弹簧刚度很大，摩擦力很小，质量块经过几次振荡才能回到平衡位置。

上述微分方程的解与特征方程的根有关，特征方程为

$$ms^2+bs+k=0 \tag{9.4}$$

根为

$$s_{1,2}=-\frac{b}{2m}\pm\frac{\sqrt{b^2-4mk}}{2m} \tag{9.5}$$

若 s_1，s_2 为实根，则系统呈现衰减运动而没有振荡；若 s_1，s_2 为复根，则系统出现振荡。

下面分三种具体情况对根进行研究。

① 两个相等实根：摩擦力和弹性力平衡，系统以最短时间回到平衡位置，称为临界阻尼。

② 两个不相等实根：主要受摩擦力影响，系统将缓慢回到平衡位置，称为过阻尼。

③ 复根：主要受弹性力影响，系统出现振荡，称为欠阻尼。

也可用 ξ 和 ω_n 描述二阶系统，相应的参数化特征方程为

$$s^2+2\xi\omega_n s+\omega_n^2=0 \tag{9.6}$$

特征方程的根可表示为

$$s_{1,2}=-\xi\omega_n\pm\omega_n\sqrt{1-\xi^2} \tag{9.7}$$

该质量-弹簧系统的阻尼比和固有频率分别为

$$\xi=\frac{b}{2\sqrt{km}},\ \omega_n=\sqrt{\frac{k}{m}} \tag{9.8}$$

9.2 机器人传感器

9.2.1 机器人传感器分类

机器人传感器总体可分为内部传感器和外部传感器两大类，具体情况如表 9.1 所列。

表 9.1 机器人传感器分类

机器人传感器	内部传感器	作用	感知机器人内部状态或信息
		检测内容和信息	位置、角度、速度、加速度、角速度、角加速度等
		传感器种类	电位计、光电编码器、陀螺仪、应变仪、旋转编码器等
	外部传感器	作用	感知外部环境状态或信息
		检测内容和信息	距离、速度、加速度、姿态、温度、范围、运动、质量、外部环境等
		传感器种类	视觉传感器、触觉传感器、接近觉传感器、力觉传感器、距离传感器、温度传感器、声觉传感器等

9.2.2　机器人内部传感器

常见的机器人内部传感器有以下三种。

1. 电位计式位移传感器

电位计式位移传感器由一个线绕电阻和一个滑动触点组成。滑动触点通过机械装置受被检测部位的位置量控制，当被检测部位的位置量变化时，滑动触点发生位移，从而改变滑动触点与电位计各端之间的电阻值和输出电压值，根据输出电压值的变化，可以检测出机器人各关节的位置。电位计式位移传感器原理图如图9.3所示。

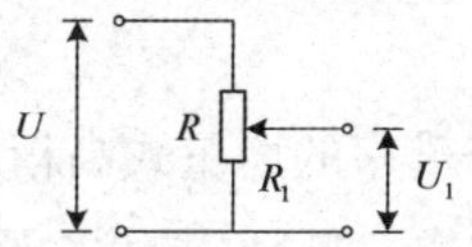

图9.3　电位计式位移传感器原理图

图9.3中各物理量的关系为

$$U_1 = \frac{R_1}{R}U \tag{9.9}$$

2. 光电编码器

编码器，又称为码盘，其中光电编码器是一种应用最多的非接触型位置(速度)传感器，分为绝对式编码器和增量式编码器。绝对式编码器不需校准，只要通电，就能给出实际的位置；增量式编码器只能提供某基准点对应的位置信息，使用增量式编码器须先完成校准。

(1)绝对式编码器。

绝对式编码器俗称绝对码盘，主要由光源、光敏元件和光电码盘组成，其示意图如图9.4所示。其工作原理为先用光线扫描旋转码盘上的编码码道，确定被测物体的绝对位置，再将检测到的编码数据转换为电信号，以脉冲的形式输出测量的位移量。

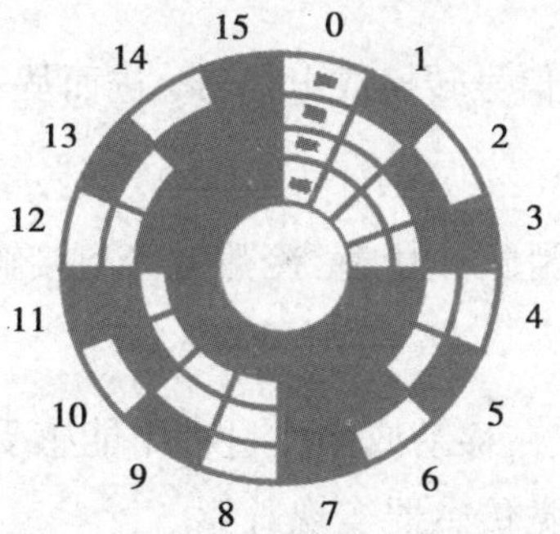

图9.4　绝对式编码器示意图

有 n 条码道的编码器能分辨的最小角度为

$$\alpha=\frac{360^\circ}{2^n} \tag{9.10}$$

图 9.4 所示码盘有 4 条码道，则能分辨的最小角度为

$$\alpha=\frac{360^\circ}{2^4}=22.5^\circ \tag{9.11}$$

（2）增量式编码器。

增量式编码器的光源只有一路或两路，码盘一般只有一圈或两圈透明和不透明区域。当光透过码盘时，光敏元件导通，产生低电平信号，“0”代表透明区域，“1”代表不透明区域。

目前，16 位、17 位甚至更高分辨率的增量式高精度编码器和绝对式高精度编码器得到广泛应用。它们采取串行传输方式，如 SSI 协议、EnDat 协议、Biss 协议等，能实现编码器与伺服驱动的通信。高精度编码器的使用大大提高了反馈精度及关节伺服的性能。

3. 测速发电机

测量转速的微型发电机，主要包括直流测速发电机和交流测速发电机两种。直流测速发电机按照励磁方式可分为永磁式和电磁式两种。其中，永磁式直流测速发电机的定子用永久磁钢制成，无需励磁绕组，结构简单，使用方便。

在定子产生的恒定磁场中，电刷两端产生的感应电动势为

$$E_a=C_e\Phi n=K_e n \tag{9.12}$$

空载运行时，直流测速发电机的输出电压为

$$U=K_e n \tag{9.13}$$

测速发电机的输出电压与电机转速成正比，因此，可用来测速。

9.2.3 机器人外部传感器

机器人外部传感器通常按照其感觉能力来分类，典型的外部传感器有以下三种。

1. 视觉传感器

视觉传感器是将景物的光信号转换成电信号，进而从三维环境中获得所需信息。

2. 触觉传感器

机器人触觉包括接触觉、滑觉、力觉、冷热觉等与接触有关的感觉。

3. 接近觉传感器

接近觉传感器是使机器人在移动或操作过程中能感受到目标物体或障碍物的接近。例如，移动机器人可通过接近觉传感器实现避障。

9.3　关节驱动与位置控制

机器人伺服系统主要由驱动器、减速器、传动机构、传感器等组成。

驱动器通过移动或转动连杆改变机器人的构型。驱动器能够对连杆进行加速和减速，并带动负载，同时自身必须质轻、经济、精确、灵敏、可靠，并便于维护。

常见的驱动方式有液压驱动、气压驱动和电力驱动。

(1)液压驱动。其优点是速度快、扭矩性能好；主要缺点是可能存在泄漏、需要液压泵等外围设备、噪声大等。

(2)气动驱动。其优点是成本低、结构简单；缺点是难以实现精确控制、应用范围有限。

(3)电力驱动。电动机采取电力驱动，是机电能量转换的电磁装置。将直流电能转为机械能的电动机称为直流电动机，将交流电能转为机械能的电动机称为交流电动机。

目前机器人驱动系统中，应用最多的是直流伺服电动机驱动和交流伺服电动机驱动。

9.3.1　直流电动机模型

直流电动机工作原理图如图9.5所示。直流电动机由固定的定子和旋转的转子组成，定子产生径向磁通 Φ(恒值)，转子输出转矩使其旋转，输出转矩与电枢电流的关系为

$$\tau_m = k_m i_m \tag{9.14}$$

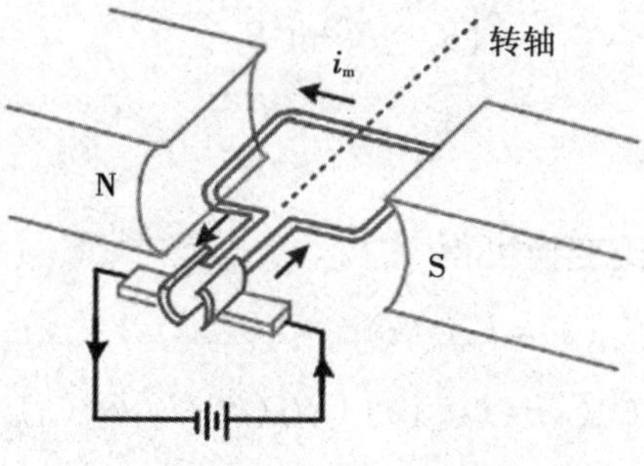

图9.5　直流电动机工作原理图

当电动机转动时，在电枢上产生一个电压，该电压与转子的转速成正比，即

$$e_b = k_b \omega_m = k_b \frac{d\theta_m}{dt} \tag{9.15}$$

如图9.6所示，直流永磁电动机电气部分模型由电枢绕组的电压平衡方程描述，即

$$u_m = L\frac{di_m}{dt} + Ri_m + e_b \tag{9.16}$$

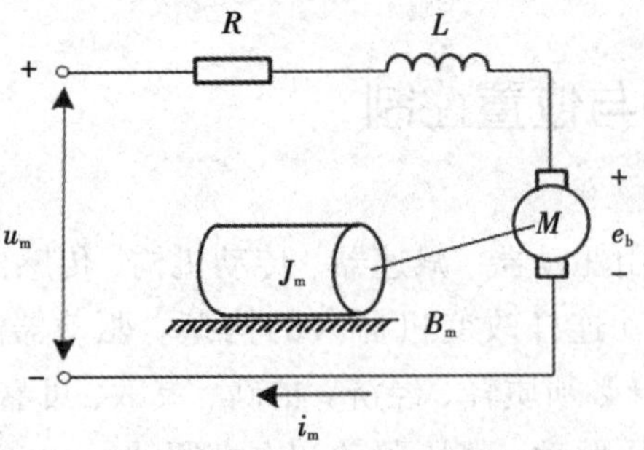

图 9.6　电动机电枢绕组等效电路图

如图 9.7 所示，直流永磁电动机机械部分的模型由电机轴上的力矩平衡方程描述，即

$$\tau_m = J_m \frac{d^2\theta_m}{dt^2} + B_m \frac{d\theta_m}{dt} \tag{9.17}$$

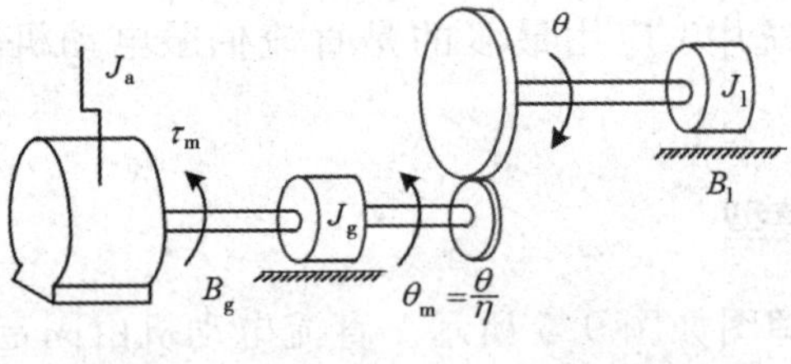

图 9.7　机器人单个关节机械传动原理图

该机械系统存在如下关系：

$$\begin{cases} J_m = J_a + J_g + \eta^2 J_l \\ B_m = B_g + \eta^2 B_l \end{cases} \tag{9.18}$$

9.3.2　单关节模型

在零初始条件下，取拉氏变换可得

$$\begin{cases} T_m(s) = k_m i_m(s) \\ U_m(s) = LsI_m(s) + RI_m(s) + k_b s\Theta_m(s) \\ T_m(s) = J_m s^2 \Theta_m(s) + B_m s\Theta_m(s) \end{cases} \tag{9.19}$$

系统的等效动态结构图如图 9.8 所示。

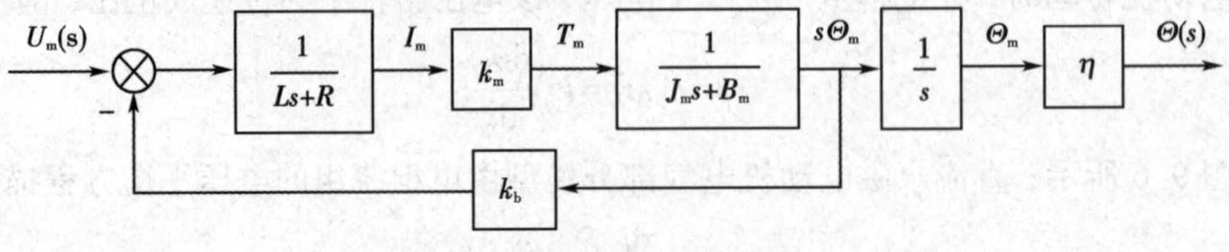

图 9.8　系统的等效动态结构图

系统的闭环传递函数为

$$\frac{\Theta(s)}{U_m(s)}=\frac{\eta k_m}{s[LJ_m s^2+(LB_m+RJ_m)s+(RB_m+k_m k_b)]} \tag{9.20}$$

9.3.3　单关节位置比例控制

机器人单关节位置比例控制的系统框图如图 9.9 所示。

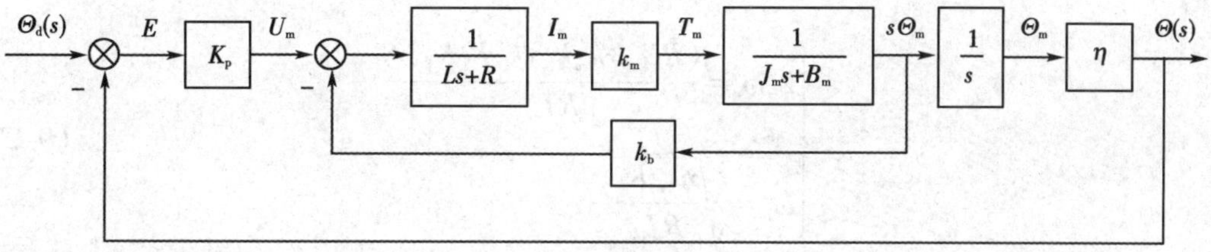

图 9.9　机器人单关节位置比例控制系统框图

其中

$$\begin{cases} E(s)=\Theta_d(s)-\Theta_1(s) \\ U_m=K_p[\Theta_d(s)-\Theta_1(s)] \end{cases} \tag{9.21}$$

系统的开环传递函数为

$$\frac{\Theta(s)}{E(s)}=\frac{\eta k_m K_p}{s[LJ_m s^2+(LB_m+RJ_m)s+(RB_m+k_m k_b)]} \tag{9.22}$$

系统的闭环传递函数为

$$\frac{\Theta(s)}{\Theta_d}=\frac{\eta k_m K_p}{RJ_m s^2+(RB_m+k_m k_b)s+\eta k_m K_p} \tag{9.23}$$

带速度负反馈的单关节位置控制系统框图如图 9.10 所示。

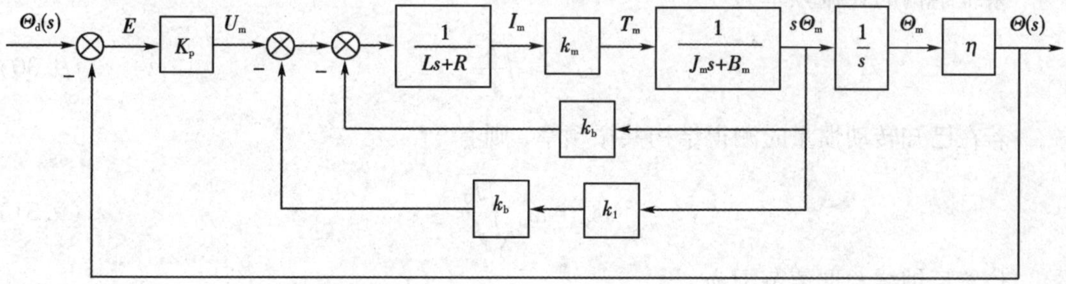

图 9.10　带速度负反馈的单关节位置控制系统框图

系统的开环传递函数为

$$\frac{\Theta(s)}{E(s)}=\frac{\eta k_m K_p}{RJ_m s^2+(RB_m+k_m k_b+k_m K_v k_1)s} \tag{9.24}$$

闭环传递函数为

$$\frac{\Theta(s)}{\Theta_{\mathrm{d}}(s)}=\frac{\eta k_{\mathrm{m}}K_{\mathrm{p}}}{RJ_{\mathrm{m}}s^2+(RB_{\mathrm{m}}+k_{\mathrm{m}}k_{\mathrm{b}}+k_{\mathrm{m}}K_{\mathrm{v}}K_1)s+\eta k_{\mathrm{m}}K_{\mathrm{p}}} \tag{9.25}$$

该系统的闭环特征方程为

$$s^2+\frac{(RB_{\mathrm{m}}+k_{\mathrm{m}}k_{\mathrm{b}}+k_{\mathrm{m}}K_{\mathrm{v}}K_1)}{RJ_{\mathrm{m}}}s+\frac{\eta k_{\mathrm{m}}K_{\mathrm{p}}}{RJ_{\mathrm{m}}}=0 \tag{9.26}$$

可得

$$\begin{cases}2\xi\omega_{\mathrm{n}}=\dfrac{(RB_{\mathrm{m}}+k_{\mathrm{m}}k_{\mathrm{b}}+k_{\mathrm{m}}K_{\mathrm{v}}K_1)}{RJ_{\mathrm{m}}}\\ \omega_{\mathrm{n}}=\sqrt{\dfrac{\eta k_{\mathrm{m}}K_{\mathrm{p}}}{RJ_{\mathrm{m}}}}\end{cases} \tag{9.27}$$

$$\xi=\frac{(RB_{\mathrm{m}}+k_{\mathrm{m}}k_{\mathrm{b}}+k_{\mathrm{m}}+K_{\mathrm{v}}K_1)}{2\sqrt{\eta k_{\mathrm{m}}K_{\mathrm{p}}RJ_{\mathrm{m}}}} \tag{9.28}$$

在单关节控制系统建模过程中，假设减速器、轴、轴承及连杆均不可变形(实际上这些元件刚度有限)。但是，如果建模过程中将这些变形和刚性的影响都考虑进去，将得到高阶系统模型，即结构的柔性增加了系统的阶次，使问题复杂化。

建模时可不考虑系统的结构柔性。忽略其影响的理由是，如果系统刚度极大，未建模共振的固有频率将非常高，与已建模的二阶主极点的影响相比可以忽略不计，因此，可以建立较为简单的动力学模型。

在建模时，没有考虑系统的结构柔性，不能激发起共振模态。经验方法为，闭环系统无阻尼自然振荡频率必须限制在结构共振频率的一半以内，即

$$\omega_{\mathrm{n}}\leqslant\frac{1}{2}\omega_{\mathrm{res}} \tag{9.29}$$

系统结构的共振频率为

$$\omega_{\mathrm{res}}=\sqrt{\frac{K}{J_m}} \tag{9.30}$$

若在已知转动惯量时测得结构共振频率，则有

$$\omega_{\mathrm{res}}=\omega_0\sqrt{\frac{J_0}{J_{\mathrm{m}}}} \tag{9.31}$$

位置反馈增益取值范围为

$$0<K_{\mathrm{p}}\leqslant\frac{\omega_0^2J_0R}{4\eta k_{\mathrm{m}}}$$

为保证机器人安全运行，要防止机器人处于欠阻尼的工作状态，希望机器人控制系统为临界阻尼或过阻尼的工作状态，则有

$$RB_{\mathrm{m}}+k_{\mathrm{m}}k_{\mathrm{b}}+k_{\mathrm{m}}K_{\mathrm{p}}K_1\geqslant2\sqrt{\eta k_{\mathrm{m}}K_{\mathrm{p}}RJ_{\mathrm{m}}} \tag{9.32}$$

可得

$$K_v \geqslant \frac{\omega_0 R\sqrt{J_0 J_m} - RB_m - k_m k_b}{k_m k_1} \tag{9.33}$$

9.3.4　交流伺服电动机与驱动

直流伺服电动机在结构上存在明显不足：由于机械接触式换向器的存在，使直流伺服电动机的机械强度不高且结构复杂，制造费时且维护工作量大；同时，在运行过程中容易产生火花，不能应用于化工、矿场等周围环境中有粉尘、腐蚀性气体和易燃易爆气体的场合，也难以应用于高速及大功率场合，从而使其发展受到了一定的限制。

交流电机可分为交流异步电动机和交流同步电动机。目前，机器人多采用永磁式交流同步电动机。其转子采用永久磁铁，同时由于采用电子换向器取代直流电动机的换向器和电刷的机械换向，无须进行电刷及换向器的维护保养工作，所以具有精度高、速度快、结构简单、运行可靠、坚固耐用、维护容易且可应用于恶劣环境中等优点。交流伺服电动机的过负荷特性和低惯性更体现出交流伺服系统的优越性。

机器人是复杂的、有多个自由度的非线性系统，其性能在很大程度上取决于伺服驱动控制系统。相比于直流伺服系统，交流伺服系统具有更优良的控制性能。目前，在机器人领域，交流伺服电动机已逐渐替代直流伺服电动机。

1. 交流伺服系统原理

永磁交流同步电动机驱动矢量控制原理图如图 9.11 所示。

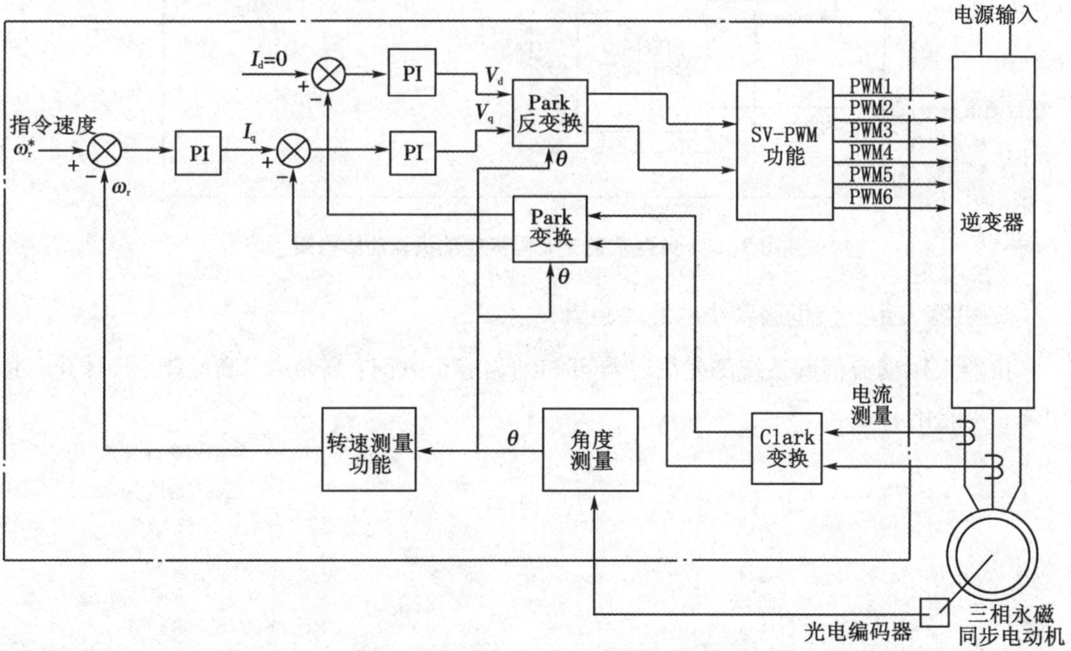

图 9.11　永磁交流同步电动机驱动矢量控制原理图

典型永磁交流同步电动机驱动的结构图如图 9.12 所示。

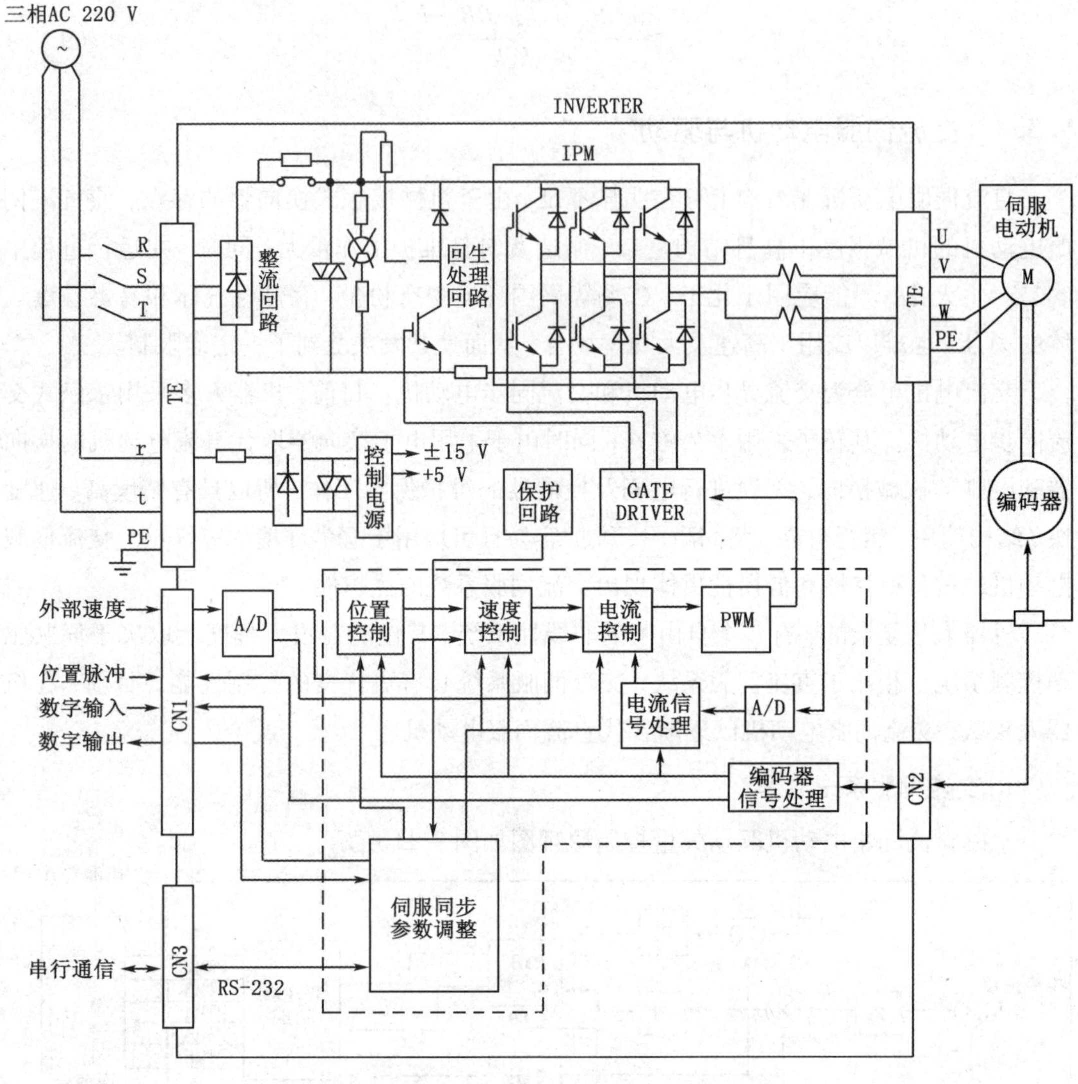

图 9.12　典型永磁交流同步电动机驱动结构图

2. 机器人用交流伺服系统的发展趋势

机器人用交流伺服系统的发展趋势可归纳为五个方面：高效率、高性能、一体化、通用化、智能化。

9.4 机器人非线性控制

9.4.1 非线性控制基础

机器人属于复杂的典型非线性耦合系统，通常采用线性控制方法，需要对机器人做一系列近似和简化处理。

作为更高级的一种控制技术，非线性控制无须简化模型，直接采用非线性控制方法或通过补偿与解耦来实现对机器人系统的控制。

非线性系统通常指可用如下微分方程描述的动力学系统：

$$\dot{x} = f(x, t) \tag{9.34}$$

如果上述非线性系统中的函数 f 不显含时间 t，那么这类非线性系统被称为时不变系统（自治系统）；否则，称为时变系统（非自治系统）。下面讨论的系统均为时不变系统，其力学方程为

$$\dot{x} = f(x) \tag{9.35}$$

时不变系统和时变系统的根本区别在于：时不变系统的状态轨迹独立于初始时刻，而时变系统的状态轨迹严格依赖于初始时刻。严格地说，任何系统都是时变的，时不变系统是大多数实际系统的理想简化，这种简化有助于问题的分析与求解。事实上，大多数系统的性能变化非常缓慢，因此，可以对系统做相应的时不变简化。

质量-弹簧-阻尼系统属于线性时不变系统，求解的是线性微分方程。如果系统中的弹簧呈现出大范围运动时的非线性，方程的求解会比较困难。如图 9.13 所示，非线性环节使质量-弹簧系统具有某种非线性特性。把系统看作准静态系统，并在每个瞬时计算系统极点位置，分析零极点发现，质量块的运动会造成系统极点在复平面内移动，无法用常用的线性系统极点配置方法设计固定增益使极点保持在期望的位置。

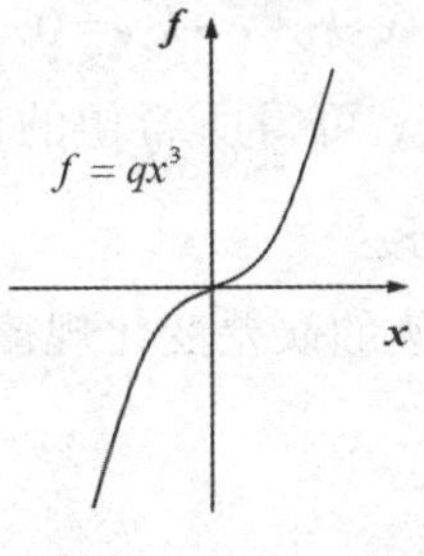

图 9.13 非线性弹簧的力-伸长量特性曲线

可采用一个非线性项“补偿”或“抵消”弹簧的非线性效应，使整个闭环系统变成线性系统。这种控制思路把控制律分解为两部分：一部分为基于非线性模型设计的补偿

项，另一部分为稳定化线性伺服控制器。

如图 9.13 所示，假设弹簧的非线性特性为 kx^3，若设计一个控制律，使系统保持在临界阻尼状态，且刚度为 k_{CL}，则系统开环方程为

$$m\ddot{x}+b\dot{x}+k_{CL}x^3=f \tag{9.36}$$

式中，x，$\dot{x}$，$\ddot{x}$ 分别为质量块的位置、速度和加速度。

按照非线性控制律分解的思路，将系统控制器分解为两部分：基于模型的非线性控制器；线性伺服控制器。

(1)设计基于模型的非线性控制器。

$$f=\alpha f'+\beta \tag{9.37}$$

进一步得

$$m\ddot{x}+b\dot{x}+kx^3=\alpha f'+\beta \tag{9.38}$$

为了“抵消”系统动力学模型的原始非线性，令

$$\begin{cases}\alpha=m\\ \beta=b\dot{x}+kx^3\end{cases} \tag{9.39}$$

系统变成了单位质量系统的动力学方程：

$$f'=\ddot{x} \tag{9.40}$$

定义 x_d 为期望位置，e 为位置误差，式(9.40)可看作输入为 f' 的惯性系统。对单位质量的运动系统实施线性伺服控制比较容易。

(2)设计线性伺服控制器。

引入线性前馈项 $\ddot{x}_d+k_v\dot{x}_d+k_px_i$ 和线性反馈项 $-k_v\dot{x}-k_px$ 修正。

线性伺服控制部分为

$$\begin{cases}f'=\ddot{x}_d+k_v\dot{e}+k_pe\\ e=x_d-x\end{cases} \tag{9.41}$$

进一步得到闭环系统误差方程为

$$\ddot{x}+k_v+\dot{e}+k_pe=0 \tag{9.42}$$

选择适当的控制器增益 k_v 和 k_p，可得所希望的任意典型二阶系统品质。例如，当 $k_v=2\sqrt{k_p}$ 时，系统处于临界阻尼状态。

式(9.42)描述了相对于给定轨迹的误差变化规律。质量-非线性弹簧系统的非线性控制系统方框图如图 9.14 所示。

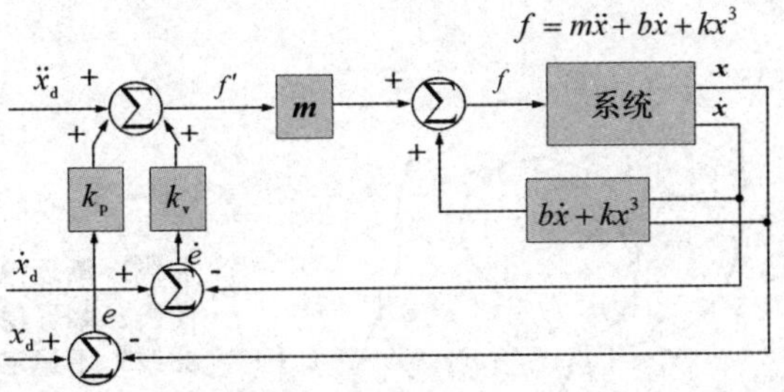

图 9.14　质量-非线性弹簧系统的非线性控制系统方框图

9.4.2　李雅普诺夫稳定性理论

1. 稳定性基本概念

稳定性是控制系统最基本的性质。系统稳定是保证系统能够正常工作的首要条件。所谓稳定性，是指控制系统偏离平衡状态后，自动恢复到平衡状态的能力。

系统受到扰动后，状态偏离了平衡状态，撤销扰动，如果系统的输出响应经过足够长的时间，最终能回到原来的平衡状态，则称此系统是稳定的；反之，如果系统的输出响应逐渐增加趋于无穷，或者进入振荡状态，则称此系统是不稳定的。

(1)平衡点。

状态 x^* 被称为系统 $\dot{x}=f(x, t)$ 的平衡点，是指一旦系统状态等于 x^*，那么它就一直等于 x^*。平衡点可表示为

$$f(x^*)=0$$

(2)稳定性。

对于任意的 $R>0$，存在 $r>0$ 和 $t\geqslant 0$，如果 $\| x(0) \| <0$ 总能使得 $\| x(t) \| <R$ 成立，那么平衡点 $x=0$ 就被称为稳定的；否则，该平衡点就是不稳定的。

可写为

$$\forall R>0,\ \exists r>0,\ x(0)\in B_r \Rightarrow \forall t\geqslant 0,\ x(t)\in B_R$$

李雅普诺夫(Lyapunov)意义下的稳定，只要系统的初始状态与原点足够接近，则系统轨迹也可以任意接近原点。系统的稳定性可分为三种情形，即渐近稳定性、临界稳定性和不稳定，如图 9.15 所示。

(3)渐近稳定性。

对于一个稳定的平衡点，如果存在 $r>0$，当 $\| x(0) \| <0$ 时，$x(t)\to 0$，$t\to 0$，则平衡点 0 称为渐近稳定的。

由 $r>0$ 所确定的球域 B_r 常被称为吸引域。平衡点的吸引域指最大的球域。一个平衡点是李雅普诺夫稳定的，但不满足渐进稳定的条件，称为条件(有限)稳定平衡点。

(4)全局稳定性。

如果对于任意的初始状态，上述的渐近稳定性仍然成立，那么这样的平衡点就被称

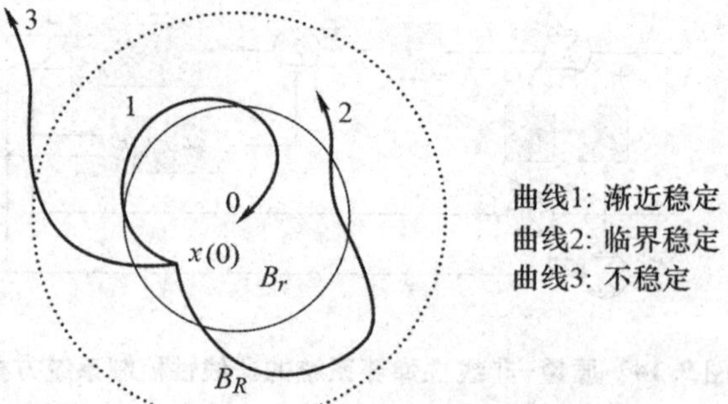

图 9.15　系统稳定性的三种形态

为全局渐进稳定的。

注意：对线性时不变系统，渐近稳定总是全局指数收敛的，不稳定总是指数发散的。

2. 李雅普诺夫直接法

李雅普诺夫稳定性理论分为李雅普诺夫间接法和李雅普诺夫直接法。

李雅普诺夫间接法利用求解线性系统微分方程来判断系统稳定性，而求解的复杂性造成应用受限。李雅普诺夫直接法通过构造李雅普诺夫函数来判断系统稳定性，避免了求解系统的微分方程，获得了广泛应用。

客观世界中，如果物理系统的能量是耗散的，不管该系统是否线性，其能量随时间的变化率是负值，对于每一个偏离系统平衡的状态，能量会沿某一系统轨迹下降直至最小值点(平衡点)，从而达到平衡状态。

以质量-弹簧-阻尼系统为例，采用 kx^3 描述弹簧的非线性特性，分析稳定性为

$$m\ddot{x}+b\dot{x}+kx=0 \tag{9.43}$$

式中，x，$\dot{x}$，$\ddot{x}$ 分别为质量块的位置、速度和加速度。

系统总能量为系统的动能和势能之和

$$V(x,\ \dot{x})=\frac{1}{2}m\dot{x}^2+\int kx^2\mathrm{d}x \tag{9.44}$$

式中，$\frac{1}{2}m\dot{x}^2$ 为质量块动能，$\int kx^3\mathrm{d}x$ 为储存在弹簧中的势能。

系统总能量 V 是非负的。将式(9.44)对时间求导，可得

$$\dot{V}(x,\ \dot{x})=m\dot{x}\ddot{x}+kx^3\dot{x}=-b\dot{x}^2 \tag{9.45}$$

式(9.45)总是非正的，说明系统的能量在耗散。因此，当系统受到干扰时，将不断释放能量直到静止状态。在零能量状态下，分析 $\dot{V}(x,\ \dot{x})$ 可能的静止位置为 $x=0$，即系统 $m\ddot{x}+b\dot{x}+kx^3=0$ 在任何初始能量条件下最终都将稳定在平衡点。

由此可得，无论系统处于任何初始状态，只要系统的能量是耗散的，最终必定会达

到平衡点。这就是李雅普诺夫直接法判别系统稳定性的物理依据。

基于能量分析的稳定性证明方法称为李雅普诺夫稳定性分析方法或李雅普诺夫直接法。该方法的实质是构造一个类似于“能量”的函数(李雅普诺夫函数)，用于直接研究系统的稳定性问题。

李雅普诺夫直接法的总能量与前文定义的稳定性之间存在必然的联系，包括零能量对应着平衡点，渐近稳定性意味着系统的能量收敛到零，不稳定对应系统能量增长而不是耗散。

李雅普诺夫直接法只能用于判别系统稳定性，一般不能提供有关系统过渡过程或动态性能的任何信息。

LaSalle 全局不变性原理：考虑时不变系统 $\dot{x}=f(x)$，$V(x)$为 C^1 光滑的标量函数。

(1)当 $\|x\|\to\infty$ 时，$V(x)\to\infty$；

(2)在整个状态空间，$\dot{V}(x)\leqslant 0$。

设 R 为所有由 $\dot{V}(x)=0$ 确定的点集，M 为 R 内的最大不变集，那么，当 $t\to\infty$ 时，$\dot{x}=f(x)$的所有解都趋向于 M。

当利用 LaSalle 全局不变性原理确定系统的渐近稳定性时，即要证明当 $t\to\infty$ 时，$x(t)\to 0$，需证明 R 内的最大不变集就是原点。

9.4.3　PD 位置控制

本部分主要介绍非线性机器人系统的渐近稳定位置控制问题，即对任意给定的期望位置 θ_d，通过图 9.16 所示的控制结构设计控制律为

$$\boldsymbol{\tau}=(\boldsymbol{\theta},\ \dot{\boldsymbol{\theta}},\ \ddot{\boldsymbol{\theta}},\ \boldsymbol{\theta}_d,\ \boldsymbol{D}(\theta),\ \boldsymbol{H}(\theta,\ \dot{\theta}),\ \boldsymbol{G}(\theta)) \tag{9.46}$$

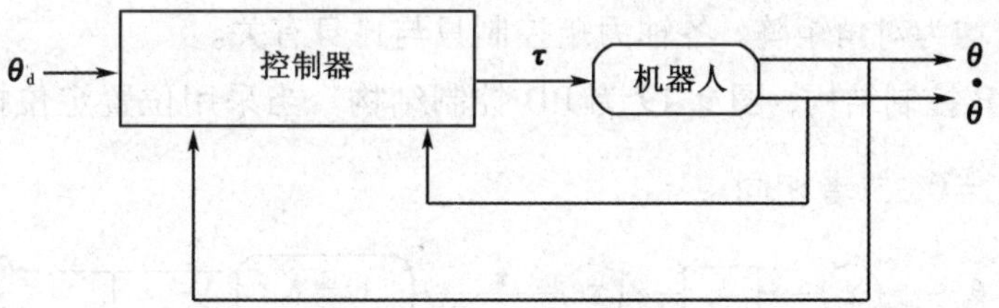

图 9.16　控制结构图

机器人系统从初始位置渐近稳定达到期望位置，即

$$\lim_{t\to\infty}\boldsymbol{\theta}(t)=\boldsymbol{\theta}_d \tag{9.47}$$

首先介绍机器人动力学模型的基本特性，然后对不包含重力项 $\boldsymbol{G}(\theta)$的机器人实现 PD 稳定控制，接下来对存在 $\boldsymbol{G}(\theta)$项的机器人设计重力补偿的 PD 控制器。同时，基于李雅普诺夫稳定性理论分析系统稳定性。

n 自由度非线性机器人系统动力学模型为

$$\boldsymbol{\tau}=\boldsymbol{D}(\theta)\ddot{\boldsymbol{\theta}}+\boldsymbol{H}(\theta,\ \dot{\theta})\dot{\boldsymbol{\theta}}+\boldsymbol{G}(\theta) \tag{9.48}$$

PDI 控制结构如图 9.17 所示。PID 控制算法如下：

$$\boldsymbol{u}(t)=\boldsymbol{K}_{\mathrm{p}}e+\boldsymbol{K}_{\mathrm{i}}\int_0^t\boldsymbol{e}(\tau)\mathrm{d}\tau+\boldsymbol{K}_{\mathrm{d}}\dot{e} \tag{9.49}$$

式中，$\boldsymbol{e}$ 为偏差量；$\boldsymbol{K}_{\mathrm{p}}$ 为比例增益；$\boldsymbol{K}_i$ 为积分控制增益；$\boldsymbol{K}_{\mathrm{d}}$ 为微分控制增益。

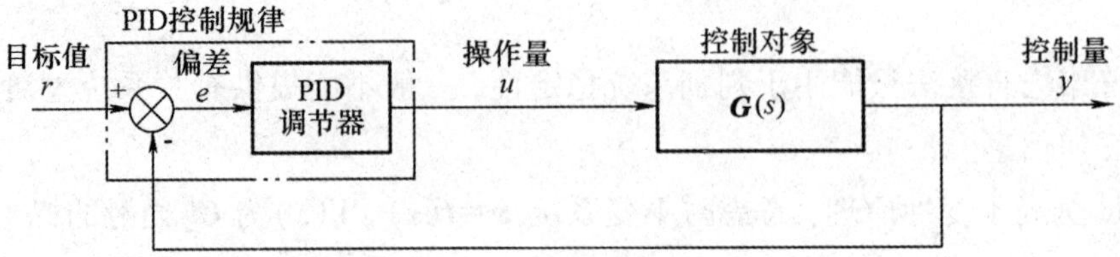

图 9.17　PID 控制结构图

PID 控制各分量作用如下。

① P 是比例控制(比例增益)。偏差量一出现，就能及时调节，调节作用同偏差量成比例。$\boldsymbol{K}_{\mathrm{p}}$ 增大有利于减小静差，但 $\boldsymbol{K}_{\mathrm{p}}$ 增加太大，通常将导致系统超调增大或趋于不稳定。

② I 是积分控制。它的主要目的是消除稳态误差。积分控制器将偏差随时间不断累积，只要偏差存在，积分控制器就会起作用，直到偏差为 0。但由于偏差不断累积，容易使调节作用过强，产生振荡。

③ D 是微分控制。它能根据偏差的变化速度进行调节，能提前发挥出较大的调节作用，减小系统的动态偏差量及调节时间。但微分作用过强，又会使调节作用过强，进而引起系统超调和振荡。

大多数机器人采用不依赖精确动力学模型的关节独立 PID 控制。由于是多变量控制，$\boldsymbol{K}_{\mathrm{p}}$，$\boldsymbol{K}_{\mathrm{i}}$，$\boldsymbol{K}_{\mathrm{d}}$ 均为对角矩阵，各轴力矩控制只与自身有关。

图 9.18 为 P 控制结构，图 9.19 为 PD 控制结构。当采用位置定位控制，控制量 $\boldsymbol{\theta}_{\mathrm{d}}$ 为恒定量时，$\dot{\boldsymbol{\theta}}_{\mathrm{d}}=0$，二者相同。

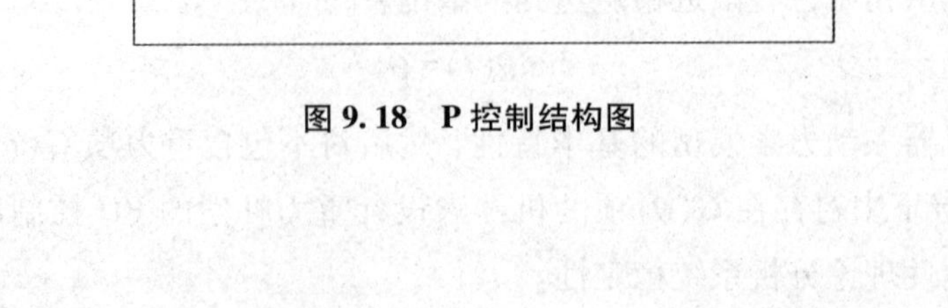

图 9.18　P 控制结构图

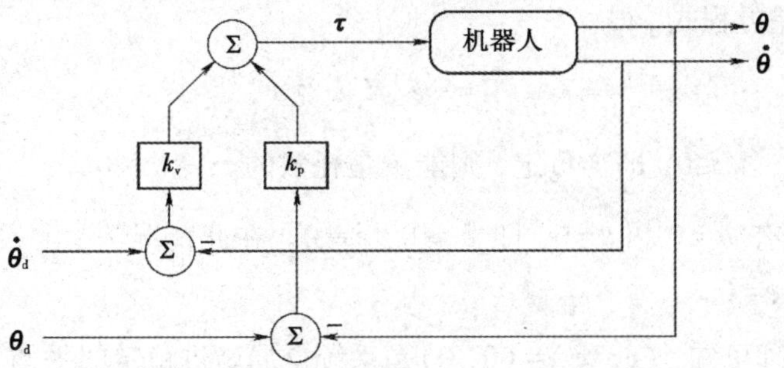

图 9.19　PD 控制结构图

忽略重力时，机器人动力学方程为

$$\boldsymbol{\tau}=\boldsymbol{D}(\theta)\ddot{\boldsymbol{\theta}}+\boldsymbol{H}(\theta,\ \dot{\theta})\dot{\boldsymbol{\theta}} \tag{9.50}$$

设计 PD 控制律为

$$\boldsymbol{\tau}=\boldsymbol{K}_{\mathrm{p}}\boldsymbol{e}+\boldsymbol{K}_{\mathrm{i}}\dot{\boldsymbol{e}} \tag{9.51}$$

式中，$\boldsymbol{K}_{\mathrm{p}}$，$\boldsymbol{K}_{\mathrm{v}}\in\boldsymbol{R}^{n\times n}$，是正定对角矩阵，称为位置增益和速度增益；向量 $\boldsymbol{\theta}_{\mathrm{d}}$，$\dot{\boldsymbol{\theta}}_{\mathrm{d}}\in\boldsymbol{R}^{n}$，表示期望的关节位置和速度；$\boldsymbol{e}=\boldsymbol{\theta}_{\mathrm{d}}-\boldsymbol{\theta}\in\boldsymbol{R}^{n}$ 表示位置误差，$\dot{\boldsymbol{e}}=\dot{\boldsymbol{\theta}}_{\mathrm{d}}-\dot{\boldsymbol{\theta}}\in\boldsymbol{R}^{n}$ 表示速度误差。

将 *PD* 控制律代入机器人动力学方程，得

$$\boldsymbol{D}(\theta)\ddot{\boldsymbol{\theta}}+\boldsymbol{H}(\theta,\ \dot{\theta})\dot{\boldsymbol{\theta}}=\boldsymbol{K}_{\mathrm{p}}\boldsymbol{e}+\boldsymbol{K}_{\mathrm{v}}\dot{\boldsymbol{e}} \tag{9.52}$$

为简化讨论，对机器人定点控制，期望位置 θ_{d} 为常数。

$$\dot{\boldsymbol{\theta}}_{\mathrm{d}}=\ddot{\boldsymbol{\theta}}_{\mathrm{d}}\equiv0,\ \ddot{\boldsymbol{\theta}}=\ddot{\boldsymbol{\theta}}-\ddot{\boldsymbol{\theta}}_{\mathrm{d}},\ \dot{\boldsymbol{\theta}}=\dot{\boldsymbol{\theta}}-\dot{\boldsymbol{\theta}}_{\mathrm{d}} \tag{9.53}$$

式(9.52)可写为

$$\boldsymbol{D}(\theta)(\ddot{\boldsymbol{\theta}}_{\mathrm{d}}-\ddot{\boldsymbol{\theta}})+\boldsymbol{H}(\theta,\ \dot{\theta})(\dot{\boldsymbol{\theta}}_{\mathrm{d}}-\dot{\boldsymbol{\theta}})+\boldsymbol{K}_{\mathrm{p}}\boldsymbol{e}+\boldsymbol{K}_{\mathrm{v}}\dot{\boldsymbol{e}}=0 \tag{9.54}$$

闭环系统误差方程为

$$\boldsymbol{D}(\theta)\ddot{\boldsymbol{e}}+(\boldsymbol{H}(\theta,\ \dot{\theta})+\boldsymbol{K}_{v})\dot{\boldsymbol{e}}+\boldsymbol{K}_{\mathrm{p}}\boldsymbol{e}=0 \tag{9.55}$$

下面进行稳定性分析。

构建如下李雅普诺夫函数：

$$\boldsymbol{V}=\frac{1}{2}\dot{\boldsymbol{e}}^{\mathrm{T}}\boldsymbol{D}(\theta)\dot{\boldsymbol{e}}+\frac{1}{2}\boldsymbol{e}^{\mathrm{T}}\boldsymbol{K}_{\mathrm{p}}\boldsymbol{e} \tag{9.56}$$

由 $\boldsymbol{D}(\theta)$ 及 $\boldsymbol{K}_{\mathrm{p}}$ 的正定性可知，$\boldsymbol{V}$ 是全局正定的。将式(9.56)两边微分，得

$$\dot{\boldsymbol{V}}=\dot{\boldsymbol{e}}^{\mathrm{T}}\boldsymbol{D}(\theta)\ddot{\boldsymbol{e}}+\frac{1}{2}\dot{\boldsymbol{e}}^{\mathrm{T}}\dot{\boldsymbol{D}}(\theta)\dot{\boldsymbol{e}}+\dot{\boldsymbol{e}}^{\mathrm{T}}\boldsymbol{K}_{\mathrm{p}}\boldsymbol{e} \tag{9.57}$$

由机器人动力学特性 $\dot{\boldsymbol{D}}(\theta)-2\boldsymbol{H}(\theta,\ \dot{\theta})$ 为斜对称性可知

$$\dot{\boldsymbol{e}}^{\mathrm{T}}\dot{\boldsymbol{D}}(\theta)\dot{\boldsymbol{e}}=2\dot{\boldsymbol{e}}^{\mathrm{T}}\boldsymbol{H}(\theta,\ \dot{\theta})\dot{\boldsymbol{e}} \tag{9.58}$$

则

$$\dot{\boldsymbol{V}}=\dot{\boldsymbol{e}}^{\mathrm{T}}\boldsymbol{D}(\theta)\ddot{\boldsymbol{e}}+\dot{\boldsymbol{e}}^{\mathrm{T}}\boldsymbol{H}(\theta,\ \dot{\theta})\dot{\boldsymbol{e}}+\dot{\boldsymbol{e}}^{\mathrm{T}}\boldsymbol{K}_{\mathrm{p}}\boldsymbol{e}=\dot{\boldsymbol{e}}^{\mathrm{T}}(\boldsymbol{D}(\theta)\ddot{\boldsymbol{e}}+\boldsymbol{H}(\theta,\ \dot{\theta})\dot{\boldsymbol{e}}+\boldsymbol{K}_{\mathrm{p}}\boldsymbol{e}) \tag{9.59}$$

代入闭环系统误差方程式，得

$$\dot{V}=-\dot{\boldsymbol{e}}^{\mathrm{T}}\boldsymbol{K}_{\mathrm{v}}\dot{\boldsymbol{e}}\leqslant 0 \tag{9.60}$$

由于 $\boldsymbol{K}_{\mathrm{v}}$ 正定，$\dot{V}\leqslant 0$，即半负定，则能量是耗散的。

当 $\dot{V}=0$ 时，有 $\dot{\theta}=0$ 和 $\ddot{\theta}=0$，即 $\dot{\boldsymbol{e}}\equiv 0$，$\ddot{\boldsymbol{e}}\equiv 0$。在此情况下，由误差方程可得 $\boldsymbol{K}_{\mathrm{p}}\boldsymbol{e}$，由于 $\boldsymbol{K}_{\mathrm{p}}$ 可逆，则 $\boldsymbol{e}=0$。

由 LaSalle 定理可知，$(\boldsymbol{e},\ \dot{\boldsymbol{e}})=(0,\ 0)$是系统全局渐进稳定的平衡点，即从任意初始条件$(\theta_0,\ \dot{\theta}_0)$出发，均有 $\theta\to\theta_d$，$\dot{\theta}\to 0$。

当考虑重力时，机器人动力学模型为

$$\ddot{\boldsymbol{e}}+k_{\mathrm{v}}\dot{\boldsymbol{e}}+k_{\mathrm{p}}\boldsymbol{e}=0 \tag{9.61}$$

采用单独 PD 控制难以获得满意的控制效果，将 PD 控制律代入机器人动力学模型，得

$$\boldsymbol{D}(\theta)\ddot{\boldsymbol{\theta}}+\boldsymbol{H}(\theta,\ \dot{\theta})\dot{\boldsymbol{\theta}}+\boldsymbol{G}(\theta)=\boldsymbol{K}_{\mathrm{p}}\boldsymbol{e}+\boldsymbol{K}_{v}\dot{\boldsymbol{e}} \tag{9.62}$$

此时闭环系统误差方程为

$$\boldsymbol{D}(\theta)\ddot{\boldsymbol{e}}+\boldsymbol{H}(\theta,\ \dot{\theta})\dot{\boldsymbol{e}}-\boldsymbol{G}(\theta)+\boldsymbol{K}_{\mathrm{p}}\boldsymbol{e}+\boldsymbol{K}_{\mathrm{v}}\dot{\boldsymbol{e}}=0 \tag{9.63}$$

构建同样的李雅普诺夫函数为

$$V=\frac{1}{2}\dot{\boldsymbol{e}}^{\mathrm{T}}\boldsymbol{D}(\theta)\dot{\boldsymbol{e}}+\frac{1}{2}\boldsymbol{e}^{\mathrm{T}}\boldsymbol{K}_{\mathrm{v}}\boldsymbol{e} \tag{9.64}$$

将式(9.64)两边微分，得

$$\dot{V}=\dot{\boldsymbol{e}}^{\mathrm{T}}\boldsymbol{G}(\theta)-\dot{\boldsymbol{e}}^{\mathrm{T}}\boldsymbol{K}_{\mathrm{v}}\dot{\boldsymbol{e}} \tag{9.65}$$

由于重力项的存在，无法获得 $\dot{V}\leqslant 0$。如果“抵消”非线性重力项，在理论上就可实现机器人的稳定控制。

基于重力补偿的非线性控制结构图如图 9.20 所示。

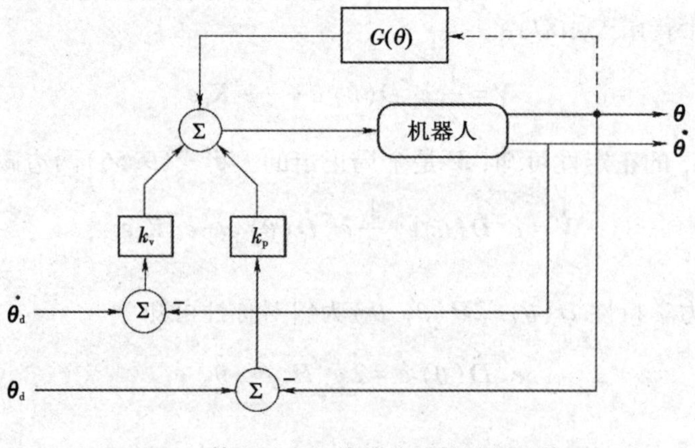

图 9.20　基于重力补偿的非线性控制结构图

设计基于重力补偿的 PD 控制律为

$$\boldsymbol{\tau}=\boldsymbol{G}(\theta)+\boldsymbol{K}_{\mathrm{p}}\boldsymbol{e}+\boldsymbol{K}_{\mathrm{v}}\dot{\boldsymbol{e}} \tag{9.66}$$

代入机器人动力学模型公式，则

$$\boldsymbol{D}(\theta)\ddot{\boldsymbol{\theta}}+\boldsymbol{H}(\theta,\ \dot{\theta})\ddot{\boldsymbol{\theta}}=\boldsymbol{H}_{\mathrm{p}}\boldsymbol{e}+\boldsymbol{K}_{\mathrm{v}}\dot{\boldsymbol{e}} \tag{9.67}$$

闭环系统误差方程为

$$\boldsymbol{D}(\theta)\ddot{\boldsymbol{e}}+\boldsymbol{H}(\theta,\ \dot{\theta})\dot{\boldsymbol{e}}+\boldsymbol{K}_{\mathrm{p}}\boldsymbol{e}+\boldsymbol{K}_{\mathrm{v}}\dot{\boldsymbol{e}}=0 \tag{9.68}$$

该误差方程和独立 PD 控制获得的误差方程相同。

整个稳定性证明过程同独立 PD 控制，可证明系统全局渐进稳定。

基于重力补偿的 PD 控制采用控制律分解的方法，控制律包含两个部分：基于模型的非线性控制律和线性伺服控制器。要求非线性模型 $\boldsymbol{G}(\theta)$ 必须精确获得。

只要 $\boldsymbol{K}_{\mathrm{d}}$ 和 $\boldsymbol{K}_{\mathrm{v}}$ 为正定矩阵，任何机械臂平衡姿态都是全局渐进稳定的，说明当前机器人最常采用的 PD 控制策略可在一定程度上满足控制要求。

机器人轨迹跟踪的含义：一个 n 自由度的非线性机器人，给定有界矢量函数 $\boldsymbol{\theta}_{\mathrm{d}}$，$\dot{\boldsymbol{\theta}}_{\mathrm{d}}$，$\ddot{\boldsymbol{\theta}}_{\mathrm{d}}$ 为期望轨迹，要求找到矢量函数 $\boldsymbol{\tau}$，使机器人系统能够从初始位置 $(\theta(0),\ \dot{\theta}(0))$ 渐近稳定地跟踪期望轨迹 $(\theta_{\mathrm{d}}(t),\ \dot{\theta}_{\mathrm{d}}(t))$。

机器人轨迹跟踪闭环控制图如图 9.21 所示。

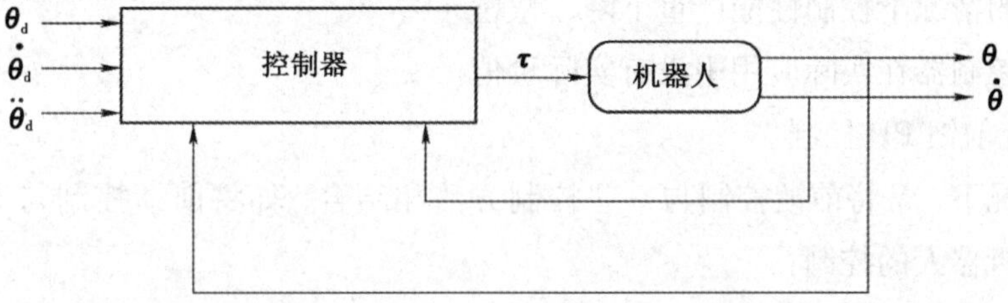

图 9.21　机器人轨迹跟踪闭环控制图

(1)独立前馈 PD 控制。

由机器人动力学方程 $\boldsymbol{\tau}=\boldsymbol{D}(\theta)\ddot{\boldsymbol{\theta}}+\boldsymbol{H}(\theta,\ \dot{\theta})\dot{\boldsymbol{\theta}}+\boldsymbol{G}(\theta)$ 可知，如果希望机器人关节实际位置 $\boldsymbol{\theta}$ 和速度 $\dot{\boldsymbol{\theta}}$ 等于期望位置 $\boldsymbol{\theta}_{\mathrm{d}}$ 和速度 $\dot{\boldsymbol{\theta}}_{\mathrm{d}}$，则将 $\boldsymbol{\theta}$ 和 $\dot{\boldsymbol{\theta}}$ 用 $\boldsymbol{\theta}_{\mathrm{d}}$ 和 $\dot{\boldsymbol{\theta}}_{\mathrm{d}}$ 替换计算力矩 $\boldsymbol{\tau}$，这就是前馈 PD 控制思想，即理想控制律为

$$\boldsymbol{\tau}=\boldsymbol{D}(\theta_{\mathrm{d}})\ddot{\boldsymbol{\theta}}_{\mathrm{d}}+\boldsymbol{H}(\theta_{\mathrm{d}},\ \dot{\theta}_{\mathrm{d}})\dot{\boldsymbol{\theta}}_{\mathrm{d}}+\boldsymbol{G}(\theta_{\mathrm{d}}) \tag{9.69}$$

$\boldsymbol{\tau}$ 不依赖机器人关节的实际位置 $\boldsymbol{\theta}$ 和速度 $\dot{\boldsymbol{\theta}}$，是开环逆控制，控制器不包括任何需要设计的参数。不考虑外界扰动时，跟其他开环控制策略一样，需知道精确的动力学模型 $\boldsymbol{D}(\theta)$，$\boldsymbol{H}(\theta,\ \dot{\theta})$，$\boldsymbol{G}(\theta)$。因此，前馈 PD 控制是基于模型的控制方法。在实际应用

中，如机器人重复进行某项工作，可根据已知的 $\boldsymbol{\theta}_{\mathrm{d}}$，$\dot{\boldsymbol{\theta}}_{\mathrm{d}}$，$\ddot{\boldsymbol{\theta}}_{\mathrm{d}}$ 离线计算 $\boldsymbol{D}(\theta)$，$\boldsymbol{H}(\theta,\ \dot{\theta})$，$\boldsymbol{G}(\theta)$，进而计算力矩 $\boldsymbol{\tau}$。机器人前馈 PD 控制结构框图如图 9.22 所示。

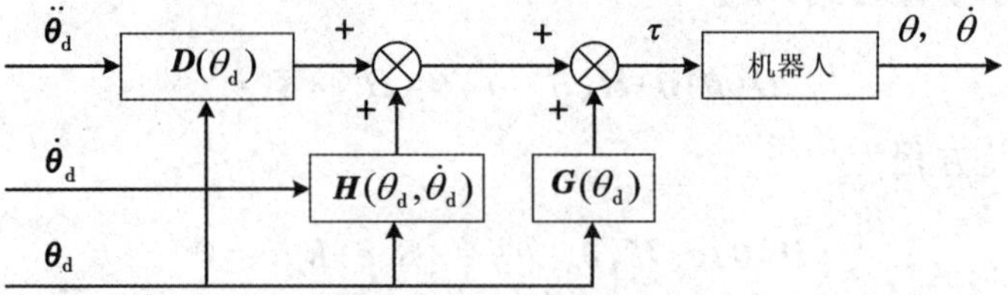

图 9.22　机器人前馈 PD 控制系统结构框图

将控制器方程代入机器人动力学方程，得

$$\boldsymbol{D}(\theta)\ddot{\boldsymbol{\theta}}+\boldsymbol{H}(\theta,\ \dot{\theta})\dot{\boldsymbol{\theta}}+\boldsymbol{G}(\theta)=\boldsymbol{D}(\theta_{\mathrm{d}})\ddot{\boldsymbol{\theta}}_{\mathrm{d}}+\boldsymbol{H}(\theta_{\mathrm{d}},\ \dot{\theta}_{\mathrm{d}})\dot{\boldsymbol{\theta}}_{\mathrm{d}}+\boldsymbol{G}(\theta_{\mathrm{d}}) \tag{9.70}$$

令 $\boldsymbol{e}=\boldsymbol{\theta}_{\mathrm{d}}-\boldsymbol{\theta}$，式(9.70)可以用状态变量$[\boldsymbol{e}\quad \dot{\boldsymbol{e}}]^{\mathrm{T}}$ 写为

$$\frac{\mathrm{d}}{\mathrm{d}t}\begin{bmatrix}\boldsymbol{e}\\ \dot{\boldsymbol{e}}\end{bmatrix}=\begin{bmatrix}\dot{\boldsymbol{e}}\\ -\boldsymbol{D}^{-1}[(\boldsymbol{D}_{\mathrm{d}}-\boldsymbol{D})\dot{\boldsymbol{\theta}}_{\mathrm{d}}+\boldsymbol{H}_{\mathrm{d}}\dot{\boldsymbol{\theta}}_{\mathrm{d}}-\boldsymbol{H}\dot{\boldsymbol{\theta}}+\boldsymbol{G}_{\mathrm{d}}-\boldsymbol{G}]\end{bmatrix} \tag{9.71}$$

式中，$\boldsymbol{D}=\boldsymbol{D}(\theta)$，$\boldsymbol{D}_{\mathrm{d}}=\boldsymbol{D}(\theta_{\mathrm{d}})$，$\boldsymbol{H}=\boldsymbol{H}(\theta,\ \dot{\theta})$，$\boldsymbol{H}_{\mathrm{d}}=\boldsymbol{H}(\theta_{\mathrm{d}},\ \dot{\theta}_{\mathrm{d}})$，$\boldsymbol{G}=\boldsymbol{G}(\theta)$，$\boldsymbol{G}_{\mathrm{d}}=\boldsymbol{G}(\theta_{\mathrm{d}})$。

开环控制策略的缺点：依赖模型的精度，对参数和结构不确定的系统鲁棒性差，在有外界扰动的情况下控制性能严重下降，等等。

这样的控制器在实际应用中没有实际价值。

(2)传统前馈 PD 控制。

通常情况下，常将前馈控制与一些控制方法相结合，如将前馈控制与 PD 控制相结合来实现对机器人的控制：

$$\begin{cases}\boldsymbol{\tau}=\boldsymbol{\tau}_{\mathrm{feedforward}}+\boldsymbol{\tau}_{\mathrm{PD}}\\ \boldsymbol{\tau}_{\mathrm{feedforward}}=\boldsymbol{D}(\theta_{\mathrm{d}})\ddot{\boldsymbol{\theta}}_{\mathrm{d}}+\boldsymbol{H}(\theta_{\mathrm{d}},\ \dot{\theta}_{\mathrm{d}})\dot{\boldsymbol{\theta}}_{\mathrm{d}}+\boldsymbol{G}(\theta_{\mathrm{d}})\\ \boldsymbol{\tau}_{\mathrm{PD}}=\boldsymbol{K}_{\mathrm{p}}\boldsymbol{e}+\boldsymbol{K}_{\mathrm{v}}\dot{\boldsymbol{e}}\end{cases} \tag{9.72}$$

式中，$\boldsymbol{K}_{\mathrm{p}}$ 和 $\boldsymbol{K}_{\mathrm{v}}$ 为位置和速度的对称正定增益矩阵。式(9.72)利用关节反馈 $\boldsymbol{\theta}$，$\dot{\boldsymbol{\theta}}$ 计算位置误差和速度误差，是闭环控制器。

PD 前馈控制可看成 PD 加重力补偿控制的一般化。图 9.23 所示为 PD 前馈控制系统结构框图。

前馈控制用来补偿非线性动态模型，基于模型的前馈力矩补偿在伺服回路之外，采样速度可以放慢，不需要以关节伺服驱动内部的采样频率进行复杂费时的前馈计算。

在伺服回路内，只需进行误差与反馈增益相乘的运算，即可实现高速的采样频率的快速运算，确保关节伺服驱动的性能。

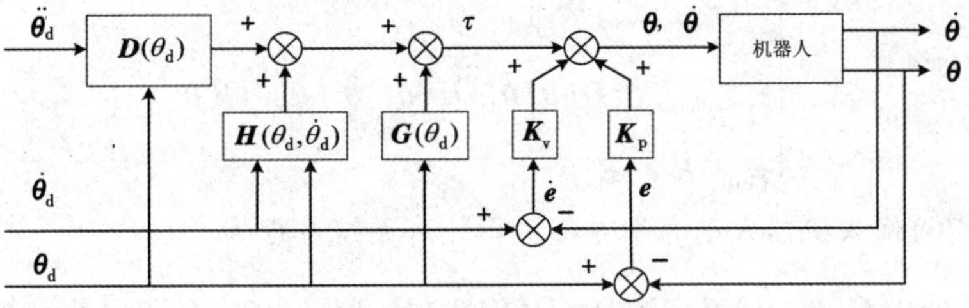

图 9.23　PD 前馈控制系统结构框图

将上述控制律代入机器人动力学方程，得到闭环系统方程为

$$D(\theta)\ddot{\theta}+H(\theta,\dot{\theta})\dot{\theta}+G(\theta)=D(\theta_d)\ddot{\theta}_d+H(\theta_d,\dot{\theta}_d)\dot{\theta}_d+G(\theta_d)+K_pe+K_v\dot{e} \tag{9.73}$$

整理后，可得闭环系统误差方程

$$D(\theta)\ddot{e}+(H(\theta,\dot{\theta})+K_v)\dot{e}+K_pe+\Delta=0 \tag{9.74}$$

其中

$$\begin{aligned}&\Delta=\hat{D}\ddot{\theta}_d+\hat{H}\dot{\theta}_d+\hat{G}\\&\hat{D}=D(\theta_d)-D(\theta)\\&\hat{H}=H(\theta_d,\dot{\theta}_d)-H(\theta,\dot{\theta})\\&\hat{D}=G(\theta_d)-G(\theta)\end{aligned} \tag{9.75}$$

式中，Δ 为模型中不确定性集合，由于 $\Delta\neq0$，因此，图 9.23 中所示的控制方式实际上依然不能达到完全解耦。

(3)改进的前馈 PD 控制。

由于 Δ 的存在，上面的控制方式无法实现完全解耦。为了解决这个问题，一种改进的前馈(improved-feedforward)PD 控制被提出。改进前馈 PD 控制结构图如图 9.24 所示。

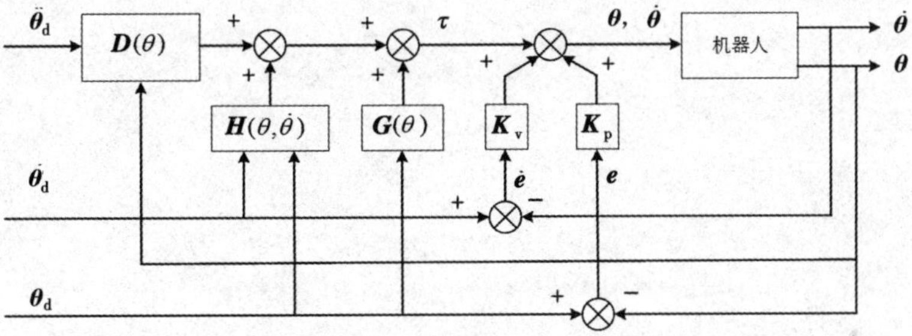

图 9.24　改进前馈 PD 控制结构图

$$\begin{cases}\boldsymbol{\tau}=\boldsymbol{\tau}_{\text{i-feelforward}}+\boldsymbol{\tau}_{\text{PD}}\\ \boldsymbol{\tau}_{\text{i-feedforward}}=\boldsymbol{D}(\theta)\ddot{\boldsymbol{\theta}}_{\mathrm{d}}+\boldsymbol{H}(\theta,\ \dot{\theta})\dot{\boldsymbol{\theta}}_{\mathrm{d}}+\boldsymbol{G}(\theta)\\ \boldsymbol{\tau}_{\text{PD}}=\boldsymbol{K}_{\mathrm{p}}\boldsymbol{e}+\boldsymbol{K}_{\mathrm{v}}\dot{\boldsymbol{e}}\end{cases} \tag{9.76}$$

将式(9.76)代入机器人动力学方程可得闭环系统方程为

$$\boldsymbol{D}(\theta)\ddot{\boldsymbol{\theta}}+\boldsymbol{H}(\theta,\ \dot{\theta})\dot{\boldsymbol{\theta}}+\boldsymbol{G}(\theta)=\boldsymbol{D}(\theta)\ddot{\boldsymbol{\theta}}_{\mathrm{d}}+\boldsymbol{H}(\theta,\ \dot{\theta})\dot{\boldsymbol{\theta}}_{\mathrm{d}}+\boldsymbol{G}(\theta)+\boldsymbol{K}_{\mathrm{p}}\boldsymbol{e}+\boldsymbol{K}_{\mathrm{v}}\dot{\boldsymbol{e}} \tag{9.77}$$

整理后，得到闭环系统误差方程为

$$\boldsymbol{D}(\theta)\ddot{\boldsymbol{e}}+(\boldsymbol{H}(\theta,\ \dot{\theta})+\boldsymbol{K}_{\mathrm{v}})\dot{\boldsymbol{e}}+\boldsymbol{K}_{\mathrm{p}}\boldsymbol{e}=0 \tag{9.78}$$

构建的李雅普诺夫函数为

$$\begin{cases}\boldsymbol{V}=\dfrac{1}{2}\dot{\boldsymbol{e}}^{\mathrm{T}}\boldsymbol{D}(\theta)\dot{\boldsymbol{e}}^{\mathrm{T}}\boldsymbol{K}_{\mathrm{p}}\boldsymbol{e}\\ \dot{\boldsymbol{V}}=\dot{\boldsymbol{e}}^{\mathrm{T}}\boldsymbol{D}(\theta)\ddot{\boldsymbol{e}}+\dfrac{1}{2}\dot{\boldsymbol{e}}^{\mathrm{T}}\dot{\boldsymbol{D}}(\theta)\dot{\boldsymbol{e}}+\boldsymbol{e}^{\mathrm{T}}\boldsymbol{K}_{\mathrm{p}}\dot{\boldsymbol{e}}=-\dot{\boldsymbol{e}}^{\mathrm{T}}\boldsymbol{K}_{\mathrm{v}}\dot{\boldsymbol{e}}\leqslant 0\end{cases} \tag{9.79}$$

$\boldsymbol{\theta}_{\mathrm{d}}(t)$是时间的函数，系统为非自治系统，不能使用 LaSalle 定理。但通过定义更复杂的李雅普诺夫函数，可证明系统全局渐进稳定。

采用改进的前馈 PD 控制，其动态模型采用反馈实时计算，无法离线获取，计算量明显变多，但能保证系统原点的全局一致渐近稳定。

第 10 章　机器人视觉控制系统

10.1　计算机视觉控制技术

如果机器人要与其周围环境交互，那么该机器人必须能够感知周围环境。计算机视觉是现有最为强力的检测方式之一。因此，本章将介绍计算机视觉在机器人领域的一些应用。本章主要介绍一些适用于工业协作应用中具有很强约束问题的基本技术，以期使读者将本章中的材料与其他章节的内容相结合时，可以实现基本的基于视觉的机器人控制系统。

10.1.1　计算机视觉

1. 成像几何

一张数字图像是一个二维矩阵，其元素被称为像素。下面使用图像来表示包含该图像的维度为 $N_{\text{rows}} \times N_{\text{cols}}$ 的矩阵。图像通过将光聚集到一个二维的感光部件阵列而形成，其中每个像素的取值与入射到某特定感光元件上的光的强度值相对应。一个焦距为 λ 的透镜被用来将光聚焦到感光阵列上，该阵列通常由 CCD 传感器组成。透镜和感光阵列一起被封装到相机，然后与数字化转换器或图像采集卡相连接。在使用模拟相机的情况下，数字化转换器将相机输出的模拟视频信号转换为离散值，然后由图像采集卡传送到像素阵列。在使用数码相机的情况下，图像采集卡仅仅将相机中的数字信号传送到像素阵列。

在机器人应用中，仅考虑成像的几何因素通常可以满足要求。因此，这里仅仅描述成像过程的几何知识，不考虑成像中的光度测量方面，如涉及景深、镜头型号或辐射线测定等问题。

首先，为成像系统分配一个坐标系。然后，讨论图像形成过程的针孔模型，并推导一个对应公式将一个点的世界坐标与它的图像坐标联系起来。最后，描述相机标定，经过该过程可以确定与成像过程相关联的所有参数。

(1) 相机坐标系。

为了简化本章中的很多公式，相对于以相机为中心的坐标系来表示物体坐标是十分适用的。出于该目的，定义相机坐标系如下。这里将包含检测阵列的平面定义为图像平面。轴线 x_c 和 y_c 组成图像平面的坐标基，它们通常分别平行于图像的水平和垂直轴线。轴线 z_c 垂直于图像平面，并且与镜头的光轴对准，即它穿过镜头的焦点。相机坐标系的原点则位于图像平面后方距离为 λ 的地方。该点也被称为投影中心。光轴与图像平面的交点被称为主点。相机坐标系如图 10.1 所示。

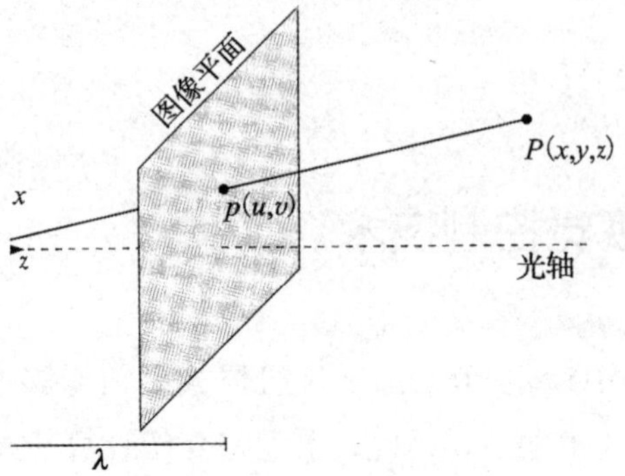

图 10.1　相机坐标系

通过上述相机坐标系的配置，图像平面中的任何一点都将具有坐标（u，v，λ）。因此，可以使用（u，v）来参数化图像平面，并且用（u，v）来指代图像平面坐标系。

(2)透视投影。

图像形成过程通常通过针孔镜头模型来建模描述。在该近似方法中，镜头被看作处于镜头焦点处的一个理想针孔。光线穿过该针孔并与图像平面相交。

令 P 表示相对于相机参考系的坐标为（x，y，z）的一个点。令 p 表示点 P 在图像平面中的投影，其坐标为（u，v，λ）。在针孔镜头模型假设下，点 P，p 及相机参考系的原点共线，如图 10.1 所示。因此，对于未知的正值常数 k，有

$$k\begin{bmatrix} x \\ y \\ z \end{bmatrix} = \begin{bmatrix} u \\ v \\ \lambda \end{bmatrix} \tag{10.1}$$

式(10.1)可改成下列方程组，即

$$kx = u \tag{10.2}$$

$$ky = v \tag{10.3}$$

$$kz = \lambda \tag{10.4}$$

这里给出 $k = \dfrac{\lambda}{z}$，将其代入式(10.1)和(10.2)中，得

$$\begin{cases} u = \lambda \dfrac{x}{z} \\ v = \lambda \dfrac{y}{z} \end{cases} \tag{10.5}$$

这便是众所皆知的透视投影方程。

(3)成像平面和传感器阵列。

如上所述，图像是一个离散的灰度值阵列，使用像素坐标 (r, c) 来表示一个像素的行索引和列索引。为了将数字图像和三维世界联系起来，必须确定图像平面坐标 (u, v) 和像素坐标 (r, c) 之间的关系。

通常将图像的边角而非图像中心定义为像素阵列的原点。使用 (o_r, o_c) 来表示包含主点的像素阵列坐标。一般情况下，相机中的感测元件并不具有单位尺寸，它们也并非必须是正方形。使用 s_x 和 s_y 来分别表示一个像素在水平和垂直方向的尺度。最后，通常情况下，像素阵列坐标系的水平和垂直轴线与相机坐标系的水平和垂直轴线方向相反。结合这些，可以得到图像平面坐标和像素阵列坐标之间的关系式：

$$\begin{cases} -\dfrac{u}{s_x}=r-o_r \\ -\dfrac{v}{s_y}=c-o_c \end{cases} \tag{10.6}$$

注意到坐标 (r, c) 为整数，这是因为它们是存储于计算机内存中的一个阵列的离散索引。因此，这种关系仅仅是一种近似。在实践中，通过将这些公式左侧的比值四舍五入得到 (r, c) 的取值。

2. 相机标定

相机标定的目的是确定所有必需参数，从而将像素坐标 (r, c) 和相机视场中某点 (x, y, z) 联系起来。换言之，给定点 P 相对于世界坐标系的坐标。在相机标定之后，就可以预测该点投影的图像像素坐标 (r, c) 。

(1)相机的外表参数。

截至目前，在对透视投影方程的推导中，仅涉及相对于相机参考系的坐标，在典型的机器人应用中，其任务是相对于世界坐标系进行表达的。如果知道了相机坐标系相对于世界坐标系的位置和姿态，则有

$$x^w = R_c^w x^c + O_c^w \tag{10.7}$$

或者，如果知道 x^w 之后希望求解 x^c ，则有

$$x^c = R_w^c(x^w - O_c^w) \tag{10.8}$$

为了简化符号表达，将定义

$$R = R_w^c, \ T = -R_w^c O_c^w \tag{10.9}$$

并且，将 x^c 写作

$$x^c = Rx^w + T \tag{10.10}$$

式中，R 和 T 一起被称作相机的外部参数。

(2)相机的内部参数。

从三维世界坐标到像素坐标之间的映射可以通过将式(10.5)和式(10.6)联立求

得，即

$$\begin{cases} r=-\dfrac{\lambda}{s_x}\dfrac{x}{z}+o_r \\ c=-\dfrac{\lambda}{x_y}\dfrac{y}{z}+o_c \end{cases} \tag{10.11}$$

因此，一旦知道参数 λ, s_x, o_r, s_y, o_c 的取值，求可以由(x, y, z)确定 r, c，其中(x, y, z)是相对于相机参考系的坐标。实际上，并不需要知道所有的 λ, s_x, s_y，知道下列比率即可：

$$\begin{cases} f_x=\dfrac{\lambda}{s_x} \\ f_y=\dfrac{\lambda}{s_y} \end{cases} \tag{10.12}$$

参数 f_x，o_r，f_y，o_c 被称为相机的内部参数。对于一个给定的相机，这些参数是常数，它们并不随相机的移动而变化。

3. 物体的位置

机器人系统的最终目标是操作世界坐标系中的物体对象。为了实现这一目的，就必须知道被操作对象的位置和方向。相机一旦经过标定之后，就有可能利用这些图像的位置和方向信息来推断物体对象的三维位置和方向。一般情况下，可以从图像测量中推测三维位置和方向，但是存在一定的困难。然而，对于协作机器人面临的许多情况，人们可以找到适当的解决办法。

(1)图像矩。

图像矩是定义在图像上的函数，可用来汇总图像中物体的形状和大小等各方面信息。对于图像中的第 k 个物体，其 i, j 矩记作 $m_{ij}(k)$，定义如下：

$$m_{ij}(k)=\sum_{r,\,c} r^i c^j \Im_k(r,\,c) \tag{10.13}$$

按照该定义，显然，m_{00} 等于物体中像素的数目。图像矩的阶被定义为 i 和 j 之和。当计算一个物体的质心时，一阶矩是十分有用的，它们由式(10.14)给出：

$$m_{10}(k)=\sum_{r,\,c} r\Im_k(r,\,c)\text{，}m_{01}(k)=\sum_{r,\,c} c\Im_k(r,\,c) \tag{10.14}$$

(2)物体的质心和中心矩。

方便起见，定义物体的位置为物体的质量中心或质心。根据定义，一个物体的质量中心为坐标等于 $(\bar{r},\,\bar{c})$ 的点，并且满足以下条件：如果物体的所有质量集中于 $(\bar{r},\,\bar{c})$ 处，其一阶矩保持不变，因此有

$$\sum_{r,\,c} \bar{r}\Im_i(r,\,c)=\sum_{r,\,c} r\Im_i(r,\,c)\Rightarrow \bar{r}_i=\frac{\sum_{r,\,c} r\Im_i(r,\,c)}{\sum_{r,\,c} \Im_i(r,\,c)}=\frac{m_{10}(i)}{m_{00}(i)} \tag{10.15}$$

$$\sum_{r,c} \bar{c}\Im_i(r,c) = \sum_{r,c} c\Im_i(r,c) \Rightarrow \bar{c}_i = \frac{\sum_{r,c} c\Im_i(r,c)}{\sum_{r,c} \Im_i(r,c)} = \frac{m_{01}(i)}{m_{00}(i)} \tag{10.16}$$

相对于物体的质量中心来计算图像矩通常是有用的。通过这种方式，可以获得某些特征，它们不随目标物体的平移而变化。这些图像矩被称为中心矩。第 k 个物体的 i, j 阶中心矩定义如下：

$$C_{ij}(k) = \sum_{r,c} (r - \bar{r}_k)^i (c - \bar{c}_k)^j \Im_k(r,c) \tag{10.17}$$

式中，$(\bar{r}_k, \bar{c}_k)$ 为第 k 个物体的质心坐标。

10.1.2 基于视觉的控制

基于视觉的控制问题不像力控制那样，在基于视觉的控制中，被控量不能总是由传感器来直接测量。这里，主要集中在一种特定方法上，即用于手眼相机系统的基于图像的视觉伺服控制。开发该方法所需的特定数学工具包括设计和分析。

1. 设计要点

对于基于视觉的控制系统的设计人员来讲，他会面临许多问题。例如，应该使用什么样的相机？应该使用带有固定焦距镜头的相机还是带有可变焦镜头的相机？应该使用多少个相机？相机应该被布置在什么地方？应该使用什么样的图像特征？推导场景的三维描述时，应该使用图像特征还是二维图像数据？对于相机及镜头的选择问题，本章中只考虑使用带有固定焦距镜头的单个相机系统。

(1)相机位形。

在构建基于视觉的控制系统时，需要做出的第一个决定也许是选择在哪里放置相机。这基本上有两种选择：相机可以安装在工作区域中的一个固定位置，或者被连接到机器人上。通常，这些布置方案被分别称为固定相机位形和手眼位形。

在固定相机位形中，相机被放置在能够观测机械臂及任何被操作对象的位置上。该方法的优点是：由于相机位置是固定的，视场不随机械臂的移动而改变；相机与工作空间之间的几何关系是固定的，并且可以通过离线标定确定这种关系。该方法的缺点是：当机械臂在工作空间中移动时，可能会遮挡相机的视场，这对于有高精度需求任务的影响十分严重。

在手眼位形中，相机通常被安装在机械臂手腕以上的地方，从而使手腕的运动不会影响相机的运动。按照这种方式，当机械臂在工作空间中运动时，相机可以按照固定的分辨率不受遮挡地观察末端执行器的运动。手眼系统位形所面临的一个困难是相机与工作空间之间的几何关系会随着机械臂的移动而发生变化。机械臂很小的运动可能会使得视场发生剧烈的变化，特别是当与相机相连接的连杆的姿态发生改变的时候。

对于固定相机位形或手眼位形来讲，机械臂的运动将引起相机所获得的图像的变化。对于这两种情形，对机械臂运动和图像变化之间关系的分析是类似的，本章中只考虑手眼系统这种情形。

(2)基于图像方法中基于位置的方法。

解决基于视觉的控制问题有两种基本方法，它们之间的区别在于如何使用视觉系统所提供的数据。可以通过各种方式将这两种方法联合起来，形成所谓分块控制方案。

基于视觉控制的第一种方法被称为基于位置的视觉伺服控制。通过这种方法，视觉数据被用于构建关于世界的部分三维表示。第二种方法称为基于图像的视觉伺服控制，它直接使用图像数据来控制机器人的运动。这两种方法将在 10.3 节和 10.4 节中进行详细论述。

这里要说明的是，可以将多种方法组合起来，使用不同的控制算法来控制机器人运动中的不同自由度。基本上，这些方法把自由度划分成不相交的集合，因此，被称为分块方法。

2. 相机运动和交互作用矩阵

基于图像的方法将图像误差函数直接映射到机器人运动，其中并不求解三维重建问题。尽管逆运动学问题难以解决且通常是病态的，但逆速度问题通常相当容易解决，只需对机械臂雅可比矩阵求逆，假设雅可比矩阵非奇异。这可以通过如下方式在数学上进行理解：逆运动学方程表示可能的复杂几何空间之间的非线性映射(如简单的平面双连杆机械臂，其对应映射是从 R^2 到圆环面的一个映射)，速度之间的映射则是线性子空间之间的线性映射。类似地，图像特征向量与相机速度之间的关系是线性子空间之间的一个线性映射。下面对这个基本概念进行更为严格的解释。

令 $\boldsymbol{s}(t)$ 表示可以在图像中测量的一个特征值向量，其导数 $\dot{\boldsymbol{s}}(t)$ 被称为图像特征速度。例如，如果图像上的一个单点被用作特征，则有

$$\boldsymbol{s}(t)=\begin{bmatrix}u(t)\\v(t)\end{bmatrix}\tag{10.18}$$

在这种情形下，$\dot{\boldsymbol{s}}(t)$ 是点在平面内的速度。

图像特征速度与相机速度之间有线性关系。令相机速度 $\boldsymbol{\varepsilon}$ 由线速度 v 和角速度 ω 组成：

$$\boldsymbol{\varepsilon}=\begin{bmatrix}v\\\omega\end{bmatrix}\tag{10.19}$$

从而使得相机参考系的原点的线速度为 v，同时相机坐标系围绕穿过相机坐标系原点的轴线 ω 旋转。在两种情形下，ε 均包含了一个移动坐标系的线速度和角速度。$\dot{\boldsymbol{s}}$ 和 $\boldsymbol{\varepsilon}$ 之间的关系式如下：

$$\dot{\boldsymbol{s}}=\boldsymbol{L}(s,\ q)\boldsymbol{\varepsilon}\tag{10.20}$$

这里，矩阵 $\boldsymbol{L}(s,\ q)$ 被称为交互作用矩阵。交互作用矩阵是机器人位形及图像特征

值 $\boldsymbol{s}$ 的函数。

交互作用矩阵 $\boldsymbol{L}(s, q)$ 也被称为图像雅可比矩阵。在各种情况下，速度 $\boldsymbol{\varepsilon}$ 与参数集合的变化之间通过线性变换相关联。严格来说，由于 $\boldsymbol{\varepsilon}$ 实际上并不是姿态参数的导数，因而交互作用矩阵并非雅可比矩阵。

交互作用矩阵的具体形式取决于用于定义 $\boldsymbol{s}$ 的特征，最简单的特征是图像中的点坐标。

3. 点特征的交互作用矩阵

下面将讨论适用于使用移动相机观察空间中固定点这一情形的交互作用矩阵。这种情况对于相对被操作对象来定位相机是有用的。例如，相机可以被连接到用于抓取静止物体的机械臂上。然后，基于视觉的控制可被用来操作机械臂到达一适合抓取的位形，该位形可通过图像特征进行定义。

在时刻 t，相机坐标系的方向由旋转矩阵 $\boldsymbol{R}_c^0 = \boldsymbol{R}(t)$ 给出。该矩阵确定了相机坐标系相对于固定参考系的姿态方向。使用 $o(t)$ 来表示相机坐标系原点相对于固定参考系的位置。使用 P 来表示工作空间中的固定点，使用 $\boldsymbol{s} = (u, v)^{\mathrm{T}}$ 表示点 P 在图像中投影对应的特征向量，如图 10.2 所示。点 P 相对于世界坐标系是固定的，相机坐标系运动的角速度为 $\boldsymbol{\omega}$，线速度为 v。

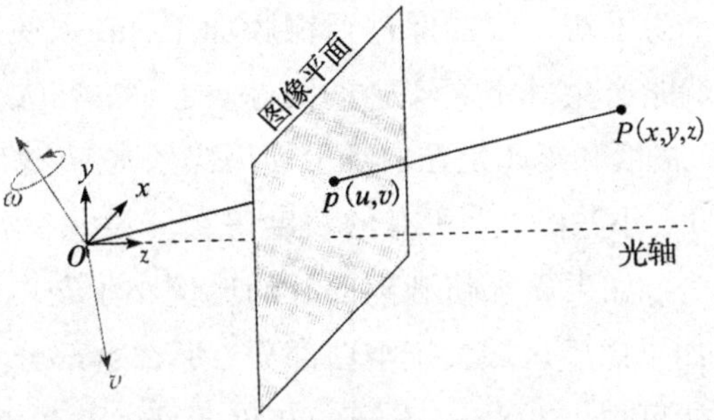

图 10.2　点 P 的投影关系

为了得到交互作用矩阵 $\boldsymbol{L}$，可将相机移动速度 ε 和该点在图像中投影坐标的导数 $\dot{\boldsymbol{s}}$ 联系起来。首先求解点 P 相对于移动相机的速度的表达式。然后，使用透视投影方程来将该速度与图像速度 $\dot{\boldsymbol{s}}$ 联系起来。最后，经过一些代数运算后，得到满足 $\dot{\boldsymbol{s}} = \boldsymbol{L\varepsilon}$ 这一关系的交互作用矩阵。

10.2　视觉系统图像处理与分析技术

目前，有大量的工作与图像处理、视觉系统及模式识别有关，它们提出了许多与软、硬件相关的研究课题。自 20 世纪 50 年代以来，这方面的知识已慢慢得到积累，并且随着工业和经济领域不同，人们对这一问题的兴趣持续升温，相关技术也发展得非常迅速。每年有大量关于这方面的文章发表，其中确实有许多有用的技术不断地在文献中出现，但是这些技术中的大部分只适合应用于某些特定的场景。本节将研究和讨论一些基本的图像处理和分析技术，并为某些用途开发的一些常规实例来加以说明。

10.2.1 基本概念

1. 图像处理和分析

图像处理与为了后续的分析和使用而对图像进行的预备操作有关。摄像机或其他类似的设备捕捉到的图像不一定是图像分析程序可用的格式：有些需要进行改善以消除噪声，有些则需要简化，还有些需要增强、修改、分割和滤波等。图像处理是对图像进行改善、简化、增强，以及其他改变图像的方法和技术的总称。

图像分析是对一幅捕捉到的并经过处理的图像进行分析，从中提取图像信息、辨识物体或提取关于图像中的物体或周围环境特征的过程。

2. 图像的本质

图像是对一个真实场景的表示。这种表示既可能是黑白的，也可能是彩色的，还有可能是打印出来的或是数字格式的。打印出来的图像有可能已经在彩色和灰度上或在单色源上被加工过。例如，为了对一幅图像进行铜版加工，必须使用不同灰度的墨水，这些墨水混合在一起时，就能产生一定真实感的图像。然而，在大多数打印过程中，只能使用一种颜色的墨水(如报纸和复印是在白纸上使用黑墨水)，这时就要通过改变黑白区域的比例(也就是黑点的大小)来产生所有的灰度等级。设想一幅要打印的照片被分为很多小部分，在每个部分，如果墨水喷洒到部分的比例小于空白部分的比例，那么这部分就将表现为浅灰色。如果黑墨区域大于空白部分，那么这部分看起来就是深灰色。通过改变打印点的大小，就可以产生许多不同的灰度等级，并最终打印出一幅灰度级的照片。

类似于打印图像，电子图像和数码图像通常被分成许多小块，每块称为图元或像素(在三维图像中称为体元或体素)，所有像素都具有相同的大小。为获取一幅图像，需要测量和记录每个像素的强度；类似地，在重新生成一幅图像时，可以改变每个像素的强度。因此，一个图像文件是表示大量像素强度的数据集合，它可以被重新创建、处理、修正或分析。彩色图像本质是相同的，不同的是原始彩色图像在获取和数字化前被分成红、绿、蓝三幅图像。当在每个像素位置具有不同强度的三种颜色重叠时，就生成了彩色图像。

3. 图像的获取

现在常用的视觉摄像机有两种：模拟摄像机和数码摄像机。模拟摄像机已不再常用，但是还大量存在，它们是电视台的常用工具。数码摄像机更为常见，而且它们比较相似。录像摄像机是附加录像带存储部分的数码摄像机，其获取图像的机制是和数码摄像机一样的。无论获取的图像是模拟的还是数字的，在视觉系统中最终都要进行数字化。在数字模式下，所有的数据都是二进制的，并且存储在计算机文件或存储芯片中。因此，最终处理的都是数字0和1的文件，并从中提取信息和进行决策。

前文已经提到，图像处理技术主要是对图像进行增强、改善或修改，为图像分析做准备。通常，在图像处理过程中，并不把信息从图像中提取出来，其重点是为了改进图像质量而去除那些错误的、没有多大价值的信息，或者那些虽然重要但却无用的信息。举例来说，假设获得了一个正在移动的物体的图像，该图像可能不太清晰，这时希望在获得物体的信息之前，减小或去除图像的模糊。再者，考虑一幅被反射光破坏了的图像，或者是由于光线不足而导致包含大量噪声的图像，在对图像进行分析前，希望对图像的质量进行改进。与此类似，假设有一幅城市的图像，其中包含了足够多的细节，如街道、车辆和阴影等，如果不消除那些无用的细节信息（除了边缘），那么很难从中提取有用的信息。

10.2.2　图像处理技术

图像处理过程可以分为许多个子过程，包括直方图分析、阈值处理、卷积掩模、边缘检测等。

1. 图像直方图

图像直方图表示图像在每个灰度等级上的所有像素点的数量。许多不同的操作都用到直方图信息，包括阈值分析。如果把一幅图像转化为二值图像，直方图信息有助于确定截止点。此外，直方图信息还可以用于确定图像中是否存在优势灰度等级。例如，一幅含有系统噪声的图像在许多像素点上产生了噪声，就可以利用直方图来确定噪声灰度等级，然后把噪声消除或抑制。只要图像的颜色或灰度等级有明显不同，那么同样的方法可用于将物体从背景中分离出来。

2. 阈值处理

阈值处理就是把图像划分为不同的部分（或等级）的过程。这一过程通过首先选择一个灰度等级作为阈值，然后将所有像素值和这一阈值相比较，从而将它们纳入不同的感兴趣部分（或等级），它取决于像素灰度级是低于阈值（断开、0或不属于）还是高于阈值（接通、1或属于）。

阈值处理既可以单级划分，也可以多级划分。在多级划分中，图像被划分为多个层次，每个层次都有一个对应的阈值。为了帮助选择一个恰当的阈值，可以使用许多不同的技术（从二值图像的简单方法到复杂图像的前沿技术）。早期处理二值图像的方法是使物体为亮的，而使背景全黑。这种条件在工业环境具备可控光的情况下可以得到满足，但在其他情况下则不见得可用。在二值图像中，像素对应的只有两种情况，即开或关，因此，阈值的选择显得比较简单而直接。在其他情况下，其灰度直方图可能为多态分布，这时可选择波谷作为阈值。更先进的确定阈值的方法是使用统计信息和图像像素点的分布特征（例如，两峰之间的最低值、两峰之间的中间值、两峰之间的平均值和其他许多景象特征）。阈值改变时，图像也随之变化。

阈值处理可用于许多操作，如将图像转变为二值形式、滤波、掩模和边缘检测等。

3. 空域操作：卷积掩模

空域处理过程可以对包含在单个像素中的信息进行操作。相应地，图像直接受这种操作的影响。视觉系统的许多处理过程都是在空域上进行的，其中最流行也是最常用的一种技术就是卷积掩模。这一技术可用在如滤波、边缘检测、形态学等不同方面。许多商业视觉系统和摄像软件也都是以卷积掩模技术为基础的。下面主要探讨卷积掩模的基本原理。

设想图像由像素组成，每个像素都包含了灰度或色彩的信息，这些信息组合在一起，构成了这幅图像。假设这里灰度等级并没有数字化为 0 和 1，而指的是它的实际值。

图 10.3 中的图像是一幅大图像中的一部分，其中像素值分别以符号 A，B，C，…，P 来表示。并且假定有一个 3 × 3 的掩模，以 m_1，…，m_9 来表示其各单元的值。

A	*B*	*C*	*D*			
E	*F*	*G*	*H*			
I	*J*	*K*	*L*			
M	*N*	*O*	*P*			

m_1	m_2	m_3
m_4	m_5	m_6
m_7	m_8	m_9

图 10.3　卷积掩模改变像素值

将掩模的单元叠加在相应的像素上，将像素值与掩模单元值相乘并相加，再将归一化结果代替中心值。掩模将逐个改变像素，一直重复操作，直到整幅图像完成。

将掩模应用到图像上。首先把它叠加到图像上，先叠加到左上角，把像素值和其对应的掩模单元格中的数值相乘，之后再相加，然后除以一个归一化值，就可以得到

$$R=\frac{Am_1+Bm_2+Cm_3+Em_4+Fm_5+Gm_6+Im_7+Jm_8+Km_9}{S} \tag{10.21}$$

式中，S 是归一化值，通常是掩模各单元值之和，即

$$S=|m_1+m_2+m_3+\cdots+m_9| \tag{10.22}$$

如果掩模各单元值的总和为 0，就令 $S=1$ 或选择一个最大的数。用计算的结果 R 代替参与叠加的像素块正中心像素处原有的值，即用 R 代替 F 值。为了不改变原有的文

件，通常新建一个文件来进行这一替换过程。然后掩模右移一个像素，同样地进行一系列的计算，产生一个新的 R 值来取代 G：

$$R=G_{\text{new}}=\frac{Bm_1+Cm_2+Dm_3+Fm_4+Gm_5+Hm_6+Jm_7+Km_8+Lm_9}{S} \tag{10.23}$$

再次在新文件中用这个结果来替换 G。接下来将掩模移动一个像素的距离并重复这一操作，直到本行中所有像素上的数值都发生变化。然后在接下来的一行中，以光栅扫描的形式进行相似的操作，直到整幅图像中所有的点都发生变化。这样操作得到的图像会或多或少地显示出一些另外的特征，其变化的程度依赖于掩模的 m 值大小。开始和结束的行和列无法进行类似操作，通常加以忽略。某些系统在这些行和列中插入 0 或维持原来的值。为了计算这些像素的新值，也可以将首端和末端的行和列的值复制到图像周围附加层的行和列中。

如图 10.4 所示，对于一幅有 R 行 C 列像素的图像 $I_{R,C}$ 和一个有 n 行 n 列的掩模 $M_{n,n}$，新的图像像素值 $(I_{x,y})_{\text{new}}$ 可以用如下方程进行计算：

$$(I_{x,y})_{\text{new}}=\frac{1}{S}\left(\sum_{i=1}^{n}\sum_{j=1}^{n}M_{I,J}\times I_{x-\frac{n+1}{2}+i,\,y-\frac{n+1}{2}+j}\right) \tag{10.24}$$

$$\begin{cases}S=\left|\sum_{i-1}^{n}\sum_{j=1}^{n}M_{i,j}\right|,\ S\neq 0\\ S=1\text{ 或最大数},\ S=0\end{cases} \tag{10.25}$$

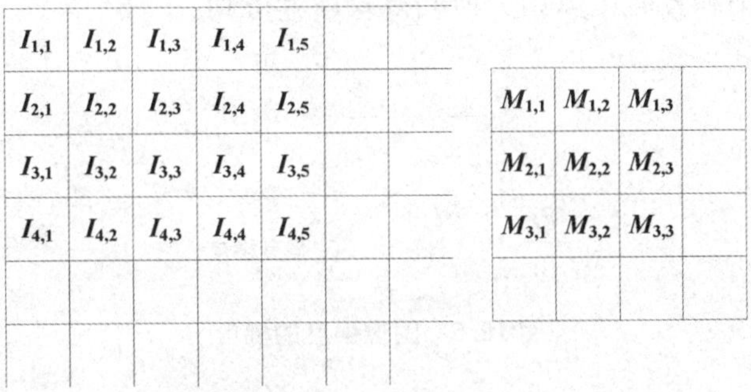

图 10.4　图像及掩模的表示

需要注意的是，归一化因子或尺度因子 S 是任意的，它用于防止图像的饱和。因此用户可以通过调节 S 的值来获取没有饱和的最佳图像。

4. 边缘检测

边缘检测是一类方法和技术的统称。这类技术主要用于确定图像中的线条，而这些线条用来表示平面交界线、纹理、线条、色彩、零件与背景之间的强度差异或凹陷和凸出的交错，以及在阴影和纹理中的差异。在这类技术中，有些源于数学推理，有些是启发式方法，还有些是描述性方法。所有的方法都是通过使用卷积掩模或阈值来对像素或像素组之间的灰度量差别进行操作的。最后得到的结果是线条图或只需很少存储量的类似表示形式，它们更易于处理，可以节约计算和存储方面的开支。边缘检测在图像分割和物体识别等后续操作中也是必不可少的。不进行边缘检测，可能无法发现重叠的零件，无法计算直径和面积等物体的某些特征，或者无法通过区域增长方法来确定零件。采用不同的边缘检测方法得到的结果略有不同，应该仔细选择并灵活地加以使用。

除了二值图像，其他图像的边缘特征一般都不理想。也就是说，这时的边缘并不是两个相邻像素灰度等级的清晰区分，而是边缘散布于一系列像素点。这时用两个像素之间的简单对比来进行边缘检测是不合适的。

一般来说，边缘是强度变化迅速的区域。如图 10.5 所示，图像强度梯度的大小和方向可计算为

$$\nabla I = \left(\frac{\partial I}{\partial x}, \frac{\partial I}{\partial y}\right)$$
$$(\nabla I)_{\text{magnitude}} = \sqrt{\left(\frac{\partial I}{\partial x}\right)^2 + \left(\frac{\partial I}{\partial y}\right)^2} \tag{10.26}$$

$$(\nabla I)_{\text{direction}} = \arctan\left(\frac{\partial I}{\partial y} \div \frac{\partial I}{\partial x}\right) \tag{10.27}$$

类似地，图像强度的二阶梯度称为拉普拉斯算子，如式(10.28)所示：

$$\nabla^2 I = \left(\frac{\partial^2 I}{\partial x^2}, \frac{\partial^2 I}{\partial y^2}\right) \tag{10.28}$$

二阶梯度的大小和方向可以用类似的方式计算得到。

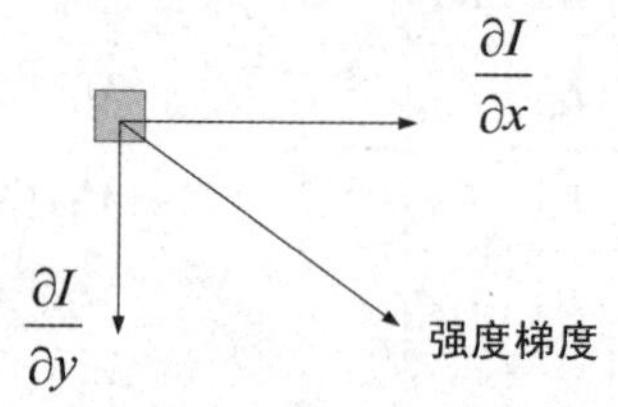

图 10.5　图像强度的梯度

5. 锐化图像

实现图像的锐化可以用许多不同的方法，最简单的方法是运用高通滤波器来消除图像边缘一些较低频率的成分。然而，在锐化操作中，噪声也会增加，因此，噪声会随着锐化水平的提高而提高。图 10.6 所示为两个简单的锐化掩模。

0	-1	0
-1	6	-1
0	-1	0

(a)锐化、低

0	-1	0
-1	5	-1
0	-1	0

(b)锐化、高

图 10.6　两个简单的锐化掩模

6. 二值形态操作

形态操作是指对图像中物体的形状(即形态)进行的一组操作。无论是对于二值图像还是灰度图像，形态操作都包括很多不同的操作，如加厚、扩张、腐蚀、骨架化、放缩、缩放和填充等。执行这些操作是为了对图像进行分析及减少图像中的冗余信息。

形态操作是基于集合理论的。例如，在图 10.7 中，两条线的并构建出了平行四边形(将第一条线应用到第二条线)；而两个小圆的并构建出了大圆，此时第一个圆的半径加到了第二个圆上，从而使其变大了。这就称为扩张，用符号“⊕”来表示。

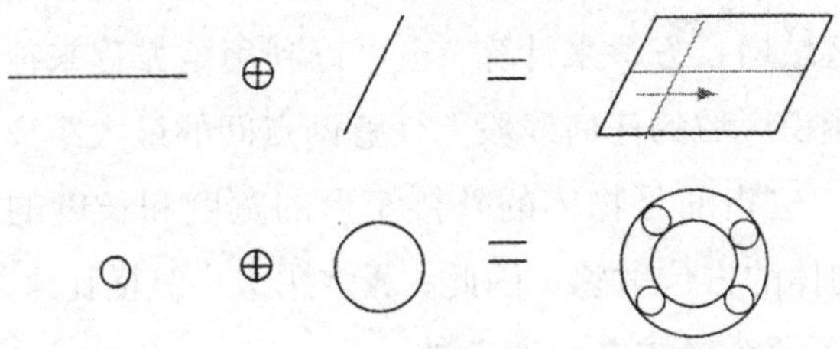

图 10.7　两个几何图形的并构产生扩张

类似地，从第一个集合中减去第二个集合，就会得到腐蚀的形状。用符号“Θ”来表示的腐蚀可以小到物体周围的一个像素。

10.2.3　图像分析的相关研究

图像分析是指从图像中提取信息的操作和技术的总称。其中包括根据图像进行物体识别，特征提取，物体的位置、大小、方位和其他特征的分析，以及深度信息提取，等等。

一般来说，假定图像处理方法已经应用于图像，或者假定将来在需要改善图像和为图像分析做准备时可以使用。图像分析方法和技术可能既用于二值图像，也用于灰度图像。下面将对其中一些方法和技术进行讨论。

1. 基于特征的物体识别

图像中的物体可以利用其特征进行识别。这些特征包括但不限于灰度等级直方图、形态特征(如面积、周长和孔洞的数量等)、离心率、弦长和矩等。在许多情况下，可将从图像中提取出来的信息和物体的先验信息进行比较。这些先验信息可以放在查询表中。例如，对一个已知物体在不同角度下的矩进行分析，将每一角度下物体对轴的矩都计算出来并整理到查询表中，当图像中相对于同一个轴的各部分矩计算出来以后，和事先得到的查询表相比较，就可以确定物体此时的角度。

下面讨论用于物体识别的一些方法和不同的特征。

(1)物体识别的基本特征。

① 灰度等级。平均、最大或最小灰度等级可以用于辨识图像中的不同部件或物体。例如，假设图像中有3个部件，因为每一部件都有着不同的颜色或纹理，所以在图像上对应的灰度等级也不一样。如果确定了图像的平均、最小和最大灰度等级，那么就可以通过比较这些信息识别出物体来。在其他情况下，甚至只要确定出存在一个特定的灰度等级，也许就足以识别出部件。

② 周长、面积、直径、孔洞的数量和其他类似形态特征。它们可以用于进行物体辨识：物体的周长可以通过先运行边缘检测程序，然后计算边界线上的像素个数来获得；物体的面积可以通过区域增长方法来计算，也可以利用矩方程来得到。非圆物体的直径定义为跨越物体上待辨识区域的任何线段上任意两点间的最大距离。

③ 物体的纵横比。它指的是物体的外接矩形的宽度和长度的比值，除了最小纵横比，所有纵横比都对物体的方位敏感。因此，通常用最小纵横比来辨认物体。

④ 窄度。它由以下两个等式之一来定义：

$$\text{窄度}=\frac{\text{周长}^2}{\text{面积}} \tag{10.29}$$

$$\text{窄度}=\frac{\text{直径}}{\text{面积}} \tag{10.30}$$

⑤ 矩。图像中物体的矩为

$$M_{a,b}=\sum_{x,y}x^a y^b I_{x,y} \tag{10.31}$$

式中，$M_{a,b}$是指数幂为a和b时图像中物体的矩；x和y是图像中每个像素的坐标；$I_{x,y}$是像素的强度。若图像是二值图像，物体由强度为1的像素表示，而背景由强度为0的像素表示。在灰度图像中，强度可能相差很大，因而矩值可能受灰度值的影响很大。尽管在数学上可能将矩方程用到灰度图像，但这是不切实际的，或者同时也在执行其他规则时它才有用。对于二值图像，$I_{x,y}$不是0就是1，因此，只需考虑图像中灰度值为1的像素，从而式(10.31)可化简成

$$M_{a,b}=\sum_{x,y}x^a y^b \tag{10.32}$$

对于每个属于物体的像素，根据它所处坐标及给定的指数幂进行计算，将计算出的这些值求和就是该图像特定的矩值。

(2)模板匹配。

物体识别的另一种方法是模型或模板匹配。如果得到一个场景的合适线条图，那么可将它的拓扑元素或结构元素与模型进行匹配。这些元素包括总的线数或边数、顶点数、互相连通的个数等。可通过坐标变换(如旋转、平移和缩放)来消除模型和物体之间由于位置、方位和深度等因素不同而产生的差异。该方法的不足是在进行匹配时需要事

先知道模型的相关信息。因此，如果物体和模型不同，那么它们就不匹配，物体也就无法被识别。此外，如果物体被其他物体所阻挡，那么也无法和模型匹配。

2. 视觉系统中的深度测量

有两种基本方法可用于从场景中提取深度信息。一种方法是用测距仪并结合视觉系统和图像处理技术。在这个组合方法中，场景分析与测距仪收集到的环境中各部分的距离信息、特定物体的位置信息或物体的各部分信息有关。另一种方法是利用类似人和动物的双目视觉或立体视觉。在这种方法中，采用多个摄像机同时对物体拍摄，或者是一个摄像机拍摄完一幅图像后，移动一段距离，再拍摄，从而得到多幅图像，只要这一过程中景物没有改变，前后拍出来的图像就和使用多个摄像机同时拍摄所获得的结果一样，根据这些多幅图像可以提取出深度信息。因为相对于场景中的任意一个点，多个（通常是两个）摄像机所处的位置有着稍许差别，所以它们得到的图像也会有微小的不同。通过分析和测量两幅图像中的差异，就可以从中提取出深度信息。

3. 图像数据压缩

电子图像包含了大量的信息，所以需要具有大容量带宽的数据传输线。要求的图像质量决定了图像的空间分辨率、每秒的图像帧数和灰度等级（如果是彩色图像，就是彩色等级）数目。现在的数据传输和存储技术已经显著地改善了图像传输（包括在因特网上传输）的能力。

下面将讨论能完成这项任务的一些技术。虽然有许多不同的数据压缩技术，但是只有部分和视觉系统直接相关（数据的传输问题超出了本书的研究范围，这里不做详细讨论）。图像数据压缩技术分为帧内空域技术和帧间编码技术。

（1）帧内空域技术。

脉冲编码调制是一种很流行的数据传输技术。它通常以奈奎斯特速率对模拟信号进行采样，进而对其进行量化。量化器有 N 个等级，其中 N 是 2 的整数次幂。如果量化器有 8 位，那么这个 8 位量化器就将产生 $2^8=256$ 种不同的灰度等级。在其他情况下（如空间和医学应用中），将使用更高的分辨率，如 2^{10} 或 2^{12} 。

在一种被称为伪随机量化抖振的技术中，在像素的灰度值中加入随机噪声，以减少表示图像所需的位数，而使它仍具有与原图像相同的品质。如果量化器的位数减少了，并且没有任何抖振，那么图像的轮廓就显现出来了。由于图像中可用的灰度等级数较少，因此会在图像中产生轮廓线。这些轮廓线可以通过采样之前在信号中加入少量的伪随机宽带和均匀分布的噪声信号（称为抖振）来避免。抖振导致像素在初始的量化等级附近振动，从而消除了轮廓线。换句话说，轮廓被迫在其均值附近做小的随机振动。适量的噪声信号可以使系统保持同样的分辨率而大大减少所需的位数。

另一项数据压缩技术是采用半色调。在这项技术中，通过提高每个像素的采样数量，将一个像素分解为许多像素。相应地，每个像素都用一位量化器简单地量化为黑或白。由于人眼能将这一组像素进行平均，因此，图像看起来仍然是灰度的而不是黑白的。

预测编码指的是基于如下理论的一类技术：在高度重复的图像中，只需对新的信息进行采样、量化和传输。在这些图像中，多幅图像中的许多像素并没有发生改变（如电视新闻），因此，如果只传送连续图像间的变化数据，那么数据量将显著减少。预测器在前面图像信息的基础上，预测每一像素点的最优值。新的信息指的是像素的预测值和实际值之间的差异。系统传输新的信息来更新上一幅图像中的信息。如果图像中许多像素保持不变，那么新的信息就很少，从而所需要传送的信息量就大大减少。

(2)帧间编码技术。

帧间编码技术利用了连续图像之间存在的冗余信息。帧间编码技术和帧内编码技术的不同之处在于，帧间编码技术使用了大量不同的图像而不是仅仅一幅图像来减少信息传送量。

有一种简单的技术可以达到这个目的，即在接收器上使用帧存储器。帧存储器将保存一幅图像，并且连续播放。当任一像素信息发生改变时，帧存储器上对应的位置也进行更新，因此，显著地降低了数据传输率。这项技术的缺点是当存在高速运动的部分时，会出现闪烁。

4. 彩色图像

白光可以分解成彩虹的颜色，其波长范围为400~700 nm。尽管对任一特定色调赋予精确值还相当困难，但光的基本颜色是红(R)、绿(G)和蓝(B)。理论上，所有其他色调和颜色强度都可以通过混合基本颜色的不同等级来重新生成。虽然在现实中重新生成的颜色并不是真正精确的，然而，大多数图像的颜色能够通过混合三基色(RGB)来重新生成。

为了获取彩色图像，可用滤波器将光分离成三幅子图像，并对每幅图像单独进行获取、采样及量化，从而创建三个图像文件。为了重构出彩色图像，屏幕由三组像素点组成，并有序地相互交错。每个像素集合都单独且同时构建。由于人眼的空间分辨率有限，从而将三幅图像混在一起来感知彩色图像。然而，考虑图像处理时，彩色图像实际上是三幅图像的集合，且每幅代表原始图像的三基色的强度。

为了将彩色图像转换成黑白图像，单个彩色文件的强度必须转换成灰度值。一种方法是取同一像素位置的三个文件的平均值，并用它代替灰度值。因此，从灰度图像的直方图来说明，就是RGB三个通道取完全相同的值。

10.3　基于位置的视觉伺服

视觉伺服的任务是使用从图像中提取的视觉特征，控制机器人末端执行器相对于目标的位姿。如图 10.8 所示，相机可以安装在机器人上随机器人运动，或者固定在周围环境中。相关坐标系包括世界、末端执行器 $\{E\}$ 、相机 $\{C\}$ 和目标 $\{T\}$ 。图 10.8(a)所示结构为相机安装在机器人的末端执行器上，用以观察目标，这称为端点闭环或手眼结构。图 10.8(b)所示结构为相机固定在周围环境的一个点上，同时观测目标和机器人的末端执行器，这称为端点开环结构。

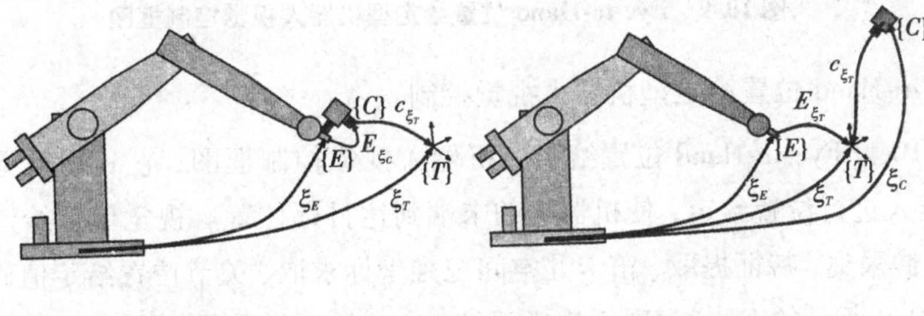

(a)端点闭环结构　　(b)端点开环结构

图 10.8　视觉伺服的结构和相关的坐标系

目标的图像是一个相对于位姿 ${}^C\xi_T$ 的函数。诸如点的坐标、直线或椭圆参数这些特征是从图像中提取的，它们也都是相对位姿 ${}^C\xi_T$ 的函数。有两种完全不同的视觉伺服控制方法，即基于位置的视觉伺服(position based vision servo，PBVS)和基于图像的视觉伺服(image based vision servo，IBVS)。

利用视觉位置测量，可以构成两种类型的视觉控制系统：一种是利用视觉测量的位置作为给定，构成位置给定型机器人视觉控制；另一种是利用视觉测量的位置作为反馈，构成位置反馈型机器人视觉控制。

10.3.1　位置给定型机器人视觉控制

1. Eye-to-Hand 位置给定型机器人视觉控制

位置给定型视觉控制是利用视觉测量得到的位置作为机器人系统给定。下面以六自由度协作机器人为例，说明视觉给定型位置控制。

图 10.9 为 Eye-to-Hand 位置给定型机器人视觉控制框图，它利用视觉测量的目标位置对机器人进行位置给定，使机器人的末端到达目标位置。视觉位置给定部分由图像采集、特征提取、笛卡儿空间三维坐标求取、关节位置给定值确定等部分构成。其中，从图像采集到形成目标的三维坐标部分，即视觉测量，有多种方案可供选择。根据摄像机的内参数和相对于机器人基坐标系的外参数，计算获得特征点在基坐标系下的三维坐标，

经过在线路径规划获得机器人下一运动周期的位姿，通过逆运动学求解得到 6 个关节的关节位置给定值。各个关节采用位置闭环和速度闭环控制，内环为速度环，外环为位置环。机器人本体各个关节的运动使得机器人的末端按照给定的位置和姿态运动。

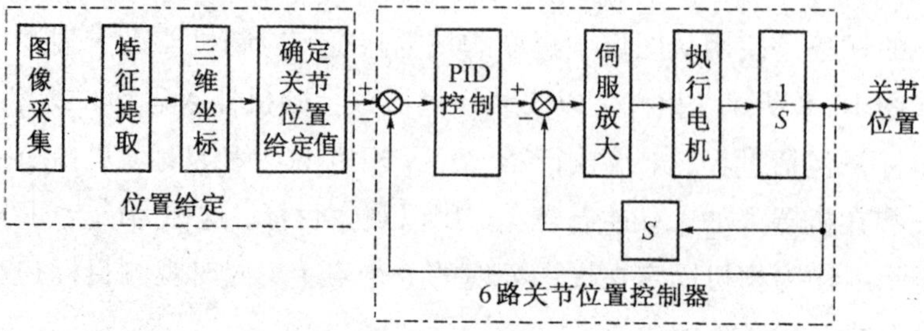

图 10.9　Eye-to-Hand 位置给定型机器人视觉控制框图

2. Eye-in-Hand 位置给定型机器人视觉控制

图 10. 10 为 Eye-in-Hand 位置给定型机器人视觉控制框图，它利用视觉测量的目标位置对机器人进行位置给定，使机器人的末端到达目标位置。视觉位置给定由机器人位姿获取、图像采集、特征提取、笛卡儿空间三维坐标求取、关节位置给定值确定等部分构成。与图 10. 9 所示的 Eye-to-Hand 视觉系统类似，从图像采集到形成目标的三维坐标视觉测量部分也有多种方案可供选择。根据摄像机的内参数和相对于机器人末端的外参数计算获得特征点在末端坐标系下的三维坐标，再根据机器人的位姿计算出特征点在基坐标系下的三维坐标，经过在线路径规划获得机器人下一运动周期的位姿，通过逆运动学求解得到 6 个关节的关节位置给定值。各个关节采用位置闭环和速度闭环控制，内环为速度环，外环为位置环。

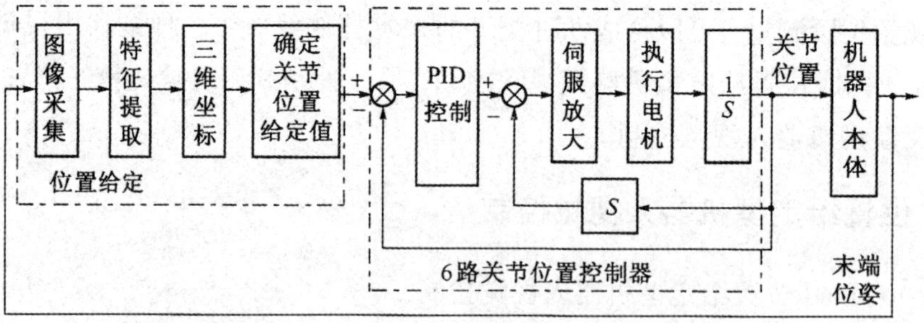

图 10. 10　Eye-in-Hand 位置给定型机器人视觉控制框图

从视觉控制角度而言，位置给定型视觉控制属于视觉开环控制。图 10. 10 中，虽然末端位姿引入位置给定部分，但只是参与三维坐标的计算，并未构成机器人末端位置的闭环控制。

利用视觉测量的位置作为给定构成的视觉控制系统，属于 Looking then Doing 的方式，对实时性要求较低，视觉测量的周期可以为 100 ms 级甚至秒级。

10.3.2　机器人的位置视觉伺服控制

1. Eye-in-Hand 位置反馈系统控制

图 10.11 为利用视觉进行位置反馈的控制系统框图，用于使机器人末端工具与对象保持固定距离。该视觉系统为 Eye-in-Hand 结构。控制系统由 3 个闭环构成，外环为笛卡儿空间的位置环，而各个关节采用位置闭环和速度闭环控制，其内环为速度环，外环为位置环。视觉位置反馈由机器人位姿获取、图像采集、特征提取、笛卡儿空间三维坐标求取、机器人工具与目标距离计算等部分构成。将设定距离与测量到的机器人工具到目标的距离相比较，形成距离偏差。根据距离偏差和机器人的当前位姿，利用位姿调整策略，确定下一时刻的机器人位姿，经过逆运动学求解，得到 6 个关节的关节位置给定值。然后，各个关节根据其关节位置给定值，利用关节位置控制器和伺服放大器对机器人的运动进行控制。

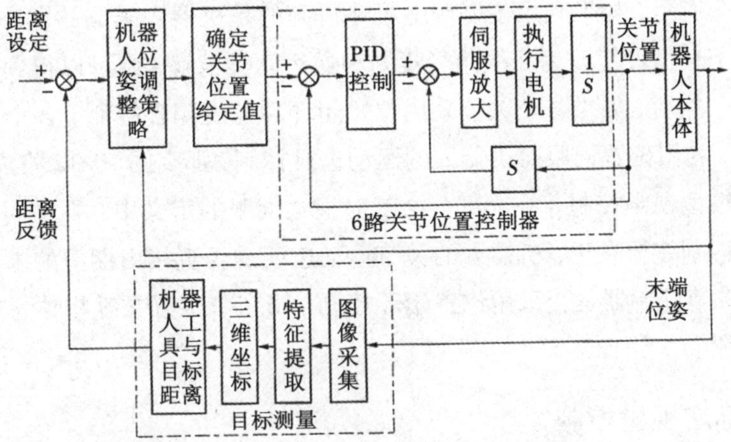

图 10.11　位置反馈型视觉控制系统框图

利用视觉测量的位置作为反馈构成的视觉控制系统，属于 Looking and Doing 的方式。它对视觉系统的实时性要求较高，视觉测量的周期应小于 100 ms 级。

2. Eye-to-Hand 视觉伺服控制系统

图 10.12 为基于位置的视觉伺服控制系统框图。该视觉系统为 Eye-to-Hand 结构。控制系统由 2 个闭环构成，外环为笛卡儿空间的位置环，内环为各个关节的速度环。视觉位置反馈由图像采集、特征提取、笛卡儿空间三维坐标求取、机器人工具位姿计算等部分构成。由给定的位姿与机器人末端的位姿比较得到位姿偏差，根据位姿偏差设计机器人位姿调整策略，得到希望的机器人末端在笛卡儿空间的运动速度，利用机器人的雅可比矩阵计算出关节空间的运动速度。由 6 路关节速度控制器，根据各个关节的期望运动速度，利用伺服放大器对机器人的运动进行控制。

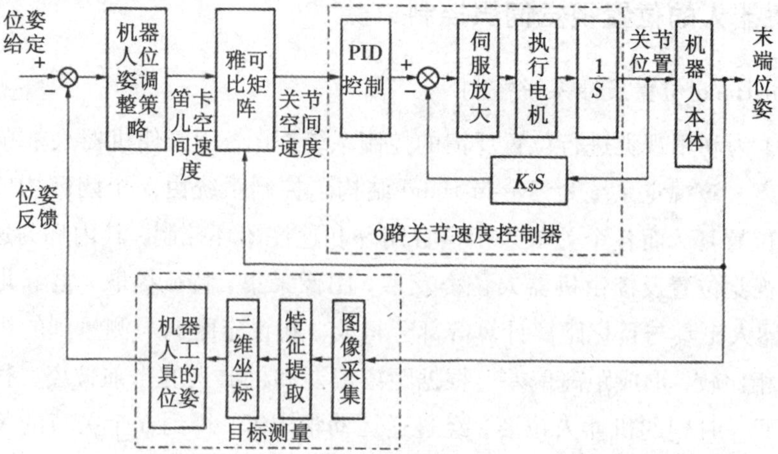

图 10.12　基于位置的视觉伺服控制系统框图

如图 10.12 所示，如果利用位姿调整策略得到的是机器人末端的位姿增量，利用雅可比矩阵的关节速度计算改为在线路径规划和逆运动学求解，则可以得到 6 个关节的关节位置给定值。然后，如果各个关节采用位置闭环和速度闭环控制，各个关节根据其关节位置给定值，利用位置伺服对机器人的运动进行控制，那么图 10.12 将成为与图 10.11 类似的位置反馈型视觉控制。在大部分文献对视觉伺服的定义中，视觉伺服与位置反馈型视觉控制的区别主要在于，机器人的关节运动速度是否直接由期望的末端运动速度获得，机器人的关节控制器是否采用位置闭环控制。此外，也有文献将位置视觉反馈控制归类为视觉伺服。

10.3.3　自标定视觉控制

自标定视觉控制，即利用场景中的已知信息对摄像机进行标定，然后利用摄像机的参数实现基于位置或混合视觉控制。由于不需要预先对摄像机进行标定，因此，这种视觉控制系统的应用比较方便。但由于对目标已知信息的要求较严格，使其应用受到限制，即应用面不是很宽。下面以对正六边形目标的跟踪为例，说明基于位置的自标定视觉控制。

考虑单摄像机的 Eye-in-Hand 视觉系统，并假设摄像机的镜头畸变可以忽略不计。摄像机坐标系建立在其光轴中心位置，其 z 轴取沿光轴中心线到景物的方向，x 轴取图像坐标水平增加的方向，y 轴取图像坐标垂直增加的方向。在摄像机安装时，调整摄像机的姿态，使得当机器人的末端沿末端坐标系的 x 轴方向平移时，在摄像机采集的目标图像中只有水平图像坐标变化，垂直图像坐标保持不变；末端沿末端坐标系的 y 轴平移时，在摄像机采集的目标图像中只有垂直图像坐标变化，水平图像坐标保持不变。这样，可以使摄像机坐标系与机器人的末端坐标系具有相同的姿态。

将正六边形的顶点用直线联结，可以得到 3 个矩形，这 3 个矩形的边的交点又是新形成的一个正六边形的顶点。将新的正六边形的顶点再用直线联结，又可以得到 3 个矩形。利用这些矩形，可以对摄像机的内参数进行标定。

获得摄像机的内参数之后，根据特征点的图像坐标和其在目标坐标系中的位置，利用基于 *PnP* 问题的位姿测量算法，可以求解出目标坐标系在摄像机坐标系中的位姿。由于摄像机坐标系与机器人的末端坐标系的姿态相同，因此，可以根据测量出的目标坐标系在摄像机坐标系中的位姿，以及期望的目标坐标系在摄像机坐标系中的位姿，确定机器人末端相对于末端坐标系的运动量，以控制机器人运动。此时，对机器人的控制采用基于位置的视觉控制。

10.3.4　基于位置的视觉控制的稳定性和特点

1. 基于位置的视觉控制的稳定性

对于位置给定型视觉控制系统，无论是图 10.9 所示的 Eye-to-Hand 方式的视觉控制系统，还是图 10.10 所示的 Eye-in-Hand 方式的视觉控制系统，系统的稳定性与视觉信息的引入无关。在这类系统中，视觉测量的结果仅仅作为系统的给定，属于视觉开环控制。

在图 10.11 所示的位置反馈型视觉控制系统中，可以将关节位置给定部分、机器人的关节位置控制器和机器人本体一并作为对象看待，看作一个具有较大惯性时间常数的一阶惯性环节。目标的视觉测量部分，可以看作一个比例环节。另外，末端位姿引入机器人位姿调整策略，主要是为了将末端位姿限定在一定范围内以保护机器人，以及避免奇异位姿、对末端位姿的调整起到限幅作用等，在稳定分析中可以不予考虑。因此，可以将图 10.11 视觉控制系统转化为一个等效控制系统，其系统框图如图 10.13 所示。其中，T_r 为惯性时间常数，k 为距离反馈系数。这是一个典型的一阶惯性环节的单闭环系统。机器人位姿调整策略采用 PID 控制算法，根据机器人环节的惯性时间常数适当调整 PID 参数，就能够保证系统的稳定性。

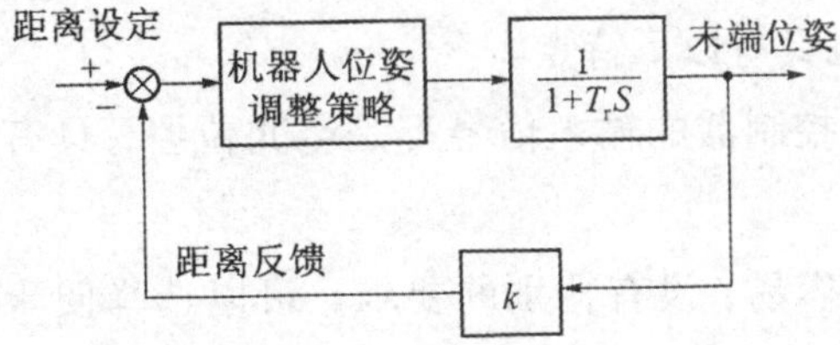

图 10.13　位置反馈型视觉控制的简化系统框图

对于图 10.12 所示基于位置的视觉伺服控制系统，在关节速度较低时，可以将机器人的各个关节分别看作一个二阶环节，它是由具有较大惯性时间常数的一个一阶惯性环节和一个积分环节串联构成的。此时，可以将图 10.12 所示的视觉控制系统转化为一个等效控制系统，其系统框图如图 10.14 所示。图中，$\boldsymbol{J}$ 为机器人的雅可比矩阵，T_j 为 j 关节的惯性时间常数，K_S 为速度反馈系数，k 为位姿反馈系数。理想情况下，位姿反馈系数 $k=1$。等效控制系统是一个二阶惯性环节的双闭环非线性控制系统，内环为各个关节的速度环，外环为机器人末端的位置与姿态环。

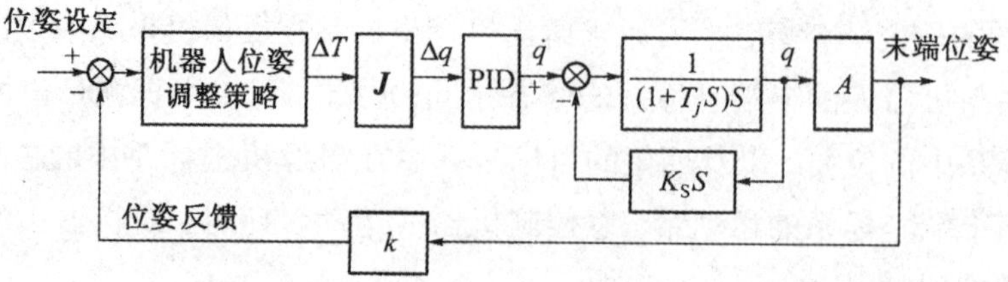

图 10.14　基于位置的视觉伺服的简化系统框图

机器人位姿调整策略部分的输出为位姿偏差 ΔT，偏差较小时由雅可比矩阵将其转化为机器人的关节增量 ΔQ，经过速度控制的 PID 控制算法将 ΔQ 转换为关节速度 $\dot{q}$ 给定。速度内环根据给定关节速度 $\dot{q}$ 控制各个关节，以二阶环节对象描述的各个关节输出关节位置 q，由机器人本体将关节位置 q 转变为机器人的末端位姿。由关节位置 q 到机器人的末端位姿的转变，可以利用运动学模型 A 进行描述，为高阶非线性环节。此外，机器人雅可比矩阵 $\boldsymbol{J}$ 是关节位置 q 的函数，也是高阶非线性环节。在 Δt 和 Δq 较小时，可以将机器人的雅可比矩阵 $\boldsymbol{J}$ 近似为线性环节。在 Δq 较小时，运动学模型 A 近似为线性环节。在此情况下，根据机器人环节的惯性时间常数适当调整 PID 参数，可以保证系统的稳定性。在给定位姿与机器人的当前位姿偏差较大时，可以利用机器人位姿调整策略产生较小的 Δt 和 Δq，以保证机器人运动的稳定性。

通常，当机器人的运动速度较高时，需要考虑机器人的动力学特性。此时机器人的位姿调整策略对控制系统的稳定性尤为重要。考虑机器人动力学特性时的视觉伺服控制比较复杂，此处省略。

2. 基于位置的视觉控制的特点

基于位置的视觉控制具有以下特点。

(1)误差信号和关节控制器的输入信号都是空间位姿，具有明确的物理意义，实现起来比较容易。

(2)特征的选取比较容易，没有特别的要求。可以选择便于分割的角点、端点等作为目标特征。

(3)在三维笛卡儿空间计算误差，需要通过图像进行三维重建。换言之，需要根据目标上特征点的图像坐标，计算特征点在摄像机坐标系的三维坐标，并利用坐标变换关系转换为在参考坐标系的三维坐标。对于具有姿态要求的视觉控制，则需要根据目标上特征点的图像坐标，计算出目标的坐标系的位置和姿态。

(4)一般来说，对摄像机的内、外参数进行标定，需要进行手眼标定。对于这些标定，虽然目前已经有自标定技术，但还是比较麻烦。

(5) 由于根据图像估计目标的空间位姿，没有对图像进行控制，因此，机器人的运动学模型误差和摄像机的标定误差都直接影响系统的控制精度。

10.4 基于图像的视觉伺服

基于图像的视觉控制，直接利用图像特征对机器人进行控制。控制器的给定是目标的图像特征，利用视觉测量目标的当前图像特征作为反馈，以图像特征的偏差控制机器人的运动。如果根据图像特征自偏差直接对机器人的关节运动速度进行控制，那么其所构成的控制系统称为基于图像的视觉伺服控制；否则，构成的控制系统称为基于图像的视觉控制。

10.4.1 基于图像特征的视觉控制

下面以操作阀门为例，针对 Eye-in-Hand 结构的视觉系统，说明基于图像的视觉控制。在机器人操作阀门上，利用色标作为阀门标记和手柄标记。其中，用正方形红色色标作为阀门标记，长方形绿色色标作为手柄标记。机械手末端装有抓手，抓手具有闭合和松开两个位置。抓手与机械手末端之间装有腕力传感器和微型摄像机。腕力传感器用于测量机械手腕部的力和力矩，微型摄像机用于引导机械手的抓手抓取阀门手柄。

微型摄像机的坐标系建立在其光轴中心处，z 轴取沿光轴到景物的方向，x 轴取图像坐标水平增加的方向，y 轴取图像坐标垂直增加的方向。在安装摄像机时，通过调整摄像机的方向，使得抓手沿机械手末端坐标系的 x 轴平移时，在摄像机采集的目标图像中只有水平图像坐标变化，垂直图像坐标保持不变；抓手沿机械手末端坐标系的 y 轴平移时，在摄像机采集的目标图像中只有垂直图像坐标变化，水平图像坐标保持不变。这样，可以使摄像机坐标系与机械手的末端坐标系具有相同的姿态。

由于手柄标记的尺寸较小，而摄像机的镜头为广角镜头，在摄像机与阀门的距离较远时，手柄标记的图像区域很小，不易分辨。因此，将抓手对阀门趋近作业分为两个阶段：第一个阶段抓手距阀门较远，通过视觉利用阀门标记对机械手的运动进行控制；第二个阶段抓手距阀门较近，通过视觉利用手柄标记对机械手的运动进行控制。在基于图像的视觉控制中，对于上述两个阶段分别给出期望的图像特征。首先，利用手动控制将抓手移动到能够抓取到手柄的位置，采集手柄标记图像作为第二阶段的期望图像，提取手柄标记的图像特征作为期望的图像特征。将抓手移离手柄一定高度，使阀门标记和两个手柄标记均在摄像机视场中，并且能够较好地分辨出手柄标记。此时，采集阀门标记和手柄标记图像作为第一阶段的期望图像，提取阀门标记的图像特征作为期望的图像特征。由于机器人具有 6 个自由度，所以选取的图像特征至少为 6 个。在此任务中，选取的图像特征分别为色标的质心坐标、色标的图像区域面积、色标主方向、沿主方向的梯形畸变、垂直于主方向的梯形畸变。其中，色标的质心坐标用于机械手沿 x，y 轴方向的平移调整；色标的图像区域面积用于机械手沿 z 轴方向的平移调整，色标主方向用于机械手绕 z 轴方向的旋转调整，沿主方向的梯形畸变用于机械手绕 x 轴方向的旋转调整，垂直于主方向的梯形畸变用于机械手绕 y 轴方向的旋转调整。在第一阶段，以两个手柄标记的连线作为阀门标记色标的主方向。在第二阶段，以手柄标记的长轴作为手柄标记色标的主方向。

图 10.15 为绕坐标轴旋转所选取的图像特征示意图。在不同的摄像机姿态下，矩形成像后的图像为不同的四边形。例如，上文中期望图像的手柄标记是一个四边形。利用 Hotlling 变换提取四边形的主特征向量。沿主特征向量方向，提取四边形上、下两边的长度 l_{x1} 和 l_{x2}，以二者之比作为绕 x 轴的旋转特征，见图 10.15(a)。沿垂直于主特征向量方向，提取四边形左、右两边的长度 l_{y1} 和 l_{y2}，以二者之比作为绕 y 轴的旋转特征，见图 10.15(b)。主特征向量与 x 轴的夹角，作为绕 z 轴的旋转特征，见图 10.15(c)。

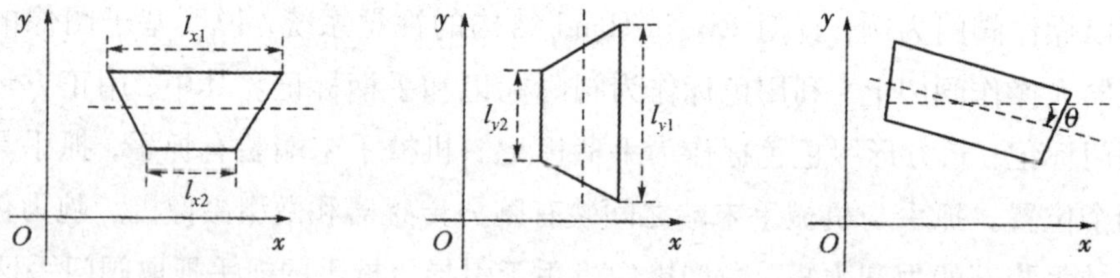

(a)绕 x 轴旋转特征　　(b)绕 y 轴旋转特征　　(c)绕 z 轴旋转特征

图 10.15　绕坐标轴旋转所选取的图像特征示意图

对于机器人末端的微分调整量 d_x，d_y，d_z，δ_x，δ_y，δ_z，可以利用如下对应关系进行描述：

$$\begin{cases} d_x = u_{\mathrm{d}} - u \\ d_y = v_{\mathrm{d}} - v \\ d_z = 1 - \sqrt{\dfrac{S}{S_{\mathrm{d}}}} \end{cases},\quad \begin{cases} \delta_x = 1 - \dfrac{l_x}{l_{x\mathrm{d}}} \\ \delta_y = 1 - \dfrac{l_y}{l_{y\mathrm{d}}} \\ \delta_z = \theta_{\mathrm{d}} - \theta \end{cases} \tag{10.33}$$

式中，d_x，d_y，d_z 为末端的微分平移量；δ_x，δ_y，δ_z 为末端的微分旋转量；$(u_{\mathrm{d}}, v_{\mathrm{d}})$ 为标记质心的期望图像坐标；(u, v) 为标记质心的实际图像坐标；S_{d} 为标记的期望图像面积；S 为标记的实际图像面积；$l_{x\mathrm{d}}$ 为标记沿主方向的期望梯形畸变；l_x 为标记沿主方向的实际梯形畸变；$l_{y\mathrm{d}}$ 为标记垂直于主方向的期望梯形畸变；l_y 为标记垂直于主方向的实际梯形畸变；θ_{d} 为色标主方向与图形水平轴之间的期望夹角；θ 为色标主方向与图像水平轴之间的实际夹角。

由式(10.33)可以发现：当实际图像特征小于期望图像特征时，微分调整量大于 0；当实际图像特征大于期望图像特征时，微分调整量小于 0；当实际图像特征等于期望图像特征时，微分调整量为 0。这只是说明，按照上述方式选取的图像特征能够反映目标的位姿，建立的微分调整量与图像特征的关系能够表征机器人末端的运动趋势。实际上，微分调整量与图像特征增量之间的关系是非线性的，而且耦合性强，要比式(10.33)复杂得多。因此，在实际应用中，可以对式(10.33)中的 6 个微分调整量赋予不同的优先级，通过分步调整实现各个图像特征之间的解耦。此外，微分增量 d_x，d_y，d_z，δ_x，δ_y，δ_z 不能直接用于控制机器人的末端运动，需要经过适当的控制算法形成末端运动控制量 d_{xc}，d_{yc}，d_{zc}，δ_{xc}，δ_{yc}，δ_{zc}。例如，PID 算法就是一种较常采用的控制算法。

由机器人末端的实际微分运动控制量 d_{xc}，d_{yc}，d_{zc}，δ_{xc}，δ_{yc}，δ_{zc} 得到末端的位姿调整量为

$$\boldsymbol{\Delta}=\begin{bmatrix}0 & -\delta_{zc} & \delta_{yc} & d_{xc}\\ \delta_{zc} & 0 & -\delta_{xc} & d_{yc}\\ -\delta_{yc} & \delta_{xc} & 0 & d_{zc}\\ 0 & 0 & 0 & 0\end{bmatrix} \tag{10.34}$$

在第一阶段，以预先采集的阀门标记作为期望图像，利用阀门标记图像的特征控制机械手的抓手向阀门运动。在第一阶段的起始阶段，由于阀门标记的当前图像与期望图像差距可能较大，有可能在当前图像中得不到 6 个图像特征。在此情况下，可以利用阀门标记图像的质心位置中的两个特征，先对机械手抓手的位置进行调整。待当前图像中有 6 个图像特征后，再对抓手的位姿进行调整。当阀门标记的当前图像特征与期望图像特征差距较小，能够较好地分辨出手柄标记时，第一阶段结束，第二阶段开始。在第二阶段，以预先采集的手柄标记作为期望图像，利用手柄标记图像的特征控制机械手的抓手向阀门运动。当手柄标记的当前图像特征与期望图像特征差距足够小时，第二阶段结束。此时，抓手已经按照期望的姿态到达手柄位置，闭合抓手，即能够较好地抓取到手柄。

图 10.16 为一个阶段的基于图像的视觉控制框图。它由 3 个闭环构成，外环为图像特征闭环，内环为关节位置环和速度环。图 10.16 中的关节位置控制环节，由关节位置环和关节速度环构成，参见图 10.9 视觉反馈为目标的当前图像特征，由图像采集和特征提取两部分构成。由给定的期望图像特征与当前图像特征比较得到特征偏差，根据该偏差设计机器人末端微分运动调整策略，实现图像空间偏差到笛卡儿空间偏差的转换。图像空间偏差到笛卡儿空间偏差的转换矩阵，又称为图像空间到笛卡儿空间微分运动的雅可比矩阵。根据机器人的当前位姿，由机器人末端微分运动量得到希望的机器人末端在笛卡儿空间的位姿，利用机器人的逆运动学计算出关节空间的位置给定。由 6 路关节位置控制器，根据各个关节的期望位置，利用伺服放大器对机器人的运动进行控制。通过

机器人本体各个关节的运动，使得机器人的末端按照希望的位置和姿态运动。

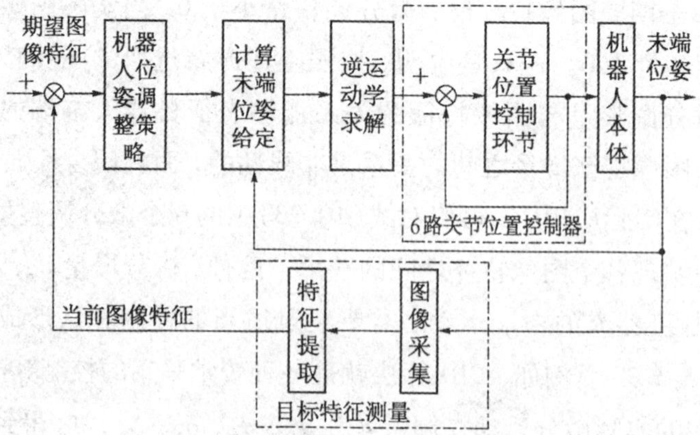

图 10.16　基于图像的视觉控制框图

在本部分的阀门抓取中，从图像空间偏差到笛卡儿空间偏差的转换是一种定性关系，未用到摄像机的参数。该任务不需要对摄像机进行标定，是基于图像的视觉控制的一种特殊情况。一般而言，基于图像的视觉控制需要获得从图像空间偏差到笛卡儿空间偏差转换的定量关系，即需要图像空间到笛卡儿空间微分运动的雅可比矩阵。该矩阵是摄像机到目标距离及图像特征的函数。因此，基于图像的视觉控制需要估计目标的深度信息，需要对摄像机进行标定。由于摄像机和机器人均包含在图像闭环之内，因此，控制精度对摄像机参数误差和机器人的模型误差不敏感。

10.4.2　基于图像的视觉伺服控制

以协作机器人为例，针对 Eye-in-Hand 结构的视觉系统，说明基于图像的视觉伺服控制。如图 10.17 所示，基于图像的视觉伺服控制由两个闭环构成，外环为图像特征闭环，内环为关节速度环。视觉反馈为目标的当前图像特征，由图像采集和特征提取两部分构成。由给定的期望特征与当前图像特征比较得到特征偏差，根据该偏差设计机器人的运动调整策略，并以其输出作为图像雅可比矩阵的输入。从图像空间到关节空间的雅可比矩阵称为图像雅可比矩阵，由图像空间到笛卡儿空间微分运动的雅可比矩阵和机器人的笛卡儿空间到关节空间的雅可比矩阵的乘积构成。图像雅可比矩阵的输出为各个关节的期望速度。由 6 路关节速度控制器，根据各个关节的期望速度，利用伺服放大器对机器人的运动进行控制。通过机器人本体各个关节的运动，使机器人的末端按照希望的位置和姿态运动。

求解图像雅可比矩阵是基于图像视觉伺服的一项主要任务，主要有三种方法，分别为直接估计方法、深度估计方法、常数近似方法。

直接估计方法不考虑图像雅可比矩阵的解析形式，在摄像机运动过程中直接得到数值解。典型的直接估计方法是采用神经网络和模糊逻辑逼近的方法。

深度估计方法需要求出图像雅可比矩阵的解析式，在每一个控制周期估计深度值，

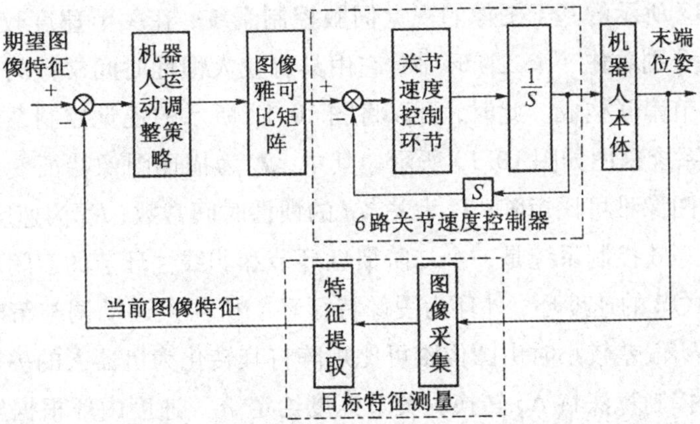

图 10.17　基于图像的视觉伺服控制框图

再代入解析式求值。这种方法实时在线调整雅可比矩阵的值，精度高，但计算量较大。

常数近似方法是简化的方法，图像雅可比矩阵的值在整个视觉伺服过程中保持不变，通常取理想图像特征下的图像雅可比矩阵的值。常数近似的方法只能保证在目标位置的一个小邻域内收敛。直接估计的方法和常数近似的方法更容易导致目标离开视场。

10.4.3　基于图像的视觉控制的稳定性和特点

1. 基于图像的视觉控制的稳定性

类似于基于位置的视觉控制的稳定性内容，在图 10.16 所示的基于图像的视觉控制系统中，可以将关节位置给定部分、机器人的关节位置控制器和机器人本体一并作为对象看待，看作一个具有较大惯性时间常数的一阶惯性环节。目标图像特征的视觉测量部分，可以看作由两部分构成：一部分为利用摄像机模型表示的对象环节，另一部分为比例反馈环节。因此，可以将图 10.16 所示的视觉控制系统转化为一个等效控制系统，其系统框图如图 10.18 所示。其中，T_r 为惯性时间常数，k 为图像反馈系数。由于描述图像特征与末端位姿之间关系的摄像机模型是一种非线性关系，因此，基于图像的视觉控制系统可以简化为由一阶惯性环节和非线性环节构成的单闭环系统。对于这类非线性系统，在小范围内 PID 控制算法可以保证系统的稳定性。因此，在机器人位姿调整策略采用 PID 控制算法时，除了需要根据机器人环节的惯性时间常数适当调整 PID 参数，还需要对 PID 控制算法的输出进行限幅控制，以保证系统的稳定性。另外，模糊控制算法、变结构多模控制算法及变参数 PID 控制算法等均可用于基于图像的视觉控制。

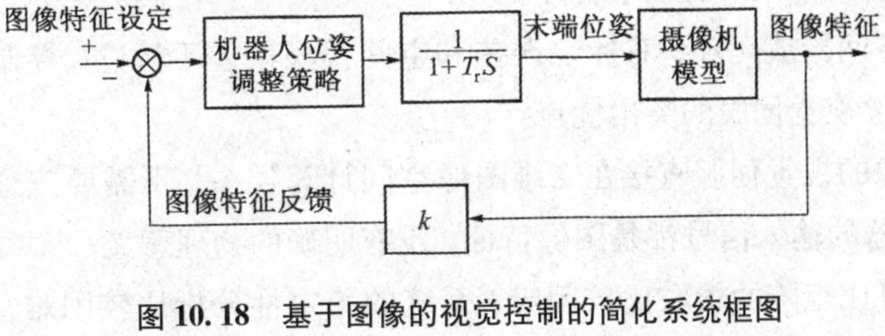

图 10.18　基于图像的视觉控制的简化系统框图

对于图 10.17 所示的基于图像的视觉伺服控制系统，在关节速度较低时，可以将机器人的各个关节分别看作一个二阶环节，它由具有较大惯性时间常数的一个一阶惯性环节和一个积分环节串联构成。此时，可以将图 10.17 所示的视觉控制系统转化为一个等效控制系统，其系统框图如图 10.19 所示。其中，$\boldsymbol{J}_i$ 为描述图像特征变化与机器人关节变化之间关系的图像雅可比矩阵；$\boldsymbol{T}_j$ 为关节 j 的惯性时间常数；K_S 为速度反馈系数，k 为位姿反馈系数。等效控制系统是一个二阶惯性环节和非线性环节的双闭环非线性控制系统，内环为各个关节的速度环，外环为图像特征环。机器人运动调整策略部分的输出为图像特征偏差 ΔI，偏差较小时由图像雅可比矩阵将其转化为机器人的关节增量 Δq，经过速度控制的 PID 控制算法将 Δq 转换为关节速度给定 $\dot{q}$。速度内环根据给定关节速度 $\dot{q}$ 控制各个关节，以二阶环节对象描述的各个关节输出关节位置 q，由机器人本体将关节位置 q 转变为机器人的末端位姿。

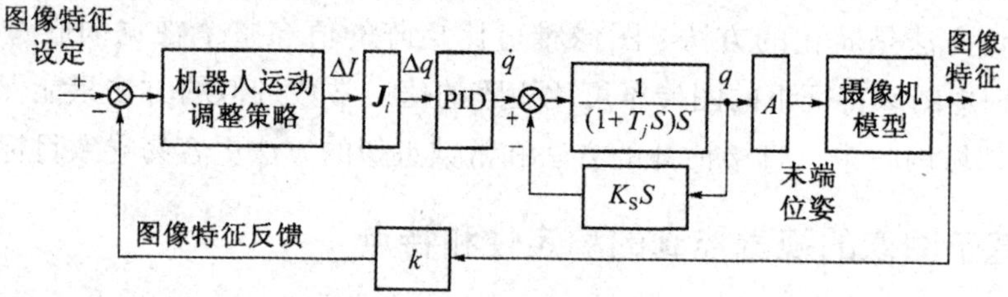

图 10.19　基于图像的视觉伺服的简化系统框图

由关节位置 q 到机器人的末端位姿的转变，可以利用运动学模型 A 来描述，是高阶非线性环节。此外，机器人的图像雅可比矩阵 $\boldsymbol{J}_i$ 是关节位置 q 的函数，也是高阶非线性环节。描述图像特征与末端位姿之间关系的摄像机模型，也是一个非线性环节。在 ΔI 和 Δq 较小时，可以将机器人的图像雅可比矩阵 $\boldsymbol{J}_i$ 近似为线性环节。在 Δq 较小时，运动学模型 A 近似为线性。在此情况下，根据机器人环节的惯性时间常数适当调整 PID 参数，可以保证系统的稳定性。在给定图像特征与当前图像特征偏差较大时，可以利用机器人运动调整策略产生较小的 ΔI 和 Δq，以保证机器人运动的稳定性。

通常，当机器人的运动速度较高时，需要考虑机器人的动力学特性。此时机器人的运动调整策略，对控制系统的稳定性尤为重要。

2. 基于图像的视觉控制的特点

基于图像的视觉控制具有以下特点。

(1)在图像空间构成闭环，对标定误差和空间模型误差不敏感，控制精度较高。这些特点是基于图像视觉伺服的突出优点。

(2)基于图像的视觉伺服直接在二维图像空间计算误差，不需要三维重建。但误差信号和关节控制器的输入信号都是图像特征，没有明确的物理意义。

(3)图像雅可比矩阵的求取比较困难，系统的稳定性分析比较困难，这给控制器的设计带来很大困难。另外，控制系统只在目标位置附近的邻域范围内收敛，伺服过程中容易进入图像雅可比矩阵的奇异点，导致控制系统不稳定。

(4)图像特征的选取对控制系统的控制效果具有明显影响。如何选择鲁棒性强、耦合性弱的图像特征，在基于图像的视觉控制系统设计中是需要认真考虑的问题。

(5)一般需要估计目标的深度信息，需要对摄像机的内、外参数进行标定，需要进行手眼标定。

10.5　打乒乓球机器人系统

近年来，随着机器人视觉和图像处理技术的不断发展，运动目标的跟踪与识别也得到了广泛的应用，动态图像的处理与分析日益受到重视。

10.5.1　乒乓球飞行轨迹测量

在乒乓球运动中，标准乒乓球的尺寸较小，其直径只有 40 mm；飞行速度快，人正常打球时乒乓球的飞行速度为 3~20 m/s。因此，利用机器人打乒乓球时，需要针对乒乓球运动的特点，首先解决对快速运动的乒乓球特征的准确提取与可靠跟踪等问题。

在乒乓球飞行轨迹测量前，需要提取乒乓球特征点。

乒乓球运动速度较快，其图像的灰度值较高，其轮廓为圆弧。根据这些特点，设计图像处理与乒乓球特征提取算法：

$$I_e(u, v)=\begin{cases} I_i(u, v)-I_{i-1}(u, v), & I_i(u, v)-I_{i-1}(u, v) \geqslant 0 \\ 0, & I_i(u, v)-I_{i-1}(u, v)<0 \end{cases} \tag{10.35}$$

式中，$I_i(u, v)$ 为 i 帧图像中的像素点 (u, v) 的灰度值；$I_e(u, v)$ 为两帧图像做差分后的图像中的像素点 (u, v) 的灰度值。

对上述差分结果进行二值化处理，当 $I_e(u, v)$ 的值大于给定阈值时，将二值化图像对应的像素置为 1，否则置为 0。然后，对二值化图像上为 1 的像素进行游程编码(run length coding，RLC)，得到一系列封闭的轮廓。针对这些封闭轮廓，判断其宽度和高度。如果某一封闭轮廓的宽度和高度满足设定的乒乓球轮廓的宽度和高度，则认为该轮廓为乒乓球轮廓。根据得到的乒乓球轮廓，在当前帧中进行扩展，获得完整的乒乓球轮廓，求取其中心点作为乒乓球的特征点。

在获得两台智能摄像机发送来的乒乓球的特征点后，视觉计算机利用立体视觉方法计算乒乓球的三维坐标，并保存该测量点的时间标记。经过多次测量后，获得一系列离散的带有时间标记的乒乓球的三维坐标。由于图像处理误差和摄像机标定误差的存在，这一系列三维坐标必然存在测量误差，所以不能直接利用这些坐标的二阶差分求取乒乓球的飞行速度。为此，利用时间的二阶多项式对乒乓球在 x, y, z 轴向的位置进行拟合：

$$\begin{cases} x = a_1t^2 + b_1t + c_1 \\ y = a_2t^2 + b_2t + c_2 \\ z = a_3t^2 + b_3t + c_3 \end{cases} \tag{10.36}$$

式中，x，y，z 为测量出的乒乓球的三维坐标；t 为测量点的时间；a_1，b_1，c_1，a_2，b_2，c_2，a_3，b_3，c_3 为沿 x，y，z 轴方向运动的多项式参数。

将测量出的乒乓球的三维坐标和时间代入式(10.36)，利用最小二乘法求解出系数 a_1，b_1，c_1，a_2，b_2，c_2，a_3，b_3，c_3。

10.5.2 后续飞行轨迹与击球参数预测

1. 飞行模型

乒乓球飞行过程中受到 Magnus 力、重力和空气阻力的作用。其中，Magnus 力是由乒乓球旋转产生的。在不考虑乒乓球旋转的情况下，乒乓球的动态方程可表达为

$$m\dot{\boldsymbol{V}} = \boldsymbol{F}_{\mathrm{r}} + \boldsymbol{F}_{\mathrm{g}} \tag{10.37}$$

式中，$\boldsymbol{F}_{\mathrm{r}}$ 为乒乓球受到的空气阻力，是乒乓球速度的函数；$\boldsymbol{F}_{\mathrm{g}}$ 为重力向量。

$$\begin{cases} \boldsymbol{F}_{\mathrm{r}} = -\dfrac{1}{2}pSC_{\mathrm{r}} \parallel \boldsymbol{V} \parallel \boldsymbol{V} \\ \boldsymbol{F}_{\mathrm{g}} = [0 \quad 0 \quad -mg]^{\mathrm{T}} \end{cases} \tag{10.38}$$

式中，p 为空气密度；S 为乒乓球的有效截面积；C_{r} 为空气阻力系数；$\boldsymbol{V}$ 为乒乓球的速度向量；m 为乒乓球的质量；g 为重力加速度。根据式(10.37)和式(10.38)，得到乒乓球的飞行模型：

$$\begin{bmatrix} \dot{x} \\ \dot{y} \\ \dot{z} \\ \dot{\boldsymbol{V}}_x \\ \dot{\boldsymbol{V}}_y \\ \dot{\boldsymbol{V}}_z \end{bmatrix} = \begin{bmatrix} \boldsymbol{V}_x \\ \boldsymbol{V}_y \\ \boldsymbol{V}_z \\ -K_{\mathrm{m}} \parallel \boldsymbol{V} \parallel \boldsymbol{V}_x \\ -K_{\mathrm{m}} \parallel \boldsymbol{V} \parallel \boldsymbol{V}_y \\ -K_{\mathrm{m}} \parallel \boldsymbol{V} \parallel \boldsymbol{V}_z - g \end{bmatrix} \tag{10.39}$$

式中，$\boldsymbol{V}_x$，$\boldsymbol{V}_y$，$\boldsymbol{V}_z$ 为乒乓球的速度 $\boldsymbol{V}$ 的分量；K_{m} 为系数，对于标准乒乓球其取值为 0.12~0.18，其表达式为

$$K_{\mathrm{m}} = \frac{1}{2}pSC_{\mathrm{r}} \tag{10.40}$$

2. 反弹模型

乒乓球在球桌上反弹后，其能量受到损失，速度会下降。乒乓球在球桌上反弹的模

型可以利用线性模型描述：

$$\begin{cases} \boldsymbol{V}_{\mathrm{ox}} = K_{\mathrm{rx}}\boldsymbol{V}_{\mathrm{ix}} + b_x \\ \boldsymbol{V}_{\mathrm{oy}} = K_{\mathrm{ry}}\boldsymbol{V}_{\mathrm{iy}} + b_y \\ \boldsymbol{V}_{\mathrm{oz}} = K_{\mathrm{rz}}\boldsymbol{V}_{\mathrm{iz}} + b_z \end{cases} \tag{10.41}$$

式中，$\boldsymbol{V}_{\mathrm{ix}}$，$\boldsymbol{V}_{\mathrm{iy}}$，$\boldsymbol{V}_{\mathrm{iz}}$为乒乓球落到球桌前瞬间的速度 $\boldsymbol{V}_{\mathrm{i}}$ 的分量；$\boldsymbol{V}_{\mathrm{ox}}$，$\boldsymbol{V}_{\mathrm{oy}}$，$\boldsymbol{V}_{\mathrm{oz}}$为乒乓球从球桌弹起瞬间的速度 $\boldsymbol{V}_{\mathrm{o}}$ 的分量；K_{rx}，K_{ry}，K_{rz}，b_x，b_y，b_z 为反弹模型的参数。

利用发球机以不同速度发球，并使球的落点处于两台智能摄像机的视场内。对于每次发球，先测量出乒乓球反弹前后若干点的带时间标记的三维坐标，再利用式(10.36)拟合出反弹前后的轨迹，计算出反弹前后的乒乓球的速度。然后将得到的乒乓球的一系列反弹前后的速度代入式(10.41)，由最小二乘法求取参数 K_{rx}，K_{ry}，K_{rz}，b_x，b_y，b_z。

10.5.3 后续飞行轨迹与击球点预测

将式(10.39)改写为递推公式：

$$\begin{bmatrix} x_j \\ y_j \\ z_j \\ \boldsymbol{V}_{xj} \\ \boldsymbol{V}_{yj} \\ \boldsymbol{V}_{zj} \end{bmatrix} = \begin{bmatrix} x_{j-1} \\ y_{j-1} \\ z_{j-1} \\ \boldsymbol{V}_{xj-1} \\ \boldsymbol{V}_{yj-1} \\ \boldsymbol{V}_{zj-1} \end{bmatrix} + \begin{bmatrix} \boldsymbol{V}_{xj-1} \\ \boldsymbol{V}_{yj-1} \\ \boldsymbol{V}_{zj-1} \\ -K_{\mathrm{m}} \| \boldsymbol{V}_{j-1} \| \boldsymbol{V}_{xj-1} \\ -K_{\mathrm{m}} \| \boldsymbol{V}_{j-1} \| \boldsymbol{V}_{yj-1} \\ -K_{\mathrm{m}} \| \boldsymbol{V}_{j-1} \| V_{zj-1} - g \end{bmatrix} T_{\mathrm{c}} \tag{10.42}$$

式中，T_{c} 为递推的采样周期；下标 j 表示递推采样时刻。

由式(10.42)求导获得初始速度 V_{x0}，V_{y0}，V_{z0}，结合初始位置 x_0，y_0，z_0，构成递推的初始向量 $[x_0, y_0, z_0, V_{x0}, V_{y0}, V_{z0}]^{\mathrm{T}}$。然后，利用式(10.42)递推获得带时间标记的后续飞行轨迹。当飞行高度 z_j 为乒乓球的半径时，说明乒乓球已经落到球桌上，记录此时的位置作为落点位置。以此时的速度作为反弹前的速度 V_i，利用式(10.41)计算出反弹后的速度 V_0。以落点为新的初始位置，以反弹后的速度为新的初始速度，利用式(10.42)递推获得带时间标记的反弹后的飞行轨迹。反弹后，当乒乓球的飞行高度 z_j 达到设定的击球高度位置时，以此时的位置作为击球点位置，以此时的速度作为乒乓球的来球速度，并根据来球速度的 x，y 轴分量计算出球在 xOy 平面的投影角度方向。

10.5.4 乒乓球旋转估计后续飞行轨迹与击球点预测

人在打乒乓球时，根据对方球拍的动作可以估计球的旋转情况。以此为参考，对球拍的位姿和运动轨迹进行测量，以便实现对人击打乒乓球后的乒乓球旋转进行估计。在球桌中央上方天花板安装一台彩色摄像机，用于采集人的球拍图像。为便于提取人的球拍特征，在球拍上画4条黑线和1条白线。其中，4条黑线形成的4个交点用于基于 PnP

的定位，白线用于对交点进行区分。

基于球拍位姿的乒乓球旋转估计需要测量出人击球过程中球拍的序列位姿。其测量流程框图如图 10.20 所示，其中的关键是特征提取。

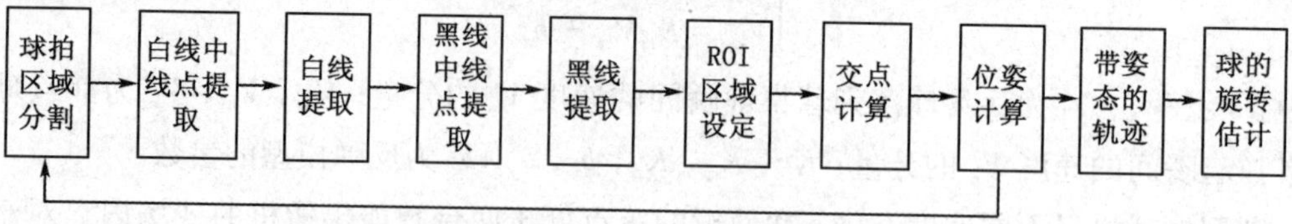

图 10.20　乒乓球旋转估计流程框图

首先，根据颜色对球拍区域进行分割，获得球拍区域。在第一次测量球拍位姿时，在整幅图像范围内进行球拍区域分割；在后续的球拍位姿测量时，只需要在 ROI 区域内进行球拍区域分割。

$$
\begin{aligned}
S_p = \{(i, j) \mid & I_r(i, j) > T_r,\ I_r(i, j) > k_{rg} I_g(i, j) \\
& I_r(i, j) > k_{rb} I_b(i, j),\ \Delta_{rg}(i.j) > T_{rg} \\
& \Delta_{rb}(i, j) > T_{rb},\ \Delta_{gb}(i, j) > T_{gb}
\end{aligned}
\tag{10.43}
$$

式中，S_p 为球拍红色区域；$I_r(i, j)$，$I_g(i, j)$，$i_b(i, j)$ 分别为像素的 RGB 分量；k_{rg} 和 k_{rb} 为系数；T_r，T_{rg}，T_{rb}，T_{gb} 为阈值。

$$
\begin{aligned}
\Delta_{rg} &= I_r(i, j) - I_g(i, j) \\
\Delta_{rb}(i, j) &= I_r(i, j) - I_b(i, j) \\
\Delta_{gb}(i, j) &= I_g(i, j) - I_b(i, j)
\end{aligned}
\tag{10.44}
$$

然后，在分割出的球拍区域内对白线的中线点进行提取：

$$C(\lambda_1, \lambda_2, \lambda_3) = [\{-1\}_{\lambda 1}, \{0\}_{\lambda 2}, \{1\}\lambda_3, 2, \{1\}_{\lambda 3}, \{0\}_{\lambda 2}, \{-1\}_{\lambda 1}] \tag{10.45}$$

式中，$\{N\}_n$ 为系数为 N 的像素个数；λ_1 为标记线外选取的红色区域宽度；λ_2 为标记线外的模糊区域宽度；$2\lambda_3 + 1$ 为标记线的宽度。

在获得白线中线点的基础上，利用优化霍夫变换(optimized Hough transform, OHT)提取白线。类似地，对黑线中线点进行提取，以白线为参考，将黑线中线点分成 4 组，再提取出 4 条黑线。利用 4 条黑线的直线方程，计算出 4 个交点，基于 PnP 方法即可计算出球拍的位姿。随着对球拍位姿的连续计算，可以获得带姿态的轨迹。对于不同方向旋转的乒乓球，球拍击球的轨迹不同。因此，利用带姿态的球拍运动轨迹，可以实现对乒乓球的旋转估计。

参考文献

[1] 谭民，王硕.机器人技术研究进展[J].自动化学报，2013，39(7)：963-972.

[2] 李磊，叶涛，谭民，等.移动机器人技术研究现状与未来[J].机器人，2002，24(5)：475-481.

[3] 蒋新松.机器人学导论[M].沈阳:辽宁科学技术出版社，1994.

[4] 王耀南.机器人智能控制工程[M].北京：科学出版社，2004.

[5] 王田苗，陶永.我国工业机器人技术现状与产业化发展战略[J].机械工程学报，2014，50(9)：1-13.

[6] 高峰，郭为忠.中国机器人的发展战略思考[J].机械工程学报，2016，52(7)：1-5.

[7] 孙英飞，罗爱华.我国工业机器人发展研究[J].科学技术与工程，2012,12(12)：2912-2918.

[8] 熊有伦.机器人技术基础[M].武汉：华中理工大学出版社，1996.

[9] 克来格.机器人学导论[M].3 版.负超,等译.北京：机械工业出版社，2006.

[10] 徐德，谭民，李原.机器人视觉测量与控制.[M].2 版.北京：国防工业出版社，2011.